生态绿化城市建设关键技术
——北京城市副中心绿化探索与实践

李延明　任斌斌　等　著

中国林业出版社
China Forestry Publishing House

U0162126

图书在版编目（CIP）数据

生态绿化城市建设关键技术：北京城市副中心绿化探索
与实践 / 李延明等著. -- 北京：中国林业出版社，2022.10

ISBN 978-7-5219-1786-4

Ⅰ. ①生… Ⅱ. ①李… Ⅲ. ①生态城市–城市建设–研
究–北京 Ⅳ. ①TU984.21

中国版本图书馆CIP数据核字（2022）第132865号

中国林业出版社·自然保护分社（国家公园分社）

策划编辑 刘家玲
责任编辑 甄美子

出版发行 中国林业出版社（100009 北京市西城区德内大街刘海胡同7号）
电话：(010)83143616
http://www.forestry.gov.cn/lycb.html
制　　版 北京美光设计制版有限公司
印　　刷 北京中科印刷有限公司
版　　次 2022年10月第1版
印　　次 2022年10月第1次
开　　本 889mm×1194mm　1/16
印　　张 25.75
字　　数 630千字
定　　价 200.00元

生态绿化城市建设关键技术

——北京城市副中心绿化探索与实践

著者名单

李延明　　任斌斌　　严海军　　王建红　　王月宾

李　芳　　王永格　　韩丽莉　　孙宏彦　　梁　芳

李　薇　　刘　倩　　李　广　　舒健骅　　李嘉乐

谢树华　　商　茹　　王　茜　　任春生　　吴建芝

前　言

　　快速城市化进程对城市生态系统产生了广泛而深远的影响。进入 21 世纪以来，资源与环境问题成为严重制约我国城市社会、经济发展的主要因素，粗放型发展模式下造成的资源利用低下、环境恶化等问题要求我们必须从发展模式的转变上寻求解决对策。遵循自然规律，倡导人与自然和谐共生，最大限度实现资源节约和环境保护的生态城市建设，成为发展模式转型下的必然要求。

　　作为城市生态系统中唯一有生命的基础设施，城市绿地发挥着重要的生态改善功能。近年来，我国城市绿化建设虽飞速发展，但在城市化进程中和粗放型发展模式下产生的城市绿地中生物与非生物环境、生物与生物环境间的生态问题也日益突出。就生物与非生物环境关系而言，恶劣的土壤环境难以满足植物的生长需求；水资源匮乏的环境现状与耗水型植物大量的应用相悖；新建绿地难以在短期内发挥生态服务功能；植物对环境的生态改善功能未充分发挥等。就生物与生物环境关系而言，植物与植物、昆虫与植物、昆虫与昆虫、鸟类与植物等各类生物间相关关系受到人类活动诸如生境侵占、农药滥用以及不合理的植物应用等的显著干扰，致使城市绿地系统长期处于失衡状态。因此，遵循城市绿地自我发展规律，应用成熟的生态绿化技术，进行科学的生态绿地建设成为解决上述问题和矛盾的唯一途径，也是生态城市建设的重要内容。

　　城市生态绿化技术是指在遵循城市生态学规律的基础上，运用生态学相关原理与方法，融合园林学及相关交叉学科研究成果，紧密结合实际生态问题，科学构建、维护与修复城市绿地生态系统，发挥其最大的生态服务功能，建立人与自然和谐共生的城市生态环境，并实现资源节约、自然循环和环境保护。

　　本书依托于科研项目，聚焦突出城市生态问题，以北京城市副中心生态绿地建设为例，基于集成与研究的总体思路，在广泛调研、引进国内外先进技术，遴选成熟的专项技术的基础上，加以深化、整合，构建形成城市生态绿化技术体系，涉及土壤改良、苗木移植、多维度空间绿化、生态改善型绿地营建、绿地生物多样性保育、节水耐旱植物筛选与应用以及绿地高效用水养护技术等 7 个方面。从建设前期的土壤检测、改良，到设计期不同绿地类型的植物选择、植物配置，再到建设期的苗木移植，最后到养护期的灌溉管理，多方面紧密结合，希望本书对于从事园林绿化行业的规划者、设计者、施工者、养护者、管理者以及研究者具有帮助。

本书共 9 章。第 1 章是引言；第 2 章是城市绿地退化土壤修复技术；第 3 章是苗木移植活力快速恢复技术；第 4 章是多维度绿色空间构建技术，包括屋顶绿化、垂直绿化和边坡绿化技术；第 5 章是生态改善型植物筛选与群落构建技术；第 6 章是基于生物多样性保育的植物群落构建技术，包括近自然植物群落构建技术和以保育式生物防治为目标的蜜粉源植物群落构建技术；第 7 章是节水型园林植物筛选；第 8 章是绿地高效用水养护技术；第 9 章是结论与展望。

本书是北京市科学技术委员会重大项目"北京通州区生态绿化城市建设关键技术集成研究"（D171100001817001）的主要研究成果。在课题研究与本书的编写过程中，我们深刻体会到了团队合作所带来的效率和愉悦，在此由衷感谢北京市科学技术委员会资助课题立项，感谢北京市园林绿化局对课题进行科学管理与协调，也感谢北京市园林绿化科学研究院、中国农业大学、北京金都园林绿化有限责任公司、北京市花木有限公司以及其他单位和个人的技术支持和帮助，本书是大家共同的作品。

因著者水平有限，书中错误在所难免，敬请各位读者给予谅解和批评指正。

著者

2022 年 7 月

目　录

第3章 苗木移植活力快速恢复技术

第6章 基于生物多样性保育的植物群落构建技术

第7章　节水型园林植物筛选

第8章　绿地高效用水养护技术

第9章　结论与展望

第1章

引言

　　自 1962 年《寂静的春天》问世以来，"生态环保"如同一场改革运动一般以迅猛的速度席卷全球，并向多学科渗透，也给风景园林学科带来影响和改变。承载着生态主义思想，代表着科学与艺术相结合的生态绿化技术逐步开始应用于风景园林领域的各个方面。

　　曾经历过以牺牲环境为代价的工业化和城市化高速发展的发达国家，在发展后期发起了大量的水污染治理、棕地改造、矿区修复以及生物多样性保护等工程。2005 年，在日本爱知世博会中，为了避开池塘和珍稀动物的栖息地，其环路被特意设计成曲线，并采用再生和环保材料将游路架空。2006 年，美国帕默顿锌矿修复中，将不同类型的土壤改良剂与植物种子混合喷播，实现了平地、山地等多种地形的植被修复。2011 年，美国加利福尼亚峡谷硬岩矿废弃地修复工程采用土壤原位改良方法将土壤污染物进行固化和稳定，同时采用农林业废弃物作为土壤改良剂，是矿区土壤修复的成功案例。进入 21 世纪，生态绿化技术逐渐开始在我国多项重大项目中实践应用。北京奥林匹克森林公园是我国为迎接 2008 年北京奥运会而营建的大型城市综合公园，建设过程中，相继采用了雨洪拦截、立体绿化、再生能源收集利用等生态绿化技术，使其在保持生态基础设施系统的连续性、尊重环境的原生状态、建立和维护多样化的乡土生境、恢复与维护湿地、应用清洁能源等方面具有突出特点（刘艺青，2013）。2010 年，建设在城市旧工业区遗址的上海世博园绿地将水环境、热环境、生态修复、废弃物管理与处置等多方面的生态技术进行优化配置，有效解决了原有旧工业场址恶劣的环境问题，协助实现了"绿色世博、生态世博"的战略目标（张浪等，2011）。

综合而言，一方面，从国内外实践应用可以看出，生态绿化技术的有效施用依赖于实际项目生态问题与具体生态绿化技术的紧密结合。即在针对实际项目进行生态问题分析的基础上，合理选择与组合生态绿化技术，使其具有最大化的针对性和可操作性。另一方面，目前我国的生态绿化技术多集中于对某一项或某几项技术的研究与应用，涉及土壤改良技术、苗木移植技术、特殊功用植物筛选与绿地营建技术及养护灌溉技术等相对系统、全面的技术体系尚未形成。

1.1　研究背景与意义

为贯彻落实中央关于部署北京城市副中心建设的会议精神，北京市政府专题会审议通过了《北京市行政副中心（通州区）园林绿化发展规划及三年行动方案》，要求城市副中心的园林绿化发展要坚持创新、协调、绿色、开放、共享的发展理念，以扩大环境容量生态空间为重点，增加生态资源总量和提升质量水平，不断提升生态建设水平和管理服务水平，着力构建"绿带环绕、绿廊相连、绿块镶嵌"的生态景观格局，以形成良好的生态保障体系。

自 2008 年奥运会以来，北京城市园林绿化事业迅猛发展，通州区园林绿化建设也取得了长足进步，但与中央对城市副中心建设的要求和国家生态园林城市建设的目标相比仍存在一定差距。在城市绿地建设环境与条件方面，存在着土壤环境恶化、水资源匮乏、大气污染以及绿化空间不足等问题；在城市绿地质量与管理方面，则存在着植物景观质量不高、绿地生态功能薄弱以及绿地灌溉养护方式不合理、灌溉制度不科学、灌溉技术落后等问题。而从城市生态系统角度看，通州城市绿化建设在生物与非生物环境、生物与生物环境之间的相关关系方面存在显著矛盾。就前者而言，恶劣的土壤环境难以满足植物的生长需求；水资源匮乏的环境现状与耗水型植物大量的应用相悖；新建绿地难以在短期内发挥生态服务功能；植物对环境的生态改善功能未充分发挥等。就后者而言，植物与植物、昆虫与植物、昆虫与昆虫、鸟类与植物等各类生物间相关关系受到人类活动，诸如生境侵占、农药滥用以及不合理的植物应用等的显著干扰，致使城市绿地系统长期处于失衡状态。

按照中央和北京市委、市政府要求，通州城市副中心将成为国际一流和谐宜居之都示范区，新型城镇化示范区，京津冀区域协同发展示范区。为实现这个目标，园林绿化建设必须从关注数量向量质并举转变，而以"生态"的方式、先进和集成的技术体系进行绿地建设是实现这一转变的关键钥匙和重要手段，也是解决园林绿化现存问题的唯一途径。只有通过生态策略，将各种环境友好型技术统筹到园林绿化建设中，才能实现中央和北京市委、市政府的既定目标。只有依靠科技创新，充分利用现有的、最新的园林绿化科技成果，并加以集成利用，才能保证北京城市副中心在短期内建成国际一流绿化体系。

城市生态绿化技术是指在遵循城市生态学规律的基础上，运用生态学相关原理与方法，融合园林学及相关交叉学科研究成果，紧密结合实际生态问题，科学构建、维护与修复城市绿地生态系统，发挥其最大的生态服务功能，建立人与自然和谐共生的城市生态环境，并实现资源节约、自然循环和环境保护。

本研究以建立"生态绿化技术体系"为目标，开展集城市绿地土壤改良、苗木移植活力快速恢复、多维度绿色空间营建、生态改善型绿地营造、绿地生物多样性保育、节水耐旱植物应用及绿地高效用水养护技术于一体的"生态绿化建设技术体系"研究，聚焦生物与环境、生物与生物间的突出生态问题，全面提升北京城市副中心绿地质量与生态服务功能，形成适应北京城市副中心的园林绿化基础，实现国家生态园林城市的目标，全面推进首都生态宜居城市建设。

1.2　研究目标、内容与技术路线

1.2.1　研究目标

基于园林绿化废弃物资源化利用、生态改善型植物筛选与绿地营建、生物多样性保育绿地营建、节水耐旱植物筛选、绿地高效用水等核心技术，建成园林绿地景观快速提升技术规范体系和园林绿地景观增量营建与养护关键技术标准体系，服务于园林行业发展。

1.2.2　研究内容

基于集成和研究的总体思路，聚焦突出生态问题，广泛调研、引进国内先进技术，遴选适于通州成熟的专项技术并加以深化，整合形成"生态绿化技术体系"，具体包括：基于退化生境恢复的城市绿地土壤改良技术、苗木移植活力快速恢复技术、多维度绿色空间构建技术、生态改善型植物筛选及生态改善型绿地营造技术、基于生物多样性保育的植物群落构建技术、节水型园林植物筛选及绿地高效用水养护技术。其中，以绿化有机肥为主体的土壤改良技术重点解决通州土壤环境恶化问题；苗木移植活力快速恢复技术重点解决苗木移植后生长势恢复缓慢问题；多维度绿色空间构建技术以为通州提供先进、科学的垂直、屋顶与斜面绿化技术为目标；生态改善型植物筛选及生态改善型绿地营造技术重点应对建成区热岛效应、大气污染等问题；基于生物多样性保育的植物群落构建技术应对城市绿地系统生物多样性衰退问题；节水型园林植物筛选及绿地高效用水养护技术重点解决通州城市绿地特别是远郊绿地灌溉水源浪费的问题。从建设前期的土壤检测、改良，到设计期不同绿地类型的植物选择、植物配置，再到建设期的苗木移植，最后到养护期的灌溉管理，多方面紧密结合，采用创新、集成的先进技术，共同构建形成适用于通州城市副中心的"生态绿化技术体系"。

1.2.2.1　城市绿地土壤修复技术

（1）采用抽样方法对通州退化生境的待建绿地土壤进行采样分析和分级，掌握通州退化生境土壤环境特点。

（2）对比分析园林绿化有机肥及其他改良措施对退化生境土壤的改良效果，形成基于退化生境恢复的城市绿地土壤改良技术，提出针对通州不同类型土壤问题的改良技术方案，并应用于示范建设。

1.2.2.2　苗木移植活力快速恢复技术

（1）调查与分析北京常用树种移植技术及栽后生长状况，分析与总结苗木移植后生长势恢复的影响因素。

（2）针对北京常用苗木及规格，开展苗木移植后生长势恢复研究，实时监测与对比分析不同处理方式对移植苗木生长势恢复的影响效果，总结形成北京地区苗木移植活力快速恢复技术，提出苗木生产、绿化种植的改进方案，并应用于示范建设。

1.2.2.3　多维度绿色空间构建技术

（1）在广泛调研和总结已有的研究成果基础上，提出副中心多维度绿色空间类型及其特征。

（2）总结形成多维度绿色空间构建技术，提出不同类型多维度绿色空间设计、施工、养护管理等措施，并应用于示范区建设。

1.2.2.4　生态改善型植物筛选及生态改善型绿地营造技术

（1）筛选与总结具有较强生态改善功能的降温增湿型、固碳释氧型等植物材料。

（2）比较与分析不同林型绿地与不同结构绿地在降温增湿等方面的差异。

（3）总结形成生态改善型绿地营造技术，提出适用于通州的植物配置模式，并应用于示范区建设。

1.2.2.5　基于生物多样性保育的植物群落构建技术

（1）基于生态系统稳定性与生物多样性，以北京低海拔区域自然、半自然植物群落为蓝本，采用生态学理念与园林艺术原理，模拟形成适于城市绿地应用的地带性人工植物群落配置模式。

（2）基于已有研究成果，总结北京城市鸟类栖息环境特点，筛选、收集和总结鸟嗜植物材料，构建鸟嗜植物群落。

（3）综合运用生态系统管理理念，针对城市绿地有害生物天敌分布规律，筛选蜜粉源植物材料，构建以保育式生物防治为目标的蜜粉源植物群落。

（4）综合以上研究成果，形成基于生物多样性保育的植物群落构建技术，提出适用于通州的植物配置模式，并应用于示范建设。

1.2.2.6　节水型园林植物筛选

（1）在系统梳理与总结已有研究成果的基础上，结合北京城市绿地植物材料应用现状，对耐旱能力较强的植物材料进行初选。

（2）针对初选耐旱植物进行耐旱试验，对比分析不同灌溉处理对植物生长状况的影响，根据植物在干旱胁迫下和恢复灌溉后的生长表现，筛选不同等级的耐旱植物。

（3）基于耐旱植物材料筛选结果，结合植被生态学与园林艺术原理，构建节水型植物配置模式，用于通州示范建设。

1.2.2.7　绿地高效用水养护技术

（1）选取城市绿地灌溉设备，进行灌溉系统优化设计。

（2）掌握节水耐旱植物蓄水规律，开展灌溉制度试验，建立北京地区绿地节水耐旱型植物的最优节水灌溉制度。

（3）总结形成绿地高效用水养护技术，实现园林绿地精准灌溉智能控制系统设计，并在通州进行示范展示。

1.2.3　技术路线

本研究技术路线如图 1-1 所示。

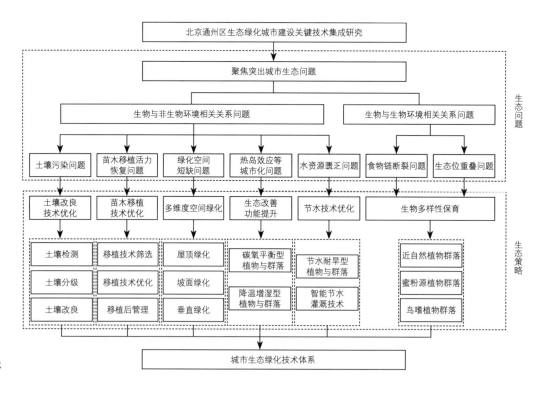

图 1-1　技术路线

1.3 研究区域概况

在开展各项研究内容之前，本节将从研究区域的自然概况、发展定位、绿化建设概况以及绿化建设现存问题等方面进行简要介绍。

1.3.1 自然概况

通州区地处北京市东南部，该区界东隔潮白河与河北省香河县、三河市、大厂回族自治县相连；南与河北省廊坊市及天津市武清区交界；西与朝阳区、大兴区相邻；北接顺义区；其地理坐标为 116° 32′ ~ 116° 56′ E，39° 36′ ~ 40° 02′ N，东西宽 36.5km，南北长 48km，占地面积 906.27km²，占北京市总面积的 5.55%。全区地处永定河、潮白河洪冲积平原，地势平坦，平均海拔高度 20m。境内土壤肥沃，多为砂壤土、两合土、潮黄土。气候类型属暖温带大陆性半湿润季风型气候，春旱多风，夏热多雨，秋高气爽，冬寒干燥；年平均气温为 11.9℃，年平均最高气温为 17.4℃，年平均最低气温为 5.8℃，年极端最高气温为 40.3℃，年极端最低气温为 -21℃，无霜期 190 天左右，降水 620mm 左右。

1.3.2 发展定位

通州区发展定位历经多次变化，2005 年《北京城市总体规划（2004—2020 年）》中将通州区定位为北京未来发展的新城区和综合服务中心；2012 年 6 月，北京市委、市政府于北京市第十一次党代会上正式提出"聚焦通州战略，打造功能完备的城市副中心"的战略部署；2014 年初，习近平总书记在北京视察时提出，"结合功能疏解，集中力量打造城市副中心，做强新城核心产业功能区，做优新城公共服务中心区，构建功能清晰、分工合理、主副结合的格局"；2015 年 12 月召开的北京市委十一届九次全会提出，在通州"建设行政副中心"；2016 年，北京市委十一届十次全会提出，在通州区高水平规划建设城市副中心；2019 年 7 月 1 日，北京发展改革委发布消息，再次对通州区发展定位进行了调整，将原规划中"市行政副中心、国际商务新中心、文化发展创新区、和谐宜居示范区"的发展定位调整为"国际一流和谐宜居之都示范区、新型城镇化示范区、京津冀区域协同发展示范区"。

1.3.3　绿化建设概况

　　为贯彻落实中央关于部署北京城市副中心建设的会议精神，2016 年市政府专题会审议通过了《北京市行政副中心（通州区）园林绿化发展规划及三年行动方案》，要求城市副中心的园林绿化发展要坚持创新、协调、绿色、开放、共享的发展理念，以扩大环境容量生态空间为重点，增加生态资源总量和提升质量水平，不断提升生态建设水平和管理服务水平，着力构建"绿带环绕、绿廊相连、绿块镶嵌"的生态景观格局，形成良好生态保障体系。到 2017 年，初步形成适应北京城市副中心的园林绿化基础。到 2020 年，基本实现国家生态园林城市的目标，城市绿化覆盖率达到 51%，人均公园绿地面积达到 18m^2，公园绿地 500m 服务半径覆盖率达到 90%，全区增加城市绿地 2613.28hm^2。

　　自 2008 年奥运会以来，通州区园林绿化建设也取得了长足进步，但与中央对城市副中心建设的要求和国家生态园林城市建设的目标相比仍存在一定差距，包括绿地土壤环境、绿地苗木移植技术与质量、绿地植物景观、立体绿化、绿地植物病虫害及其防治以及绿地灌溉养护等方面。

1.3.3.1　绿地土壤环境

　　对通州区绿地进行土壤样品检测，在 57 例土壤样品中，无一例样品完全达到北京市地方标准《园林绿化种植土壤》（DB11/T 864—2012）中的相关要求。其中，水解性氮平均含量仅有 20mg/kg 左右，远低于 60mg/kg 的最低标准；有机质含量 3.9g/kg，低于 10g/kg 的最低标准；土壤 pH 平均值 8.79，远超出 6.5 ～ 8.5 的要求（表 1-1）。

表1-1　北京通州区绿地部分土样检测结果

编号	水解性氮（mg/kg）	有效磷（mg/kg）	速效钾（mg/kg）	有机质（g/kg）	pH值
1	18.50	11.7	513	3.11	8.92
2	14.32	10.2	604	3.05	8.81
3	15.71	9.1	422	2.76	8.85
4	21.37	13.3	513	4.37	8.77
5	38.36	27.5	422	7.01	8.74
6	18.43	9.6	558	2.07	8.87
7	24.57	13.2	468	3.58	8.71
8	11.33	7.6	94	5.47	8.62
9	34.24	14.2	154	9.18	8.98
10	27.03	9.4	119	5.69	8.74
11	30.68	7.2	145	9.02	8.74
12	63.56	15.9	158	8.76	8.74
13	40.71	13.6	148	5.85	8.95
14	39.28	16.1	191	7.59	8.93

续表

编号	水解性氮 （mg/kg）	有效磷 （mg/kg）	速效钾 （mg/kg）	有机质 （g/kg）	pH值
15	58.87	9.9	112	14.1	8.48
16	33.64	15.7	246	7.91	8.92
17	38.73	23.0	246	10.2	8.64
18	48.16	4.4	118	10.3	8.70
19	53.26	5.9	142	13.1	8.65
20	28.67	4.2	118	7.47	8.54
21	49.38	17.3	338	15.3	8.78
22	79.90	25.0	517	10.0	8.59
23	30.77	17.9	112	5.17	8.74
24	46.52	13.2	106	8.07	8.60
25	47.39	13.9	118	7.27	8.72
26	40.26	8.0	115	6.61	8.74
27	860.43	197.7	326	18.5	7.77
28	467.48	85.5	197	9.48	8.10
29	392.72	78.0	234	13.4	8.16
参考值（三级）	≥60	≥10	≥100	≥10	6.5～8.5

1.3.3.2　绿地苗木移植技术与质量

（1）苗源

为达到快速成型成景的目的，通州区绿化栽植苗木规格普遍偏高，落叶乔木大多数胸径 15～18cm；常绿针叶树种树高 9～11m，胸径 20cm 以上。如此大规格苗木、圃地很难找到，小苗常成为替代品。实际操作中，山苗未经过断根，且在起挖过程中不易带土球，虽然在栽植初期和圃地苗没有差别，但后期常表现为成活率低、缓苗周期长，严重影响景观质量。

（2）移植时间

一般而言，大部分施工单位尽量选择在春季栽植，但受工期进程影响，反季节移植也较为常见，这常导致苗木成活率不高，苗木树势恢复较慢。

（3）移植技术

《大规格苗木移植技术规程》中要求，苗木移植应提前 1 年进行断根处理，至少需要提前 3 个月，或多次对苗木进行断根处理。但受工期进程影响，绿化应用苗木多在栽植前号苗，基本未经断根处理。根系受损后需要一段时间恢复，而树体自身仅可提供短期生长的营养，没有须根从土壤中吸收水分供地上部分生长，不利于苗木树势的快速恢复。

（4）保活措施

栽植后使用生根粉、营养液、抗蒸腾剂、透气管等对恢复树势活力有一定的作用，但如果操作不规范，不清楚使用原理，则起不到应有的保活作用。如生根粉的使用时间、是否完全溶解、稀释使用的适宜比例、每次灌溉量、灌溉部位；营养液树体打孔的部位、方向、树体吸收速度。而通常情况下这些药剂基本由未经培训的工人来操作，他们并不清楚使用方法和注意事项，且没有人对使用效果进行调研。

（5）植后管护

苗木"三分种、七分养"，养护管理在苗木移植后起到至关重要的作用。北京降雨不均，且降雨量少，植后浇水是苗木成活的关键，但不同苗木需水量不同，而我们通常采取同批苗子同样的管护方案，导致一部分肉质根或需水少的苗子沤根、烂根，一部分需水多的苗子干旱萎蔫；同时松土、保墒及涝时排水工作不及时，直接影响苗木的正常生长。

1.3.3.3　绿地植物景观

在植物应用调查中发现，园林绿地所应用的乔、灌木植物种类过于集中，仅有几种常用的园林植物被广泛应用，而更多的树种出现频率过低，推广力度不够。与此同时，耗水较多、管理成本较高的冷季型草坪还在大量应用。整体来看，各类绿地植物多样性水平相对较低，景观单调，季相变化不丰富，特色不明显。

1.3.3.4　立体绿化

通州区立体绿化主要包含屋顶绿化、垂直绿化、边坡绿化这三大形式，但均以零散的工程及试点形式存在，缺乏上位规划和引领。经不完全统计，截至 2018 年底，全市共完成屋顶绿化 158.62 万 m^2，城市副中心完成屋顶绿化 6.6780 万 m^2，仅占全市屋顶绿化的 4.21%（表 1-2）。

表1-2　北京城市副中心现有屋顶绿化调查

建成年度	总面积（m²）	建设地点	绿化面积（m²）	类型
2011年	4300	永顺镇林业站	700	简单式
		永顺镇富河园小区	1550	简单式
		通州区科学技术协会	150	简单式
		北苑街道办事处	1900	简单式
2012年	14647	梨园镇人民政府	3835	简单式
		中国人民解放军61867部队	7403	简单式
		张湾镇卫生院	1350	简单式
		中仓街道办事处	660	简单式
		玉桥街道办事处	389	简单式
		新华街道办事处（17号楼）	443	简单式
		新华街道办事处（19号楼）	567	简单式
2013年	11741	通州区市政市容管理委员会	656	简单式
		法院	2351	简单式
		地税	340	简单式

续表

建成年度	总面积（m²）	建设地点		绿化面积（m²）	类型
2013年	11741	检察院		1758	简单式
		潞河医院		428	简单式
		图书馆		526	简单式
		东方小学		873	简单式
		区委党校		105	简单式
		潞河教育学园	东、西裙房	1040	花园式
			南裙房	845	简单式
		通州花卉产业服务中心		1296	花园式
		中国人民解放军61867部队		686	简单式
				837	花园式
2014年	13909	育才学校通州分校		484	花园式
				2636	简单式
		中国人民解放军高射炮兵师		5777	简单式
		中国人民解放军61867部队		4137	简单式
		通州第四中学		875	简单式
2015年	12455	新城基业		2782	简单式
				345	花园式
		中国人民解放军61867部队		3098	简单式
		中国人民解放军高射炮兵师		4000	简单式
		园林局林木中心		530	花园式
2018年	9728	通州区春蕾幼儿园		1108	简单式
		通州区芙蓉小学		3444	简单式
		北京小学通州分校		3409	简单式
		通州区北苑小学		363	简单式
		通州区幼儿园		1404	简单式
总计	66780			66780	

1.3.3.5　绿地植物病虫害及其防治

（1）刺吸类害虫成为城市绿地有害生物优势类群。一方面，刺吸类害虫由于适生范围广，在早春园林植物刚展叶甚至未展叶时即开始危害，加之个体较小，初期不易被发现，繁殖速度快和繁殖周期短等原因，在短时间内可建立起较大的种群；另一方面，刺吸类害虫种类众多、寄主植物广泛，整体种群占有优势。

（2）蛀干类害虫成为严重威胁城市绿地安全的有害生物。蛀干类害虫通常以幼虫在树皮下、韧皮部和木质部蛀食为害，形成蛀道，影响寄主植物的养分和水分输导，轻者引起树势衰弱，易遭风折，重者易导致植物全株枯死。同时由于蛀干害虫长期隐蔽生活，不易被发现，加之幼虫受外界环境条件影响小，施药较困难且化学药剂难以接触到虫体，成虫羽化时间多不整齐，难以集中进行防治，易暴发成灾。

（3）食叶害虫从大中型个体类群转变为小型隐蔽性类群。城市绿地管理多从早春就开始频繁施药防治刺吸害虫，而食叶害虫对多数防治刺吸害虫的化学药剂较为敏感，因此，在化学药剂的作用下，绿地中大中型食叶害虫仅黄褐天幕毛虫、国槐尺蠖、美国白蛾和刺蛾类等较为常见，其他食叶害虫较难存活，而小型卷叶和潜叶类食叶害虫则成为绿地中较为常见种类。

（4）地下害虫基本得到有效控制。通州区城市绿地地下害虫主要为金龟子科和夜蛾科地虎属幼虫，二者成虫均对光较为敏感，黑光灯可有效控制其危害。

（5）有害生物防治手段严重依赖化学防治，生物防治、物理防治技术应用较少。化学防治由于其见效快、使用方便、成本低、防治谱广等优势成为当前城市绿地病虫害防治的首要手段，已造成严重的环境污染和生态系统破坏。

1.3.3.6　绿地灌溉养护

北京市水资源极度短缺，水资源供需矛盾日益尖锐，已成为制约首都经济社会和生态环境可持续发展的主要瓶颈。目前北京市供水水源结构转变为本地地表水、本地地下水、再生水和外调水联合供水的格局。尽管南水北调江水进京使水资源短缺的局面得到一定程度的缓解，但由于地下水长期超采形成的历史欠账以及用水刚性需求增加等因素，水资源短缺仍是北京市基本的市情水情，节约用水仍是首都经济发展的永恒主题。

统计结果显示，目前园林绿地养护管理中，喷灌面积占37%，机动水车灌溉占32%，人工拖拽管子灌溉占24%，其他占7%，大部分灌水技术落后，灌溉水利用系数较低，而灌溉用水大多来自地下水或自来水，这与北京市深入践行"节水优先"的治水方针相违背。另外，绿地灌溉存在的问题还包括以下方面：

（1）灌溉方式不合理，喷灌、微喷灌、涌泉灌、滴灌等高效节水技术普及率偏低，而且与园林植物不相匹配。

（2）灌溉制度不科学，绿地园林植物耗水规律研究不充分，节水灌溉制度没有得到有效实施。

（3）灌溉自动化不够，绝大部分仍采用人工灌水方式，水浪费现象严重。

1.3.4　绿化建设现存问题

整体而言，通州区绿化建设在土壤环境、苗木移植、植物景观质量、病虫害防治以及绿地灌溉等方面存在问题较为严重。

（1）土壤环境恶劣。结合其他待建绿地施工单位送检的土壤样品来看，通州区绿地土壤普遍存在养分缺乏、有机质严重不足、碱性过高等问题，土壤养分不能满足植物生长的需要。

（2）苗木移植后缓苗周期过长。为达到快速成型成景的目的，施工单位在栽植前采取了一系列保活措施，但在植后跟踪观测发现，受苗源、移植措施、栽植时间、栽植地点、植后管护水平、工期进程等因素影响，保活措施并未完全发挥作用，苗木植后当年大多数树种活力恢复不佳，通常需要两年或更长时间，在很长一段时间内苗木长势处于衰弱的状态，呈现出植物景观不良的效果。

（3）植物景观质量不佳，生态功能不能良好发挥。通州区整体绿地植物景观相对单调，特色不明显；群落结构简单，绿地的生态改善功能不能充分发挥。

（4）立体绿化建设起步较晚。就全市范围来看，通州区立体绿化工作起步相对较晚，起点相对较低。

（5）病虫害防治技术仍以化学防治为主，环境污染严重。化学防治由于具备见效快、使用方便、成本低、防治谱广等优势，是当前绿地病虫害防治的首要手段，与此同时，化学药物的泛滥使用造成了严重的环境污染和生态系统失衡。

（6）绿地灌溉技术相对落后，水资源浪费严重。通州区绿地灌溉养护普遍存在着灌溉方式不合理、灌溉制度不科学、灌溉技术落后等问题，进而在水资源匮乏的基础上又造成了水资源的严重浪费。

第2章

城市绿地退化土壤
修复技术

　　土壤为水、营养物质、空气和生物体的热交换提供了物理基质、化学环境和生物环境，是地球上最宝贵的自然资源之一，对各类生物都必不可少。城市绿地土壤为园林植物生长提供了必要的空间和营养物质，是城市绿地生态系统的重要组成部分，其环境质量对发挥绿地生态服务功能和自我调节能力产生重要影响。伴随城市化发展，城市土壤环境退化严重，普遍存在着土壤 pH 值和容重较高等问题。大量外来客土、挖槽土和建筑垃圾等未经改良直接应用于城市绿化，土壤有机质含量较低，加之绿地内游人过度践踏，养护过程中较少施肥、未实现"落叶归根"以及缺乏维持土壤质量的养护措施等进一步造成土壤结构破坏、孔隙封闭、密度增加、养分枯竭等，致使城市绿地土壤质量普遍低下，城市绿地生态服务功能减弱。

　　本章聚焦城市绿地退化土壤修复技术，在对城市副中心绿地土壤进行取样、检测、分析以及土壤综合肥力与潜在生态风险评价的基础上，全面掌握通州城市绿地土壤环境特征；结合盆栽与绿地土壤改良试验，整合已有研究成果，形成城市绿地退化土壤修复技术。

2.1 研究综述

2.1.1 土壤质量评价指标

土壤质量评价指标包括物理性质、化学性质以及生物化学性质 3 个方面的多个属性，各属性间相互影响、相互作用，并共同影响土壤质量。其中，土壤容重、有机质和 pH 值是影响土壤质量的关键指标，也是引起城市绿地土壤退化的关键因子。

2.1.1.1 土壤容重

土壤容重是指土壤单位体积的重量，既反映了有机和无机两种不同土壤颗粒的比例和比重，也反映了土壤孔隙率（Craul & Patterson，1989；Trowbridge & Bassuk，2004）。当土壤容重升高并超过一定阈值时，表示土壤被压缩、压实，土壤结构被破坏，孔隙被封闭，通气性降低，进而造成植物根系生长发育受到抑制，增殖能力下降（Dexter，2004）。此外，土壤容重与土壤中有机质含量相关，添加有机质后，可以显著降低土壤容重（Sax et al.，2017）。

2.1.1.2 土壤有机质

土壤有机质是土壤质量的关键属性，也是土壤肥力的决定性因素和指标（Romig et al.，1995；Reeves，1997；Robertson et al.，2014）。土壤有机质对土壤物理、化学和生物特性产生重要影响，具有保护土壤不被压实（James et al.，2011；Sax et al.，2017），增强土壤通气和保水力，为土壤生物提供栖息地，以及保持和提供植物生长养分等重要功能（Brady & Weil，2007）。研究表明，土壤有机质与团聚体存在正相关关系，与土壤 pH 值和容重呈负相关关系（Feller & Beare，1997；Ji et al.，2014；Emily et al.，2018）。因此，提高土壤有机质质量和含量可以降低土壤容重和 pH 值，进而调节土壤溶液中营养物质平衡。当土壤有机质含量增加并保持在阈值或临界水平之上时，将降低土壤退化风险，并逆转退化趋势（Lal，2015）。

2.1.1.3 土壤 pH 值

土壤 pH 值是评估植物养分有效性最常用的土壤性质指标（Minasny et al.，2011）。通常情况下，当土壤 pH 值为 6.0 ~ 6.5 时，大多数植物养分处于最有效状态，此时植物根系吸收的养分为可溶态，并可以成功地通过土壤溶液进入根部；与之相反，当土壤 pH 值 > 8.5 时，则极其不利于植物根系对养分的吸收，且易造成土壤退化。

2.1.2　土壤改良技术

城市绿地土壤养护包括遏制土壤退化和修复已退化土壤两个方面。本章提到的退化土壤修复是指改善不良土壤理化性质，提高土壤质量的技术措施，园林行业常将这一措施称为土壤改良，因此此 2.1.2 以及 2.3 和 2.4 部分的叙述中仍旧应用"土壤改良"这一术语。

关于土壤改良，《中国百科大辞典》中解释为"改善不良土壤性状，恢复提高土壤肥力的综合技术措施"。在具体操作中，应用土壤改良剂还是肥料，取决于土壤及其上生长植物对土壤结构及矿质营养的需求。一般而言，城市绿地日常养护将单纯施用无机肥料称为施肥，而将草炭、有机肥等土壤改良剂施用到土壤中称为土壤改良。以下将分别对城市绿地土壤改良剂和土壤改良技术作简要介绍。

2.1.2.1　城市绿地土壤改良剂

土壤改良剂具有降低土壤容重，提高土壤孔隙度，增加土壤透气性、渗透性，提高土壤持水抗蚀能力，增强土壤微生物活性，以及增加土壤养分等作用（杨明金等，2009；王珍等，2009；张志刚等，2011）。与肥料不同，土壤改良剂主要通过增加土壤有机质实现改善土壤特性的目的（Cooperband，2002）。当前城市绿地建设和养护中常用的土壤改良剂主要包括草炭、有机肥和堆肥三种。

草炭是当前应用较多的一类土壤改良剂。作为一种部分分解的植物物质，在完全饱和的状态下，不仅可以容纳 10 ~ 15 倍的水分和营养物质，还可以容纳 40% 的空气（Cooperband，2002）。其优点是具有突出的营养保存功能，能够防止营养元素从土壤中浸出，同时具有较低的 pH 值，非常适宜在碱性土壤中应用；其缺点是属于不可再生资源。

有机肥多由动物粪便等经过堆肥化处理而来，其总氮、磷、钾含量的 25% 以上均为植物易吸收形式（Cooperband，2002），可以满足多数植物对氮、磷、钾肥的需求，是一种具有肥料价值的有机改良剂，并被普遍认为是土壤改良中最直接和最有效的方法。其优点是可以增加有机质含量，进而改善土壤结构，降低土壤密实度，增加排水和蓄水能力，储藏植物需求的养分，并减少无机化肥使用量等；其缺点是伴随植物生长利用，有机质含量不断下降，需要在绿地养护过程中持续向土壤中增加有机质，以保证绿地的景观效果和生态效益。

园林绿化废弃物堆肥是园林绿化废弃物经过堆肥化处理后，将有机废物转化为生物稳定的腐殖质。腐熟的堆肥具有持水力强、密度小、有机质含量高，并富含氮、磷、钾等营养成分的优点，具有改善土壤化学、物理、生物特性，促进植物生长的功能，解决了退化土壤存在的土壤板结、有机质含量低、通气性差、透水性差的问题，可在一定程度上替代草炭成为新一代的土壤改良剂（彭红玲等，2008）。但其应用前提是堆肥必须完全腐熟，且水分含量、颗粒大小、稳定性以及可溶性盐浓度等都具备促进植物生长的特性（Cooperband，2002）。

综合而言，三类土壤改良剂各有特点，根据场地现状选择适宜的改良剂是保证土壤改良效果的关键。此外，在应用土壤改良剂的同时，还常根据土壤矿质元素含量及其上生长植物对土壤的具体要求，选择性地添加无机肥料，作为土壤中矿质元素缺乏时的补充措施。

2.1.2.2　城市绿地土壤改良技术

为了保障园林植物正常生长和城市绿地可持续发展，园林绿地建设前通常需要进行土壤指标检测，并对未达标土壤实施改良。土壤改良常规做法是对树穴或土壤未达标区域进行小范围、局部改良。北京城市绿地土壤改良多以添加有机肥或草炭为主，其具体做法是通过人工将有机肥或草炭与土壤混匀，添加量多根据绿化施工经验来确定。

上海迪士尼乐园的土壤改良是国内较成功的案例。为满足植物生长需求，施工方对 $7km^2$ 核心区实施了土壤改良，改良深度达 1.5m，总用量为 100 万 m^3。为节约和保护土壤资源，园区对环境测评合格的近 40 万 m^3 表土进行了收集和再利用，研发了通过添加泥炭、有机肥、黄沙等材料的种植土配方，建立了自动计量、快速混合的种植土生产设备，从而快速、有效地满足了种植土的生产和供应要求（章华平等，2016；翟羽佳等，2018）。

2.2　北京城市副中心绿地土壤评价

　　土壤环境恶劣并难以满足植物生长需求是北京城市副中心绿化建设中的突出问题。本节在对城市副中心绿地土壤进行取样、检测、分析以及土壤综合肥力与潜在生态风险评价的基础上，利用 ArcGIS 绘制土壤空间分布图，以期全面掌握北京城市副中心待建绿地土壤环境特征。

2.2.1　研究方法

2.2.1.1　土壤样品采集与测定

　　采用网格法对北京城市副中心待建绿地进行土壤取样，采用环刀法收集各样点深度 0 ~ 30cm 土壤带回实验室进行土壤理化性质测定，共收集 190 个土壤样品（图 2-1）。实验室测定指标包括土壤容重、非毛管孔隙度、土壤 pH 值、有机质含量、水解性氮含量、有效磷含量、速效钾含量、全盐量、有效态铁含量、有效态锰含量、有效态铜含量、有效态锌含量、总铜含量、总锌含量、总砷含量、总镉含量、总铅含量、总镍含量、总铬含量等。

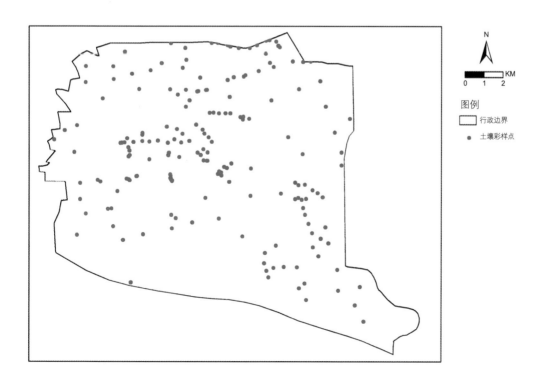

图 2-1　土壤采样点
分布示意图

2.2.1.2　数据处理

2.2.1.2.1　土壤综合肥力评价方法

选用修正的内梅罗综合指数法对绿地土壤进行综合评价，包括水解性氮、有效磷、速效钾、有机质和pH值5项评价指标，并对各指标进行标准化处理（表2-1）。

修正后的内梅罗（Nemero）土壤综合肥力指数计算公式为：

$$P = \sqrt{\frac{(\overline{P_i})^2 + (P_{i\,min})^2}{2}} \times \frac{n-1}{n}$$

当 $C_i \leq X_{min}$ 时，$P_i = X_{min}/C_i$；

当 $X_{min} < C_i \leq X_{mid}$ 时，$P_i = 1 + (C_i - X_{min})/(X_{mid} - X_{min})$；

当 $X_{mid} < C_i \leq X_{max}$ 时，$P_i = 2 + (C_i - X_{mid})/(X_{max} - X_{mid})$；

当 $C_i > X_{max}$ 时，$P_i = 3$。

式中：P 为土壤综合肥力系数；P_i 为土壤各属性分肥力指数；$\overline{P_i}$ 为土壤各属性分肥力系数的平均值；$(P_{i\,min})$ 为土壤各属性分肥力指数的最小值；C_i 为属性测定值；n 为参评土壤属性项目；X_{min}、X_{mid} 和 X_{max} 为各因子分级指标（秦明周，2000），依据北京市地方标准《园林绿化种植土壤技术要求》，结合北京城市绿地土壤相关研究进行设定（表2-1）。

表2-1　土壤各因子分级标准值

参评指标	X_{min}	X_{mid}	X_{max}
有机质（g/kg）	10.0	20.0	30.0
水解性氮（mg/kg）	60	90	120
有效磷（mg/kg）	10	20	30
速效钾（mg/kg）	100	150	200
pH值	7.5	8.5	9.0

依据计算所得的土壤综合肥力系数值（P）将土壤肥力划分为4级，具体包括：很肥沃（$P \geq 2.7$）、肥沃（$1.8 \leq P < 2.7$）、一般（$0.9 \leq P < 1.8$）和贫瘠（$P < 0.9$）（郝瑞军，2014）。

2.2.1.2.2　土壤生态风险评价方法

采用 Hakanson 潜在生态风险评价法（the potential ecological risk index，RI）对土壤重金属的潜在生态风险进行评价（Hakanson, et al., 1980），计算公式为：

$$RI = \sum_{i=1}^{n} E_r^i = \sum_{i=1}^{n} T_r^i \times P_r^i$$

式中：RI 为潜在生态风险指数；E_r^i 为单一重金属的潜在生态风险指数；T_r^i 为单一重金属的毒性相应系数，具体为：Zn=1，Cr=2，Cu=Pb=5，Cd=30（Hakanson et al.，1980）；P_r^i 为各重金属单因子指数评价值。

依据计算所得的土壤潜在生态指数值（RI）将土壤生态风险划分为 4 级，具体包括：轻微（$RI < 150$）、中等（$150 \leqslant RI < 300$）、强（$300 \leqslant RI < 600$）和很强（$RI \geqslant 600$）（王斌等，2012；成杭新，2014）。

2.2.1.2.3　土壤各成分含量空间分布图绘制

采用反距离插值法绘制土壤各成分含量空间分布图。

2.2.2　结果与分析

2.2.2.1　土壤物理性质

土壤容重和孔隙度是反映土壤松紧程度、孔隙状况和土壤蓄水、透水、通气性能的重要指标。土壤样品检验结果显示，北京城市副中心城市绿地土壤容重变化范围为 0.37 ~ 1.69g/cm³，平均容重为 1.40g/cm³（表 2-2），32.45% 的土壤样品符合北京市地方标准《园林绿化种植土壤技术要求》（DB11/T 864—2020）中关于土壤容重的相关要求；土壤非毛管孔隙度变化范围为 1.93% ~ 15.09%，平均值为 6.33%，36.42% 的土壤样品未达到《园林绿化种植土壤技术要求》的相关要求。如图 2-2、图 2-3 所示，北京城市副中心整体表现出土壤容重偏大、通气性差等问题，中部区域尤甚，该种现状将对植物根系生长产生不利影响。

表2-2　城市副中心绿地土壤理化性质

指标	容重（g/cm³）	非毛管孔隙度（%）	水解性氮（mg/kg）	有效磷（mg/kg）	速效钾（mg/kg）	有机质（g/kg）	pH值	全盐量（%）
最小值	0.37	1.93	4.34	0.28	28.12	3.04	7.77	0.01
最大值	1.69	15.09	860.43	197.70	517.00	36.88	9.11	0.29
均值	1.40	6.33	64.63	15.08	154.31	14.99	8.65	0.09
标准差	0.55	3.43	74.25	17.89	77.76	6.57	0.22	0.06
变异系数（%）	39.34	54.19	114.38	118.57	50.39	43.85	2.56	73.07

2.2.2.2　土壤化学性质

2.2.2.2.1　有机质

有机质是土壤肥力的重要指标，其含量在一定程度上能代表土壤肥力水平，其变化能够直接反映土壤肥力的演变过程（黄健等，2005）。如表 2-3 所示，北京城市副中心绿地

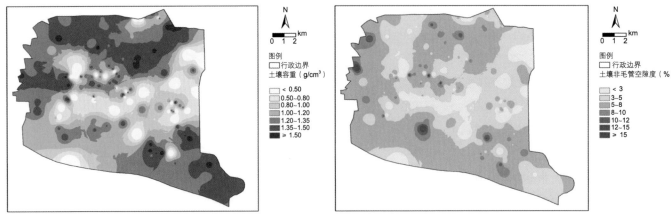

图 2-2　北京城市副中心土壤容重空间分布图　　　　图 2-3　北京城市副中心土壤非毛管孔隙度空间分布图

表2-3　土壤微量金属元素含量（mg/kg）

指标	Cu	Zn	As	Cd	Cr	Ni	Pb
最小值	7.07	37.82	1.61	0.01	38.91	8.77	26.61
最大值	145.01	338.22	28.96	1.07	217.98	29.87	140.84
平均值	18.82	75.87	5.44	0.31	72.15	17.04	49.72
标准差	11.25	24.61	2.55	0.16	19.44	2.87	25.68
变异系数=标准差平均值	0.60	0.32	0.47	0.52	0.27	0.17	0.52

土壤有机质含量为 3.04 ~ 36.88g/kg，平均值为 14.99g/kg，34.34% 的土壤样品有机质含量低于北京市地方标准。如图 2-4 所示，有机质含量较低区域呈零散分布。

2.2.2.2.2　水解性氮

土壤水解性氮、有效磷、速效钾是植物利于吸收利用的速效性养分（田宇等，2014），其含量对植物生长发育产生直接影响，并常作为诊断土壤养分基本状况的重要因子。北京城市副中心绿地土壤的水解性氮含量的平均值为 64.63mg/kg，变化范围为 4.34 ~ 860.43mg/kg，最大值与最小值间相差近 200 倍，变异系数为 114.38%（表 2-2），属于强变异。其中，63.13% 的土壤样品有机质含量低于北京市地方标准。由图 2-5 可以看出，城市副中心土壤中的水解性氮含量总体偏低，中部区域出现了较为严重的区域性养分亏缺现象，仅有减河公园、大运河森林公园和西海子公园 3 处公园绿地的含量相对较高，大部分区域处于长期缺少外源氮元素的养分输入状态。

2.2.2.2.3　有效磷

土壤有效磷是植物体磷素的直接来源，其含量是评价土壤磷素供应水平的重要指标，不仅能够反映土壤磷素的动态变化，而且能够呈现出土壤对植物的供磷水平。北京城市

副中心绿地土壤有效磷含量为 0.28 ～ 197.70mg/kg，平均值为 15.08mg/kg（表 2-2），
43.94% 的土壤样品有效磷含量低于北京市地方标准。由图 2-6 可以看出，城市副中心土
壤有效磷含量空间分布极不平衡，含量较低区域主要集中分布在受人为干扰较大的潞城和
环球影城附近施工建设绿地周边。

2.2.2.2.4　速效钾

速效钾亦是植物生长的限制因子之一，能够直接反映近期土壤钾的供应水平。由表
2-2 可以看出，城市副中心绿地土壤速效钾变化范围为 28.12 ～ 517.00mg/kg，平均值为
154.31mg/kg。85.86% 的土壤样品符合北京市地方标准要求（80 ～ 300mg/kg），4.04%
的土壤样品速效钾含量高于 300mg/kg，钾营养相对丰富。整体来看，北京城市副中心绿
地土壤速效钾含量较高，钾元素供应充足，能够满足植物生长对钾的需求。

2.2.2.2.5　pH 值

土壤 pH 值对土壤养分元素的存在形态及其有效性、微生物数量、组成及其活性等产
生重要影响，进而影响土壤中物质的转化（卢瑛等，2005）。北京城市副中心土壤 pH 值
变化范围为 7.77 ～ 9.11，平均值为 8.65，变异系数为 2.56%，大部分区域土壤 pH 值为

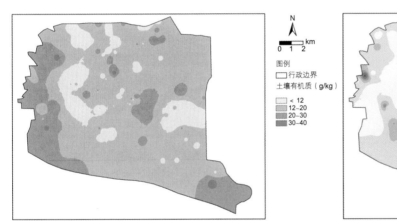

图 2-4　北京城市副中心土壤有机质空间分布图

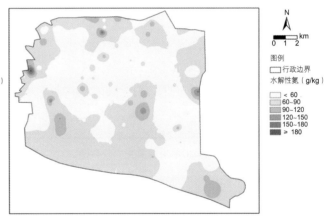

图 2-5　北京城市副中心土壤水解性氮空间分布图

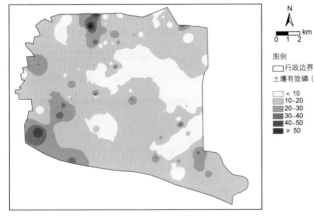

图 2-6　北京城市副中心土壤有效磷空间分布图

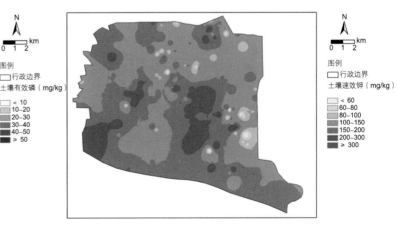

图 2-7　北京城市副中心土壤速效钾空间分布图

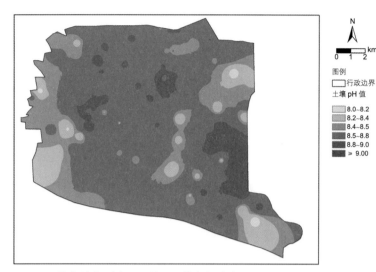

图 2-8　北京城市副中心土壤 pH 值空间分布图

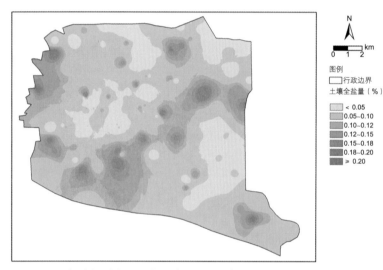

图 2-9　北京城市副中心土壤全盐量空间分布图

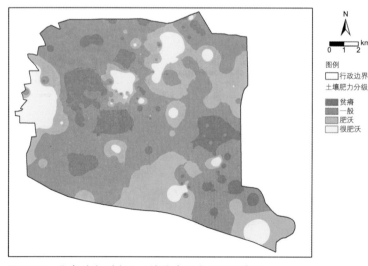

图 2-10　北京城市副中心土壤综合肥力空间分布图

8.5 ～ 9.0，pH 值 > 8.5 的强碱性土壤所占比例为 77.27%，pH 值为 7.5 ～ 8.5 的土壤所占比例为 22.73%。由图 2-8 可以看出，城市副中心强碱性土壤主要集中在大运河森林公园（北运河）、温榆河以及通燕高速附近。

2.2.2.2.6　全盐量

土壤水溶性盐含量变化幅度较大，最高为 0.29%，最低为 0.01%，平均值为 0.09%。新修订的《园林绿化种植土壤技术要求》对一般绿地土壤中全盐量未要求，但要求融雪剂污染的和盐碱地的土壤全盐量低于 0.20%。从图 2-9 可以看出，城市副中心绿地土壤全盐量普遍较低，全区域仅有 5.35% 的土壤样品全盐量高于 0.20%，土壤出现了一定的盐化现象，并以道路隔离带的区域较严重。

2.2.2.2.7　综合肥力评价

依据前述方法，选用改进的内梅罗综合指数法对北京城市副中心土壤进行综合评价。如图 2-10 所示，城市副中心绿地有 23.74% 的土壤处于贫瘠水平，41.41% 为一般肥力水平，17.17% 为肥沃水平，17.68% 为很肥沃水平。

综上，通过对土壤理化性质的调查分析，参照《园林绿化种植土壤技术要求》相关规定，结果发现，北京城市副中心绿地土壤单一指标未达到地方标准要求的比例较大，所测定指标完全达到标准要求的土壤样品仅为 4 个，占总数的 2.0%。通过综合肥力指数分析可以看出，土壤肥力整体较低，仅有零星区域土壤处于较肥沃水平，副中心绿地土壤存在较明显的物理退化和化学退化现象。

2.2.2.3　土壤微量金属元素

2.2.2.3.1　微量金属元素含量

土壤中含有多种微量金属元素，一些是

植物基本营养必需元素如 Fe、Mn、Cu 和 Zn，另一些如 Cd、Cr、Ni 和 Pb 等迄今为止被认为并非植物必需元素（钱进等，1995）。本部分将主要研究土壤中微量金属元素含量对植物的不利影响。

表 2-3 为北京城市副中心绿地土壤微量金属元素含量值，其中，土壤中 Cd 含量的变化幅度最大，为 0.01 ~ 1.07mg/kg，最高值是最低值的 107 倍。参考 Rodríguez-Seijo 等（2017）的方法对土壤中微量金属元素富集程度进行分析，结果显示，部分土壤中的 Cd 和 Pb 存在人为污染。同时，根据北京市地方标准《园林绿化种植土壤技术要求》中的分级评价标准，对所测定的土壤微量金属元素含量进行分级，并对各级别所占比例进行计算，结果显示，从单一微量金属含量来看，14.69% 的土壤中 Pb 含量超标，0.57% 的土壤中 Cu、Zn、Cr 和 As 含量超标，Cd 和 Ni 含量均不超标。从图 2-11 可以看出，除 Pb 含量超标的样点较多外，其他微量金属元素含量相对偏低。

2.2.2.3.2　生态风险评价

对土壤微量金属含量的生态风险进行综合评价，结果显示，54.23% 的土壤属于轻微风险，45.20% 属于中等风险，0.57% 属于强生态风险（图 2-12）；单一微量金属的潜在生态风险系数均属于轻微生态风险。

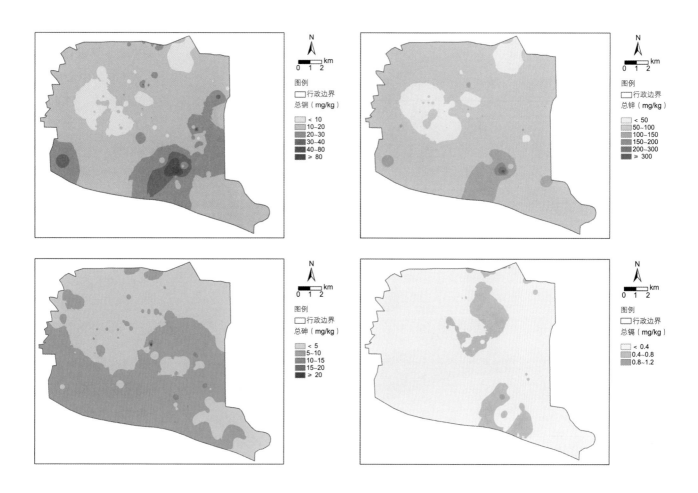

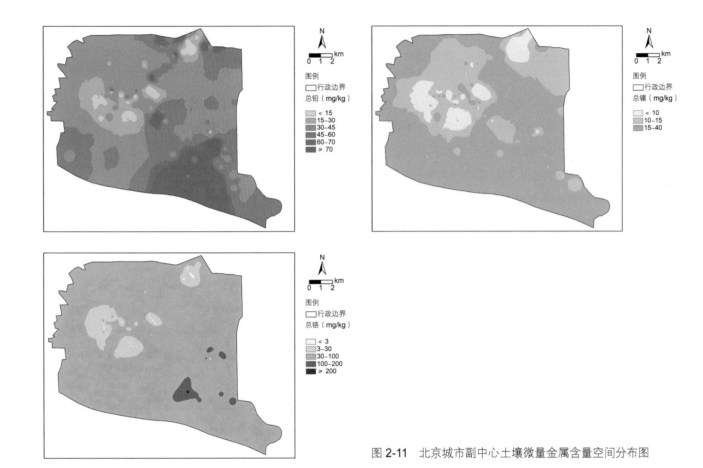

图 2-11　北京城市副中心土壤微量金属含量空间分布图

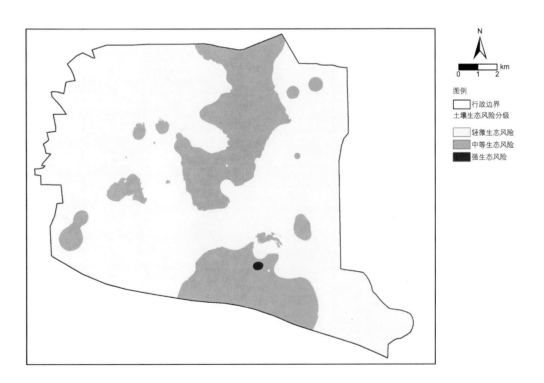

图 2-12　城市副中心绿地土壤微量金属生态风险分布图

2.2.3　结论与讨论

　　为全面掌握北京城市副中心绿地土壤环境特征，采用网格法对待建绿地土壤进行取样、检测和分析，结果表明，北京城市副中心绿地约 98% 的土壤质量未达到北京市地方标准《园林绿化种植土壤技术要求》的相关要求，与北京其他区域绿地存在共性，即土壤密实、通气性差、养分含量低，土壤肥力多处于一般或贫瘠水平，并伴随城市化发展，出现不同程度的土壤退化现象。其中，对于土壤 pH 值偏高问题应给予足够重视。土壤 pH 值过高将影响土壤中部分微量元素的有效性，例如，当 pH 值 > 8.0 时，铁以高价态沉淀，对植物的有效性极低，pH 值每升高一个单位，铁的有效性就降低 1000 倍；同样，锌也受到 pH 值的影响，一般 pH 值每升高一个单位，锌的有效性就降低 100 倍（胡霭堂，1994）。此外，绿地中喜酸植物如银杏、玉兰等，在具有高 pH 值的土壤中生长不良。

　　依据土壤微量金属含量进行土壤潜在生态风险评价，城市副中心绿地土壤多处于轻微生态风险水平，对植物生长与绿地营建相对安全。除个别污染严重区域外，大部分地区可不进行额外处理。

2.3 绿化废弃物堆肥在盆栽土壤改良中的作用研究

城市绿化废弃物经过堆肥化处理后得到腐熟的堆肥，具有持水力强、密度小、有机质含量高，并富含氮、磷、钾等营养成分的优点，是优良的新一代土壤改良剂。针对北京城市副中心绿地土壤密实、肥力低、碱性强等问题，本节开展了以盆栽薹草为试验对象，以绿化废弃物堆肥和草炭为改良材料的退化土壤改良试验，系统研究不同配比堆肥与草炭等对土壤及薹草生长状况的影响。

2.3.1 研究方法

盆栽土壤改良试验设于北京市园林科学研究院露天场地内，试验用土壤改良剂分别按体积比 15% 草炭、30% 草炭、15% 堆肥、30% 堆肥、45% 堆肥以及 60% 堆肥与土壤混匀。选择株高一致、萌蘖数量均为 4 的涝峪薹草（*Care x giraldiana*）作为植物材料种植于直径为 30cm 的栽植盆中，每个处理 4 盆。

分别于施加不同改良剂前、后以及植物收割后对土壤化学性质进行检测，具体包括水解性氮、速效钾、有效磷、有机质以及 pH 值等；测定盆内薹草植株生长状况，具体包括株高、分蘖数、地上部与地下部植株鲜重、植株养分以及根系特性等。薹草生长期仅进行正常浇水管理。

2.3.2 结果与分析

2.3.2.1 土壤分析

2.3.2.1.1 植物栽植前

薹草栽植前，分别对混入不同比例土壤改良剂的土壤进行化学性质检验，结果如表 2-4 所示，添加了不同含量堆肥与草炭的土壤中水解性氮含量均显著高于对照，并随堆肥施用量的增加而出现明显差异，但与草炭施用量无关，同时，加入堆肥处理的土壤水解性氮含量明显高于草炭处理。土壤中有效磷和速效钾含量的变化趋势与水解性氮相似。土壤中有机质含量伴随草炭和堆肥施用量增加而增加，加入同等体积草炭的土壤有机质高于堆肥处理，但二者无显著差异。土壤中施加草炭和堆肥后均可显著降低土壤 pH 值，除添加 15% 草炭处理外，其他各处理间差异不显著。

表2-4　薹草栽植前土壤性质

处理	水解性氮 （mg/kg）	有效磷 （mg/kg）	速效钾 （mg/kg）	有机质 （g/kg）	pH值
土壤	53.73	10.97	187.80	14.22	8.25
草炭	1164.47	399.12	386.77	567.27	6.43
堆肥	1406.26	233.86	1233.02	145.95	7.51
对照	53.73e	10.97f	187.80d	14.22d	8.25a
15%草炭	169.53d	35.65e	451.20d	37.71c	7.78b
30%草炭	161.19d	36.47e	329.90d	47.73b	7.54c
15%堆肥	201.03d	46.34d	1113.54c	34.53c	7.56c
30%堆肥	295.05c	57.85c	1743.62b	39.62ba	7.49c
45%堆肥	440.03b	78.81b	1979.90b	68.95a	7.57c
60%堆肥	640.13a	93.31a	2872.51a	71.74a	7.46c

注：同一列中不同字母表示 0.05 水平下的显著性差异。

2.3.2.1.2　植物收割后

经过 1 个生长季，于当年秋季对各处理盆栽薹草进行收割，测定其土壤化学性质，结果如表 2-5 所示。与栽植前相比，土壤中水解性氮、有效磷、速效钾以及有机质含量均大幅下降，而土壤中有效磷、速效钾和有机质含量仍处于较高水平。对比不同处理间各化学性质指标，结果发现，45% 堆肥与 60% 堆肥处理的土壤水解性氮含量处于较高水平，15% 堆肥和 30% 堆肥处理的土壤水解性氮处于中等水平，施用不同比例草炭及对照均处于较低水平，这与收割时薹草地上部大部分叶片发黄相一致，说明土壤中有效态氮含量不足，并已影响植物生长。此外，薹草收割时的土壤 pH 值明显高于栽植前的土壤 pH 值。

表2-5　薹草收获时的土壤性质

处理	水解性氮 （mg/kg）	有效磷 （mg/kg）	速效钾 （mg/kg）	有机质 （g/kg）	pH值
对照	39.44c	12.99e	135.57e	22.56d	8.46a
15%草炭	33.74c	15.81e	170.39e	32.58d	8.33bc
30%草炭	44.93c	20.92de	203.81de	45.99c	8.25cd
15%堆肥	97.51bc	28.99d	345.94d	41.11b	8.38ab
30%堆肥	72.70c	59.34c	726.60c	46.39b	8.29bc
45%堆肥	165.58ab	77.00b	935.49b	60.83a	8.22cd
60%堆肥	174.35a	91.58a	1179.19a	62.04a	8.17d

注：同一列中不同字母表示 0.05 水平下的显著性差异。

2.3.2.2   植物生长状况分析

2.3.2.2.1   株高

株高是植物形态学调查工作中最基本的指标之一，能够最直观、最快速地体现土壤改良剂施用后植物生长的状态。由表 2-6 可以看出，施用 15% 堆肥和 30% 堆肥处理的薹草株高较高，显著高于对照和 30% 草炭处理，而与其他处理无显著性差异。

2.3.2.2.2   分蘖能力

薹草具有分蘖能力强的特点，其单株分蘖数是检验其生长状态的重要指标。由表 2-6 可以看出，施用 15% 堆肥处理的薹草分蘖数最多，显著高于对照、30% 草炭和 60% 堆肥处理，而与 30% 堆肥和 45% 堆肥处理的薹草分蘖数相当。

2.3.2.2.3   地上部与地下部植物鲜重

对收割后不同处理的薹草植株地上部与地下部进行称重，结果显示（表 2-6），施用草炭处理的薹草地上部鲜重显著低于加入同体积的堆肥处理，施用不同量堆肥处理的地上部植物鲜重无显著性差异。15% 堆肥处理的植株地下部鲜重最高，显著高于 15% 草炭处理，而与其他处理无显著性差异。

表2-6   薹草情况

处理	株高（cm）	分蘖数（个/株）	地上部鲜重（g/株）	地下部鲜重（g/株）
对照	48.25c	56.0b	70.25ab	26.86ab
15%草炭	50.00bc	61.8ab	66.57b	15.34b
30%草炭	48.13c	54.8b	57.63b	25.04ab
15%堆肥	54.50ab	74.8a	108.84a	35.82a
30%堆肥	58.75a	61.0ab	111.73a	19.67ab
45%堆肥	51.50bc	62.8ab	91.95ab	18.84b
60%堆肥	50.25bc	55.0b	73.95ab	25.79ab

注：同一列中不同字母表示 0.05 水平下的显著性差异。

2.3.2.2.4   植株养分

对不同处理薹草地上部与地下部植株氮、磷、钾等养分含量进行检测与分析，结果如表 2-7 所示，添加堆肥处理的薹草地上部植株氮、磷、钾含量最高，而对照的各养分含量最低。添加 30%、45% 和 60% 堆肥处理的地上部植株中氮、磷、钾含量显著高于其他处理。添加草炭处理的地上部植株氮、磷、钾含量高于对照处理，但仅有 30% 草炭处理的地上部钾含量与对照存在显著性差异。

不同处理的地下部植株氮含量变化趋势与地上部植株氮含量基本一致。施用堆肥处理的薹草地下部植株磷、钾含量较高，施用草炭处理的地下部植株磷、钾含量较低，且草炭

表2-7　不同处理薹草植株养分含量（%）

处理	地上部			地下部		
	氮含量	磷含量	钾含量	氮含量	磷含量	钾含量
对照	1.20b	0.079c	1.84d	0.69c	0.054e	1.16b
15%草炭	1.22b	0.103bc	2.18cd	0.71bc	0.048de	1.04b
30%草炭	1.35b	0.111ab	2.43bc	0.75bc	0.052de	1.08b
15%堆肥	1.42b	0.122ab	2.82b	0.87b	0.062cd	1.34b
30%堆肥	1.97a	0.122ab	3.00a	1.21a	0.071bc	1.32b
45%堆肥	2.06a	0.124ab	3.01a	1.17a	0.081ab	1.35b
60%堆肥	2.19a	0.134a	3.28a	1.10a	0.086a	1.72a

注：同一列中不同字母表示 0.05 水平下的显著性差异。

与对照间的各养分含量均无显著性差异。施用 30%、45% 和 60% 堆肥处理的地下部植株氮含量显著高于其他处理，磷含量显著高于草炭处理和对照；施用 60% 堆肥处理的地下部植株钾含量显著高于其他处理，其他 6 个处理间无显著性差异。

2.3.2.2.5　根系特性

根系是植物生长发育的重要器官，与立地土壤密切接触，其生长状况能够直接反映土壤理化性质及肥力的优劣，并与植株地上部的生长密切相关（陈温福等，2013）。如表 2-8 所示，针对不同处理的植物根系特性进行测定，结果显示，草炭与堆肥处理均对薹草根系产生影响，并因添加物和添加比例的不同而有所不同。可以看出，施用 30% 堆肥处理的薹草根系总长度、表面积、平均直径以及总体积等各指标为所有处理中最高，且其根系总长度显著高于施用 45% 堆肥、60% 堆肥、15% 草炭以及对照处理；其根系平均直径显著高于其他比例堆肥、30% 草炭以及对照处理；其根系总体积显著高于其他比例堆肥、15% 草炭以及对照处理。从植物根系角度来看，与其他处理相比，施用 30% 堆肥处理的 1 生长周期盆栽薹草根系生长更健康。

表2-8　薹草根系特性

处理	根系总长度 （cm）	根系表面积 （cm²）	根系平均直径 （mm）	根系总体积 （cm³）
对照	3075.77c	499.18c	6.69b	6.50c
15%草炭	4096.79bc	665.30bc	7.61ab	8.67bc
30%草炭	4420.54abc	754.62ab	7.04b	10.33ab
15%堆肥	4207.22ab	698.60bc	6.20b	9.28bc
30%堆肥	5340.90a	922.74a	9.03a	12.76a
45%堆肥	3920.51bc	637.68bc	6.35b	8.34bc
60%堆肥	3350.11bc	581.12bc	7.07b	8.11bc

注：同一列中不同字母表示 0.05 水平下的显著性差异。

2.3.3　结论与讨论

草炭具有不可再生的特性，而堆肥则是园林绿化废弃物的循环再利用形式，具有显著的生态价值。为对比草炭与堆肥改良功效，细化不同改良剂施用配方，本节系统研究了不同配比堆肥和草炭对盆栽土壤及植物的生长状况影响。

（1）退化土壤施加堆肥或草炭等改良剂后，土壤及植物生长状况等得到显著改善。盆栽土壤化学性质检验结果显示，退化土壤加入不同比例堆肥和草炭后，土壤养分与有机质含量增加，并随用量的增加而升高，土壤肥力明显提高，pH 值呈不同程度降低。植株生长状况测定结果显示，植株体内营养元素含量随改良剂施用量的增加而明显增加，与土壤中的各养分含量变化相一致，说明改良剂带入土壤中的各营养元素为植物根系提供了可利用的营养，改善了通气性，促进了植物的生长（Curtis & Claassen，2009；Loper et al.，2010）。

（2）不同改良剂土壤改良功效不同，本研究结果显示，施用堆肥处理的薹草生长势优于草炭处理，这与堆肥及草炭自身特性有关。堆肥中含有大量有机质以及氮、磷、钾等营养元素，对于改善土壤性质、促进植物生长具有重要作用；而草炭虽含有大量有机质，并具有保存营养的优势，但其本身并不含营养元素（Cooperband，2002）。因此，在退化土壤自身营养元素含量较低的状况下，施加堆肥比施加草炭更有利于植物生长。

（3）不同配比堆肥土壤改良功效不同，盆栽薹草试验结果显示，施加 15% 堆肥和 30% 堆肥时，植物生长状况最优。该结果与 Cox 等（2001）和 De Lucia 等（2013）的研究结果具有一致性，当有机质施用量为 20% ~ 30% 时，植物生长状况将得到改善。与此同时，也有研究表明，退化土壤加入堆肥后，土壤质量可得到改善，但对植物生长状况无显著影响（Gilman，2004；Peter et al.，2018）。这可能与施用堆肥量以及植物材料有关，例如，当选用高大树木作为试验材料时，其生长状况常在短期内得不到改善（Gilman，2004；Peter et al.，2018），这是由于高大树木对堆肥的反应速度慢、不敏感。

（4）退化土壤改良建议堆肥施用量以 20% ~ 30% 为宜。综合土壤性质检验与植物生长状况测定结果发现，30% 堆肥处理优于其他处理。同时发现，低浓度堆肥处理对土壤肥力和薹草生长改善作用不明显；高浓度堆肥处理的薹草则未出现不良反应，且植株中营养元素含量随堆肥施用比例的增加而增加，说明根系仍能将土壤中的矿质元素吸收利用。但也有研究者认为在土壤中大量施用有机质会产生负面影响，诸如有机质分解消耗氧气，进而改变并导致厌氧条件产生，而持续的厌氧分解会产生对植物根系活动有害物质（Leake & Haege，2014）；再如，有机质分解会造成关键的土壤养分无法被植物根系吸收。因此，综合土壤和植物表现，建议腐熟的堆肥以 20% ~ 30% 的浓度施用最为适宜。

2.4　绿化废弃物堆肥在绿地土壤改良中的作用研究

　　城市绿地退化土壤修复技术需要在绿地植物栽植中进行实践验证。与盆栽土壤不同，城市绿地土壤具有难以与改良剂充分混匀以及强缓冲性等特点。为使堆肥应用技术更具实用性，本节开展了以麦冬为植物材料，以绿化废弃物堆肥、草炭和有机肥为改良材料的退化绿地土壤改良试验，系统研究不同配比堆肥、草炭、有机肥等对土壤及麦冬生长状况的影响，为堆肥在绿地中的科学应用提供实证依据。

2.4.1　研究方法

　　试验设于北京城市副中心绿地，设置对照及添加有机肥（施用量为 1.5kg/m^2）、15% 草炭（添加物占土壤的体积，下同）、30% 草炭、10% 堆肥、20% 堆肥和 30% 堆肥共 7 个处理（以下简称为对照、有机肥、15% 草炭、30% 草炭、10% 堆肥、20% 堆肥和 30% 堆肥）。施用方法为各改良剂平铺于绿地土壤表面，并与 0 ~ 25cm 土层的土壤混合均匀。混合后，栽植生长势、高度相似的麦冬，每个处理设置 1 个面积约 50m^2 的样地。于春季苗木栽植前、当年秋季及次年秋季分别进行土壤检测和植物生长指标测定，具体方法为各样地内随机采集 3 个土壤样品，检测土壤容重、非毛管孔隙度、水解性氮、速效钾、有效磷、有机质以及 pH 值，测定植株株高。同时，试验处理前，分别测定土壤基础性质及各改良剂性质，结果如表 2-9 所示。

表2-9　原土和改良物基本性质

样品名称	水解性氮（mg/kg）	有效磷（mg/kg）	速效钾（mg/kg）	有机质（g/kg）	pH值
有机肥	3845.80	355.83	246.79	161.07	4.78
草炭	1845.20	8.41	123.06	228.47	5.07
堆肥	2482.20	136.52	2308.75	260.63	7.72
原土	60.20	5.82	63.69	7.73	8.71

2.4.2　结果与分析

2.4.2.1　土壤分析

　　对改良剂施用后、植物栽植前不同处理的土壤理化性质进行检测，结果如表 2-10 所示，施用 30% 草炭、20% 堆肥及 30% 堆肥 3 个处理的土壤容重与对照存在显著性差异，土壤容重得到显著改善；施用有机肥、15% 草炭及 10% 堆肥的土壤容重与对照无显著性差异。施用 30% 草炭、20% 堆肥及 30% 堆肥 3 个处理的土壤非毛管孔隙度显著高于对照和 15% 草炭处理，土壤通气性得到显著增强。施用各类改良剂后，土壤中的水解性氮、有效磷及有机质含量呈现不同程度的增长趋势。施用不同比例堆肥处理的土壤水解性氮、速效钾及有机质含量显著高于其他处理；施用 20% 堆肥、30% 堆肥处理的土壤有效磷含量显著高于其他处理。施用 3 类改良剂后土壤 pH 值均显著低于对照；施用堆肥处理的土壤 pH 值显著低于其他处理。

薹草栽植后，分别经 1、2 个生长季，于当年和次年秋季对各处理土壤进行理化性质检验，结果如表 2-11、表 2-12 所示。当年秋季土壤检测结果显示，在土壤物理性质方面，施用 30% 堆肥处理的土壤容重最低，对照最高；施用 20% 堆肥和 30% 堆肥处理的土壤非毛管孔隙度最优。在土壤化学性质方面，仍以施用 30% 堆肥处理的土壤最优，且其水解性氮、有效磷、速效钾和有机质含量显著高于其他处理。

次年秋季土壤检测结果显示，在土壤物理性质方面，土壤容重和非毛管孔隙度 2 项指标变化趋势与前一年检测结果相似。在土壤化学性质方面，施用 30% 堆肥和有机肥处理的土壤水解性氮和速效钾含量较高；施用 30% 堆肥处理的土壤有效磷含量显著高于其他处理；施用有机肥处理的土壤有机质含量最高；土壤 pH 值则开始呈无序变化。

表2-10　植物栽植前不同处理土壤理化性质

处理	容重（g/cm³）	非毛管孔隙度（%）	水解性氮（mg/kg）	有效磷（mg/kg）	速效钾（mg/kg）	有机质（g/kg）	pH值
对照	1.10a	9.31b	60.20d	5.82c	63.69c	7.73d	8.71a
有机肥	1.09a	12.06ab	130.20c	19.53bc	78.02c	15.50c	8.39b
15%草炭	1.07a	9.18b	92.68cd	6.42c	49.36c	10.53c	8.44b
30%草炭	0.93bc	12.90a	141.87c	16.01bc	47.31c	14.14c	8.31b
10%堆肥	1.01ab	11.89ab	274.49b	25.44b	125.11b	41.02b	8.08d
20%堆肥	0.90c	12.51a	545.63a	41.30a	151.95b	49.52a	8.01d
30%堆肥	0.89c	12.71a	497.00a	41.30a	198.96a	50.04a	8.05d

注：同一列中不同字母表示 0.05 水平下的显著性差异。

表2-11　当年秋季土壤理化性质

处理	容重（g/cm³）	非毛管孔隙度（%）	水解性氮（mg/kg）	有效磷（mg/kg）	速效钾（mg/kg）	有机质（g/kg）	pH值
对照	1.49a	2.85ab	52.41d	5.12c	85.34c	12.48c	8.66a
有机肥	1.48a	2.78ab	67.76cd	8.81c	87.31c	12.74c	8.59ab
15%草炭	1.32bc	2.33b	82.97cd	6.84c	79.44c	14.20c	8.51abc
30%草炭	1.39b	3.11ab	97.25bc	5.37c	65.68c	16.45c	8.42bcd
10%堆肥	1.57a	2.75ab	65.61cd	17.03b	75.51c	21.47c	8.53abc
20%堆肥	1.35b	3.90a	124.88b	26.92b	407.11b	38.25b	8.37cd
30%堆肥	1.25c	3.98a	253.96a	31.86a	615.96a	47.60a	8.26d

注：同一列中不同字母表示 0.05 水平下的显著性差异。

表2-12　次年秋季土壤理化性质

处理	容重（g/cm³）	非毛管孔隙度（%）	水解性氮（mg/kg）	有效磷（mg/kg）	速效钾（mg/kg）	有机质（g/kg）	pH值
对照	1.49a	3.22c	47.49d	6.29bc	89.62b	15.43b	8.45ab
有机肥	1.29c	4.49b	75.18a	4.96d	109.11a	28.22a	8.45ab
15%草炭	1.35b	4.19bc	52.71cd	4.83d	78.48c	10.53b	8.46ab
30%草炭	1.48a	4.04bc	49.30cd	5.64cd	81.26c	10.43b	8.52a
10%堆肥	1.47a	3.23c	55.40bc	6.66bc	95.19b	22.68ab	8.36b
20%堆肥	1.24d	8.17a	51.05cd	6.76ab	95.19b	17.49ab	8.51a
30%堆肥	1.24d	7.35a	60.46ab	8.36a	108.19a	22.43ab	8.38ab

注：同一列中不同字母表示 0.05 水平下的显著性差异。

2.4.2.2　植物生长状况分析

本章 2.3 部分盆栽薹草试验结果显示，植物株高与根系特性具有一致性。为保全绿地已有景观，本部分植物生长状况分析以植物株高为测定指标（表 2-13）。结果显示，在当年测定结果中，施用 15% 草炭、30% 草炭和 20% 堆肥处理的麦冬植物最高，并与施用有机肥和对照处理的麦冬植物高度存在显著性差异，而对照处理的麦冬高度最低。在次年测定结果中，施用 30% 草炭处理的植物株高最高，其次为 30% 堆肥处理，对照处理最低。

表2-13　麦冬平均株高（cm）

处理	当年	次年
对照	25.13c	28.94d
有机肥	25.33c	32.56abc
15%草炭	27.47ab	30.00cd
30%草炭	27.93a	34.44a
10%堆肥	25.80bc	30.88bcd
20%堆肥	27.80ab	30.88bcd
30%堆肥	26.50abc	33.00ab

注：同一列中不同字母表示 0.05 水平下的显著性差异。

2.4.3　结论与讨论

堆肥、草炭以及有机肥具有改善土壤质量、促进植物生长等功能，是近年城市绿地土壤改良实践中常用的改良剂。为对比不同改良剂的改良功效差异，完善城市绿地退化土壤改良方案，本节系统研究了不同改良剂与不同施用浓度对城市绿地退化土壤理化性质及植物生长状况的影响。

（1）分别对植物栽植前、植物栽植当年秋季以及次年秋季 3 个时间段，不同处理下的土壤理化性质进行检验，结果显示，堆肥、草炭和有机肥 3 种改良剂均对土壤物理性质具有显著改良功效，并以施用 20% 堆肥和 30% 堆肥效果最优。施用改良剂后，原土中较密实的土壤矿物组分被稀释，土壤容重降低，非毛管孔隙度增加，进而通气量增加，达到改良物理性质的目的。实践中，夯实的土壤有时通过翻耕进行改良，并可在一定程度上降低土壤容重，但与添加改良剂相比，维持时间相对较短。当翻耕后的土壤遭遇自然降雨或采用皮管进行绿地浇灌时，常造成土壤表面出现裂缝，细小颗粒与土块分离，并形成坚硬土层，再次造成土壤质量恶化（Day et al.，1995；Shah et al.，2017；Cogger，2005；Scharenbroch et al.，2013）。因此，针对城市绿地退化土壤，建议优先选择添加改良剂进行土壤修复和改良，而非翻耕等单一操作。

（2）不同改良剂与施用剂量对土壤改良功效不同，这可能与其主导成分直接相关（Clément et al.，1998；Chaves et al.，2004）。对比分析不同浓度堆肥、草炭、有机肥3 种改良剂对城市绿地退化土壤理化性质及植物株高的影响，可以发现，堆肥因含有大量的速效养分和有机质，可在施用后立即释放，土壤中速效养分能够迅速提升，但随着植物生长吸收，土壤中养分含量下降明显，而此过程中植物生长速度可得到明显加快。与之相反，有机肥在土壤中养分转化较慢（商丽荣等，2019），将其施入土壤后，有机质含量在当年增加缓慢，而在次年显著，较好地解释了麦冬在施用有机肥次年株高增加明显。草炭具有有机质含量高、pH 值低、养分含量低等特点。因此，针对城市绿地不同退化土壤类型，应根据场地内具体的土壤物理、化学以及生物特性选择适宜的改良剂类型。

（3）针对城市副中心乃至北京城市绿地土壤密实、通气性差、pH 值高以及养分含量低等现状，土壤改良方案以多年连续施用 20% ~ 30% 堆肥改良效果为佳。绿地土壤改良试验结果表明，施用 30% 堆肥对城市绿地土壤理化性质具有显著改善作用，对麦冬植株生长具有促进作用，这也与前述盆栽试验结果一致；改良剂施用后对土壤理化性质影响周期为 1 ~ 2 年。

2.5　城市绿地退化土壤修复技术

为提升城市绿地建设及绿地后期养护管理质量水平，满足施工及绿地养护对绿化种植土壤的质量要求，需对未达到要求的绿地土壤进行修复，包括改善土壤物理性质、增加土壤有机质等，以保证植物健康成长，维护绿地生态系统可持续发展。基于前述研究，整合已有技术，形成城市绿地退化土壤修复技术。

2.5.1　绿地种植土壤符合性判断流程

绿地种植土壤是否需要修复，需要进行土壤调查、取样、检测，检测结果依据北京市地方标准《园林绿化种植土壤技术要求》（DB11/T 864—2020）要求进行判断，具体操作流程如图 2-13 所示。首先，设计单位依据场地土壤调查、分析结果，结合种植设计中的植物特性及对土壤的要求、场地所处位置以及待实现的景观效果等提出土壤要求。当场地土壤检测结果不能达到既定要求时，则需进行土壤修复。然后，施工单位依据设计要求进行土壤修复和再检测，当达到要求时，可进入后续苗木种植阶段。

2.5.2　绿地土壤修复技术

城市绿地退化土壤修复技术涉及修复深度、修复技术措施以及改良剂应用技术 3 项核心内容。

2.5.2.1　修复深度

参照《园林绿化种植土壤技术要求》（DB11/T 864—2020）相关内容，城市绿地退化土壤修复深度应至少与其保持一致。当根系分布深度不同的植物混合栽植时，则应执行最深土壤厚度要求。

2.5.2.2　修复技术措施

不同城市绿地退化土壤状况各有不同，依据测定的土壤理化性质及各指标含量，采取不同的土壤修复措施，具体如表 2-14 所示。

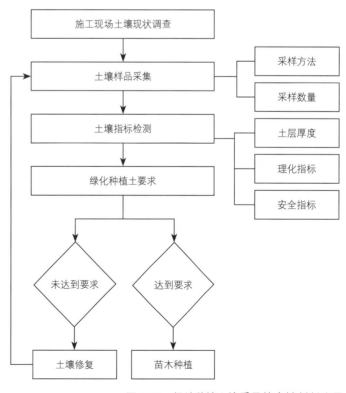

图 2-13　绿地种植土壤质量符合性判断流程

表2-14　绿地土壤修复技术措施

序号	指标	范围	修复措施
1	容重（g/cm³）	>1.35	施用10%（体积）有机肥或绿化废弃物堆肥，与土壤混匀。
2	有机质（g/kg）	≤12	施用20%（体积）有机肥或绿化废弃物堆肥，与土壤混匀。
3	碱解氮（mg/kg）	<60	按照80g/m²比例撒施含氮、磷、钾的复混肥，每年施用至少1次。
4	有效磷（mg/kg）	<10	按照80g/m²比例撒施复混肥，每年至少施用1次。
5	速效钾（mg/kg）	<100	按照80g/m²比例撒施复混肥，每年至少施用1次。
6	pH值	7.8～8.5	施用10%（体积）草炭，与土壤混匀。
		>8.5	建议加脱硫石膏（硫含量为20g/m²），与土壤混匀，需多年施用；施肥时尽量选用酸性肥料。
7	重金属	4137	城市副中心绿地，个别样点土壤中重金属含量高于地方标准要求，但不影响植物生存，可按照土壤与绿化废弃物堆肥8：2的比例混合。
8	多指标不达标	875	1. 施用20%～30%（体积）的绿化废弃物堆肥或有机肥，同时施用养分含量25%复混肥的50～80g/m²。 2. 根据土壤pH值选择施用草炭或脱硫石膏。

注：①北京城市副中心绿地土壤理化性质与北京其他绿地土壤性质无显著性差异，存在普遍共性问题，此修复措施可在北京其他绿地土壤修复中参考应用。②施用量为参考值，可根据场地实际情况略做调整。③建议修复措施使用频次为每年一次。

2.5.2.3　改良剂应用技术

绿化废弃物堆肥、草炭以及有机肥是城市绿地土壤中的常用改良剂，均具有提高土壤有机质、降低土壤容重、增加透气性和保水性等作用，其具体应用方法如表 2-15 所示。

表2-15　土壤改良剂应用技术

改良剂	作用	用法	注意事项
绿化废弃物堆肥	提高土壤有机质含量和速效养分含量	1. 栽植草坪、宿根花卉、绿篱色带等成片种植的植物：堆肥均匀撒施于地表，然后与所需改良深度土层内的土壤混匀。 2. 栽植乔木、大灌木：带土球栽植的苗木，可以在回填土中加入一定比例的堆肥，掺混均匀后回填到土球周围，分层压实即可。压实过程中注意保护土球。	堆肥要充分腐熟，与土壤充分混匀。
草炭	提高土壤有机质含量，降低pH值	同废弃物堆肥。	与土壤充分混匀。
有机肥	提高土壤有机质含量和养分含量	同废弃物堆肥。	与土壤充分混匀。
复混肥	提高土壤养分含量	撒施或拌土（改良剂施用的一个补充）。	施用均匀性，施后及时浇灌。

2.6　小结

　　土壤环境恶劣并难以满足植物生长需求是通州绿化现存问题之一。本章在对城市副中心绿地土壤进行取样、检测、分析以及对土壤综合肥力与潜在生态风险进行评价的基础上，绘制了土壤空间分布图，全面掌握了通州土壤环境特征；结合盆栽与绿地土壤改良试验，整合已有研究成果，形成了城市绿地退化土壤修复技术。

　　（1）城市副中心待建绿地土壤环境普遍恶劣

　　城市副中心待建绿地土壤环境普遍恶劣，并与北京其他区县绿地土壤存在共性。采用网格法对城市副中心待建绿地土壤进行取样，对其理化性质、微量元素、重金属含量等进行检验，对其综合肥力、潜在生态风险等进行评价。结果表明，城市副中心绿地土壤普遍存在土壤密实、通气性差、养分含量低、pH 值偏高等问题；土壤肥力多处于一般或贫瘠水平；土壤重金属潜在生态风险多处于轻微状态，对植物生长相对安全。参照对比北京市地方标准《园林绿化种植土壤技术要求》（DB11/T 864—2020）相关要求，结果发现，供检土壤样品 98.5% 未达标准。

　　（2）园林绿化废弃物堆肥对盆栽土壤改良效果显著

　　以不同比例园林绿化废弃物堆肥和草炭为土壤改良剂，测定与分析不同改良剂对盆栽土壤理化性质、植物生长状况的影响，评价不同改良剂改良功效。结果表明，草炭与堆肥均可增加土壤养分和有机质含量，并以堆肥处理增幅最为明显；经 30% 堆肥处理的薹草植物株高以及根系各项指标最好；低浓度草炭和堆肥均可增加薹草分蘖，并以 15% 堆肥处理最好。

　　（3）园林绿化废弃物堆肥对绿地土壤改良效果显著

　　以不同比例园林绿化废弃物堆肥、草炭以及有机肥为土壤改良剂，测定与分析不同改良剂对绿地退化土壤理化性质、植物生长株高的影响，评价不同改良剂的改良功效。结果表明，堆肥、草炭和有机肥 3 种改良剂均对土壤容重、非毛管孔隙度等土壤物理性质具有显著改良功效，并以施用 20% 堆肥和 30% 堆肥效果最优；与前述盆栽试验结果一致，施用 30% 堆肥对城市绿地土壤理化性质具有显著改善作用，对麦冬植株生长具有促进作用；改良剂施用后对土壤理化性质影响周期为 1 ~ 2 年。

　　（4）城市副中心绿地退化土壤改良方案建议以多年连续施用 20% ~ 30% 堆肥为佳

　　园林绿化废弃物堆肥、草炭和有机肥是当前城市绿地建设和养护中常用的土壤改良剂，并各具特点。草炭具有突出的营养保存功能，但属不可再生资源；有机肥可显著增加土壤有机质含量，但其他作用不足；腐熟的堆肥在实现绿化废弃物循环再利用的同时，具有突出的改善土壤化学、物理、生物特性，以及促进植物生长的功能，并在盆栽与绿地土壤改良试验中表现突出，是新一代可优先选择的改良剂类型。

　　针对城市副中心乃至北京城市绿地退化土壤密实、通气性差、pH 值高以及养分含量低等现状，结合退化土壤盆栽与绿地试验，建议土壤改良方案为多年连续施用 20% ~ 30% 腐熟堆肥。

（5）针对场地条件与目标要求选择适宜的土壤修复技术是城市绿地退化土壤修复成功的关键

本章结合城市副中心绿地土壤环境评价、土壤改良试验研究结果及已有研究成果，以改善土壤质量，增强植物长势为目标，形成了城市绿地退化土壤修复技术，其核心内容包括土壤修复深度、修复技术措施和改良剂应用技术 3 项内容。但在实际应用中，退化土壤修复成功的关键是针对场地条件、种植设计内容、景观效果要求以及各项价值目标进行适宜的技术选择。首先，如前所述，场地内土壤理化现状是进行土壤修复技术选择的最主要依据；其次，种植设计内容是技术选择的重要内容，例如，针对碱性土壤，种植紫穗槐等耐碱植物与银杏等喜酸植物的土壤修复技术大有不同；最后，景观、生态价值等的目标设定也是土壤修复技术选择的重要依据，诸如为达到突出的景观效果，上海迪士尼乐园的土壤改良深度达 1.5m，远高于各地方标准相关要求。

第3章

苗木移植活力快速恢复技术

苗木移植是城市绿化建设的重要环节，苗木成活率与树势活力恢复是绿化工程验收的重要指标。我国围绕苗木移植技术开展了大量研究，但大多集中在起苗、运输、种植、植后管护等移植要点的常规总结中，针对一些常见树种的移植研究不够细致，缺乏具体树种的系统移植技术研究和数据支撑。

本章聚焦苗木移植活力快速恢复技术，针对北京常用树种及苗木规格，开展苗木移植后生长势恢复研究，实时监测与对比分析不同处理方式对移植苗木生长势恢复的影响效果，总结形成适用于北京地区的苗木移植活力快速恢复技术。

3.1 研究综述

3.1.1 国外概况

在国外的苗木移植历史上，俄罗斯早在 17 世纪就将大规格果树移植于沙皇贵族府邸；20 世纪 30 年代开始在莫斯科开展大规模的大规格苗木移植工程，并及时总结移植经验，实现快速成型成景。17 世纪 60 年代，为建设凡尔赛宫苑，路易十四直接从森林中挖取大规格树木进行移植。1990 年的"花与绿"博览会上，日本凭借成熟的育苗与养护技术，成功实施了大规格苗木的全冠移植技术，并保障了较高的成活率和活力恢复速度；2000 年，220 株大规格榉树移植于琦玉新都，并实现了苗木移植 100% 成活率。美国是最早开展机械化苗木移植的国家之一，铲式大树移植机于 1975 年研制成功，用以代替人工挖坑、起苗、起运以及栽植等工作，省力省工，且移植效率翻倍提高，经过不断完善，这些工具迅速在世界范围内推广应用。

当前，伴随大规格苗木移植工作的全面开展，技术水平不断革新，采用透气管以提高土壤疏松性和根系恢复等新技术大量应用于城市绿化的大规格苗木移植中。

3.1.2 国内概况

我国苗木移植技术可追溯到古代。早在周、秦时代，就已有沿路种植行道树的传统。北魏贾思勰《齐民要术·栽树第三十二》中记录"正月自朔暨晦，可移松、柏、桐、梓、竹、漆诸树"。至唐代，《新唐书》记载，"长安大街，夹树杨槐"。元代《农桑辑要》中记录，栽大树者，于三月中移；广留根土，谓如一丈树，留土方二三尺；地远移者二尺五寸。一丈五尺树，留土三尺或三尺五寸。用草绳缠束根土。树大者，从下剥去枝三二层。树记南北。运至区所，栽如前法。清代《广群芳谱》一书记载，"大树需广留土……"；陈溟子《花镜》中记录"一丈树留土二尺远，用草绳缠束根土，记南北，运栽处，深凿穴。" 1739—1743 年，乾隆皇帝命人在景山栽植高 6m 左右的大规格油松、白皮松、云杉和桧柏千余株，可见当时的绿化规模和移植技术已达到较高水平。

我国近代苗木移植技术的发展开始于 20 世纪 50 ~ 60 年代，1954 年采用木箱移植法，将胸径 10cm 的落叶乔木和高 4 ~ 5m 的常绿针叶树栽植在苏联展览馆外绿地中；3 年后采用同样方法，将胸径 15 ~ 20cm 的 500 余株大油松移植应用于天安门广场周边绿地中，移植成活率较高。由于大规格苗木移植耗时耗资较高，当时仅在重要区域和节点进行应用。

自 20 世纪 90 年代开始，伴随经济的发展，大树移植在一线城市的园林绿化工程中逐步受到重视（张东林，2005），尤其在 2000 年中国申奥成功后，我国绿化事业蒸蒸日上，能快速成型成景的大树移植迅速在全国各地推广应用。为了提高移植成活率，国家和各省市相继发布并实施了相关标准，用于规范苗木的移植技术。例如，北京于 2010 年颁布了《大规格苗木移植技术规程》(DB11/T 748—2010)，详细规定了胸径 10cm 以上阔叶苗木和高 5m 以上常绿苗木移植时间、移植方法、移植准备工作、苗木挖掘、吊装运输、苗木栽植、植后管护等详细的技术流程，对于实践具有重要的指导意义。

3.2　研究方法

3.2.1　试验地与供试材料

试验地设在北京市园林绿化科学研究院顺义虫王庙中试基地（40° 16′ 34″ N，116° 57′ 36″ E），海拔 30m。

分别以高 1.5m、3m 的油松，胸径（或地径）3cm、8cm 的玉兰、元宝枫、栓皮栎、栾树为供试材料，并确保各材料苗源相同、高度相对一致、生长健壮、无病虫害。

3.2.2　苗木移植与处理方法

于 2017 年 8 月带土球移植各规格苗木。其中，株高 1.5m 油松土球直径为 40cm，3m 高油松土球为 70cm；胸径（地径）3cm 的玉兰、元宝枫、栓皮栎以及栾树土球均为 30cm，胸径（地径）8cm 玉兰、元宝枫、栓皮栎和栾树土球均为 60cm。土球外部包裹网兜，并于埋土栽植前灌施 GGR6 号生根粉。生根粉浓度为 20mg/L，小规格灌施 10kg/ 株，大规格灌施 25kg/ 株。

对 5 种植物的小规格苗木分别进行修剪（1/3、1/2、2/3）、摘叶（30%、50%、70%）、遮阴（30%、50%、70%）3 因素 3 水平的 L9（34）正交试验设计。每处理 15 株，3 次重复，因素和水平如表 3-1 所示。对 5 种植物的大规格苗木分别进行 1/3 修剪 +30% 摘叶 +30% 遮阴（轻处理）、1/2 修剪 +50% 摘叶 +50% 遮阴（中处理）和 2/3 修剪 +70% 摘叶 +70% 遮阴（重处理）3 种处理组合，每处理组合重复 5 次，每重复 1 株。

栽植后对所有供试植株进行正常养护管理。

表3-1　小规格苗木移植正交试验的因素和水平

水平	因素		
	A	B	C
	修剪	摘叶	遮阴
1	轻1/3	30%	30%
2	中1/2	50%	50%
3	重2/3	70%	70%

3.2.3　测定指标

3.2.3.1　地上部指标测定

定期监测供试材料地上部生长表现，测定成活率、新梢生长量、叶片叶绿素含量、叶片大小、株高年生长量、地径年生长量、叶片干鲜重等各项指标。

（1）成活率

分别统计每种处理成活株数，计算移植成活率。

（2）新梢生长量

生长季选取每株东、南、西、北4个方向枝条各一个，测定其当年生枝条长度，每处理重复5株。

（3）叶片叶绿素含量

采用SPAD-502叶绿素仪测量叶片叶绿素相对含量，每株3枚，每处理重复5次。

（4）叶片大小

选取生长正常的叶片，于生长季测量叶片长度和宽度，每株3枚，每处理重复5次。

（5）株高及地径年生长量

于3月中下旬卷尺测量每株供试植株自然生长顶梢距离地表的高度，游标卡尺测量每株距离地表10cm地径值；9月底再次测量每株的高度和地径，计算不同处理高度年生长量和地径年生长量。

（6）叶片干鲜重

秋季摘除小规格苗木单株全部当年生叶片，带回实验室用TP-602电子天平称量鲜重，然后装入纸袋中，放置人工气候箱105℃烘至恒重并称量干重，每处理1株，3次重复。

3.2.3.2　地下部指标测定

（1）根系挖取

小规格苗木采取整株挖根和1/4取根法；大规格苗木采用1/8取根法。

整株挖根法为每处理挖1株，油松土坨直径70cm，深50cm；玉兰、元宝枫、栓皮栎和栾树土坨直径30cm，深50cm（图3-1）。挖出后用自来水冲洗掉根系上的土壤，保持根系完整，并拍照。每株随机剪取东、南、西、北4个方向各一个当年生长完整根系，用游标卡尺测量剪取根系断面的粗度，统计断面处新萌发根系数量，以及萌发根系的长度；同时选取南向根系，绘制新萌根系的生长动态。

1/4取根法是以苗木主干为圆心，挖取油松距主干20～35cm、玉兰等其他4种苗木距主干15～30cm范围内1/4（东南方向）的根系，深度50cm，并带回实验室进行根系清洗、鲜重称量、根系扫描和干重称量（图3-2）。

1/8取根法是以主干为圆心，挖取油松距主干35～95cm、玉兰等其他4种苗木距主干30～90cm内1/8（东南方向）根系，

图3-1　整株挖根法

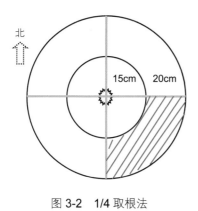

图 3-2　1/4 取根法

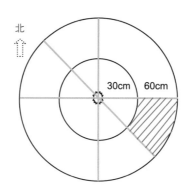

图 3-3　1/8 取根法

深度 60cm（图 3-3）。每处理 1 株，3 次重复。

（2）根系扫描与干鲜重称量

根系挖回后先用自来水冲洗干净，吸水纸吸去表面水分，TP-602 电子天平称量根系鲜重。使用 Epson Perfection V700 双光源专用扫描仪，扫描每株供试苗木根系，并通过根系图像分析软件 WinRHIZO 分析扫描图片，得出每株根系长度、根系表面积、根系投影面积、根体积，及各根径级（$0 < d \leqslant 2mm$，$2 < d \leqslant 4.5mm$，$d > 4.5mm$）根系长度、根系表面积、根系投影面积和根体积。待全部扫描后，把根系装入纸袋，放置在 105℃烘箱中烘至恒重，然后称量干重。每处理 1 株，3 次重复。

3.2.4　数据处理

采用 SPSS17.0 软件进行单因素方差分析与多重比较。

3.3　油松夏季移植活力恢复技术研究

　　油松（*Pinus tabulieformis*）作为北方城市绿化常用的常绿针叶树种之一，其移植成活和树势活力快速恢复一直备受关注。例如，魏帮庆等（2011）于春季未展新叶前移植 10 ~ 15 年生油松，成活率达 88.0% 以上；王龙等（2010）采用输液和新型复合菌根剂相结合的处理方法，使胸径 10cm 油松移植成活率达 94.8%。综合而言，现有油松移植技术多以春季移植为主（宋朝军，2010；李国华，2011；张军林，2012；陈继东等，2012；曹琳等，2015），夏季结合雨季移植技术尚不成熟。本节采用 3.2 中的处理方法，分别对株高 1.5m 和 3m 两种规格油松进行反季节移植，在分析不同处理措施对其成活率及生长势影响的基础上，总结形成油松夏季移植活力恢复技术。

3.3.1　不同处理措施对株高 1.5m 油松成活率及生长势的影响

3.3.1.1　对成活率的影响

　　不同处理措施影响下株高 1.5m 油松成活率如表 3-2 所示，最高成活率为 97.8%，最低为 93.3%，说明无论采取何种措施，小规格油松夏季移植成活率均较高。对不同处理移植成活率进行方差分析和多重比较，结果如表 3-3 所示，不同程度修剪、摘叶和遮阴处理对油松移植成活率影响不显著。

表3-2　不同处理措施对1.5m高油松成活率及地上部各项指标影响

处理	成活率（%）	新梢生长量（cm）	叶片SPAD值	针叶长（cm）	株高年生长量（m）	地径年生长量（mm）	叶片鲜重（g）	叶片干重（g）
$A_1B_1C_1$	95.6±3.8	21.7±2.0	32.4±3.9	6.0±0.1	20.8±4.0	8.3±0.5	812.1±99.1	337.9±32.7
$A_1B_2C_2$	93.3±6.7	18.9±0.5	22.5±4.4	5.6±0.3	14.9±1.8	5.6±0.7	872.6±240.9	368.1±109.7
$A_1B_3C_3$	93.3±6.7	21.4±1.4	15.3±1.0	3.9±0.1	14.4±2.1	3.9±0.4	640.6±155.7	295.8±75.1
$A_2B_1C_2$	95.6±7.7	24.3±2.1	27.8±4.0	6.2±0.2	14.7±1.2	5.4±0.6	708.4±136.1	296.6±44.7
$A_2B_2C_3$	93.3±6.7	20.0±1.3	27.9±4.5	4.8±0.2	17.1±5.0	6.0±1.5	785.0±93.7	343.7±43.5
$A_2B_3C_1$	95.6±3.8	20.7±3.1	34.7±1.9	5.6±0.3	17.1±5.0	6.7±2.7	699.8±106.4	296.8±48.4
$A_3B_1C_3$	97.8±3.8	24.0±1.2	28.4±4.8	5.8±0.2	17.1±5.0	4.8±0.6	720.5±1445	305.2±66.9
$A_3B_2C_1$	97.8±3.8	24.3±1.6	33.7±2.0	6.5±0.4	18.4±0.8	6.1±0.9	700.2±81.4	291.8±54.6
$A_3B_3C_2$	97.8±3.8	24.6±2.8	29.1±1.7	4.8±0.1	18.4±3.7	5.9±1.3	578.1±172.4	240.4±66.0

表3-3　不同处理措施影响下1.5m高油松移植成活率和新梢生长量差异显著性分析

水平	成活率（%）			新梢生长量（cm）		
	修剪	摘叶	遮阴	修剪	摘叶	遮阴
1	94.1a*	96.3a	96.3a	20.7B**	23.3A	22.3a
2	94.8a	94.8a	95.6a	21.7B	21.1B	22.6a
3	97.8a	95.6a	94.8a	24.3A	22.2AB	21.8a

注：*$P < 0.05$；**$P < 0.01$（下同）。
同一列不同小写字母表示为 0.05 水平下显著性差异，大写字母表示为 0.01 水平下显著性差异。

3.3.1.2　对新梢生长量的影响

不同处理措施影响下的新梢生长量如表 3-2 所示，其方差分析与多重比较如表 3-3 所示。结果表明，不同处理对新梢生长量存在极显著影响。其中，修剪措施（A）成为主要影响因素，以 2/3 重修剪处理下的新梢生长量最大（图 3-4），极显著优于 1/2 中修剪和 1/3 轻修剪（图 3-5、图 3-6）；摘叶措施（B）成为次要影响因素，以 30% 摘叶处理下的新梢生长量最大，极显著优于 50% 摘叶，但与 70% 摘叶之间差异不显著，且 50% 摘叶和 70% 摘叶新梢生长量差异也不明显；3 个水平遮阴（C）处理对 1.5m 高油松新梢生长量影响不显著。

图 3-4　2/3 重修剪　　　　　图 3-5　1/2 中修剪　　　　　图 3-6　1/3 轻修剪

3.3.1.3　对叶片 SPAD 值的影响

不同处理措施影响下的叶片 SPAD 值如表 3-2 所示，其方差分析与多重比较如表 3-4 所示。结果表明，遮阴（C）、修剪（A）、摘叶（B）依次对油松叶片 SPAD 值产生影响。其中，30% 遮阴处理的叶片 SPAD 值为 33.6，极显著高于 50% 和 70% 遮阴处理，50% 和 70% 遮阴之间无显著差异；2/3 重修剪处理的叶片 SPAD 值最高，为 30.4，极显著优于 1/3 轻修剪，但与 1/2 中修剪之间差异不明显；不同摘叶处理的叶片 SPAD 值无显著差异。由此推断，过度遮阴不利于油松叶片叶绿素合成；疏除大部分枝条和叶片的中度以上修剪处理促使营养集中于剩余叶片中，叶片中叶绿素含量随之增加。

表3-4　不同处理措施影响下1.5m高油松叶片SPAD值与叶长差异显著性分析

水平	叶片SPAD值			叶长（cm）		
	修剪	摘叶	遮阴	修剪	摘叶	遮阴
1	23.4B	29.6a	33.6A	5.3B	6.0aA	6.0A
2	30.1A	28.0a	26.5B	5.5A	5.7bA	5.6B
3	30.4A	26.4a	23.9B	5.7A	4.8cB	4.8C

3.3.1.4　对叶长的影响

油松为针叶 2 针一束，正常针叶长度为 6.5 ～ 15cm（张天麟，2010），如表 3-2、3-5 所示，摘叶与遮阴处理对油松叶长产生主要影响，修剪则为次要影响。其中，30% 摘叶处理的针叶表现最优，显著优于 50% 摘叶，极显著优于 70% 摘叶，50% 摘叶处理的针叶极显著优于 70% 摘叶处理；30% 遮阴处理的针叶最长，为 6.0cm，极显著优于 50% 和 70% 遮阴，其次为 50% 遮阴，针叶长 5.6cm，极显著优于 70% 遮阴；以 2/3 重修剪处理下的针叶最长，与 1/3 轻修剪之间呈极显著差异，但与 1/2 中修剪之间无差异。由此推断，重修剪影响下，营养集中于少数保留的枝条与叶片上，促使针叶长度增加，适度遮阴与摘叶则有利于针叶长度的生长。但与油松正常针叶相比，夏季反季节移植仍对油松针叶长度存在影响，造成针叶长度普遍低于正常值。

3.3.1.5　对株高及地径年生长量的影响

如表 3-2 所示，9 个处理组合中，油松株高年生长量最大为 20.8cm，最小为 14.4cm；地径年生长量最大为 8.3mm，最小为 3.9mm。不同处理措施对 1.5m 油松株高和地径年生长量影响差异均不显著（表 3-5）。郝年根（1959）对陕西省林区油松株高和胸径年生长量研究显示，林区 1.5m 高油松年生长量为 10 ～ 26cm，胸径年生长量为 2.6 ～ 2.8mm。对比发现，反季节移植后的油松株高与地径年生长量均属正常范围，说明不同处理对该规格油松树势恢复均具有积极作用。

表3-5　不同处理措施影响下1.5m高油松株高和地径年生长量差异显著性分析

水平	株高年生长量（cm）			地径年生长量（mm）		
	修剪	摘叶	遮阴	修剪	摘叶	遮阴
1	16.7a	17.4a	18.7a	6.0a	6.2a	7.0a
2	16.2a	16.8a	16.0a	6.1a	5.9a	5.7a
3	17.9a	16.6a	16.1a	5.6a	5.5a	4.9a

3.3.1.6 对叶片干鲜重的影响

如表 3-2 所示，不同处理影响下油松当年生针叶鲜重值介于 578.1 ～ 872.6g，干重值介于 240.4 ～ 368.1g。从表 3-6 可以看出，不同因素的 3 个处理水平对 1.5m 高油松当年生针叶鲜重和干重影响均不明显。

3.3.1.7　对根系干鲜重的影响

对不同处理措施影响下的 1.5m 高油松根系干鲜重进行统计与差异显著性分析，结果如表 3-2、表 3-7 所示。遮阴处理对二者产生主要影响，以 50% 遮阴根系干鲜重值最大，为 65.0g 和 17.0g，极显著优于 70% 遮阴，显著优于 30% 遮阴处理；其次为摘叶，但 3 个处理之间差异不明显；再次为修剪，以轻修剪根系鲜重和干重值最高，分别为 61.8g 和 16.5g，但与中修剪之间差异不明显，二者均极显著高于重修剪。

表3-6　不同处理措施影响下1.5m高油松叶片干鲜重差异显著性分析

水平	叶片鲜重（g）			叶片干重（g）		
	修剪	摘叶	遮阴	修剪	摘叶	遮阴
1	775.1a	747.0a	727.4a	333.9a	312.9a	308.8a
2	731.0a	785.9a	719.7a	312.4a	334.5a	301.7a
3	666.3a	639.5a	715.4a	278.8a	277.7a	314.6a

表3-7　不同处理措施影响下1.5m高油松根系干鲜重差异显著性分析

水平	根系鲜重（g）			根系干重（g）		
	修剪	摘叶	遮阴	修剪	摘叶	遮阴
1	61.8A	62.1a	51.7bAB	16.5A	16.8a	13.9bAB
2	60.3A	50.0a	65.0aA	16.2A	13.3a	17.0aA
3	38.9B	48.9a	44.3bB	10.1B	12.8a	11.9bB

3.3.1.8　对根系长度的影响

根系长度是指单位体积内植株根系的总长度，是根系生长发育的重要特征之一（Eissenstat，1991）。对不同处理措施影响下的 1.5m 高油松根系长度进行统计与差异显著性分析，结果如表 3-2、表 3-8 所示。各因素对根系总长度的影响由高到低依次为遮阴（C）＞摘叶（B）＞修剪（A）。以 50% 遮阴处理根系总长度值最大（图 3-7），为 7760.3cm，极显著高于 70% 遮阴处理（图 3-8），显著高于 30% 遮阴处理（图 3-9），但 30% 与 70% 遮阴处理之间差异不明显；摘叶以 30% 处理根系总长度值最大，为 7251.8cm，但 3 个处理之间差异不明显；修剪以 1/2 处理根系总长度值最大，为 7200.9cm，极显著优于 2/3 重修剪，但与 1/3 轻修剪之间差异不明显。

各因素对根径 $d \le 2mm$ 细根的影响同根系总长度，以遮阴影响为主，50% 遮阴极显著优于 70% 遮阴处理，但与 30% 遮阴处理之间差异不明显，且 30% 与 70% 遮阴处理无差异；其次为摘叶，3 个处理之间差异不明显，但根系总长度、$d \le 2mm$ 根长、根系干鲜重均以 30% 摘叶值最高；再次为修剪，以 1/2 中修剪 $d \leqslant 2mm$ 细根值最大，为 6903.7cm，极显著优于 2/3 重修剪，但与 1/3 轻修剪之间差异不明显，且 1/3 轻修剪与 2/3 重修剪之间无差异。3 因素 3 水平对根径 $2mm < d \leqslant 4.5mm$ 和 $d > 4.5mm$ 根长均无显著影响。

表3-8 不同处理措施影响下1.5m高油松根系长度差异显著性分析

水平	根系总长（cm）			$d \leqslant 2mm$根长（cm）		
	修剪	摘叶	遮阴	修剪	摘叶	遮阴
1	6771.1aA	7251.8a	5935.2bAB	6469.3aAB	6945.2a	5659.9aAB
2	7200.9aA	5964.9a	7760.3aA	6903.7aA	5742.2a	7455.6aA
3	4674.8bB	5430.1a	4951.4bB	4485.3bB	5171.9a	4742.7bB

水平	$2mm < d \leqslant 4.5mm$根长（cm）			$d > 4.5mm$根长（cm）		
	修剪	摘叶	遮阴	修剪	摘叶	遮阴
1	300.6a	306.3a	273.9a	1.3a	1.3a	1.3a
2	296.9a	222.4a	304.4a	0.3a	0.3a	0.3a
3	189.3a	258.0a	208.5a	0.2a	0.2a	0.2a

图 3-7 50% 遮阴　　　　图 3-8 70% 遮阴　　　　图 3-9 30% 遮阴

$d \leqslant 2mm$ 细根是植物吸收土壤中水分和养分的最重要通道（李霞，2010），并对植物地上部枝叶的生长产生直接影响。表 3-9 为各处理措施影响下 $d \leqslant 2mm$ 根长与根系总长百分比统计表，可以看出，1.5m 高油松以 $d \leqslant 2mm$ 细根所占比例较大，各因素各水均在 95% 以上，可以推断，移植后各处理措施影响下的油松生长势恢复良好。

表3-9 1.5m高油松 $d \leqslant 2mm$ 根长与根系总长百分比

水平	$d \leqslant 2mm$根长/根系总长（%）		
	修剪	摘叶	遮阴
1	95.5	95.8	95.4
2	95.9	96.3	96.1
3	95.9	95.2	95.8

3.3.1.9 对根系表面积的影响

根表面积是根系形态特征的一个重要指标，能够从整体上反映根系吸收水分和无机盐等物质的有效吸收面积（李霞，2010）。对不同处理措施影响下的 1.5m 高油松根系表面积进行统计与差异显著性分析，结果如表 3-2、表 3-10 所示。不同处理措施对 1.5m 高油松根系表面积的影响与根系长度相同。

表3-10　不同处理措施影响下1.5m高油松根系表面积差异显著性分析

水平	根总表面积（cm²）			$d\leqslant2mm$根表面积（cm²）		
	修剪	摘叶	遮阴	修剪	摘叶	遮阴
1	6771.1aA	7251.8a	5935.2bAB	1456.1aA	1427.1a	1161.1bAB
2	7200.9aA	5964.9a	7760.3aA	1426.6aA	1204.7a	1555.7aA
3	4674.8bB	5430.1a	4951.4bB	867.1bB	1118.0a	1033.1bB

水平	$2mm<d\leqslant4.5mm$根表面积（cm²）			$d>4.5mm$根表面积（cm²）		
	修剪	摘叶	遮阴	修剪	摘叶	遮阴
1	229.6a	237.1a	213.5a	2.2a	2.3a	2.2a
2	226.3a	168.4a	230.8a	0.5a	0.5a	0.5a
3	145.1a	194.5a	155.7a	0.3a	0.3a	0.3a

3.3.1.10　对根系投影面积的影响

不同因素对根系总投影面积和根径 $d\leqslant2mm$ 根投影面积的影响是一致的，从高到低依次为遮阴（C）、修剪（A）和摘叶（C）（表 3-11）。以 50% 遮阴对根系总投影面积的影响最大，显著优于 70% 遮阴处理，但与 30% 遮阴之间差异不明显；轻修剪对根系总投影面积的影响极显著优于重修剪，但与中修剪之间差异不明显，中修剪极显著优于重修剪；3 种摘叶处理之间无差异。以 50% 遮阴 $d\leqslant2mm$ 根投影面积最大，为 495.2cm²，显著高于 30% 遮阴处理的 369.6cm²，极显著高于 70% 遮阴处理，但 30% 与 70% 之间差异不明显；轻修剪处理 $d\leqslant2mm$ 根投影面积最大，为 463.5cm²，与中修剪之间无明显差异，但二者均极显著优于重修剪；3 种摘叶水平对 $d\leqslant2mm$ 根投影面积无显著差异。

不同因素对 $2mm<d\leqslant4.5mm$ 根投影面积和 $d>4.5mm$ 根投影面积的影响因素依次为摘叶、遮阴和修剪，但不同处理措施之间均无显著差异。

表3-11　不同处理措施影响下1.5m高油松根系投影面积差异显著性分析

水平	根总投影面积（cm²）			$d\leqslant2mm$根投影面积（cm²）		
	修剪	摘叶	遮阴	修剪	摘叶	遮阴
1	537.3aA	530.5a	438.2ab	463.5aA	454.3a	369.6bAB
2	526.3aA	437.2a	568.8a	455.1aA	383.5a	495.2aA
3	322.0bB	417.9a	378.5b	276.0bB	355.9a	328.8bB

水平	$2mm<d\leqslant4.5mm$根投影面积（cm²）			$d>4.5mm$根投影面积（cm²）		
	修剪	摘叶	遮阴	修剪	摘叶	遮阴
1	73.1a	75.5a	67.9a	0.703a	0.730a	0.711a
2	72.0a	53.6a	73.5a	0.167a	0.148a	0.158a
3	45.9a	61.9a	49.6a	0.092a	0.084a	0.093a

3.3.1.11　对根系体积的影响

根系体积能够直观反映根系在土层空间中分布特征，与移栽成活率相关（李霞，2010）。如表3-12所示，不同因素对1.5m高油松根系总体积和$d \leqslant 2mm$根体积的影响从主到次排列为遮阴＞修剪＞摘叶，且$d \leqslant 2mm$根体积占根系总体积的比重较大。以轻修剪根系总体积最大，为51.1cm^3，极显著高于重修剪，与中修剪之间无差异；遮阴和摘叶3个处理水平对根系总体积均无显著影响。$d \leqslant 2mm$根体积值以50%遮阴最大，为37.4cm^3，显著优于30%和70%遮阴处理；修剪以1/3轻处理值最大，为36.4cm^3，极显著优于重修剪，与中修剪之间无差异。不同水平摘叶对油松根系各指标未显著影响，但一直以30%摘叶各值最高，且从摘叶耗时耗工考虑，应优选30%摘叶。

随着根系粗度的增加，根体积呈减少趋势，$2mm < d \leqslant 4.5mm$根体积和$d > 4.5mm$根体积各因素和各水平之间均无差异。

表3-12　不同处理措施影响下1.5m高油松根系体积差异显著性分析

水平	根总体积（cm^3）			$d \leqslant 2mm$根体积（cm^3）		
	修剪	摘叶	遮阴	修剪	摘叶	遮阴
1	51.1aA	49.1a	41.6a	36.4aA	33.8a	27.6b
2	48.0aAB	39.9a	51.7a	33.9aA	29.4a	37.4a
3	29.3bB	39.5a	35.2a	20.4bB	27.5a	25.7b

水平	$2mm < d \leqslant 4.5mm$根体积（cm^3）			$d > 4.5mm$根体积（cm^3）		
	修剪	摘叶	遮阴	修剪	摘叶	遮阴
1	14.4a	15.0a	13.6a	0.310a	0.327a	0.311a
2	15.1a	10.4a	14.3a	0.074a	0.058a	0.069a
3	8.9a	11.9a	9.4a	0.034a	0.032a	0.038a

3.3.1.12　对根系萌发的影响

表3-13为不同处理措施影响下1.5m高油松根系断面直径、萌发数量以及平均长度等根系萌发情况。可以看出，每个处理4个方向均有根系萌发，根系萌发总数均在10条以上，最多A$_1$B$_2$C$_2$萌发根系19条。根系萌发数量与截面直径关系不明显，与方向有一定的关系，东向和南向萌发数量普遍高于西向和北向。从根系长度来看，1.5m高油松根系一年最大生长42.9cm，最短8.7cm，整体根系恢复较好（图3-10～图3-18）。

表3-13　不同处理措施影响下1.5m高油松根系萌发情况

处理	方位	根系断面直径（mm）	萌发数量（条）	平均长度（cm）
$A_1B_1C_1$	东	7.06	4	30.8
	南	5.37	3	11.6
	西	8.02	2	42.9
	北	4.61	2	32.5
$A_1B_2C_2$	东	9.57	6	15.2
	南	7.35	5	19.1
	西	5.27	4	18.5
	北	15.7	4	27.0
$A_1B_3C_3$	东	4.1	3	8.7
	南	7.01	3	16.5
	西	4.32	2	18.6
	北	4.22	2	8.8
$A_2B_1C_2$	东	3.75	2	19.4
	南	4.96	4	16.3
	西	5.86	3	31.0
	北	5.85	4	27.1
$A_2B_2C_3$	东	4.12	2	32.4
	南	11.38	6	15.4
	西	7.54	3	25.8
	北	5.25	2	15.8
$A_2B_3C_1$	东	4.34	3	28.8
	南	8.02	4	32.7
	西	4.79	2	24.0
	北	7.29	3	24.3
$A_3B_1C_3$	东	11.04	4	29.0
	南	7.1	3	20.0
	西	9.73	5	13.6
	北	7.07	4	20.3
$A_3B_2C_1$	东	5.04	4	25.4
	南	5.15	3	17.1
	西	5.05	3	22.2
	北	3.52	2	37.1
$A_3B_3C_2$	东	6.69	3	19.1
	南	7.2	7	21.4
	西	7.81	4	19.9
	北	5.55	3	19.3

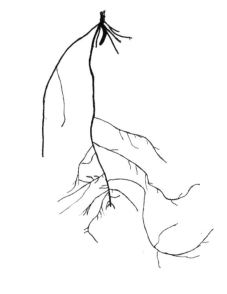

图 3-10　$A_1B_1C_1$ 栽植一年根系生长情况和南向根系萌发手绘图

图 3-11　$A_1B_2C_2$ 栽植一年根系生长情况和南向根系萌发手绘图

图 3-12　$A_1B_3C_3$ 栽植一年根系生长情况和南向根系萌发手绘图

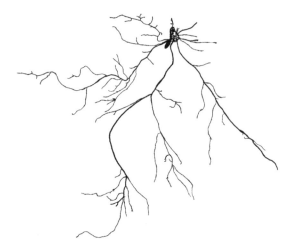

图 3-13　$A_2B_1C_2$ 栽植一年根系生长情况和南向根系萌发手绘图

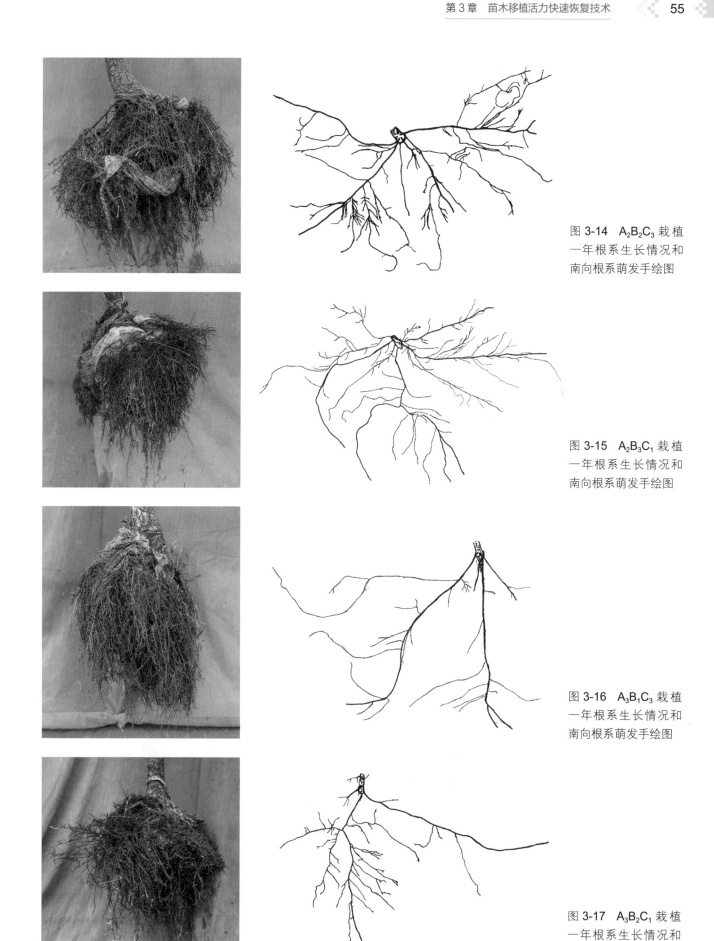

图 3-14 $A_2B_2C_3$ 栽植一年根系生长情况和南向根系萌发手绘图

图 3-15 $A_2B_3C_1$ 栽植一年根系生长情况和南向根系萌发手绘图

图 3-16 $A_3B_1C_3$ 栽植一年根系生长情况和南向根系萌发手绘图

图 3-17 $A_3B_2C_1$ 栽植一年根系生长情况和南向根系萌发手绘图

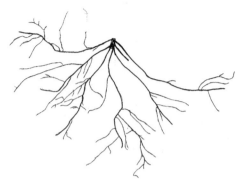

图 3-18　$A_3B_3C_2$ 栽植一年根系生长情况和南向根系萌发手绘图

3.3.2　不同处理措施对株高 3m 油松成活率及生长势的影响

3.3.2.1　对成活率及地上部生长指标的影响

表 3-14 为不同处理措施影响下 3m 高油松成活率及地上部形态指标差异显著性分析。可以看出，3m 高油松 3 种处理移植一年后成活率均为 100%。新梢生长量和针叶长度以中处理值最高，分别为 18.5cm 和 3.9cm；叶片 SPAD 值以轻处理最高，为 30.5。3 种处理新梢生长量、叶片 SPAD 值和针叶长之间均无显著差异，新梢生长量处于正常生长范围（郝年根，1959），针叶长度较 1.5m 高油松短，表明大规格常绿针叶树种油松移植一年针叶恢复能力弱于小规格油松。

表3-14　不同处理措施影响下3m高油松成活率及地上部形态指标差异显著性分析

处理	成活率（%）	新梢生长量（cm）	叶片SPAD值	针叶长（cm）	分枝和展叶能力
轻处理	（100±0.0）a	（14.9±4.9）a	（30.5±5.0）a	（2.4±1.3）a	一般
中处理	（100±0.0）a	（18.5±2.8）a	（28.0±4.5）a	（3.9±0.8）a	一般
重处理	（100±0.0）a	（11.2±2.5）a	（27.4±8.8）a	（3.2±0.8）a	一般

3.3.2.2　对根系干鲜重的影响

表 3-15 为不同处理措施影响下 3m 高油松根系干鲜重差异显著性分析。可以看出，油松移植一年后根系鲜重和干重以轻处理表现最好，分别为 115.2g 和 35.2g，显著优于中处理和重处理；其次为重处理，但与轻处理之间差异不明显。

表3-15　不同处理措施影响下3m高油松根系干鲜重差异显著性分析

处理	根系鲜重（g）	根系干重（g）
轻处理	（115.2±26.0）a	（35.2±8.8）a
中处理	（50.4±40.2）b	（16.1±12.8）b
重处理	（62.1±29.6）b	（16.7±8.9）b

3.3.2.3 对根系长度的影响

表 3-16 为不同处理措施影响下 3m 高油松根系长度差异显著性分析。可以看出，3m 高油松根系总长度和 $d \leqslant 2mm$ 根长均以轻处理表现最好（图 3-19），其值分别为 9705.8cm 和 8797.0cm，均极显著优于中处理和重处理（图 3-20、图 3-21），且 $d \leqslant 2mm$ 细的吸收根长所占比例较大，说明轻处理油松根系缓苗和生长较好；随着根系粗度的增加，根长逐渐减少，$d > 4.5mm$ 根长极少。

表3-16 不同处理措施影响下3m高油松根系长度差异显著性分析

处理	根系总长度（cm）	$d \leqslant 2mm$（cm）	$2mm < d \leqslant 4.5mm$（cm）	$d > 4.5m$（cm）
轻处理	（9705.8±1425.3）aA	（8797.0±1279.3）aA	（903.5±157.4）a	（5.3±3.2）a
中处理	（3076.2±1093.4）bB	（2575.1±972.1.0）bB	（500.8±120.8）a	（1.4±0.7）a
重处理	（4201.8±1836.3）bB	（3586±1527.8）bB	（606.5±302.7）a	（9.3±8.1）a

图 3-19 轻处理根系生长情况　　图 3-20 中处理根系生长情况　　图 3-21 重处理根系生长情况

3.3.2.4 对根系表面积的影响

表 3-17 为不同处理措施影响下 3m 高油松根系长度差异显著性分析。可以看出，3 种处理对 3m 高油松根总表面积和 $d \leqslant 2mm$ 根表面积的影响规律一致，以轻处理表现最好，分别为 3019.8cm² 和 2304.7cm²，极显著优于中处理和重处理，且中处理和重处理之间差异不明显；$2mm < d \leqslant 4.5mm$ 根表面积轻处理极显著优于中处理，与重处理之间差异不明显；根径 $d > 4.5mm$ 根表面积以重处理较大，但三者之间差异不明显。

表3-17 不同处理措施影响下3m高油松根系表面积差异显著性分析

处理	根系总表面积（cm²）	$d \leqslant 2mm$（cm²）	$2mm < d \leqslant 4.5mm$（cm²）	$d > 4.5mm$（cm²）
轻处理	（3019.8±1002.1）aA	（2304.7±862.4）aA	（706.1±158.8）aA	（9.0±3.7）a
中处理	（1182.4±346.8）bB	（792.0±221.5）bB	（388.3±125.0）bB	（2.2±1.1）a
重处理	（1485.2±408.6）bB	（985.4±276.7）bB	（485.1±135.2）abAB	（14.7±11.5）a

3.3.2.5 对根系投影面积的影响

表 3-18 为不同处理措施影响下 3m 高油松根系投影面积差异显著性分析。可以看出，3m 高油松根系总投影面积和 $d \leqslant 2mm$ 根投影面积以轻处理值最高，分别为 6267.1cm²

和 6039.5cm²，极显著高于中处理和重处理，但后两者之间差异不明显。2mm $< d \leqslant$ 4.5mm 和 $d >$ 4.5mm 根投影面积较 $d \leqslant$ 2mm 根投影面积显著减少，且这两个径级 3 个处理之间根投影面积差异不明显。

表3-18　不同处理措施影响下3m高油松根系投影面积差异显著性分析

处理	根系总投影面积（cm²）	$d \leqslant$ 2mm（cm²）	2mm $< d \leqslant$ 4.5mm（cm²）	$d >$ 4.5mm（cm²）
轻处理	(6267.1±2168.8) aA	(6039.5±2005.2) aA	(224.8±165.6) a	(2.9±1.9) a
中处理	(2489.2±795.2) bB	(2364.9±693.7) bB	(123.6±103.0) a	(0.7±0.3) a
重处理	(3129.6±890.1) bB	(2970.5±817.2) bB	(154.4±74.4) a	(4.7±3.7) a

3.3.2.6　不同处理对根系体积的影响

表 3-19 为不同处理措施影响下 3m 高油松根系体积差异显著性分析。可以看出，3m 高油松根系总体积以轻处理值最高，为 110.4cm³，但与中处理和重处理无显著差异；3 种处理 $d \leqslant$ 2mm 根系体积以轻处理较好，极显著优于中处理，与重处理之间差异不明显；2mm $< d \leqslant$ 4.5mm 和 $d >$ 4.5mm 根体积不同处理之间差异不明显。

表3-19　不同处理措施影响下3m高油松根系体积差异显著性分析

处理	根系总体积（cm³）	$d \leqslant$ 2mm（cm³）	2mm $< d \leqslant$ 4.5mm（cm³）	$d >$ 4.5mm（cm³）
轻处理	(110.4±55.1) a	(63.9±20.8) aA	(45.3±32.9) a	(1.2±0.9) a
中处理	(49.5±35.9) a	(24.6±15.8) bB	(24.6±20.4) a	(0.3±0.1) a
重处理	(63.3±30.1) a	(29.3±15.0) abAB	(32.1±15.1) a	(1.9±1.3) a

3.3.3　结论与讨论

3.3.3.1　结论

3.3.3.1.1　株高 1.5m 油松夏季移植树势恢复研究

（1）1.5m 高油松夏季移植成活率可达 93.3% 以上，夏季移植成活率整体较高。不同因素对其成活率、株高年生长量、地径年生长量和叶片干鲜重影响不明显，但各值均表现树势生长正常。新梢生长量、叶片 SPAD 值和针叶长度以 2/3 重修剪（A3）+30% 摘叶（B1）+30% 遮阴（C1）表现最好。最佳组合为 $A_3B_1C_1$。

（2）从移植后一年内 1.5m 高油松根系干鲜重、根系总长度、根系总表面积、根系总投影面积、根系总体积，及根径 $d \leqslant$ 2mm 根长、根表面积、根投影面积和根体积值来看，以 1/3 轻修剪（A1）或 1/2 中修剪（A2）+30% 摘叶（B1）+50%（C2）遮阴生长量最优，且 $d \leqslant$ 2mm 细根占根系总量比例较大，有利于油松更好地生长，最佳组合为 $A_1B_1C_2$ 或 $A_2B_1C_2$。

（3）重修剪有利于刺激 1.5m 油松地上部新梢、叶色和针叶生长，但重修剪对地下新根的萌发和生长未起到促进作用，反而根系萌发最少。30% 遮阴对地上部形态起到明显的促进作用，50% 遮阴更有利于根系各指标生长。

（4）1.5m 高油松园林绿化应用夏季移植时，为保证地上部新梢生长量、针叶长度和叶色正常，地上部达到活力最佳恢复状态，景观功能最优，可采取 2/3 修剪 +30% 摘叶 +30% 遮阴（$A_3B_1C_1$）的处理组合。圃地苗夏季移植时，以促进根系快速生长（养根）为目的，可采取 1/3 轻修剪（A1）或 1/2 中修剪（A2）+30% 摘叶 +50% 遮阴处理组合，即 $A_1B_1C_2$ 或 $A_2B_1C_2$，以保证后期地上部快速生长。

3.3.3.1.2　株高 3m 油松夏季移植树势恢复研究

（1）株高 3m 油松移植一年后 3 种处理成活率均为 100%，新梢生长量、叶片 SPAD 值和针叶长度没有明显差异。3 种不同处理油松根系干鲜重、根系总长度、总表面积、总投影面积和总体积，及根径 $d \leqslant 2mm$ 根长、根表面积、根投影面积和根体积均以 1/3 修剪 +30% 摘叶 +30% 遮阴轻处理组合表现最优。

（2）株高 3m 油松夏季移植地上部新梢生长量、叶色和针叶长度，及地下部根系干鲜重、根系长度、根表面积、根投影面积和根体积整体活力恢复最佳的处理组合为 1/3 修剪 +30% 摘叶 +30% 遮阴。

3.3.3.2　讨论

一般而言，夏季移植苗木时，由于气温过高，枝叶过密，致使蒸腾量大，会引起植株失水萎蔫，重修剪、重摘叶、重遮阴等处理措施常被用于促进苗木活力恢复。本试验结果与此略有不同，研究发现，1.5m 高油松经"2/3 重修剪 +30% 摘叶 +30% 遮阴"组合处理后，其新梢生长量、叶色和针叶长表现最优。其原因是该规格油松土球规格为 40cm，以主根和侧根为主，须根保留较少，经重修剪、轻摘叶处理后，根系营养集中供给，地上部与地下部树势保持平衡。若修剪过轻，则地下部营养难以满足地上部萌生枝叶所需，新梢和针叶生长量偏低；而若摘叶过重，则地上部叶片光合产物和有机物不能满足地下根系生长所需，造成根系恢复不良。

因此，针对北京地区常绿针叶树，夏季反季节移植应将修剪、摘叶以及遮阴措施等进行科学组合，在确保地上部和地下部达到营养平衡的基础上，才能有效缩短缓苗周期，促进树势活力快速恢复。

3.4 玉兰夏季移植活力恢复技术研究

　　玉兰（*Yulania denudata*）具肉质根系，不耐积水，常在移植后出现叶片稀疏、生长不良、开花不佳等问题。当前以玉兰为材料开展的研究大多集中在资源收集（赵东武和赵东欣，2008；刘秀丽，2011；孙如如，2013）、育苗和常规栽培技术等方面（李冬梅，2013；杨传宝，2017；王国良等，2017），苗木移植尤其反季节移植的研究较少，移植中存在的技术难点未能得到解决。本节采用 3.2 中的处理方法，分别对地径 3cm 和 8cm 两种规格玉兰进行反季节移植，在分析不同处理措施对其成活率及生长势影响的基础上，总结玉兰夏季移植活力恢复技术。

3.4.1 不同处理措施对地径 3cm 玉兰成活率及生长势的影响

3.4.1.1 对成活率的影响

　　不同处理措施影响下地径 3cm 玉兰成活率如表 3-20 所示，最高为 93.3%，最低为 62.2%，以 1/3 修剪 +30% 摘叶 +30% 遮阴成活率最高。对不同处理移植成活率进行方差分析和多重比较，结果表明，不同程度修剪、摘叶和遮阴对玉兰移植成活率影响不显著（表 3-21）。

表3-20　不同处理措对地径3cm玉兰成活率及地上部各指标影响

处理	地上成活率（%）	新梢生长量（cm）	叶片SPAD值	叶片长（cm）	叶片宽（cm）	叶片鲜重（g）	叶片干重（g）
A₁B₁C₁	93.3±6.7	6.9±1.3	34.3±2.0	10.4±3.3	8.8±2.6	257.0±62.8	100.7±24.7
A₁B₂C₂	73.3±6.7	12.9±3.8	33.6±1.1	10.5±3.2	8.7±2.3	257.4±126.2	102.8±54.6
A₁B₃C₃	71.1±10.2	10.2±2.0	35.3±1.1	8.5±2.5	6.9±2.9	330.4±52.1	136.3±15.7
A₂B₁C₂	62.2±27.8	7.1±2.2	36.6±0.5	9.2±2.9	7.3±2.5	147.2±19.9	63.3±8.6
A₂B₂C₃	84.4±3.8	7.2±5.2	34.3±2.7	9.3±2.4	7.6±3.5	115.9±48.3	49.6±20.9
A₂B₃C₁	82.2±3.8	9.4±1.8	30.5±0.9	9.2±2.5	8.0±2.5	111.8±50.4	45.3±23.2
A₃B₁C₃	73.3±13.3	8.5±3.3	35.2±1.4	9.9±3.1	8.3±2.3	98.7±26.2	44.6±12.5
A₃B₂C₁	73.3±11.5	7.2±2.1	35.3±2.4	9.5±2.5	8.3±3.3	116.3±18.5	50.3±5.3
A₃B₃C₂	82.2±3.8	8.2±1.8	39.7±0.2	9.4±1.8	8.5±2.6	89.1±45.3	39.1±18.9

表3-21　不同处理措施影响下地径3cm玉兰移植成活率和新梢生长量差异显著性分析

水平	成活率（%）			新梢生长量（cm）		
	修剪	摘叶	遮阴	修剪	摘叶	遮阴
1	79.3a	76.3a	83.0a	10.0a	7.5a	7.8a
2	76.3a	77.0a	72.6a	7.9a	9.1a	9.4a
3	76.3a	78.5a	76.3a	8.0a	9.3a	8.7a

3.4.1.2　对新梢生长量的影响

玉兰移植后新梢生长量以 1/3 修剪 +50% 摘叶 +50% 遮阴最大（表 3-20），为 12.9cm。对不同处理新梢生长量进行方差分析和多重比较发现，因素和水平对其影响均不显著（表 3-21、图 3-22）。

图 3-22　不同处理玉兰地上部生长表现（从左至右依次为 $A_1B_1C_1$、$A_2B_1C_2$、$A_3B_3C_2$ 处理）

3.4.1.3　对叶片 SPAD 值的影响

不同处理措施影响下的叶片 SPAD 值如表 3-20 所示，其方差分析与多重比较如表 3-22 所示。结果表明，遮阴（C）、修剪（A）、摘叶（B）依次对玉兰叶片产生影响。其中，50% 遮阴处理的叶片 SPAD 值为 36.6，极显著优于 30% 和 70% 遮阴处理；2/3 重修剪处理下的叶片 SPAD 值为 36.4，极显著优于 1/3 轻修剪和 1/2 中修剪。

表3-22　不同处理措施影响下地径3cm玉兰叶片SPAD值、叶长、叶宽差异显著性分析

水平	叶片SPAD值			叶长（cm）			叶宽（cm）		
	修剪	摘叶	遮阴	修剪	摘叶	遮阴	修剪	摘叶	遮阴
1	34.4B	35.0a	33.4B	9.8a	9.8a	9.7a	8.1a	8.1a	8.4a
2	33.8B	34.4a	36.6A	9.2a	9.8a	9.7a	7.6b	8.2a	8.1a
3	36.4A	35.2a	34.6B	9.6a	9.1a	9.3b	8.4a	7.8a	7.6b

3.4.1.4　对叶长、叶宽的影响

不同处理措施影响下的叶片长度与宽度值如表 3-20 所示，其方差分析与多重比较如表 3-22 所示。结果表明，影响地径 3cm 玉兰叶片长度的主要因素为遮阴，30% 和 50% 遮阴效果相同，显著优于 70% 遮阴；修剪和摘叶不同水平对叶片长度影响不显著。重修剪与 30% 遮阴对叶片宽度的影响重要性一致，重修剪与中修剪之间呈显著差异，但与轻修剪之间无差异；30% 遮阴叶片宽度值显著高于 70% 遮阴，但与 50% 遮阴处理差异不明显。

《中国植物志》第 30 卷第 1 册记载（中国科学院，1996），玉兰叶片长 10 ~ 16（~ 18）cm，宽 6 ~ 10（~ 12）cm，以文献中的叶片长宽为对照，以轻处理叶长偏好（表 3-20），叶宽均在正常范围内。

3.4.1.5　对叶片干鲜重的影响

不同处理措施影响下的叶片干鲜重如表 3-20 所示，其方差分析与多重比较如表 3-23 所示。结果表明，修剪对玉兰叶片干鲜重产生重要影响。其中，在修剪处理中，1/3 轻修剪叶片干鲜重最优，单株平均干鲜重分别为 113.3g 和 281.6g，极显著优于 1/2 中修剪和 2/3 重修剪，但中修剪和重修剪叶片干鲜重之间无差异；在遮阴与摘叶处理中，各因素 3 个水平之间均无显著差异。

表3-23　不同处理措施影响下地径3cm玉兰叶片干鲜重差异显著性分析

水平	叶片鲜重（g）			叶片干重（g）		
	修剪	摘叶	遮阴	修剪	摘叶	遮阴
1	281.6A	167.7a	161.7a	113.3A	69.5a	65.4a
2	125.0B	163.2a	164.6a	52.7B	67.6a	68.4a
3	101.4B	177.1a	181.7a	44.6B	73.6a	76.8a

3.4.1.6　对根系干鲜重的影响

对不同处理措施影响下的地径 3cm 玉兰根系干鲜重进行差异显著性分析，结果如表 3-24 所示，修剪对二者产生主要影响。其中，1/3 轻修剪处理下的根系干鲜重值最大，分别为 0.118g 和 28.1g，轻修剪处理下的根系鲜重极显著优于中修剪和重修剪；轻修剪处理下的根系干重极显著优于中修剪，显著优于重修剪。摘叶和遮阴 2 个因素 3 个水平对根系干鲜重影响不明显。

可以看出，不同因素对地径 3cm 玉兰根系干鲜重的影响规律与叶片干鲜重规律相同，说明玉兰地上部叶片和地下部根系生长之间存在相关性，地上部叶片生长表现好的处理，地下部根系生长量也最大。

表3-24　不同处理措施影响下地径3cm玉兰根系干鲜重差异显著性分析

水平	根系鲜重（g）			根系干重（g）		
	修剪	摘叶	遮阴	修剪	摘叶	遮阴
1	28.1aA	17.4a	17.4a	0.118aA	0.068a	0.074a
2	9.8bB	19.1a	17.1a	0.037bB	0.073a	0.072a
3	14.0bB	15.5a	17.4a	0.053bAB	0.067a	0.062a

3.4.1.7　对根系长度的影响

表 3-25 为不同处理措施影响下地径 3cm 玉兰根系长度差异显著性分析。可以看出，影响地径3cm玉兰根系总长度的主要因素为修剪，并以轻修剪处理下的根系最长（图3-23），极显著优于中修剪和重修剪（图 3-24、图 3-25）；遮阴与摘叶 2 个因素的 3 个水平之间均无差异。不同因素对根径 $d \leqslant 2mm$ 和 $2mm < d \leqslant 4.5mm$ 根长的影响规律与根系总长度基本一致。

在根系总长度中，以根径 $d \leqslant 2mm$ 所占比重最大，伴随粗度增加根系长度迅速减少。根径 $d \leqslant 2mm$ 的根系是树木吸收水分与养分能力最强的部位，轻修剪处理下的 $d \leqslant 2mm$ 根系长度可达 5505.7cm，说明轻修剪处理下的玉兰根系恢复较好，新根萌发数量多，并有助于其生长势恢复。

表3-25　不同处理措施影响下地径3cm玉兰根系长度差异显著性分析

水平	根系总长（cm）			$d \leqslant 2mm$根长（cm）		
	修剪	摘叶	遮阴	修剪	摘叶	遮阴
1	5601.1A	3677.3a	3511.3a	5505.7A	3614.4a	3445.9a
2	1855.8B	3540.4a	3367.3a	1824.6B	3478.8a	3308.6a
3	3107.2B	3346.4a	3685.5a	3063.4B	3300.5a	3639.1a

水平	$2mm < d \leqslant 4.5mm$根长（cm）			$d > 4.5mm$根长（cm）		
	修剪	摘叶	遮阴	修剪	摘叶	遮阴
1	93.4aA	62.3a	64.8a	2.021a	0.527a	0.542a
2	31.2bB	60.3a	57.3a	0.003b	1.358a	1.346a
3	43.9bAB	45.8a	46.3a	0.012b	0.151a	0.148a

图 3-23　$A_1B_2C_2$ 根系生长情况　　图 3-24　$A_2B_3C_1$ 根系生长情况　　图 3-25　$A_3B_2C_1$ 根系生长情况

3.4.1.8 对根系表面积的影响

对不同处理措施影响下的地径3cm玉兰根系表面积进行差异显著性分析，结果如表3-26所示，修剪处理对根系表面积产生主要影响，并以轻修剪表现最优，显著或极显著优于中修剪和重修剪；摘叶和遮阴2个因素3个水平之间无显著差异。

表3-26 不同处理措施影响下地径3cm玉兰根系表面积差异显著性分析

水平	根系总表面积（cm²）			$d \leqslant 2mm$根表面积（cm²）		
	修剪	摘叶	遮阴	修剪	摘叶	遮阴
1	905.9A	608.2a	591.3a	824.9aA	556.8a	537.7a
2	336.8B	630.6a	571.3a	313.3cB	579.4a	522.4a
3	520.8B	524.7a	600.9a	486.8bB	488.9a	565.0a

水平	$2mm < d \leqslant 4.5mm$根表面积（cm²）			$d > 4.5mm$根表面积（cm²）		
	修剪	摘叶	遮阴	修剪	摘叶	遮阴
1	77.9aA	50.6a	52.8a	3.096A	0.835a	0.857a
2	23.5bB	49.2a	46.9a	0.005B	2.059a	2.042a
3	34.0bAB	35.6a	35.7a	0.017B	0.224a	0.219a

3.4.1.9 对根系投影面积的影响

与根系长度、根系表面积一致，修剪对玉兰根系投影面积产生主要影响（表3-27），并仍以轻修剪效果最优，极显著优于中修剪和重修剪处理，其次影响根系投影面积的因素为摘叶，再次为遮阴，但2个因素3个水平差异不明显。

表3-27 不同处理措施影响下地径3cm玉兰根系投影面积差异显著性分析

水平	根系总投影面积（cm²）			$d \leqslant 2mm$根投影面积（cm²）		
	修剪	摘叶	遮阴	修剪	摘叶	遮阴
1	288.4A	193.6a	188.2a	262.6aA	177.2a	171.1a
2	107.2B	200.7a	181.8a	99.7cB	184.4a	166.3a
3	165.8B	167.0a	191.3a	155.0bB	155.6a	179.9a

水平	$2mm < d \leqslant 4.5mm$根投影面积（cm²）			$d > 4.5mm$根投影面积（cm²）		
	修剪	摘叶	遮阴	修剪	摘叶	遮阴
1	24.8aA	16.1a	16.8a	24.8aA	16.1a	16.8a
2	7.5bB	15.6a	14.9a	7.5bB	15.6a	14.9a
3	10.8bAB	11.3a	11.4a	10.8bAB	11.3a	11.4a

3.4.1.10　对根系体积的影响

表 3-28 为不同处理措施影响下地径 3cm 玉兰根系体积差异显著性分析。可以看出，与根系长度、表面积以及投影面积一致，修剪处理对根系体积产生主要影响，并以轻修剪效果最好，极显著优于中修剪和重修剪；摘叶与遮阴 2 个因素 3 个水平之间均无明显差异。

表3-28　不同处理措施影响下地径3cm玉兰根系体积差异显著性分析

水平	根系总体积（cm³）			$d \leq 2mm$根体积（cm³）		
	修剪	摘叶	遮阴	修剪	摘叶	遮阴
1	20.9A	15.2a	14.0a	15.2A	10.7a	10.3a
2	7.9B	14.7a	13.3a	6.4B	11.2a	9.8a
3	11.4B	11.3a	13.0a	9.3B	9.0a	10.7a

水平	$2mm < d \leq 4.5mm$根体积（cm³）			$d > 4.5mm$根体积（cm³）		
	修剪	摘叶	遮阴	修剪	摘叶	遮阴
1	5.4aA	3.4a	3.6a	0.380a	0.107a	0.109a
2	1.4bB	3.3a	3.2a	0.001b	0.249a	0.247a
3	2.1bAB	2.3a	2.3a	0.002b	0.026a	0.026a

3.4.1.11　对根系萌发的影响

表 3-29 为不同处理措施影响下地径 3cm 玉兰根系断面直径、萌发数量以及平均长度等根系萌发情况。图 3-26 ～图 3-34 为不同处理措施影响下一年根系生长情况和南向根系萌发手绘图。其中，须根萌发较多的处理有 $A_1B_1C_1$、$A_1B_2C_2$、$A_2B_1C_2$、$A_3B_1C_3$ 和 $A_3B_3C_2$，萌发根系短且须根少的处理有 $A_1B_3C_3$、$A_2B_2C_3$、$A_2B_3C_1$ 和 $A_3B_2C_1$，这一结果与根系长度、根表面积、根投影面积以及根体积等的结果相一致，即轻修剪处理对根系萌发具有积极影响。

此外，根系断面粗度与萌发新根条数没有相关性，如 $A_1B_1C_1$ 东向根系断面 13.19mm，萌发根数 4 条，而南向根系断面 3.01mm，萌发根数同样 4 条；根系断面萌发新根最多有 11 条，最少仅 1 条，不同断面萌发数量不同；萌发新根年生长量也存在不同，如 $A_2B_1C_2$ 北向平均根长 39.5cm，而 $A_1B_3C_3$ 东向平均根长仅 2.3cm。

表3-29　不同处理措施影响下地径3cm玉兰根系萌发情况

处理	方向	根断面粗（mm）	萌发根数（条）	平均根长（cm）	处理	根断面粗（mm）	萌发根数（条）	平均根长（cm）
$A_1B_1C_1$	东向	13.19	4	21.3	$A_2B_3C_1$	9.26	4	16.8
	南向	3.01	4	12.2		9.04	4	12.7
	西向	6.75	2	23.2		7.21	1	19.7
	北向	5.28	4	12.8		8.38	1	10.7

续表

处理	方向	根断面粗（mm）	萌发根数（条）	平均根长（cm）	处理	根断面粗（mm）	萌发根数（条）	平均根长（cm）
A₁B₂C₂	东向	6.74	2	14.5	A₃B₁C₃	8.71	11	9.5
	南向	7.43	3	16.0		7.57	9	12.4
	西向	6.76	3	8.4		8.55	8	16.4
	北向	7.91	3	9.9		3.41	3	12.9
A₁B₃C₃	东向	11.73	7	2.3	A₃B₂C₁	10.42	5	25.2
	南向	4.68	4	9.4		11.75	5	15.1
	西向	6.31	3	5.6		10.81	3	18.0
	北向	5.46	5	5.2		12.6	5	17.0
A₂B₁C₂	东向	5.58	6	12.2	A₃B₃C₂	17.65	5	20.6
	南向	5.74	5	18.3		13.9	6	18.8
	西向	9.48	4	19.9		8.2	4	20.3
	北向	7.82	3	39.5		7.06	2	30.7
A₂B₂C₃	东向	6.42	4	6.6				
	南向	10.37	5	9.7				
	西向	6.56	4	7.7				
		5.07	3	18.8				

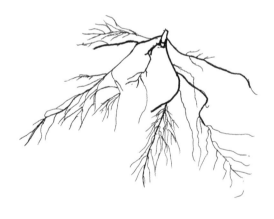

图 3-26　A₁B₁C₁ 栽植一年根系生长情况和南向根系萌发手绘图

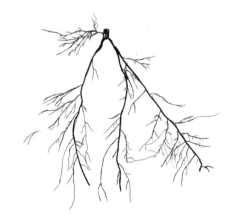

图 3-27　A₁B₂C₂ 栽植一年根系生长情况和南向根系萌发手绘图

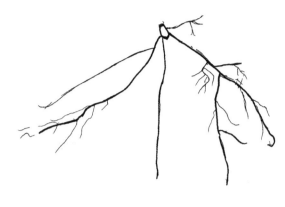

图 3-28　$A_1B_3C_3$ 栽植
一年根系生长情况和
南向根系萌发手绘图

图 3-29　$A_2B_1C_2$ 栽植
一年根系生长情况和
南向根系萌发手绘图

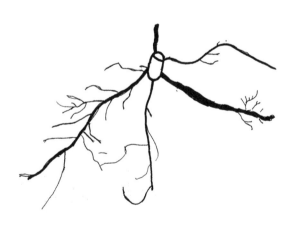

图 3-30　$A_2B_2C_3$ 栽植
一年根系生长情况和
南向根系萌发手绘图

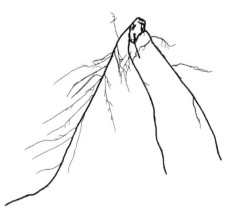

图 3-31　$A_2B_3C_1$ 栽植
一年根系生长情况和
南向根系萌发手绘图

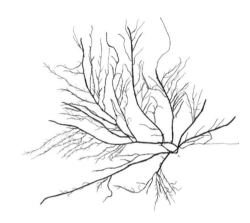

图 3-32 A₃B₁C₃ 栽植一年根系生长情况和南向根系萌发手绘图

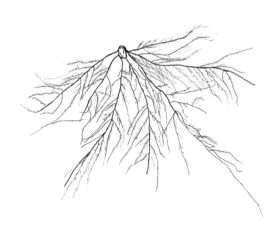

图 3-33 A₃B₂C₁ 栽植一年根系生长情况和南向根系萌发手绘图

图 3-34 A₃B₃C₂ 栽植一年根系生长情况和南向根系萌发手绘图

3.4.2 不同处理措施对地径8cm玉兰成活率及生长势的影响

3.4.2.1 对成活率及地上部各生长指标的影响

表 3-30 为不同处理措施对地径 8cm 玉兰成活率及地上部各项指标的影响。可以看出，在轻处理和中处理影响下，玉兰成活率均为 100%，而重处理则造成苗木全部死亡（图 3-35）。其中，轻处理和中处理的当年新梢生长量分别为 10.3cm 和 10.5cm，差别不大；中处理的叶片 SPAD 值为 36.0，高于轻处理的 27.8；叶片大小差异为轻处理稍大于中处理；

在分枝和展叶能力方面，轻处理和中处理均表现出较好的效果。综合而言，在轻、中度两种处理方式影响下，苗木地上部各项指标正常，树势恢复差异不大。

表3-30　不同处理措施对地径8cm玉兰成活率及地上部各项指标的影响

处理	成活率（%）	新梢生长量（cm）	叶片SPAD值	叶片长（cm）	叶片宽（cm）	分枝和展叶能力
轻处理	100	10.3±6.3	27.8±8.0	13.0±2.9	7.4±1.4	较强
中处理	100	10.5±4.3	36.0±3.0	9.9±2.1	6.9±1.2	较强
重处理	0.0	—	—	—	—	—

图 3-35　不同处理玉兰地上部生长表现（从左至右依次为轻处理、中处理和重处理）

3.4.2.2　对根系干鲜重的影响

表 3-31 为不同处理措施对地径 8cm 玉兰根系干鲜重的影响。轻、中度两种处理下，玉兰均有新根萌发（表 3-31）。其中，轻处理根系鲜重值和干重值高于中处理，分别为 **26.4g** 和 **3.3g**。

表3-31　不同处理措施对地径8cm玉兰根系干鲜重的影响

处理	根系鲜重（g）	根系鲜重（g）
轻处理	26.4±21.1	3.3±4.3
中处理	12.3±10.3	2.4±2.0

3.4.2.3　对根系长度的影响

表 3-32 为不同处理措施对地径 8cm 玉兰根系长度的影响。可以看出，根系总长度，根径 $d \leqslant 2mm$、$d=2mm < d \leqslant 4.5mm$ 以及 $d > 4.5mm$ 根长均以轻处理为优。其中，两种处理条件下，根径 $d \leqslant 2mm$ 根长占总根长比例最大，说明苗木萌发的吸收根比例较大，苗木活力恢复较好。此外，两种处理的标准误差均较大，说明大田试验受外界因素的影响非常显著，不同单株根长值差异偏大。

表3-32   不同处理对地径8cm玉兰根系长度的影响

处理	根系总长度（cm）	$d \leqslant 2mm$（cm）	$2mm < d \leqslant 4.5mm$（cm）	$d > 4.5mm$（cm）
轻处理	4162.6±3443.0	4037.0±3357.8	94.0±82.4	1.6±2.8
中处理	3189.7±1862.4	3119.3±1787.5	69.6±73.4	0.8±1.4

3.4.2.4   对根系表面积、投影面积及体积的影响

表 3-33 ～ 表 3-35 分别为不同处理措施对地径 8cm 玉兰根系表面积、投影面积及体积的影响。可以看出，不同根径的 3 项指标均以轻处理为优，二者差异规律与根系长度一致。

表3-33   不同处理对地径8cm玉兰根系表面积的影响

处理	根系总表面积（cm^2）	$d \leqslant 2mm$（cm^2）	$2mm < d \leqslant 4.5mm$（cm^2）	$d > 4.5mm$（cm^2）
轻处理	805.9±703.2	727.0±626.9	76.4±71.9	2.5±4.4
中处理	579.7±397.4	522.9±350.0	55.6±45.3	1.3±2.2

表3-34   不同处理对地径8cm玉兰根系投影面积的影响

处理	根系总投影面积（cm^2）	$d \leqslant 2mm$（cm^2）	$2mm < d \leqslant 4.5mm$（cm^2）	$d > 4.5mm$（cm^2）
轻处理	256.5±234.0	231.4±194.7	24.3±37.9	0.8±1.4
中处理	184.5±132.2	166.4±113.0	17.7±18.4	0.4±0.7

表3-35   不同处理对地径8cm玉兰根系体积的影响

处理	根系总体积（cm^3）	$d \leqslant 2mm$（cm^3）	$2 mm < d \leqslant 4.5mm$（cm^3）	$d > 4.5mm$（cm^3）
轻处理	20.3±17.6	14.9±12.1	5.1±5.0	0.3±0.5
中处理	14.0±11.1	10.2±7.4	3.7±3.5	0.2±0.3

3.4.3   结论与讨论

3.4.3.1   结论

3.4.3.1.1   地径 3cm 玉兰夏季移植树势恢复研究

（1）不同程度修剪、摘叶和遮阴处理对夏季非正常季节移植地径 3cm 玉兰成活率和新梢生长量影响不明显，9 个正交处理最高成活率为 93.3%，最低为 62.2%。不同因素和水平对叶片 SPAD 值的影响为2/3 重修剪（A_3）+50% 遮阴（C_2）组合效果最好；对叶片长宽的影响为 A_1 或 A_3，C_1 或 C_2，B 任选的组合效果为优；对叶片干鲜重影响以轻修剪表

现最好，摘叶和遮阴对其影响不显著。

（2）修剪是影响地径 3cm 玉兰根系干鲜重、根长、根表面积、根投影面积和根体积的主要因素，并以 1/3 轻修剪效果最优。不同水平摘叶和遮阴对各项指标无显著影响。

（3）综合考虑地径 3cm 地上部形态指标生长表现和地下部根系生长，建议地径 3cm 玉兰夏季移植时可采取"1/3 修剪 +30% 摘叶 +50% 遮阴"（$A_1B_1C_2$）处理组合。

3.4.3.1.2　地径 8cm 玉兰夏季移植树势恢复研究

（1）地径 8cm 玉兰夏季移植不耐重修剪。在重修剪处理下，苗木全部死亡；轻度与中度修剪处理下，苗木成活率可达 100%。

（2）轻修剪与中修剪处理下，新梢生长量、叶片 SPAD 值和叶片大小各值之间相差不大，且分枝和展叶能力均较强，但地下部根系干鲜重、根长、根表面积、根投影面积和根体积均以轻修剪为优。

（3）综合考虑地径 8cm 玉兰地上部形态指标和地下根系生长状况，地径 8cm 玉兰夏季移植宜采取"1/3 修剪 +30% 摘叶 +30% 遮阴"组合处理。

3.4.3.2　讨论

如前所述，部分学者认为夏季为非正常种植季节，苗木蒸腾量大，采用重度处理措施可减少蒸腾量，进而提高成活率（梁玉君和邹志荣，2009；魏东，2012）。但在本试验中发现，地径 8cm 玉兰在重度修剪后经过一个冬季的休眠，第二年春季整株死亡。可以推断，玉兰在夏季重度修剪和摘叶后，一方面光合作用减弱，另一方面剪口过重，自身营养在前期生长中消耗殆尽，造成当年树势难以恢复，加之玉兰不耐严寒，最终多因素导致整株苗木在次年干枯死亡。

由此，在苗木移植中，除遵循基本原则外，还应依据不同树种的生态习性与生物学特性制订切实可行的移植方案。以玉兰为例，作为原产我国中部的树种，其较弱的抗寒能力应是在北京地区移植中重点考虑的因素之一。因此，一方面，建议不甚耐寒树种以春季移植为主；另一方面，夏季反季节移植应采取轻修剪、轻摘叶等轻处理措施。

3.5 元宝枫夏季移植活力恢复技术研究

元宝枫（*Acer truncatum*）为北京著名秋色叶乡土树种，自然分布于海拔 400～1000m 的疏林中，对城市环境具有较强的适应性。已有研究表明，元宝枫最佳移植季节为春秋两季（张彩琦，2008；李利等，2018；邢红光，2016），夏季反季节移植虽常见于园林工程实践，但其相关研究报道尚不多见。本节采用 3.2 中处理方法，分别对胸径 3cm 和 8cm 两种规格元宝枫进行反季节移植，在分析不同处理措施对其成活率及生长势影响的基础上，总结形成元宝枫夏季移植活力恢复技术。

3.5.1 不同处理措施对胸径 3cm 元宝枫成活率及生长势的影响

因胸径 3cm 元宝枫整体成活率较低，不能满足每处理重复试验，故未进行胸径 3cm 元宝枫根系挖取和指标测定。

3.5.1.1 对成活率的影响

表 3-36 为不同处理措施对胸径 3cm 元宝枫成活率的影响。试验中发现，栽植于 2017 年 8 月下旬的胸径 3cm 元宝枫于当年 9 月中旬开始出现植株叶片焦叶，继而干枯。次年春季，供试植株大部分树冠处无枝叶萌发，并有部分植株全株死亡。

表 3-37 为不同处理措施影响下胸径 3cm 元宝枫成活率差异显著性分析。可以看出，影响树冠成活率的主要因素是修剪，并以重修剪表现最好，平均成活率为 15.6%，极显著优于轻修剪，显著优于中修剪，轻修剪与中修剪之间无差异；摘叶与遮阴表现一致，3 个处理之间无明显差异。影响基部成活率的主要因素是遮阴，以 70% 遮阴成活率最好，极

表3-36　不同处理措施对胸径3cm元宝枫成活率的影响

处理	树冠成活率（%）	干成活率（%）	基部成活率（%）	总成活率（%）
$A_1B_1C_1$	4.4±3.8	0.0±0.0	20.0±0.0	24.4±3.8
$A_1B_2C_2$	8.9±3.8	0.0±0.0	20.0±6.7	28.9±3.8
$A_1B_3C_3$	8.9±7.7	0.0±0.0	35.6±13.9	44.4±10.2
$A_2B_1C_2$	8.9±7.7	4.4±7.7	17.8±13.9	31.1±21.4
$A_2B_2C_3$	13.3±6.7	6.7±6.7	42.2±10.2	62.2±16.8
$A_2B_3C_1$	4.4±3.8	2.2±3.8	20.0±6.7	26.7±6.7
$A_3B_1C_3$	11.1±3.8	4.4±3.8	44.4±16.8	60.0±13.3
$A_3B_2C_1$	15.6±7.7	0.0±0.0	33.0±11.5	48.9±3.8
$A_3B_3C_2$	20.0±6.7	00±0.0	26.7±11.5	53.3±13.3

表3-37 不同处理措施影响下胸径3cm元宝枫成活率差异显著性分析

水平	树冠成活率（%）			基部成活率（%）			总成活率（%）		
	修剪	摘叶	遮阴	修剪	摘叶	遮阴	修剪	摘叶	遮阴
1	7.4bB	8.1a	8.1a	25.2a	27.4a	24.4bB	32.6bB	38.5a	33.3bB
2	8.9bAB	12.6a	12.6a	26.7a	31.9a	21.5bB	40.0bB	46.7a	37.8bB
3	15.6aA	11.1a	11.1a	34.8a	27.4a	40.7aA	54.1aA	41.5a	55.6aA

显著优于30%和50%遮阴；其余依次为修剪和摘叶，但2个因素的3个水平之间差异不明显。在所有处理中，总成活率最高为62.2%，最低为24.4%，其主要影响因素为遮阴，以70%遮阴效果最好，极显著高于30%和50%遮阴；其次为修剪，以重修剪为最优，极显著优于轻修剪和中修剪；再次为摘叶，以50%摘叶表现最好，但3个处理之间差异不明显。

在实践中，元宝枫作为北京常用苗木，常在春季进行裸根移植，其成活率可达95%。与之相反，本试验采用胸径3cm元宝枫进行夏季移植时成活率普遍不高，由此可以论断，胸径3cm元宝枫不适合夏季移植。

3.5.1.2 对新梢生长量的影响

不同处理措施对胸径3cm元宝枫新梢生长量的影响如表3-38所示，其差异显著性分析如表3-39所示。结果表明，9个组合新梢生长量最高为30.3cm，最低为24.8cm。修剪、摘叶与遮阴3个因素的不同水平对新梢生长量均无显著影响。

表3-38 不同处理措施对胸径3cm元宝枫地上部指标的影响

处理	新梢生长量（cm）	叶片SPAD值	叶片长（cm）	叶片宽（cm）
$A_1B_1C_1$	30.1±3.9	34.5±0.8	10.4±3.3	8.8±2.6
$A_1B_2C_2$	26.1±10.3	35.2±1.5	10.5±3.2	8.7±2.3
$A_1B_3C_3$	30.3±5.3	36.1±0.5	8.5±2.5	6.9±2.9
$A_2B_1C_2$	28.0±8.8	32.3±12.1	9.2±2.9	7.3±2.5
$A_2B_2C_3$	24.8±6.8	36.2±1.8	9.3±2.4	7.6±3.5
$A_2B_3C_1$	28.7±6.0	30.0±0.6	9.2±2.5	8.0±2.5
$A_3B_1C_3$	26.7±1.5	38.8±0.2	9.9±3.1	8.3±2.3
$A_3B_2C_1$	26.6±2.2	35.8±0.7	9.5±2.5	8.3±3.3
$A_3B_3C_2$	28.4±2.1	38.0±0.5	9.4±1.8	8.5±2.6

表3-39 不同处理措施影响下胸径3cm元宝枫新梢生长量与叶片SPAD值差异显著性分析

水平	新梢生长量（cm）			叶片SPAD值		
	修剪	摘叶	遮阴	修剪	摘叶	遮阴
1	28.8a	28.3a	28.5a	35.2a	35.2a	33.4a
2	27.2a	25.8a	27.5a	32.8a	35.7a	35.1a
3	27.2a	29.1a	27.3a	37.5a	34.7a	37.0a

3.5.1.3　对叶片 SPAD 值的影响

不同处理措施对胸径 3cm 元宝枫叶片 SPAD 值的影响如表 3-38 所示，其差异显著性分析如表 3-39 所示。胸径 3cm 元宝枫生长季叶片正常，叶片 SPAD 值平均最高为 38.8，最低为 30.0，修剪、摘叶和遮阴 3 个因素不同水平之间均无差异。

3.5.1.4　对叶片长度与宽度的影响

不同处理措施对胸径 3cm 元宝枫叶长、叶宽的影响如表 3-38 所示，其差异显著性分析如表 3-40 所示。结果表明，不同因素对胸径 3cm 元宝枫叶片长度影响不明显。修剪与遮阴对叶片宽度影响显著，并以重修剪为优，显著优于中修剪，但与轻修剪无显著差异。30% 遮阴处理对叶宽影响最优，显著优于 50% 遮阴，但与 70% 遮阴之间差异不明显。据《中国植物志》记录，元宝枫叶片叶长 5 ～ 10cm，宽 8 ～ 12cm，由此可以看出，各处理叶长均在正常范围内，而叶宽在正常值下限波动。

表3-40　不同处理措施影响下胸径3cm元宝枫叶长、叶宽差异显著性分析

水平	叶长（cm）			叶宽（cm）		
	修剪	摘叶	遮阴	修剪	摘叶	遮阴
1	9.8a	9.8a	9.7a	8.1ab	8.1a	8.4a
2	9.2a	9.8a	9.7a	7.6b	8.2a	8.1ab
3	9.6a	9.1a	9.3a	8.4a	7.8a	7.6b

3.5.2　不同处理措施对胸径 8cm 元宝枫成活率及生长势的影响

3.5.2.1　对成活率及地上部各生长指标的影响

对胸径 8cm 元宝枫成活率、新梢生长量、叶片 SPAD 值、叶片大小进行了观测和测量，并分别进行差异显著性分析（表 3-41）。结果表明，胸径 8cm 元宝枫 3 种处理成活率均为 100%，新梢生长量、叶片 SPAD 值、叶长和叶宽在 3 种处理之间均无明显差异。

胸径 8cm 大规格元宝枫与胸径 3cm 小规格元宝枫相比，新梢生长量、叶长稍低，叶片 SPAD 值、叶宽基本一致，但所有移植植株全部成活，且各形态指标表现基本正常，说明胸径 8cm 元宝枫移植一年后地上部活力恢复尚可（图 3-36）。

表3-41　胸径8cm元宝枫地上部生长指标差异显著性分析

处理	成活率（%）	新梢生长量（cm）	叶片SPAD值	叶长（cm）	叶宽（cm）
轻处理	（100±0.0）a	（16.4±6.2）a	（33.4±2.8）a	（7.4±0.7）a	（8.5±1.0）a
中处理	（100±0.0）a	（17.2±4.6）a	（36.2±2.9）a	（6.8±0.7）a	（8.0±0.6）a
重处理	（100±0.0）a	（19.3±3.8）a	（35.3±4.2）a	（6.4±1.0）a	（7.6±1.4）a

图 3-36　不同处理元宝枫地上部生长表现（从左至右依次为轻处理、中处理和重处理）

3.5.2.2　对地下部根系指标的影响

对胸径 8cm 元宝枫 3 个不同处理之间地下部根系干鲜重，以及不同粗度根系长度、根系表面积、根系投影面积和根系体积进行差异显著性分析，从表 3-42 ～表 3-46 的结果可以看出，胸径 8cm 元宝枫根系总长度、根系总表面积和根系总投影面积，以及根径 $d \leqslant 2mm$ 根系长度、表面积和投影面积均以轻处理值最高，但轻处理、中处理和重处理对上述各根系指标均无明显差异，3 种处理根系生长势比较接近。

表3-42　胸径8cm元宝枫不同处理根系干鲜重差异显著性分析

处理	根系鲜重（g）	根系干重（g）
轻处理	（172.7±107.2）a	（54.3±38.7）a
中处理	（180.6±72.2）a	（49.9±21.8）a
重处理	（144.4±85.8）a	（46.9±28.6）a

表3-43　胸径8cm元宝枫不同处理根系长度差异显著性分析

处理	$d \leqslant 2mm$（cm）	$2mm < d \leqslant 4.5mm$（cm）	$d > 4.5mm$（cm）	根系总长度（cm）
轻处理	（27097.7±12587.4）a	（488.6±341.9）a	（64.5±78.2）a	（27650.8±13005.8）a
中处理	（25168.0±12780.6）a	（579.2±197.5）a	（86.2±80.7）a	（25833.4±13035.4）a
重处理	（19083.6±9989.2）a	（443.5±275.8）a	（80.1±77.9）a	（19607.1±10321.1）a

表3-44　胸径8cm元宝枫不同处理根表面积差异显著性分析

处理	$d \leqslant 2mm$（cm^2）	$2mm < d \leqslant 4.5mm$（cm^2）	$d > 4.5mm$（cm^2）	根总表面积（cm^2）
轻处理	（4510.3±1932.2）a	（431.7±313.2）a	（123.9±148.6）a	（5065.9±2388.5）a
中处理	（4212.2±1438.5）a	（504.4±190.1）a	（159.5±161.4）a	（4876.1±1726.3）a
重处理	（3328.9±1582.3）a	（369.9±234.8）a	（155.8±165.2）a	（3854.7±1935.6）a

表3-45　胸径8cm元宝枫不同处理根投影面积差异显著性分析

处理	$d \leqslant 2mm$（cm^2）	$2mm < d \leqslant 4.5mm$（cm^2）	$d > 4.5mm$（cm^2）	根总投影面积（cm^2）
轻处理	（1435.7±615.0）a	（137.4±99.7）a	（39.4±47.3）a	（1612.5±760.3）a
中处理	（1340.8±457.9）a	（160.5±60.5）a	（50.8±51.4）a	（1552.1±549.5）a
重处理	（1059.6±503.7）a	（117.8±74.7）a	（49.6±52.6）a	（1227±616.1）a

表3-46　胸径8cm元宝枫不同处理根系体积差异显著性分析

处理	$d \leqslant 2mm$（cm^3）	$2mm < d \leqslant 4.5mm$（cm^3）	$d > 4.5mm$（cm^3）	根总体积（cm^3）
轻处理	（84.6±34.6）a	（32.0±24.2）a	（20.6±24.9）a	（137.3±83.0）a
中处理	（86.9±24.2）a	（36.9±15.4）a	（24.6±26.8）a	（148.4±56.7）a
重处理	（69.2±32.6）a	（25.8±16.7）a	（26.2±30.7）a	（121.1±73.2）a

3.5.3　结论与讨论

3.5.3.1　结论

3.5.3.1.1　胸径3cm元宝枫夏季移植树势恢复研究

不同程度修剪、摘叶和遮阴处理对夏季非正常季节移植胸径3cm元宝枫新梢生长量、叶片SPAD值、叶长均无显著差异，叶宽水平选优和组合选优为 A_3，C_1 或 C_2，B任选。成活植株的新梢生长量、叶片SPAD值和叶片大小尚可，但该规格元宝枫成活率较低，树冠最高成活率为20.0%，从基部和树干萌发枝条完全失去观赏价值。综合考虑地上部各指标表现得出，胸径3cm元宝枫不适合夏季移植。

由此建议胸径6cm及以下元宝枫采取春季萌芽前带护心土裸根移植的方法。

3.5.3.1.2　胸径8cm元宝枫夏季移植树势恢复研究

胸径8cm元宝枫移植一年后3种处理组合成活率均为100%，地上部新梢生长量、叶片SPAD值和叶片大小之间无明显差异，但各值生长表现基本正常，说明不同处理苗木树势均处于恢复期，且差异不显著。3种不同处理组合元宝枫根系干鲜重、根系总长度、总表面积、总投影面积和总体积，及 $d \leqslant 2mm$、$2mm < d \leqslant 4.5mm$ 和 $d > 4.5mm$ 根长、根表面积、根投影面积和根体积均无明显差异，但总体以轻处理组合生长量偏大。

由此建议胸径8cm元宝枫夏季移植可以采用轻处理、中处理或重处理任一组合，但考虑修剪和摘叶处理时的人工费和成本费，建议采用1/3轻修剪+30%摘叶+30%遮阴的处理组合。

3.5.3.2　讨论

　　元宝枫在北京山区有自然分布，是北京地区城市绿地应用较为广泛的树种，周边苗圃培育也较多，但胸径 6cm 及以下苗木大多采取春季裸根移植的方法，且成活率较高。与之相反，本次试验中胸径 3cm 元宝枫移植成活率偏低，成活植株以基部萌蘖较多。元宝枫为深根性材料，胸径 3cm 元宝枫夏季带直径 30cm 土球移植，土球内大多为主根和侧根，吸收根比例较少，加之元宝枫叶片大而薄，夏季蒸腾量大，大量伤根后根系无法供给地上部生长所需的水分，导致胸径 3cm 元宝枫枝叶萌发困难。春季移植虽然裸根，但挖掘尺寸大于胸径的 10 倍，该范围带有一定量的吸收根，此时地上部分并未萌芽，对水分需求量小，根系生长早于枝叶，及时浇灌复苏后，能有效促进地上部分生长，因此能够保证较高的成活率。

　　胸径 8cm 元宝枫移植后地上部和根部均生长表现良好，呈现大苗夏季移植优于小苗移植的现象。与上述分析一致，胸径 8cm 元宝枫土球直径 60cm，根系冠幅大，土球中吸收根多，加上地上部疏枝、摘叶和遮阴，因此大规格元宝枫缓苗和生长优于小规格元宝枫。

3.6 栓皮栎夏季移植活力恢复技术研究

栓皮栎（*Quercus variabilis*）为壳斗科栎属落叶乔木，北京乡土树种，华北地区通常生长于海拔 800m 以下的阳坡。与栎属其他植物相似，栓皮栎具有主根发达、不耐移植、缓苗周期长等特点。国内围绕栓皮栎开展的研究较早，中国知网以栓皮栎为主题共搜索到文献 1027 篇，主要集中在生物生态学特性、地理分布、资源培育、综合利用等方面，造林多采用直播或植苗的方式，植苗以秋末或早春萌芽前为主（周力和吕贤传，2002；罗玉生，2010；马家骅，2010；刘洋洋等，2015；吴应建等，2015），但因圃地培育较少，因此对其移植技术研究较少。本节采用 3.2 中处理方法，分别对胸径 3cm 和 8cm 两种规格栓皮栎进行反季节移植，在分析不同处理措施对其成活率及生长势影响的基础上，总结形成栓皮栎夏季移植活力恢复技术。

3.6.1 不同处理措施对胸径 3cm 栓皮栎成活率及生长势的影响

3.6.1.1 对成活率的影响

对不同处理措施影响下胸径 3cm 栓皮栎的树冠成活率、树干成活率、基部成活率以及总成活率等进行统计，结果如表 3-47 所示，胸径 3cm 栓皮栎夏季移植树冠成活率、树干成活率、基部成活率及总成活率最高值分别为 13.3%、4.4%、11.1% 和 24.4%。综合而言，无论采取何种措施，胸径 3cm 栓皮栎带土球夏季移植成活率普遍较低。

表3-47 不同处理措施对胸径3cm栓皮栎成活率的影响

处理	树冠成活率（%）	树干成活率（%）	基部成活率（%）	总成活率（%）
$A_1B_1C_1$	4.4±3.8	4.4±3.8	4.4±3.8	13.3±0.0
$A_1B_2C_2$	0.0±0.0	0.0±0.0	11.1±13.9	11.1±13.9
$A_1B_3C_3$	0.0±0.0	0.0±0.0	2.2±3.8	2.2±3.8
$A_2B_1C_2$	2.2±3.8	0.0±0.0	2.2±3.8	4.4±3.8
$A_2B_2C_3$	0.0±0.0	0.0±0.0	2.2±3.8	2.2±3.8
$A_2B_3C_1$	13.3±6.7	2.2±3.8	8.9±7.7	24.4±3.3.8
$A_3B_1C_3$	2.2±3.8	0.0±0.0	0.0±0.0	2.2±3.8
$A_3B_2C_1$	6.7±6.7	0.0±0.0	4.4±38	11.1±7.7
$A_3B_3C_2$	2.2±3.8	0.0±0.0	6.7±11.5	8.9±15.4

3.6.1.2　对地上部形态指标的影响

对胸径 3cm 栓皮栎成活植株的萌枝和生长情况进行追踪观测，结果发现，栓皮栎萌生新枝能力较弱，树冠部新叶偏小，基部萌蘖叶片偏大。

此外，因总成活株数达不到完整试验系统测量的数量，故未对胸径 3cm 栓皮栎进行系统的形态指标观测和测量。

3.6.2　不同处理措施对胸径 8cm 栓皮栎成活率及生长势的影响

3.6.2.1　对成活率及地上部各指标的影响

表 3-48 为不同处理措施影响下胸径 8cm 栓皮栎成活率及地上部形态指标差异显著性分析。可以看出，在中度处理和轻度处理影响下，栓皮栎成活率相同，均为 80.0%，重度处理成活率为 40.0%。

新梢生长量、叶片 SPAD 值和叶长均以中处理表现较好，其值分别为 23.6cm、40.3cm 和 11.0cm；叶宽以重处理表现较好。方差分析结果表明，不同程度修剪、摘叶和遮阴组合对胸径 8cm 成活率、新梢生长量、叶片 SPAD 值和叶片大小均无影响。《中国植物志》记录栓皮栎叶片长 8 ～ 15（～ 20）cm，宽 2 ～ 6（～ 8）cm，供试植株 3 个处理组合的叶片长度均属正常范围，叶片宽度值稍大。从分枝和展叶能力评价来看，轻处理表现为弱，中处理和重处理一般，说明 3 种处理当年萌生的枝叶量不多。综合而言，树势恢复以中处理为优。

表3-48　不同处理措施影响下胸径8cm栓皮栎成活率及地上部形态指标差异显著性分析

处理	成活率（%）	新梢生长量（cm）	叶片SPAD值	叶长（cm）	叶宽（cm）	分枝和展叶能力
轻处理	（80±44.7）a	（10.4±2.5）a	（34.1±4.6）a	（9.9±0.7）a	（8.1±0.4）a	弱
中处理	（80±44.7）a	（23.6±14.3）a	（40.3±7.7）a	（11.0±2.4）a	（8.4±1.7）a	一般
重处理	（40±54.8）a	（17.8±0.4）a	（34.1±3.7）a	（10.3±2.1）a	（8.5±1.5）a	一般

3.6.2.2　对根系干鲜重的影响

根系干鲜重通常代表植株地下部的生长状况，一般萌发新根越高，植株树势恢复越好。表 3-49 为不同处理影响下胸径 8cm 栓皮栎根系干鲜重差异显著性分析。其中，根系鲜重以重处理值最高，为 7.5g，极显著优于轻处理，但与中处理之间差异不明显；根系干重以中处理值最高，为 2.8g，极显著优于轻处理，但与重处理之间差异不明显。

表3-49　不同处理影响下胸径8cm栓皮栎根系干鲜重差异显著性分析

处理	根系鲜重（g）	根系干重（g）
轻处理	（0.9±0.4）B	（0.3±0.1）B
中处理	（7.1±0.5）A	（2.8±0.1）A
重处理	（7.5±2.1）A	（2.6±0.4）A

3.6.2.3　对根系长度的影响

表 3-50 为不同处理影响下胸径 8cm 栓皮栎根系长度差异显著性分析，图 3-37 为不同处理栓皮栎根系生长情况。其中，胸径 8cm 栓皮栎根系总长度和 $d \leqslant 2mm$ 根长以重处理值最好，分别为 3431.4cm 和 3361.4cm，极显著优于轻处理和中处理；其次为中处理，根系总长度和 $d \leqslant 2mm$ 根长分别为 1457.6cm 和 1386.5cm，极显著优于轻处理。$2mm < d \leqslant 4.5mm$ 和 $d > 4.5mm$ 根长 3 个处理之间差异不明显。此外，移植苗木根系以 $d \leqslant 2mm$ 为主。

表3-50　不同处理影响下胸径8cm栓皮栎根系长度差异显著性分析

处理	$d\leqslant2mm$（cm）	$2mm<d\leqslant4.5mm$（cm）	$d>4.5mm$（cm）	根系总长度（cm）
轻处理	（214.9±229.4）C	（7.9±10.6）a	（0.0±0.0）a	（222.8±240.0）C
中处理	（1386.5±248.2）B	（70.8±76.0）a	（0.3±0.2）a	（1457.6±324.4）B
重处理	（3361.4±573.2）A	（64.5±23.0）a	（5.5±7.7）a	（3431.4±604.0）A

图 3-37　不同处理栓皮栎根系生长情况（从左至右依次为轻处理、中处理和重处理）

3.6.2.4　对根系表面积的影响

表 3-51 为不同处理影响下胸径 8cm 栓皮栎根系表面积差异显著性分析。可以看出，根系总表面积与 $d \leqslant 2mm$ 根表面积以重处理表现最好，分别为 572.5cm^2 和 511.8cm^2，重处理的根系总表面积极显著优于轻处理，$d \leqslant 2mm$ 根表面积极显著优于轻处理和中处理，轻处理和中处理之间无差异；3 个处理在 $2mm < d \leqslant 4.5mm$ 和 $d > 4.5mm$ 根表面积方面差异不明显。

表3-51　不同处理影响下胸径8cm栓皮栎根系表面积差异显著性分析

处理	$d\leqslant2mm$（cm^2）	$2mm<d\leqslant4.5mm$（cm^2）	$d>4.5mm$（cm^2）	根总表面积（cm^2）
轻处理	（40.2±42.2）B	（5.6±7.6）a	（0.0±0.0）a	（45.9±49.8）B
中处理	（216.5±88.1）B	（56.7±62.0）a	（0.4±0.4）a	（273.7±150.5）AB
重处理	（511.8±114.1）A	（51.1±19.8）a	（9.6±13.6）a	（572.5±147.5）A

3.6.2.5　对根系投影面积的影响

表 3-52 为不同处理影响下胸径 8cm 栓皮栎根系投影面积差异显著性分析。可以看出，不同处理对根系总投影面积，根径 $d \leqslant 2mm$、$2mm < d \leqslant 4.5mm$ 以及 $d > 4.5mm$ 根投影面积的影响与根系表面积相似，以重处理表现为优。

表3-52　不同处理影响下胸径8cm栓皮栎根系投影面积差异显著性分析

处理	$d \leqslant 2mm$（cm²）	$2mm < d \leqslant 4.5mm$（cm²）	$d > 4.5mm$（cm²）	根总投影面积
轻处理	（12.8±13.4）B	（1.8±2.4）a	（0.0±0.0）a	（14.6±15.8）B
中处理	（68.9±28.1）B	（18.1±19.7）a	（0.1±0.1）a	（87.1±47.9）AB
重处理	（162.9±36.3）A	（16.3±6.3）a	（3.1±4.3）a	（182.2±46.9）A

3.6.2.6　对根系体积的影响

表 3-53 为不同处理影响下胸径 8cm 栓皮栎根系体积差异显著性分析。可以看出，不同处理对根系总体积，根径 $d \leqslant 2mm$、$2mm < d \leqslant 4.5mm$ 以及 $d > 4.5mm$ 根系体积的影响规律同根系表面积及投影面积一致，以重处理表现最优，其根系总体积极显著优于轻处理，$d \leqslant 2mm$ 根体积极显著优于轻处理和中处理。

表3-53　不同处理影响下胸径8cm栓皮栎根系体积差异显著性分析

处理	$d \leqslant 2mm$（cm³）	$2mm < d \leqslant 4.5mm$（cm³）	$d > 4.5mm$（cm³）	根总体积（cm³）
轻处理	（0.9±0.9）B	（0.3±0.4）a	（0.0±0.0）a	（1.2±1.3）B
中处理	（4.3±2.2）B	（3.7±4.1）a	（0.1±0.0）a	（8.1±6.4）AB
重处理	（10.9±2.4）A	（3.4±1.5）a	（1.4±1.9）a	（15.7±5.8）A

3.6.3　结论与讨论

3.6.3.1　结论

3.6.3.1.1　胸径 3cm 栓皮栎夏季移植树势恢复研究

胸径 3cm 栓皮栎移植一年后树冠成活率最高为 13.3%，并有 3 个处理组合全部死亡；植株总成活率最好为 24.4%。由此说明，胸径 3cm 等小规格栓皮栎苗木不适于夏季移植。

3.6.3.1.2　胸径 8cm 栓皮栎夏季移植树势恢复研究

轻处理与中处理影响下的胸径 8cm 栓皮栎成活率表现一致，均为 80.0%，二者在新梢生长量、叶片 SPAD 值、叶片大小之间无差异，但均以中处理值略高，同时，轻处理影响下的分枝和展叶能力较弱。从地下部根系干鲜重来看，中处理与重处理均极显著优于轻处理；根系总长度、根系总表面积、根系总投影面积和根系总体积均以重处理值最高，极显著优于轻处理，除根系总长度外，其他值与中处理之间差异不明显。

因此，综合考虑胸径 8cm 栓皮栎成活率、地上部各形态指标，地下部根系干鲜重、根系长度、根系表面积、根系投影面积以及根系体积各指标，胸径 8cm 栓皮栎夏季移植树势最佳恢复方案为"1/2 修剪 +50% 摘叶 +50% 遮阴"的中处理组合，为进一步提高移植成活率和植株生长势，建议春、秋季移植为佳。

3.6.3.2 讨论

栓皮栎为山区低海拔阳坡树种，直根性强，多为造林应用，常选择春季或秋季栽植，并以直接播种或为 1 ~ 2 年生小苗移植为主。本次移植为山苗栓皮栎，未经断根处理，主根深，侧根和须根少，土球又以大主根为主，易松散，这些都是导致胸径 3cm 栓皮栎小苗移植成活率低的原因。山苗移植成活率低常为人所诟病，尤其主根发达的直根系山苗移植成活率更低。因此，要想从根本上解决栓皮栎移植成活率低和缓苗周期长这一现状，一是培育圃地苗，经过多次断根，促发更多须根，利于移植后缓苗；二是培养栓皮栎容器苗，通过容器控制主根生长，提高移植成活率，快速成型成景。

3.7　栾树夏季移植活力恢复技术研究

栾树（*Koelreuteria paniculata*）为无患子科栾树属落叶乔木，产于我国大部分省份，具耐寒、耐旱、耐低湿、耐盐碱等特性，是华北平原及低山常见树种。在实践中，为提高成活率，春季移栽胸径 6cm 以下栾树多采用裸根蘸泥浆移植方法（宋晓刚等，2012；魏山清等，2014）；大规格栾树移植以春季或秋季栽植为主（李倩，2012），盛夏移植必须加大土球，加强修剪、遮阴和保湿（肖红等，2014）。本节采用 3.2 中处理方法，分别对胸径 3cm 和 8cm 两种规格栾树进行反季节移植，在分析不同处理措施对其成活率及生长势影响的基础上，总结形成栾树夏季移植活力恢复技术。

3.7.1　不同处理措施对胸径3cm栾树成活率及生长势的影响

3.7.1.1　对成活率的影响

对不同处理措施影响下胸径 3cm 栾树树冠成活率、总成活率新梢生长量、叶片 SPAD 值、叶片大小、叶片鲜重、叶片干重等各指标进行统计，结果如表 3-54 和图 3-38 所示。胸径 3cm 栾树移植一年后总成活率最高可达 91.1%，但部分枝叶由植株分支点以下树干或基部萌生，树冠成活率最高仅为 64.4%，最低为 28.9%，与春季展叶前裸根移植相比，反季节移植成活率偏低。对不同处理措施影响下胸径 3cm 栾树树冠成活率和总成活率进行方差分析和多重比较，结果如表 3-55 所示，不同程度修剪、摘叶和遮阴处理对胸径 3cm 栾树移植树冠成活率影响不显著，各因素各水平之间均无差异。从移植总成活率来看，以遮阴影响为主，并以 30% 和 50% 遮阴效果较好，显著优于 70% 遮阴，但 30% 和 50% 之间差异不明显；修剪和摘叶 3 个水平对总成活率影响均不显著。

表3-54　不同处理措施对胸径3cm栾树成活率及地上部形态指标的影响

处理	树冠成活率（%）	总成活率（%）	新梢生长量（cm）	叶片SPAD值	叶片长（cm）	叶片宽（cm）
$A_1B_1C_1$	33.3±20.0	91.1±3.8	30.1±3.9	49.9±1.8	8.6±2.7	6.5±2.4
$A_1B_2C_2$	46.7±24.0	86.7±6.7	26.1±10.3	43.9±2.5	8.0±2.5	6.3±2.2
$A_1B_3C_3$	57.8±13.9	82.2±13.9	30.3±5.3	39.5±1.2	8.3±1.6	7.1±2.8
$A_2B_1C_2$	64.4±7.7	88.9±10.2	28±8.8	45.8±0.8	9.4±3.1	7.8±2.5
$A_2B_2C_3$	35.6±15.4	66.7±13.3	24.8±6.8	44.5±0.6	8.2±2.8	6.6±1.8
$A_2B_3C_1$	28.9±3.8	88.9±3.8	28.7±6.0	47.7±0.8	8.3±3.1	6.8±1.4
$A_3B_1C_3$	55.6±10.2	68.9±13.9	26.7±1.5	45.2±1.0	8.9±2.6	7.4±2.9
$A_3B_2C_1$	53.3±24.0	86.7±6.7	26.6±2.2	44.3±2.9	9.6±2.7	7.8±2.8
$A_3B_3C_2$	53.3±17.6	75.6±13.9	28.4±2.1	44.2±0.4	7.9±2.2	6.8±2.1

表3-55　胸径3cm栾树不同处理成活率差异显著性分析

水平	树冠成活率（%）			总成活率（%）		
	修剪	摘叶	遮阴	修剪	摘叶	遮阴
1	45.9a	51.1a	38.5a	86.7a	83.0a	88.9a
2	43.0a	45.2a	54.8a	81.5a	80.0a	83.7a
3	54.1a	46.7a	49.6a	77.0a	82.2a	72.6b

$A_1B_1C_1$　　　　$A_1B_2C_2$　　　　$A_1B_3C_3$

$A_2B_1C_2$　　　　$A_2B_2C_3$　　　　$A_2B_3C_1$

图 3-38　9 种不同处理
栾树地上部生长表现　　$A_3B_1C_3$　　　　$A_3B_2C_1$　　　　$A_3B_3C_2$

3.7.1.2　对新梢生长量的影响

不同处理措施影响下的胸径 3cm 栾树新梢生长量统计和差异显著性分析如表 3-54 和表 3-56 所示。各因素不同水平处理新梢生长量介于 24.8 ～ 30.3cm，移植成活植株枝条生长正常。修剪、摘叶和遮阴 3 个因素的 3 个水平处理对其影响不显著。

表3-56　胸径3cm栾树不同处理新梢生长量和叶片SPAD值差异显著性分析

水平	新梢生长量（cm）			叶片SPAD值		
	修剪	摘叶	遮阴	修剪	摘叶	遮阴
1	28.8a	28.3a	28.5a	44.4a	47.0A	47.3aA
2	27.2a	25.8a	27.5a	46.0a	44.2B	44.6bB
3	27.2a	29.1a	27.3a	44.6a	43.8B	43.0cB

3.7.1.3　对叶片 SPAD 值的影响

不同处理措施影响下的胸径 3cm 栾树叶片 SPAD 值统计和差异显著性分析如表 3-54 和表 3-56 所示。不同因素对胸径 3cm 栾树叶片 SPAD 值影响最大的因素是遮阴，并以 30% 遮阴值最高，极显著优于 50% 和 70% 遮阴，50% 遮阴显著优于 70%；其次为摘叶，以 30% 摘叶效果最好，极显著优于 50% 和 70% 摘叶，但 50% 和 70% 摘叶之间无差异；再次为修剪，但 3 个处理水平之间差异不明显。

3.7.1.4　对叶片长度与宽度的影响

表 3-57 为不同处理措施影响下胸径 3cm 栾树叶片大小差异显著性分析。可以看出，不同因素对胸径 3cm 栾树叶片长度的主要影响以摘叶为主，并以 30% 摘叶表现最好，显著优于 70% 摘叶，但与 50% 摘叶之间无差异；修剪和遮阴 2 个因素的 3 个水平之间均无差异。影响叶片宽度的主要因素是修剪，以 2/3 重修剪叶宽值最大，显著优于 1/3 轻修剪，但与 1/2 重修剪之间无差异；摘叶和遮阴 2 个因素的 3 个水平处理对叶宽值无明显影响。

表3-57　胸径3cm栾树不同处理叶片大小差异显著性分析

水平	叶片长度（cm）			叶片宽度（cm）		
	修剪	摘叶	遮阴	修剪	摘叶	遮阴
1	8.3a	9.0a	8.8a	6.6b	7.2a	7.0a
2	8.6a	8.6ab	8.4a	7.1ab	6.9a	7.0a
3	8.8a	8.2b	8.5a	7.3a	6.9a	7.0a

3.7.1.5　对叶片和根系干鲜重的影响

表 3-58 和表 3-59 为不同处理措施影响下胸径 3cm 栾树叶片和根系干鲜重差异显著性分析。可以看出，不同处理对栾树叶片和根系干鲜重影响不大。

表3-58　胸径3cm栾树不同处理叶片干鲜重差异显著性分析

水平	叶片鲜重（g）			叶片干重（g）		
	修剪	摘叶	遮阴	修剪	摘叶	遮阴
1	690.2a	648.5a	700.9a	404.0a	354.7a	382.6a
2	734.1a	613.7a	783.9a	387.2a	382.8a	451.5a
3	729.4a	891.5a	668.9a	420.9a	474.6a	378.0a

表3-59　胸径3cm栾树不同处理根系干鲜重异显著性分析

水平	根系鲜重（g）			根系干重（g）		
	修剪	摘叶	遮阴	修剪	摘叶	遮阴
1	55.5a	60.8a	40.9a	17.4a	19.4a	12.7a
2	62.1a	54.7a	56.2a	20.2a	17.8a	18.5a
3	36.8a	39.0a	57.3a	11.7b	12.1a	18.1a

3.7.1.6　对根系长度、表面积、投影面积及根系体积的影响

表 3-60 ~ 表 3-63 为不同处理措施影响下胸径 3cm 栾树根系长度、表面积、投影面积以及根系体积等的差异显著性分析。图 3-39 为 9 种不同处理栾树根系生长情况。可以看出，修剪、摘叶和遮阴 3 个因素不同水平对根系总长度、根总表面积、根总投影面积，根径 $d \leq 2mm$ 根长、根表面积、根投影面积以及根系体积等各指标均无显著影响。修剪处理对胸径 3cm 栾树根系总体积存在影响，并以中修剪为最优，显著优于重修剪，但与轻修剪之间差异不明显；影响 $2mm < d \leq 4.5mm$ 根长、根表面积、根投影面积和根体积的主要因素为修剪，以 1/3 轻修剪表现最好，均显著优于重修剪，与中修剪之间差异不明显；影响 $d > 4.5mm$ 根长的主要因素是 30% 摘叶，显著优于 70% 摘叶，与 50% 摘叶之间差异不明显，修剪和遮阴对其影响不显著。

此外，胸径 3cm 栾树根径 $d > 4.5mm$ 根长、根表面积、根投影面积以及根体积值明显高于同规格油松、玉兰、元宝枫和栓皮栎同根系各指标值，说明栾树根系恢复和生长能力较强。

表3-60　胸径3cm栾树不同处理根系长度差异显著性分析

水平	根系总长度（cm）			$d \leq 2mm$根长（cm）		
	修剪	摘叶	遮阴	修剪	摘叶	遮阴
1	5170.0a	5541.1a	5048.6a	4904.4a	5303.0a	4870.0a
2	6207.9a	5291.6a	4884.1a	5967.7a	5046.9a	4642.4a
3	3855.5a	4400.7a	5300.7a	3705.1a	4227.3a	5064.8a

表3-61　胸径3cm栾树不同处理根系表面积差异显著性分析

水平	根总表面积（cm²）			d≤2mm根表面积（cm²）		
	修剪	摘叶	遮阴	修剪	摘叶	遮阴
1	977.7a	1046.6a	828.1a	668.5a	744.2a	620.9a
2	1079.3a	965.7a	934.2a	773.3a	669.0a	641.2a
3	678.7a	723.5a	973.5a	501.8a	530.4a	681.4a

水平	2mm<d≤4.5mm根表面积（cm²）			d>4.5mm根表面积（cm²）		
	修剪	摘叶	遮阴	修剪	摘叶	遮阴
1	186.3a	147.7a	120.9a	122.9a	154.7a	86.3a
2	146.3ab	163.1a	160.6a	159.7a	133.6a	132.3a
3	100.4b	122.2a	151.6a	76.5a	70.8a	140.5a

表3-62　胸径3cm栾树不同处理根系投影面积差异显著性分析

水平	根系总投影面积（cm²）			d≤2mm根投影面积（cm²）		
	修剪	摘叶	遮阴	修剪	摘叶	遮阴
1	311.2a	333.1a	263.6a	212.8a	236.9a	197.7a
2	343.6a	307.4a	297.4a	246.2a	213.0a	204.1a
3	216.0a	230.3a	309.9a	159.7a	168.8a	216.9a

水平	2mm<d≤4.5mm根投影面积（cm²）			d>4.5mm根投影面积（cm²）		
	修剪	摘叶	遮阴	修剪	摘叶	遮阴
1	59.3a	47.0a	38.5a	39.1a	49.2a	27.5a
2	46.6ab	51.9a	51.1a	50.8a	42.5a	42.1a
3	32.0b	38.9a	48.2a	24.4a	22.6a	44.7a

表3-63　胸径3cm栾树不同处理根系体积差异显著性分析

水平	根系总体积（cm³）			d≤2mm根体积（cm³）		
	修剪	摘叶	遮阴	修剪	摘叶	遮阴
1	48.2ab	51.3a	34.0a	12.2a	13.8a	10.6a
2	52.8a	48.6a	48.0a	13.9a	12.4a	12.0a
3	30.0b	31.1a	49.0a	9.2a	9.2a	12.7a

水平	2mm<d≤4.5mm根体积（cm³）			d>4.5mm根体积（cm³）		
	修剪	摘叶	遮阴	修剪	摘叶	遮阴
1	14.1a	11.3a	9.1a	21.9a	26.2a	14.3a
2	11.1ab	12.4a	12.1a	27.8a	23.8a	23.9a
3	7.5b	8.9a	11.5a	13.3a	13.0a	24.8a

图 3-39 9 种不同处理栾树根系生长情况

3.7.1.7 对根系萌发的影响

表 3-64 为不同处理措施影响下胸径 3m 栾树根系萌发情况。可以看出，胸径 3cm 栾树每株 4 个截面根系萌发最少 9 条，最多 25 条；根系萌发数量与截面粗度没有明显相关性，截面 37.68mm 仅萌发 2 条根系，而截面 8.9mm 和 19.49mm 萌发根系均 9 条，萌发数量多的截面粗度基本在这个范围。胸径 3cm 栾树根系生长较为迅速，根系最短为 8.7cm，最长 49.3cm，根长 20cm 以上数量占全部的 86.1%。挖掘时也发现，有些根系已经穿过挖掘范围向外伸展，说明该规格栾树成活植株的根系活力恢复较快。

表3-64   不同处理措施影响下胸径3cm栾树根系萌发情况

处理	方向	根断面粗（mm）	萌发根数（条）	平均根长（cm）	处理	根断面粗（mm）	萌发根数（条）	平均根长（cm）
$A_1B_1C_1$	东向	14.41	3	35.1	$A_2B_3C_1$	16.85	5	27.4
	南向	37.68	2	26.4		13.57	2	20.8
	西向	16.82	3	24.3		15.33	3	30.6
	北向	28	4	22.2		18.59	4	24.4
$A_1B_2C_2$	东向	11.39	5	12.0	$A_3B_1C_3$	14.25	2	19.0
	南向	10.9	8	17.6		10.39	2	49.3
	西向	8.9	9	25.1		11.28	3	22.7
	北向	7.64	1	33.0		20.55	4	24.2

续表

处理	方向	根断面粗（mm）	萌发根数（条）	平均根长（cm）	处理	根断面粗（mm）	萌发根数（条）	平均根长（cm）
$A_1B_3C_3$	东向	13.35	1	49.3	$A_3B_2C_1$	18.42	3	33.2
	南向	16.61	3	22.7		19.68	2	39.0
	西向	12.02	2	26.1		7.9	2	24.3
	北向	6.4	3	8.7		18.05	2	22.9
$A_2B_1C_2$	东向	18.23	3	37.8	$A_3B_3C_2$	21.25	2	17.5
	南向	19.9	4	22.8		15.69	3	25.9
	西向	17.67	1	45.6		20.26	2	33.4
	北向	17.13	2	23.2		11.75	2	26.0
$A_2B_2C_3$	东向	19.49	9	31.9				
	南向	11.70	5	23.0				
	西向	17.03	8	32.8				
	北向	15.05	3	38.4				

3.7.2　不同处理措施对胸径 8cm 栾树成活率及生长势的影响

3.7.2.1　对成活率及地上部各指标的影响

表 3-65 为不同处理措施影响下胸径 8cm 栾树成活率及地上部各形态指标差异显著性分析。胸径 8cm 栾树轻处理和中处理平均成活率均为 100.0%，重处理为 80.0%。新梢生长量以中处理最高，平均为 61.3cm，轻处理最低，为 39.5cm，且中处理和重处理极显著高于轻处理。不同处理组合对叶片 SPAD 值、叶长和叶宽均无显著影响。对照《中国植物志》对栾树的相关描述，其叶长 3 ~ 10cm、叶宽 3 ~ 6cm，胸径 8cm 栾树叶片均属生长正常。根据总体生长表现来看，轻处理栾树分枝和展叶能力一般，中处理和重处理表现为强。

表3-65　不同处理措施影响下胸径8cm栾树成活率及地上部形态指标差异显著性分析

处理	成活率（%）	新梢生长量（cm）	叶片SPAD值	叶长（cm）	叶宽（cm）	分枝和展叶能力
轻处理	（100.0±0.0）a	（39.5±4.0）B	（40.2±4.4）a	（8.5±1.4）a	（8.0±0.7）a	一般
中处理	（100.0±0.0）a	（61.3±6.5）A	（43.7±2.2）a	（10.3±1.5）a	（8.9±1.1）a	强
重处理	（80.0±44.7）a	（56.5±6.4）A	（42.8±2.3）a	（9.6±3.2）a	（10.1±3.3）a	强

3.7.2.2　对根系干鲜重的影响

表 3-66 为不同处理措施影响下胸径 8cm 栾树根系干鲜重差异显著性分析。可以看出，根系鲜重和干重均以中处理组合表现最好，分别为 125.5g 和 35.8g，极显著优于轻处理组合和重处理组合；其次为轻处理组合，但与重处理之间没有差异。

表3-66　不同处理措施影响下胸径8cm栾树根系干鲜重差异显著性分析

处理	根系鲜重（g）	根系干重（g）
轻处理	（76.2±19.3）B	（20.5±6.3）B
中处理	（125.5±19.6）A	（35.8±4.8）A
重处理	（66.0±18.0）B	（16.9±5.0）B

3.7.2.3　对根系长度、面积、投影面积及根系体积的影响

表 3-67 ～ 表 3-70 为不同处理措施影响下胸径 8cm 栾树根系长度、表面积、投影面积以及根系体积等指标的差异显著性分析，图 3-40 为不同处理栾树根系生长情况。可以看出，不同处理组合对根系总长度、根总表面积、根总投影面积和根总体积，以及 $d \leqslant 2mm$、$2mm < d \leqslant 4.5mm$ 和 $d > 4.5mm$ 根长、根表面积、根投影面积和根体积均无显著影响，但从根系各指标总值和 $d \leqslant 2mm$ 根系各指标值来看，均以中处理组合高于轻处理和重处理，且与根系干鲜重的表现规律相一致。

表3-67　胸径8cm栾树根系长度差异显著性分析

处理	$d \leqslant 2mm$（cm）	$2mm < d \leqslant 4.5mm$（cm）	$d > 4.5mm$（cm）	根系总长度（cm）
轻处理	（14168.6±2831.5）a	（477.4±132.8）a	（13.3±19.7）a	（14659.3±2946.0）a
中处理	（1984.3±4520.8）a	（946.0±599.8）a	（38.1±33.5）a	（15968.4±4871.0）a
重处理	（11328.4±4423.7）a	（373.8±112.1）a	（7.4±0.9）a	（11709.7±4356.4）a

图 3-40　不同处理栾树根系生长情况

表3-68　胸径8cm栾树根系表面积差异显著性分析

处理	$d \leqslant 2mm$（cm²）	$2mm < d \leqslant 4.5mm$（cm²）	$d > 4.5mm$（cm²）	根总表面积（cm²）
轻处理	（2212.0±539.7）a	（377.5±104.1）a	（24.0±36.4）a	（2613.4±637.7）a
中处理	（2801.3±811.6）a	（787.0±516.6）a	（71.5±67.8）a	（3659.8±1258.7）a
重处理	（2211.5±609.2）a	（290.8±91.7）a	（11.4±1.1）a	（2513.8±559.4）a

表3-69　胸径8cm栾树根系投影面积差异显著性分析

处理	$d \leqslant 2mm$（cm²）	$2mm < d \leqslant 4.5mm$（cm²）	$d > 4.5mm$（cm²）	根总投影面积（cm²）
轻处理	（704.1±171.8）a	（120.1±33.1）a	（7.6±11.6）a	（831.9±203.0）a
中处理	（891.7±248.4）a	（250.5±164.4）a	（22.8±21.6）a	（1164.9±400.7）a
重处理	（704.0±193.9）a	（92.6±29.2）a	（3.6±0.4）a	（800.2±178.1）a

表3-70　胸径8cm栾树根系体积差异显著性分析

处理	$d \leqslant 2mm$（cm³）	$2mm < d \leqslant 4.5mm$（cm³）	$d > 4.5mm$（cm³）	根总体积（cm³）
轻处理	（46.2±12.8）a	（24.6±6.9）a	（3.5±5.5）a	（74.3±22.2）a
中处理	（67.2±20.9）a	（54.7±37.3）a	（11.7±12.4）a	（133.5±63.5）a
重处理	（53.5±9.0）a	（18.8±6.3）a	（1.4±0.1）a	（73.7±8.2）a

3.7.3　结论

3.7.3.1　结论

3.7.3.1.1　胸径3cm栾树夏季移植树势恢复研究

（1）胸径3cm栾树移植一年后部分枝叶由植株分支点以下树干或基部萌生，树冠成活率最高为64.4%，最低为28.9%，整体偏低。

（2）在成活植株中，不同处理措施对新梢生长量、叶片干鲜重均无显著影响；叶片SPAD值以30%摘叶、30%遮阴为优；叶片大小以2/3重修剪、30%摘叶为优。不同处理胸径3cm栾树成活株新梢生长量、SPAD值和叶片大小均生长表现正常，地上部树势恢复较好。对影响胸径3cm栾树地上部形态指标因素进行综合考虑，以2/3重修剪+30%摘叶+30%遮阴组合效果最好。

（3）不同处理措施对胸径3cm栾树根系干鲜重、根系总长度、根总表面积、根总投影面积，以及根径$d \leqslant 2mm$吸收根的根长、根表面积、根投影面积和根体积均无显著影响，修剪影响根系总体积，中修剪显著优于重修剪。

综合而言，胸径3cm栾树夏季移植成活率普遍偏低，从移栽后的景观效果和移植成本考虑，并与同规格春季裸根移植95%以上的成活率相比，胸径3cm栾树不提倡夏季移植，建议胸径6cm以下栾树采取春季萌芽前裸根带护心土移植方法。如若在夏季移植，则以"2/3重修剪+30%摘叶+30%遮阴"组合效果最好。

3.7.3.2　胸径8cm栾树夏季移植树势恢复研究

胸径8cm栾树夏移移植成活率轻处理和中处理均为100%，但分枝和展叶能力、新梢生长量、叶片SPAD值、叶片大小以中处理表现较好；根系干鲜重为中处理极显著优于轻处理和重处理，后二者之间无差异，且根系总长度、总表面积、根系总投影面积、根系总体积，以及 $d \leqslant 2mm$、$2mm < d \leqslant 4.5mm$ 和 $d > 4.5mm$ 根长、根表面积、根投影面积和根体积处理之间均无差异，但均以中处理值最高。

综合考虑胸径 8cm 栾树地上部新梢生长量、叶片大小、分枝和展叶等代表树势活力快速恢复的指标，以及地下根系干鲜重等各指标表现，以 "1/2 修剪 +50% 摘叶 +50% 遮阴" 表现最佳，是今后胸径 8cm 栾树夏季移植促进树势快速恢复的优选技术。

3.8　苗木移植活力快速恢复技术

苗木移植技术是城市绿化建设的重要组成部分，广泛应用于城市园林绿化美化、平原和山区造林、风景区绿化、防护林造林及圃地栽植等领域。在具体实践中，苗木移植成活率和树势活力恢复往往是绿化工程验收的主要指标，也是衡量绿化工程和园林栽培成败的关键因素。苗木移植尤其大规格苗木移植需要做好植前相关准备工作，掌握苗木的习性、适宜的移植时间和技术操作要求，以及科学合理的管护措施，才能缩短缓苗时间，快速恢复树势。

通过对前述油松、玉兰、元宝枫、栓皮栎和栾树 5 个树种两种规格的夏季移植数据整理和分析，结合北京城市绿地苗木移植现状调查与实践经验，针对城市副中心绿化工期紧，苗木质量要求高，苗木规格大等特点，总结形成苗木移植活力快速恢复技术，内容包括基本要求、苗木植前准备、苗木移植关键技术以及苗木植后管护要求等，旨在提高不同规格苗木全冠或非正常季节移植成活率，确保树势活力快速恢复，提升绿地生态效益和景观效果。

3.8.1　基本要求

3.8.1.1　一般要求

3.8.1.1.1　遵循适地适树原则

适地适树是苗木移植选苗应遵循的基本原则，以圃地培育的乡土树种为主，兼顾考虑其他性状优良的种类，并且符合低耗高抗、改善环境、美化景观的目的。不同树种具有不同的生态习性，对于不同的生态因子要求有所不同，遵循适地适树原则能最大化满足苗木生长所需的生态条件，提高移植成活率。树种名录可参见北京市地方标准《园林绿化用植物材料　木本苗》（DB11/T 211—2017）。

3.8.1.1.2　遵循生境相似性原则

苗源优先选择立地条件、气候环境等与种植场地相一致的圃地，这样缓苗周期短，树势恢复快；同时，优先选择场地周边地区的苗木以缩短起苗后的运输时间。

3.8.1.1.3　遵循移植技术流程

苗木移植过程中应严格遵守移植技术流程，详见图 3-41。

3.8.1.1.4　遵循移植方案

苗木移植前应做好充分的计划和准备，按相关政策和规定提前办好各种手续，并根据不同树种和规格，提前制订切实可行的移植方案。

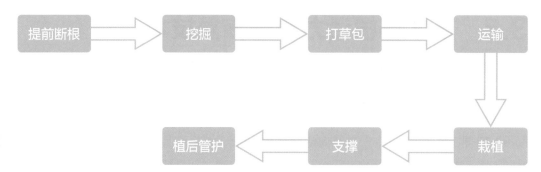

图 3-41　苗木移植技术流程图

3.8.1.2　移植方法

苗木移植常用方法包括裸根移植、带土球移植和容器苗移植 3 种。

（1）春季展叶前可裸根移植胸（地）径 6cm 以下侧根发达落叶苗木，适用树种包括国槐、元宝枫、栾树、白蜡、毛白杨、柳树类、榆树、小叶朴、青檀、杜仲、悬铃木、山桃、山楂、杜梨、紫叶稠李、臭椿、千头椿、丝棉木、暴马丁香、流苏、楸树、毛泡桐。

（2）主根发达的直根性苗木、不甚耐移植苗木，以及展叶后的苗木全部带土球移植。适用材料包括栓皮栎、槲树、槲栎、核桃、枫杨、玉兰、二乔玉兰、杂种鹅掌楸、西府海棠、樱花、合欢、刺槐、七叶树、蒙椴。

（3）非正常种植季节苗木全部带土球移植，针叶树种全部带土球移植。

3.8.1.3　移植时间

（1）通常情况下，落叶树以春季土壤解冻后苗木展叶前移植最好，也可秋季移植；常绿树春季和雨季移植均可。

（2）容器苗经过控根处理后，移植时间可不受季节限制，春夏秋 3 季均可移植，但移植过程中要注意对树冠和容器及根系进行保护。

（3）对于抗寒性不强的边缘树种、根系再生能力弱的树种，如雪松、银杏、七叶树、玉兰、二乔玉兰等，一般宜选择春季进行移植。

（4）非正常种植季节移植时处理方法与落叶树种相同。但在移植时要疏除枝条和叶片、加大土球直径、改善地下生境、喷施抗蒸腾剂、灌施生根粉、挂施营养液、搭设遮阳网等多种措施相结合，以提高移植成活率。

3.8.2　苗木植前准备

3.8.2.1　苗木选择

所选择苗木应满足以下条件：

（1）无病虫害，外来苗木应经过植物检疫；

（2）无明显的机械损伤；

（3）具有较好的观赏性，树冠丰满；

（4）植株健壮，生长量正常；

（5）立地条件适宜掘苗、吊装和运输；

（6）符合设计对树木规格、质量的要求；

（7）非正常种植季节建议优先考虑容器苗。

此外，需要注意的是选定待移植的苗木后，应标明树冠的朝阳面，必要时对选定树木进行挂牌、编号及登记。

3.8.2.2　植前准备

如表 3-71 所示，苗木植前准备工作包括断根处理、修剪、树干与树冠保护以及改善基质等内容。

表3-71　苗木植前准备工作

移植时间	正常种植季节	非正常种植季节
断根处理	● 超大规格苗木应提前1年分期、分区断根。 ● 以树干为中心，以胸径的8～10倍作为半径，依照画出的圆形挖掘宽30～40cm，深50～80cm的沟。 ● 及时切断挖掘粗根，并在断根处喷施生长调节剂，以促进新根萌发。 ● 挖好沟后将肥沃的土壤填充进去并分层夯实，及时浇水。	● 非正常种植季节以提前2～3年多次断根苗木为宜。 ● 如果时间紧张，也可在当年春季苗木萌动前进行断根处理。 ● 断根方法同正常种植时节。
修剪	● 落叶树视树冠枝条疏密情况剪去枝条总量的1/4～1/3，保留树的原有冠型和总体骨架，保证枝条分布均匀。 ● 元宝枫、五角枫、黄栌、白桦等易流胶树种，不宜在早春展叶前修剪。 ● 针叶树原则上不修剪，仅剪去病虫枝、枯死枝、弱枝和过密枝，修剪时应留1～2cm桩橛。 ● 剪口必须平滑，截面尽量缩小，修剪2cm以上的枝条，应及时涂抹伤口处理剂。	● 针叶树修剪同正常种植季节。 ● 落叶树剪去枝条的1/3～1/2，同时适当摘除叶片的1/5～1/4。 ● 剪口必须平滑，截面尽量缩小，修剪2cm以上的枝条，剪口应及时涂抹伤口处理剂。
树干与树冠保护	● 从根颈至分枝点处采用麻包片、草绳围绕，避免损伤树皮，定植后再拆除。 ● 树冠庞大的苗木，尽量单独运输，或将树冠用草绳适当聚拢，避免机械操作造成大枝劈裂或折断，破坏苗木冠型。	● 掘苗前树冠上喷施抗蒸腾剂，减少树体水分散失。 ● 树干和树冠保护同正常种植季节。
改善基质	● 对于土壤密度度高、容重大、有机质含量低、pH值偏高的区域，可通过客土、增施泥炭、陶粒的方法，改良土壤通透性和保水排水性。	

3.8.3　苗木移植技术

3.8.3.1　苗木挖掘

3.8.3.1.1　一般规定

苗木挖掘前应做好树冠扎缚和树体支撑，并将蒲包、蒲包片、草绳等包装材料用水浸泡好待用。

3.8.3.1.2　土球苗木挖掘

（1）土球规格要求

土球规格、留底直径和捆草绳密度等土球规格要求如表 3-72 所示。

表3-72　苗木移植土球规格

胸径（cm）	土球规格		留底直径	捆草绳密度
	土球直径（cm）	土球高度（cm）		
8～15	胸径的8～10倍	土球直径的4/5左右	土球中部直径的1/3	四分草绳双股双轴，间距8～10cm
16～20	胸径的8～10倍	土球直径的4/5左右	土球中部直径的1/3	四分草绳双股双轴，间距8cm
21～25	胸径的7～10倍 土球直径的4/5左右		土球中部直径的1/3	四分草绳双股双轴，间距6～8cm

（2）挖掘技术要求

如表 3-73 所示，土球苗挖掘技术流程包括画线、掘苗、修坨、收底、缠腰绳、开底沟、修宝盖、打草（蒲）包等。

表3-73　土球苗挖掘技术流程

操作流程	具体方法
画线	● 以树干基部为中心，在地上画比规定土球直径大3～5cm圆圈。 ● 顺此圆圈向外挖沟，沟宽以便于操作为宜。
掘苗	● 用草绳将树冠围拢，其松紧程度以既不折断树枝又不影响操作为宜。 ● 去除树干基部周围浮土，沟宽一般为60～80cm，垂直挖掘，一直挖掘到规定深度为止。
修坨	● 用铁锹将土球表面修平，上大下小肩部圆滑。 ● 修坨时如遇粗根，要用手锯或者修枝剪剪断，忌用铁锹硬切而造成散坨。
收底	● 土球肩部向下修坨到一半时应逐步向内缩小。 ● 土球底的直径一般是土球中部直径的1/3左右。
缠腰绳	● 土球修好后立即用草绳打上腰箍，腰箍宽度10～20cm。 ● 一人拉紧草绳围绕土球中腰偏上缠紧，另一人随时用木棍或者砖头敲打草绳以使草绳收紧。 ● 草绳应事先浸湿，操作过程中保持湿润。
开底沟	● 围好腰绳后，在土球底部向内刨5～6cm宽的底沟，以利于打包时兜绕底沿。

续表

操作流程	具体方法
修宝盖	● 用铁锹将土球上表面修整平滑，靠近树干中间部分稍高于四周，逐步向下倾斜。 ● 土球肩部要平滑，确保捆草绳时栓结实，不致松散。
打草（蒲）包	● 用草片、蒲包片、无纺布等将土球表面盖严，并用草绳稍加围拢，使蒲包固定。 ● 以树干为起点，先用草绳栓在树干上，稍稍倾斜绕过土球底部，按照顺时针方向捆紧，边缠草绳边用木棍或砖头顺时针敲打草绳，并随时收紧，注意草绳间隔保持8cm左右，土质不好时缩小间隔。捆绑时草绳应摆顺，不可使两根草绳拧成麻花。 ● 纵向草绳捆好后，再用草绳沿土球中腰部横围十几道绳，宽度10～20cm，围完后用草绳将围腰的草绳与纵向草绳穿连起来捆紧。 ● 土球草绳的包扎方式有橘子式、五角式和井字式3种，常用的为橘子式包扎。

3.8.3.1.3　箱板苗木挖掘

（1）箱板规格要求

胸径25cm以上的超大规格苗木，为保证移植成活率，采用带箱板移植的方法，土台直径为胸径的8倍；胸径40cm以上苗木，土台直径为胸径的7倍；土台高度为土台直径的4/5。

（2）挖掘技术要求

土台苗挖掘技术流程包括放线、立支柱、掘苗、修整平台、上边板、钉箱板、掏底、上底板、上盖板，具体见表3-74。

表3-74　土台苗挖掘技术流程

操作流程	具体方法
放线	● 清除表土，深度以接近表层树根为止。 ● 以树干为中心，画出比规定尺寸长5～10cm的正方形土台范围线。 ● 土台范围外80～100cm再画出正方形白灰线，作为操作沟范围。
立支柱	● 可用3根戗木，辅以软物垫层固定在树木的大侧枝或主干上，支稳树木，防止树体倾斜、摇动。 ● 支柱长度要在分枝点以上，支柱底部可钉小横棍，再埋严、夯实。
掘苗	● 沿操作沟范围下挖，挖至规定深度。 ● 遇粗根时，用手锯锯断。 ● 沟壁应规整平滑，不应向内凹陷。
修整平台	● 修平的土台尺寸应稍大于边板规格，四周均应较箱板大5cm。 ● 土台面平滑，不应有砖石或粗根等突出土台。修好的土台上不得站人。
上边板	● 土台修好后，应立即上箱板。 ● 土台四周用蒲包片包严，再靠紧边板，上边板时板的上口应略低于土台2cm，下口应高于土台底边2cm，边板靠紧用木棍将箱板顶住。 ● 分别在距离上下沿15～20cm处用两道钢丝捆紧。两道钢丝绳接口分别置于箱板两个相对的方向，钢丝绳接口处套入紧线器挂钩内，紧线器应稳定在箱板中间的带板上。 ● 土台四面均用1～2个圆木墩垫在钢丝绳和木箱板之间，放好后两面用驳棍转动，上下同步收紧钢丝绳。

续表

操作流程	具体方法
钉箱板	<ul><li>在箱板交接处钉铁板条，最上、最下两道铁板条各距箱板上下口5cm，中间每隔8~10cm一道，2m×2m的箱板钉8~9道铁板条。</li><li>钉箱板时应钉牢，每条铁板条应有2对以上的钉子钉在带板上。</li><li>箱板与带板之间的铁板条应拉紧，不得弯曲，当用小铁锤轻轻敲铁板条发出绷紧弦音时可松开紧线器，取下钢丝绳。</li></ul>
掏底	<ul><li>将四周沟槽再下挖30~40cm深后，从相对两侧同时向土台内进行掏底。</li><li>每次掏底宽度要和底板宽度相等，掏完一块板的宽度后应立即钉上一块底板。</li><li>底板间距基本一致，在10~15cm。</li></ul>
上底板	<ul><li>上底板之前应提前量好、裁好底板，所需的长度与相对边板的外沿齐，并在坑上将底板两头钉上铁板条。</li><li>上底板时，先将一端紧贴边板钉牢在木箱带板上，钉好后用圆木墩顶牢，另一头用油压千斤顶顶起，与边板贴紧，用铁板条钉牢，撤去千斤顶，支牢木墩。两边边板上完后再继续向内掏挖。</li><li>在掏挖中间底之前，为保证安全，应将四面箱板上部用4根横木支撑，横木一头顶住坑边，坑边先挖一小槽，槽内立一块小木板做支垫，将横木顶住支垫，横木的另一头顶住木箱带板上，用钉子钉牢。</li><li>掏底遇到粗根时，要用手锯锯断，树根断口凹陷入土内，以利于底板收紧。当施工遇到4级以上的风力时，应停止掏底。</li><li>遇底土松散时，上底板时应垫蒲包片，底板可封严不留间隙。遇少量亏土、脱土处应用蒲包装土或木板等物填充后，再钉底板。</li></ul>
上盖板	<ul><li>将表土铲、垫平整，中间比四周略高1~2cm，上板长度应与边板外沿相等，不得超出。</li><li>上板前先垫蒲包片，上板放置的方向与底板交叉，上板间距应均匀，一般15~20cm。若苗木多次搬运，上板还可改变方向再加一层呈井字形。</li></ul>

3.8.3.2 苗木吊装和运输

3.8.3.2.1 苗木吊装

苗木吊装包括土球苗吊装和土台苗吊装，土球苗可采用吊装带或者大绳，土台苗宜使用钢丝绳，具体操作见表3-75。

表3-75 苗木吊装

吊装方法	操作步骤
土球苗吊装	<ul><li>大绳打好结，双股分开，捆在土球3/5处，与土球接触的地方垫以木板，然后将大绳两端扣在吊钩上，轻轻起吊一下，此时树身倾斜，立即用大绳在树干基部栓一绳套（称脖绳），也扣在吊钩上，即可起吊装车。</li><li>使用吊带吊装时，用10cm以上宽的吊带打成"O"形油瓶结，托于土球下部，然后在树干上方打活结起吊。</li></ul>
土台苗吊装	<ul><li>关键是栓绳，起吊。</li><li>首先用钢丝绳在箱板下端约1/3处拦腰围住，绳头套入吊钩内，再用一根钢丝绳或麻绳按合适的角度一头垫上软物拴在树干恰当的位置，另一头也套入吊钩内，缓缓使树冠向上翘起后，找好重心，保护树身，则可起吊装车。</li><li>装车时，车厢上先垫较箱板长20cm的10cm×10cm的方木2根，放箱时注意不得压钢丝绳。</li></ul>

3.8.3.2.2　苗木运输

（1）装运要求

装车时土球或箱板朝前，树冠向后。在车厢尾部放稳支架，垫上软物用以支撑树干，保持树木平稳，防止擦伤树皮。对于树冠较大的苗木，树冠翘起超高部分应用小绳轻轻围拢，树梢不得拖地。运输过程中保护土球完整，不散坨。

（2）苗木处理

装车后土球上盖上湿草袋或苫布加以保护，长途运输过程中应对树冠进行喷水或抗蒸腾剂处理。需要人员押运时，押运人员应站在树干一侧，不得站在土球或箱板前面。

苗木运输到施工现场后应立即卸车、检验、栽植，卸车后如不能立即栽植的应将苗木立直、支稳，切忌倾斜或者倒放。

3.8.3.3　苗木栽植

3.8.3.3.1　苗木假植

运输至栽植地点后应尽快定植，不能马上栽植的，应及时按照以下方法进行假植。

（1）正常种植季节假植时间不宜超过 10 天，要提前挖好假植沟，按树种类别分类假植，将植株扶正，两行为一排，在土球下部培土至土球高度 2/3 处（露 1/3）。

（2）非正常种植季节移植苗木应提前或现挖现栽，不宜假植。如若遇特殊情况，可用湿草袋、蒲包片或苫布遮盖土球，并根据苗木情况采取措施减少树体水分散失，最长不超过 2 天。

3.8.3.3.2　苗木栽植

苗木栽植包括土球苗栽植和土台苗栽植，栽植前先准备种植穴，操作步骤见表 3-76。

表3-76　苗木栽植

栽植方法	种植穴准备	苗木栽植
土球苗栽植	● 按设计位置挖种植穴，编好树号，栽植时准确对号入座。种植穴规格应比土球直径大 30～40cm，深度加深 20～30cm。 ● 如种植穴土质不良，应放大种植穴规格至土球直径的 1.5～2 倍，并更换种植土。土壤黏重时，可在种植穴底部铺设一层粗砾石或珍珠岩，并铺设渗水或透气管。	● 苗木吊装入穴时，大绳的捆绑方法同装卸车捆绑法。起吊时保持树身直立，应将树冠最丰满的一面朝向观赏方向，入穴后将树干扶直。 ● 树木放稳后，先用支柱将树身支稳，再拆包填土，包装材料要及时取出。 ● 回填土应使用种植土和腐殖土的混合土，其比例为 7∶3 混合均匀。回填土分层填入，分层夯实，不得破坏土球。种植的深浅应与原土痕持平，常绿树应高于原土痕 2～5cm。

续表

栽植方法	种植穴准备	苗木栽植
土台苗栽植	● 种植穴的四周均应比木箱边沿长80~100cm，穴深应比木箱深20~30cm。 ● 种植穴内底部中央预留一个高20cm左右、宽70~80cm的长方形土台，纵向与底板方向一致。	● 选择主要观赏面的方向，并扶直苗木。 ● 苗木入坑时，用两根钢丝绳兜住底板，坑边和吊臂下不准站人。 ● 苗木放稳后，慢慢从底部抽出钢丝绳，并支稳树干；然后拆除木箱的上板及所覆盖的蒲包，之后填土覆盖。 ● 土填至坑的1/3处时拆除四周边板，以免塌坨，每填20~30cm一层土，进行一次夯实，保证栽植牢固，填至与地面持平为止。

3.8.4 苗木植后管护要求

3.8.4.1 一般要求

3.8.4.1.1 管护期限

苗木植后两年内应配备专业技术人员负责养护管理，按照北京市园林绿地特级养护标准，确认成活后才能转入正常养护。

3.8.4.1.2 管护项目

管护项目包括浇水、排水、中耕、修剪、抹芽去蘖、病虫害防治、施肥、包裹树干、遮阴、防寒等。为促进苗木生长势恢复，城市副中心核心区新植树木，每年应浇水不少于15次，修剪不少于2次，施肥不少于1次，除草不少于5次，防寒不少于1次。

3.8.4.2 植后3个月管护要求

苗木栽植后的前3个月是关乎成活和树势快速恢复的关键期，应及时做好支撑、浇水、灌施生长调节剂、挂施营养液、埋设透气管等养护措施。在夏季移植时，还要搭遮阳网、喷施抗蒸腾剂，必要时摘除叶片，具体管护要求详见表3-77。

表3-77　苗木植后3个月管护要求

管护项目	管护要求
支撑	● 苗木栽植后浇水前应及时支撑，支撑部位在树高的1/3~1/2分支点以上位置。 ● 支撑点先用软材料保护，防止损失树皮，但严禁钉铁钉；支撑杆的底部应有30~40cm埋入土壤中。 ● 支撑有橡胶软垫、拖鞋式软垫座、钢箍座组合、圆形杆万向支撑座、30°标准树干定向支座和地面支座等不同类型。 ● 支撑着重点一般在栽植点下风向，有1根支柱、2根支柱、3根支柱及4根支柱等多种方法。

续表

管护项目	管护要求
浇水	● 栽植苗木填土后24h内结合灌施生根粉适量浇第一遍水。渗透后扶直树干，填土找平，2～3天浇第二遍水。第三遍水可在5～10天进行。浇水应缓，注意培土封堰，防止漏水。随后进入正常养护期浇水，保证连续5年内充足灌溉。 ● 土球苗木在土球直径外沿开圆堰，堰高15～20cm，围堰应用细土，拍实，不得漏水，做法及要求参照DB11/T 212执行。 ● 土台苗木开双层方堰，内堰边在土台边沿处，外堰边在方坑边沿处，堰高25cm左右。 ● 浇水困难的绿化区域，建议使用保水剂。将保水剂按0.3%比例与种植土混合回填覆盖，覆盖后留出凹槽，灌水后再覆土。该物质在土壤中的降解期为1～2年，使用一次能基本解决保水问题。
修剪	● 栽植后首先对折断或劈裂的枝条再进行一次修剪，并结合植前修剪和景观需求进行局部修整。落叶树在保留原有冠型的基础上进行适度修剪，常绿树定植后及时剪去移植过程中的损伤枝、折断枝。
施用生长调节剂	● 栽植后可施用不同种类的植物生长调节剂，施用量视苗木大小增减，待调节剂完全渗入后再覆土；也可在埋土前，喷施或撒施生根剂，促进土球内根系生长。灌施时保证药液全部被吸收，防止径流，具体见表3-78。
挂施营养液	● 新移植苗木尽早使用，补充树体生长和树势恢复所需养分和水分。 ● 钻至木质部3～5cm深，具体见表3-79。 ● 可根据树势恢复情况连续使用。
埋设透气管	● 常绿针叶乔木及对土壤通透性要求较高的银杏、玉兰等苗木，可在土球外沿10cm处打孔埋设渗水透气管。埋设时，地上部留10cm，地下部比土球深30cm。透气管可明显改善根际土壤的透气环境，满足根系生长对氧气的需求。
搭设遮阳网	● 非正常栽植季节可搭设遮阳网，以减少水分散失，保持树体水分平衡，遮阳度控制在50%以下，让树体接收部分散射光，维持正常的光合作用。
喷施抗蒸腾剂	● 夏季移植后应立即对树冠喷施蒸腾抑制剂，也可对树冠进行喷水或喷雾。将蒸腾剂稀释适宜的倍数，整株喷施。对树干可采用喷施蒸腾抑制剂和缠草绳的组合处理，以减少树干水分的散失。
摘除叶片	● 完全展叶后栽植的落叶苗木，为减少蒸腾，可在以往修剪的基础上摘除1/4～1/3的叶片；若苗木过于萎蔫，或气候过于炎热，可加大摘除力度，摘除1/2～3/4的叶片；必要时摘除90%的叶片。

表3-78　植物生长调节剂种类及使用方法

生长调节剂种类	浓度（mg/L）	用量及使用方法	使用时间
ABT₃	10	胸径10cm灌施25kg，每加粗10cm增施25kg，单株最多灌施100kg。	植后浇水前，或后期结合浇水使用。
ABT₆	10	胸径10cm灌施25kg，每加粗10cm增施25kg，单株最多灌施100kg。	同上。
植根源	2	根部灌施，浇透为宜。	同上。
撒根生	—	胸径10cm撒施20g，每加粗10cm增施10g。	撒施后浇水，然后适量覆土。
根盼	10	喷施土球，重点喷根切口。	植前喷施。

表3-79 营养液种类和使用方法

名称	使用方法	注意事项
树康营养液	胸径10cm挂施500mL，钻孔1个；胸径每加粗5cm增加500mL。连续使用两次效果更佳。	吊注结束后，用专用伤口保护剂堵孔促愈合；再次吊注需重新打孔。
ABT大树吊袋	胸径10cm挂施1L，钻孔1个；胸径每加粗10cm，增加1L，钻孔数量翻倍。	
施它活	胸径10cm挂施1L，钻孔2个，胸径每加粗10cm，增加1L，钻孔翻倍。	
移成	胸径10cm挂施1.5L，钻孔2个，胸径每加粗10cm，增加1.5L，钻孔翻倍。	

3.8.4.3 植后4～24个月管护要求

苗木移植4个月进入正常养护管理，管护项目报告浇水、排水、修剪、施肥、病虫害防治和冬季防寒，具体管护要求见表3-80，具体施肥方法见表3-81。

表3-80 苗木植后4～24个月管护要求

管护项目	管护要求
浇水	● 春季栽植苗木要浇足三遍水；雨季栽植苗木第一遍水应浇透，根据降水情况进行浇水，并视情况封堰；秋季栽植的树木及时浇足水，在上冻前还需要浇透水，然后封堰越冬。
排水	● 油松、白皮松、雪松、银杏、玉兰、国槐等不耐积水的苗木，栽植时应注意结合地形地势，尽量种植在地势稍高地区；同时结合雨水收集，依据地势建造排水系统，减少地表径流和雨水冲刷。 ● 可采用开沟、埋设管道、打孔等措施进行排水，确保树池内积水不超过24h。
修剪	● 根据树种习性、树冠生长状况、景观要求、造型和栽植地条件来制订修剪方案。 ● 落叶树中心干明显的树种，如银杏，应保护中央领导干，使其向上直立生长。修剪时应留3～5层主枝，每层留3～5侧枝，轮生枝分次去掉。 ● 中心干不明显的树种，应保留原有冠型，如五角枫、国槐和栾树，修剪时主枝可短截，剪掉1/2～2/3；修剪后保持主枝先端齐整，高低一致；主枝上留一级侧枝，侧枝适当重剪，剪掉2/3～3/4。
施肥	● 新植苗木由于根系损伤大，树势偏弱，对水分和肥力吸收能力不强，故第一年不需施肥，可以结合土壤改良添加泥炭等有机质。 ● 第二年根据苗木的生长情况施有机肥、缓释肥或叶片喷肥，但肥力不可过大。待缓苗正常后可根据立地条件和苗木生长状况追加速效肥。具体施肥方法见表3-81。
病虫害防治	● 苗木病虫害的防治遵循预防为主、综合防治的原则。建立病虫害预测预报和定期现场巡视制度，及时准确掌握苗木病虫害的发生期和发生量。当病虫害处于发生初期和发生数量较少时，尽可能采用生物和物理防治方法防治；当病虫害发生较重时，适量使用化学药剂防治。 ● 主要生物和物理防治方法有冬季结合修剪，剪除带虫、带虫卵枝条和果实；早春对草履蚧危害树种缠塑料围环，防止草履蚧上树；春夏设黑光灯，诱杀金龟子和美国白蛾、小褐木蠹蛾等具趋光害虫；设置性诱捕器，诱杀美国白蛾、小褐木蠹蛾、松梢螟、国槐小卷蛾、梨小食心虫和桃潜蛾等害虫；悬挂黄板，诱杀叶蝉和迁飞蚜虫等。
防寒	● 苗木主干可用草绳、无纺布或麻袋片等缠绕或包裹起来，高度在1.8～2.0m，对树体进行防寒处理。 ● 常绿乔木的越冬防寒应架设风障，一般在苗木西北方向搭设，风障高度稍高于苗木。常绿灌木先搭设高于苗木的骨架，然后用无纺布将苗木全部覆盖保护，除防寒外，也可减少融雪剂、化雪盐冬季对苗木的伤害。 ● 有些苗木也可采用培土埋根、树干涂白等措施进行防寒。

表3-81　苗木施肥方法

施肥方法	时间	注意事项
喷施	● 生长季 ● 上午9:00前 ● 下午5:00后	● 注意浓度要求。 ● 树势弱苗木浓度减半，待根系恢复后适当增加浓度，保证叶片生长健壮的同时又不能产生药害。 ● 不适于大乔木。
撒施	● 早春晚秋，有机肥 ● 生长季，无机肥为主	● 树势刚恢复正常的苗木，可结合土壤改良撒施有机肥。 ● 苗木生长季节，可根据生长表现撒施缓释型肥料，根据苗木症状使用N、P、K不同配比的肥料。 ● 5~6月撒施N含量好的肥料，7~9月撒施P、K含量高的肥料。
挂施营养液	● 植后 ● 生长期	● 同表3-79。

3.9　小结

3.9.1　油松等 5 种树种反季节移植技术

本研究以两种规格油松、玉兰、元宝枫、栓皮栎和栾树为材料，进行不同程度修剪、摘叶和遮阴，采用夏季带土球移植的方法，通过对移植一年后不同处理成活率、新梢生长量、叶色、叶片大小、叶片干鲜重、根系干鲜重、根系长度、根系表面积、根系投影面积和根系体积等指标的分析和比较，总结出 5 个树种促进树势活力快速恢复最佳移植方案，为北京地区绿化施工苗木栽植提供理论依据和技术支撑。其中，油松为北京常用常绿针叶树种，元宝枫和栾树为城区应用较广且移植相对容易成活的落叶阔叶乡土树种，玉兰为抗寒性不强、不甚耐移植的引入树种，栓皮栎为周边山区自然分布、主根深且移植难乡土树种。以上 5 种树种在北京地区具有典型性，基本涵盖了北京多年来栽植中所涉及的种类，特性一致的树种在移植过程中可采取相同的移植处理方案。

3.9.1.1　油松

（1）1.5m 高及小规格油松进行夏季反季节移植时，为保证地上部新梢生长量、针叶长度和叶色正常，地上部达到活力最佳恢复状态，景观功能最优，可采取 "2/3 重修剪 +30% 摘叶 +30% 遮阴" 的处理组合。

（2）3m 高及中等规格油松进行夏季反季节移植时，综合考虑新梢生长量、叶色、针叶长度、地下部根系干鲜重、根系长度、根表面积、根投影面积以及根体积等活力恢复状态，可采取 "1/3 轻修剪 +30% 摘叶 +30% 遮阴" 的处理组合。

3.9.1.2　玉兰

（1）地径 3cm 及小规格玉兰进行夏季反季节移植时，综合考虑地上部形态指标生长表现和地下部根系生长，可 "采取 1/3 轻修剪 +30% 摘叶 +50% 遮阴" 的处理组合。

（2）地径 8cm 及中规格玉兰进行夏季反季节移植时，不应进行重修剪，综合考虑地下部根系干鲜重、根长、根表面积、根投影面积和根体积等因素，建议采取 "1/3 修剪 +30% 摘叶 +30% 遮阴" 进行综合处理。

3.9.1.3　元宝枫

（1）胸径 3cm 以及胸径 6cm 以下小规格元宝枫不宜进行夏季移植，而应采取春季萌芽前带护心土裸根移植。

（2）胸径 8cm 以及中规格元宝枫进行夏季反季节移植时，建议采用 "1/3 轻修剪 +

30% 摘叶 +30% 遮阴"进行综合处理。

3.9.1.4　栓皮栎

（1）胸径 3cm 以及小规格栓皮栎不适宜夏季移植。

（2）胸径 8cm 以及中规格栓皮栎不建议夏季移植，若要夏季移植，则建议采取"1/2 中修剪 +50% 摘叶 +50% 遮阴"进行综合处理。

3.9.1.5　栾树

（1）胸径 3cm 等小规格栾树不提倡夏季移植，建议胸径 6cm 以下栾树采取春季萌芽前裸根带护心土移植方法。

（2）胸径 8cm 栾树夏季移植成活率轻处理与中处理均为 100%，综合考虑地上部新梢生长量、叶片大小、分枝、展叶、地下根系干鲜重等各指标，以"1/2 中修剪 +50% 摘叶 +50% 遮阴"表现最佳，是其夏季移植的优选方案。

3.9.2　其他树种移植技术

（1）北京常用常绿针叶树种包括油松、白皮松、华山松、乔松、云杉、侧柏、桧柏、雪松等。除雪松不甚抗寒，宜春季移植外，其他树种均可春季和雨季移植，雨季移植方案可参考油松。

（2）北京应用较广且移植相对容易成活的落叶阔叶树种有元宝枫、栾树、国槐、白蜡、毛白杨、柳树类、榆树、小叶朴、青檀、杜仲、悬铃木、山桃、山楂、杜梨、紫叶稠李、臭椿、千头椿、丝棉木、暴马丁香、流苏、楸树、毛泡桐等。

（3）夏季移植方案可参考栾树。直根性、不甚耐移植苗木包括栓皮栎、槲树、槲栎、核桃、枫杨、玉兰、二乔玉兰、杂种鹅掌楸、西府海棠、樱花、合欢、刺槐、七叶树、蒙椴等，其中玉兰、二乔玉兰、杂种鹅掌楸、樱花、七叶树抗逆性稍差，不宜夏季和秋季移植。

3.9.3　讨论

（1）苗木移植后树势活力恢复与地上部新梢生长量、叶色、叶片大小、叶片生物量，以及根系生物量、根系长度、表面积等各指标密切相关。但地上部分与地下部分树势平衡时，尤其是根系和树冠保持着以水分代谢为主的平衡，才能有效促进苗木健康生长（兰晓燕，2007；杨涛等，2018）。在本试验中发现，地径 8cm 玉兰重处理后地上部死亡，挖开根系发现无任何新根萌发。一般地上部指标生长表现正常的移植苗木，说明移植植株根系处于恢复期，胸径 8cm 元宝枫和栾树 3 个处理组合根系恢复较好，地上部生长也良好，根叶平衡有利于树势恢复。

（2）不同树种、不同规格苗木夏季移植首先要考虑植物生态习性。本次供试材料玉兰不甚耐寒，地径 8cm 规格移植时，"2/3 修剪 +70% 摘叶 +70% 遮阴"重处理组合全部死亡。究其原因，主要是夏季移植后根系恢复期短，过重处理后地上部光合能力变弱，无法满足根系生长所需养分，地下根系受损后不能及时给地上部提供水分和无机盐，打破了地上地下树势平衡关系，久而久之树势逐渐衰弱，再加上北京冬季大风寒冷，不甚耐寒树种地上部长时间水分不足，就会失水干枯，最终死亡。此外，两种规格油松夏季移植成活率均较高，一方面植后喷施抗蒸腾剂能减少蒸腾，另一方面雨季增加空气湿度，减少针叶蒸腾；同时根系水分充裕，能保持地上地下水分平衡。方东彬（1981）于 20 世纪 80 年代在东北延边地区进行红松、樟子松等 6 种松树雨季造林研究，栽植后有雨或阴天都能提高针叶树移植成活率，是值得提倡的较好的造林方法。

（3）苗木移植应遵循适地适树原则，优先考虑圃地苗，禁止使用山苗，并提前断根处理；能春季裸根移植的苗木尽量春季栽植。本试验胸径 8cm 的乡土树种元宝枫和栾树夏季移植成活率远高于山苗栓皮栎。圃地苗在培养过程中经过多次断根，使主要根系回缩到主干根基附近，在苗木移植时形成大量可带走的吸收根，从而提高移植成活率，加快树势恢复（赵艳格等，2012；徐明宏和康喜信，2012；姚秋宾和唐卫国，2017）。

（4）夏季移植并非处理越重越好。移植成活率高的两种规格油松、地径 3cm 玉兰、胸径 8cm 元宝枫和栾树，均不是修剪、摘叶和遮阴重处理组合，胸径 8cm 栓皮栎重处理组合成活率为 40.0%，而轻处理和中处理均为 80.0%；栾树轻处理和中处理组合成活率均为 100%，而重处理为 80.0%，地径 8cm 玉兰重处理则全部死亡，这一结果与成海钟（2005）、林岩（2012）研究相一致。移栽时对树冠过度修剪，限制了苗木恢复所需的叶面积，致使树势衰弱，最后半死不活，缺乏生态和景观功能。因此，夏季移植修剪枝叶要适可而止，不可太重。

（5）根系是固定和支撑植物体的重要器官，也是土壤水分和矿质营养的吸收者、利用者和运输者，对植物生长起着重要作用。根系是苗木移植后评价树势恢复的重要指标之一，但由于观测和取样的局限性和复杂性，使得苗木根系研究一直滞后于地上部分。本次采用的根系挖取和根系扫描相结合是较为准确研究根系的方法，目前树木研究应用较多。根系长度、根系表面积、根系投影面积、根系体积和根系干鲜重等指标是移植苗木根系生长健康与否的评价指标，尤其 $d \leqslant 2mm$ 吸收根的生长情况，更能反映移植苗木根系吸收水分和矿质元素的能力。本次试验涉及的油松、玉兰、元宝枫、栓皮栎和栾树，生长表现较好的油松、玉兰、胸径 8cm 元宝枫和栾树，根系生物量大于成活和生长较弱的栓皮栎，且 $d \leqslant 2mm$ 根系各指标占根系总指标比重较大，这一结果与李霞（2010）对桂花、康乐（2012）对油茶的研究结果相一致。

（6）苗木移植保活和树势恢复是一个长期的过程，有些苗木移植第一年新梢和叶片靠树体自身营养仍能存活，但并不能判断"真活"还是"假活"，不过根系是否恢复生长，直接影响第二年甚至今后成活。因此，本次移植的苗木仍需继续跟踪观测和根系取样，通过形态指标评价及根系生物量、根长、跟表面积等指标，综合判断苗木树势活力恢复状况和恢复周期。

（7）园林苗木移植的最终目的是快速恢复树势活力，尽早形成景观效果，充分发挥生态功能，并不仅仅只看成活率。因此，如何通过科学合理的修剪、摘叶、遮阴、灌施生根粉、喷施抗蒸腾剂、灌施营养液、科学浇水等技术缩短常用园林绿化树种缓苗周期是今后仍需攻关的问题。

第**4**章

多维度绿色空间
构建技术

城市多维度绿色空间构建，即城市立体绿化，是以增加城市绿量和质量为目标的城市绿化领域新形式，具有占地小、绿量大、见效快等优点，常见形式有建筑墙体屋顶，建筑垂直表面、檐口、女儿墙内侧、阳台、窗口，城市立交桥体，道路红线围栏，城市快速干道、主干道隔离带和坎墙，道路交叉路口及两侧街景、单位围栏，城市河道、高速路两侧边坡等处的绿化。作为城市生态环境建设的重要组成部分，构建多维度绿色空间是国际公认的改善城市生态环境、缓解城市热岛效应的有效措施之一，近些年发展迅速，并且在改善空气质量、蓄滞雨水、增加碳汇、增加生物多样性、补充绿量等方面作用显著。基于北京城市副中心多维度绿色空间现状，本章将重点介绍屋顶绿化、垂直绿化以及边坡绿化技术。

4.1　研究综述

4.1.1　国外研究进展

4.1.1.1　屋顶绿化

4.1.1.1.1　欧美国家

欧洲立体绿化起源于德国和瑞士。20 世纪 80 年代至 2000 年，德国立体绿化增长维持年均 15% ～ 20% 的速率（Goya，2004）；2010 年起，德国立体绿化增长总量为 500 万 m^2/ 年，意大利为 100 万 m^2/ 年。北美屋顶绿化协会统计资料显示，2012 年北美全年立体绿化建造面积接近 180 万 m^2，其中华盛顿全年屋顶绿化新增面积超过 11 万 m^2，成为北美屋顶绿化的领跑者。

经过长期发展，从设计理念到材料技术，欧美等发达国家屋顶绿化已进入成熟阶段。从技术发展角度总结有以下三方面。

（1）荷载要求。简单式屋顶绿化适用于建筑荷载较小的钢结构屋面，其荷载要求为 0.7 ～ 3.0kN/m^2，但容器式屋顶绿化尚不统计在简单式屋顶绿化之内；花园式屋顶绿化适用于建筑荷载较大的混凝土结构屋面，其荷载要求为 6.0 ～ 12kN/m^2。上述 2 个荷载数值均与国内相关标准较为贴近。

（2）防水材料。简单式屋顶绿化多采用高分子类的防水材料，如热塑性聚烯烃（TPO）或聚氯乙烯（PVC）；花园式屋顶绿化均使用加入阻根剂的 SBS 改性沥青防水卷材。此外，简单式与花园式屋顶绿化均需铺设耐根穿刺防水层，铺设结构上采用两层 SBS 改性沥青防水材料，上层为耐根穿刺防水卷材，下层为普通卷材。

（3）覆土厚度。简单式屋顶绿化覆土厚度为 7 ～ 20cm（其中以 7 ～ 8cm 居多）；花园式屋顶绿化覆土厚度为 30 ～ 100cm，种植基质为火山石或火山岩。

此外，从技术标准发展上来看，德国 FLL 景观开发与研究协会编制的《屋顶绿化的设计、安装及维护指南》（2008 年版）是目前全球最具权威的屋顶绿化技术规范产品标准，该标准在欧洲基本通用，在北美也作为主要参考依据。

4.1.1.1.2　亚洲国家

（1）新加坡

新加坡立体绿化政府项目正式开始于 1997 年，主要涉及架空的立体停车场顶部及墙面；进入 21 世纪后，政府强制推行了"空中绿化"，使其从"花园城市"转变为"花园中的城市"，由"平面花园"转变为"立体花园"，并以此成为区域城市中的"空中绿化"典范。

新加坡屋顶绿化构造层与国内相仿，不同之处主要体现于以下方面：

①排水板为高强度聚丙烯（PP）材料结构单元，其厚度可根据需要叠加使用，极为便

利。结构层包括表层覆盖、植被种植、混合土、粗砂、过滤布、排水板、防根、防腐 PVC
防水层和屋面基层。

②过滤布与种植土层之间附加 20 ～ 30mm 厚粗砂，既有利于排水，也可保护过滤布，
防止土壤浸透。

（2）日本

日本的屋顶绿化起步于 20 世纪 70 年代，在 20 世纪 90 年代进入初步发展期。1992
年 6 月，日本开始全国范围内推广屋顶绿化技术，组织绿化技术人员专门编印出版了《城
市建筑绿化指南》，并无偿提供给市民使用；2000—2008 年，日本屋顶绿化的施工面积
达到 242hm²；截至目前，东京市屋顶绿化率已达 14%。

经过近半个世纪的发展，日本的屋顶绿化技术在栽培基质、设计施工、结构材料、养
护管理等方面均已形成独有体系。具体体现在以下方面：

①人工轻量土栽培技术处于世界领先水平，涉及针对基质的万能土技术、超轻质土技
术，针对灌溉的水箱系统，以及针对植物栽植的生根加工法等。

②为适应不同环境、建筑结构及绿化形式，通过选择不同材料研发了成套的屋顶绿化
系统。

③通过引进德国技术以及自主创新，在屋顶绿化新技术、新材料、新工艺方面获得突破，
有效解决了以往屋顶绿化所面临的荷载加大、防水、养护难等问题，使得屋顶绿化形式多样，
各具特色。

④屋顶绿化类型上，已不仅限于草坪和花卉等轻型绿化，出现了丛林式绿化、移动板
块绿化等更为自由的形式。

4.1.1.2　边坡绿化

随着城市化的快速发展，人们的生产生活对自然环境造成了严重破坏，随着经济快速
发展、城镇化进程不断加快，与之相伴的大量工程建设活动造成大规模的挖方、填方，形
成大量裸露边坡，因此应注重边坡防护技术绿化环境，提高边坡土壤的紧固程度，构建完
整的生态系统，以避免恶劣天气中工程边坡出现滑坡等问题。

日本是典型的山地国家，也是绿化发展较早的国家之一，早在 20 世纪 30 年代就开始
了对边坡绿化技术的研究，并在 20 世纪 80 年代取得了卓著的研究成果。经过几十余年的
发展，其边坡绿化在改善生态环境的同时，也有效地提高了公路边坡的安全性与稳定性。

日本绿化通常依据具体场地条件选定不同的技术措施，按最终实现效果划分为高木林
型（或称为森林型）、低木林型、草原型以及特殊型（表 4-1），并以后三者为主。

表4-1　日本边坡绿化复原目标

目标形式	外观	适用地带
高林木型	以高、中型林木为主体的群落（如赤松、赤杨群落）	坡度小于35°、宽度大于2m的填土坡面阶梯处的外部森林
低林木型	以中、低型林木为主体的群落（如胡枝子群落、赤杨群落）	大于35°陡坡外部杂木林

目标形式	外观	适用地带
草原型	以草本植物为优势种的群落（如本地草、引进草或二者混播草本群落）	城市及近郊乡村地带耕田外部
特殊型	特殊群落（如花木、草花、攀缘及悬吊植物群落）	城市及近郊

4.1.2　国内研究进展

4.1.2.1　屋顶绿化

自 20 世纪六七十年代开始，北京、上海、广州、成都、重庆等城市相继开展了屋顶绿化实践。60 年代，成都、重庆等城市的工厂车间、办公楼、仓库等建筑率先利用平屋顶的空地开展农副生产、种植瓜果蔬菜等；70 年代，广东东方宾馆成为我国第一个真正意义的屋顶绿化，是我国最早按统一规划设计，并与建筑物同步建成的屋顶花园；1984 年，北京长城饭店建成北方第一个大型露天屋顶花园；1984—2004 年的 20 年间，民间自发建设完成的建筑屋顶绿化总量约为 60 万 m²；2001—2006 年，北京市园林科学研究院在北京市科学技术委员会、北京市园林绿化局的大力支持下，率先完成了国内屋顶绿化的专项研究与示范，系统建立了种植屋面技术体系，为国内屋顶绿化的推进提供了重要的科研依据和技术保障；2005—2009 年，受政策引导和鼓励，北京屋顶绿化建设进入了快速发展阶段；2008 年，北京顺利完成了 10 万 m² 的屋顶绿化建设以迎接第 29 届奥运会的召开。

整体而言，当前我国屋顶绿化发展迅速，但在政策引导、规划设计、材料性能、施工工艺等方面仍与发达国家存在一定差距。

4.1.2.2　边坡绿化

在我国，专门针对边坡绿化技术的研究始于 20 世纪 80 年代，该阶段边坡绿化的目的较为单一，即通过种植草本植物实现边坡快速绿化，主要依靠经验对边坡进行绿化设计和施工，并未对"植被－边坡"相互作用机理进行深入探讨，因此，该阶段的边坡绿化技术暴露出大量缺点，如植被适应能力差、绿化效果不显著、环境融合度低等。

近年来，边坡绿化技术发展迅速，地方、行业以及国家标准相继出台，技术体系相对系统而完善，并具有如下特点：

（1）边坡绿化涉及交通、水利、林业等多个行业领域，并以重建地表生态目标植被为核心，从水土流失特征和植被立地生态特征出发，以坡质和坡度进行划分。

（2）边坡绿化技术涉及地质地貌、岩土工程、土木工程、材料工程、林业装备、水土保持、土壤、森林培育、植被、生态、水文、景观和环境等多个学科，根据功能将边坡技术划分为固土技术、集排水技术、建植技术和养护技术。

（3）边坡绿化基本工作流程包括调查阶段、设计阶段、施工阶段、养护阶段以及检验阶段。

4.2 屋顶绿化构建技术

广义的屋顶绿化指一切脱离了地面的绿化方式,不仅包括屋顶种植,还包括露台、天台、阳台、地下室顶板、立交桥等一切不与地面、自然、土壤相连接的各类建筑物和构筑物的特殊空间的绿化。通过对国内近 10 余年屋顶绿化实际项目的调研及实践经验,并对比参照国外先进技术,总结并提出了屋顶绿化构建技术,涉及荷载核算、构造层次设计、植物的选择与固定技术、养护管理技术、灌溉技术、铺材料选择及设施布置等。其中决定屋顶绿化成败的核心要素为建筑荷载、防水技术和排水技术。本节涉及的屋顶绿化构建技术适用于新建及既有建筑、构筑物屋顶的绿化,以及覆土较薄的地下设施覆土绿化。

4.2.1 屋顶绿化基本构造

屋顶绿化通用的基本构造层次由下而上包括建筑顶板、保温层、找坡找平层、普通防水层、耐根穿刺防水层、防水保护层、排(蓄)水层、过滤层、种植基质层和植被层等(图 4-1)以及其他必要的屋顶绿化构成设施见图 4-1。

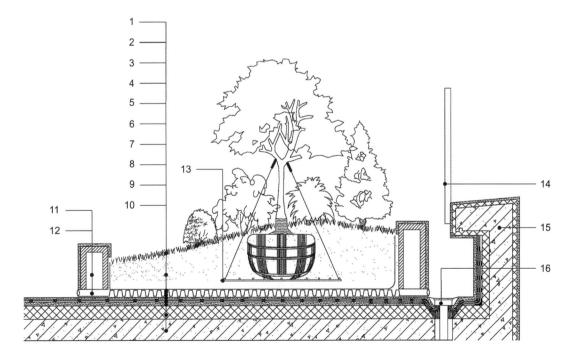

图 4-1 屋顶绿化基本构造层次示意图

注:1—植被层;2—种植基质层;3—过滤层;4—排(蓄)水层;5—防水保护层;6—耐根穿刺防水层;7—普通防水层;8—找坡找平层;9—保温层;10—建筑顶板;11—挡土墙;12—排水管(孔);13—树木固定设施;14—护栏;15—女儿墙;16—水落口。

4.2.2 屋顶绿化设计

屋顶绿化设计需要在满足建筑荷载的前提下进行，并遵循安全性、生态性、景观性、经济性的原则。要在满足建筑荷载和防水安全的前提下进行绿化设计，植物选择应遵循适地适树原则，植物配置应遵循多样性原则。以改善生态环境为目标，宜选用生态环保材料，并体现植物造景特色，突出植物的群落效应和季相变化，达到景观与生态的和谐统一，此外还要充分考虑降低施工及后期养护的成本。

设计前必须进行现场踏勘，了解建筑荷载、周边环境、屋顶面积、高程、朝向、现有防水状况、给排水和水落口位置及形式等，全面了解屋顶情况。

屋顶绿化图纸设计包括方案图设计和施工图设计两个阶段。其中方案设计应根据荷载，屋顶面积大小，水落口、檐沟、变形缝、构筑物等的位置进行设计。具体设计包括：掌握结构荷载或坡面构成、分析功能要求、确定绿化类型、布局和初步设计、设计选材、设计概算。施工图设计包括：确定构造层次、防水层设计、排水材料选择及系统设计、确定种植基质类型、种植设计（种植形式和植物种类）、树木防风固定设计、灌溉系统设计、电气照明设计、园林小品设计、构造节点设计、施工预算。

4.2.2.1 荷载要求

建筑永久荷载是在结构使用期间，其值不随时间变化，或其变化与平均值相比可以忽略不计，亦或其变化是单调的并能趋于限值的荷载。对于屋顶绿化，我们所关注的荷载包括建筑的永久荷载、可变荷载和屋顶种植荷载，而屋顶种植荷载应纳入永久荷载。

屋顶绿化首先要保证屋顶荷载安全，要精确计算出屋顶绿化所增加的荷载值，即屋顶种植荷载，包括屋顶耐根穿刺防水层、保护层、排（蓄）水层、过滤层、水饱和种植基质层和植被层等总体产生的荷载。此外，还应注意一些特殊情况下增加的荷载值，如植物生长增加的荷载、瞬时过强降水时排水不畅导致的荷载增加以及上人后的荷载增加等，并应预先全面调查建筑的相关指标和技术资料，根据屋顶的荷载，准确核算各项施工材料的重量和一次容纳游人的数量，保证建筑承重安全。

在屋顶绿化设计中，根据设计项目和内容，计算进行屋顶绿化后所增加的荷载，且应保证小于现有建筑荷载，对于不能达到最小荷载要求的屋顶，严禁进行屋顶绿化建设。花园式屋顶绿化一般情况下，指屋顶种植荷载不小于 $3.0kN/m^2$，利用小型乔木、灌木和草坪、地被植物进行植物配置，设置园路、座椅和园林小品等，提供一定游览和休憩活动空间的绿化；简单式屋顶绿化指屋顶种植荷载不小于 $1.0kN/m^2$，利用地被植物或低矮灌木进行植物配置，不设置园林小品等设施，一般不允许非维修人员进入的绿化。屋顶绿化荷载要求如表 4-2 所示。

表4-2 屋顶绿化荷载要求

屋顶类型	最小荷载要求（kN/m²）	备注
简单式	1.0	适用于既有公共建筑或老旧住宅建筑
花园式	3.0	适用于新建公共建筑或新建住宅建筑

4.2.2.2 防水层设计

对于屋顶绿化，防水保证与否是决定其成败的关键，一旦发生渗漏，不仅会造成经济损失，更会直接影响建筑安全，因此应格外重视。根据行业规范要求，屋顶绿化防水层应满足一级防水设防要求。

4.2.2.2.1 防水层设计

根据建筑和市政工程防水通用规范相关要求，屋顶绿化防水层应采用不少于三道防水设防，包括两道防水卷材及一道防水涂料。同时，防水层要满足一级防水等级设防要求，且必须至少设置一道具有耐根穿刺性能的防水材料。

防水层设计中，最上层为耐根穿刺防水材料，与普通防水层相邻铺设且与防水层的材料要相容。同时，为确保屋顶结构安全，屋顶绿化前，应在原屋顶基础上进行二次防水处理（韩丽莉等，2019）。此外，应用于屋顶绿化的耐根穿刺防水材料还应通过具有 CMA 资质认证相关机构的检测。

屋顶防水及女儿墙泛水构造做法可参见图 4-2。

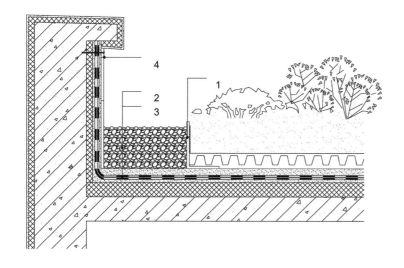

图 4-2 屋顶防水及女儿墙泛水构造做法图
注：1—种植围挡；2—缓冲带；3—过滤层；4—金属压条固定。

4.2.2.2.2 耐根穿刺防水材料阻根原理

实验证明，植物根系以及地下茎具有很强的穿刺能力，普通防水层并不能阻止植物根系穿刺。植物根系穿透普通防水层，甚至结构层，会使整个屋面防水系统失去作用。与之相反，耐根穿刺防水层具有防水和阻止植物根系穿刺的作用。

按阻根方式，耐根穿刺防水层分为化学阻根和物理阻根。其中，化学阻根是在不影响植物正常生长的前提下，通过加入化学阻根剂改变根系生长方式，阻止植物根系向防水卷材内部生长；物理阻根通过材料本身具有的致密性和高强度、高耐腐蚀性等特性来抵御植物根系的穿刺。

4.2.2.2.3　常见耐根穿刺防水材料类别

现阶段应用于屋顶绿化较常见的耐根穿刺防水材料包括改性沥青类耐根穿刺防水卷材、聚氯乙烯（PVC）防水卷材、热塑性聚烯烃（TPO）防水卷材、三元乙丙橡胶（EPDM）防水卷材、聚乙烯丙纶防水卷材、聚合物水泥胶结料复合防水材料、高密度聚乙烯土工膜、喷涂聚脲防水涂料等。

整体而言，伴随国内新型防水材料的不断更新和变化，参与耐根穿刺性能试验的防水产品也逐渐趋于多元化。通过检测数据统计表明，自 2010 以来，样品的类别已逐渐由以 SBS 为主的格局向新型材料转变，SBS 防水卷材产品呈逐年下降趋势，高分子类的防水卷材上升趋势比较明显。根据目前实际项目统计，屋顶绿化应用的耐根穿刺防水材料类型主要为 SBS、APP、PVC 等。

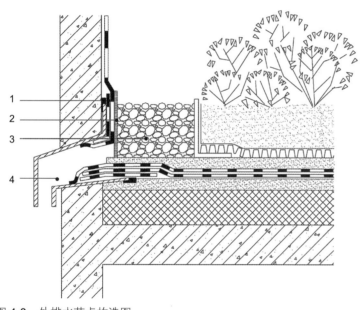

图 4-3　外排水节点构造图
注：1—密封胶；2—雨箅子；3—缓冲带；4—水落口。

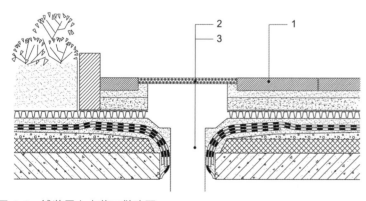

图 4-4　铺装层上水落口做法图
注：1—铺装层；2—雨箅子；3—水落口。

4.2.2.3　排蓄水层设计

排蓄水层具有改善基质通气状况、吸收种植层渗出水分以及有效缓解瞬时集中降水压力等功能。

现阶段国内使用的排蓄水层主要包括以下几类：具有排水、蓄水两项功能的排（蓄）水板、仅有排水功能的排水板、陶砾排水（荷重允许时使用）、排水管排水（屋顶面积及排水坡度较大时使用）。根据实际工程经验，铺设排蓄水层时建议满铺并根据屋面坡向确定整体排水方向，铺设至排水沟边缘或水落口周边；凹凸塑料排（蓄）水板宜采用搭接法施工，搭接宽度不应小于100mm；网状交织、块状塑料排水板宜采用对接法施工，并应接茬齐整。

近年来，伴随屋顶绿化技术进步，排水层全部采用凹凸式排水板，排水系统设计与建筑排水坡度方向一致并确保其连续畅通，排水坡度 > 2%，进行分区设置和有组织排水。设计时建议预留水落口在铺装上，并且应保持排水通畅和位置醒目，不得堵塞或覆土种植，设计花池、水池时应合理设置排水口，以便瞬时降水时快速排水，排水构造及排水口做法见图 4-3、图 4-4。

4.2.2.4　种植基质要求

屋顶绿化种植基质应具有质量轻、养分适度、清洁无毒和安全环保等特性，为满足荷载安全要求和避免环境破坏，屋顶绿化种植基质不提倡全部使用地面田园土，而建议使用改良土或人工轻量种植基质。

改良土是在自然土壤中加入改良材质，以减轻荷重，提高基质的保水性和通气性。其配制主要由排水材料（煤渣、沙土、蛭石等）、轻质骨料（发酵木屑、切碎杂草、树叶糠、珍珠岩等）和肥料（腐殖土、泥炭、草木灰等）混合而成。改良土的配制比例可根据各地现有材料的情况而定，还可以根据各类植物生长的需要进行配制，一般干容重为550～900kg/m³，基质充分吸收水分后，其湿容重可增大20%～50%。

人工轻量种植基质由表面覆盖层、栽植育成层、排水保水层三部分组成，干容重为120kg/m³，湿容重为450～650kg/m³，具有保护环境、卫生洁净、重量轻等优点。

基于屋顶绿化发展现状及实践经验，提出屋顶绿化种植基质配方，其性能及改良土配比如表4-3、表4-4所示。其中，改良土有机质材料体积掺入量不宜大于20%，有机质材料应充分腐熟灭菌。

不同植物生长所需的基质厚度有所不同，如表4-5所示。

表4-3　常用种植基质性能

种植土类型	饱和水容重（kg/m³）	有机质含量（%）	总孔隙率（%）	有效水分（%）	排水速率（mm/h）
改良土	750～1300	20～30	65～70	30～35	≥58
无机种植土	450～650	≤2	80～90	40～45	≥200

表4-4　常用改良土配比

主要配比材料	配比比例	水饱和容重（kg/m³）
田园土：轻质骨料	1：1	≤1200
腐叶土：蛭石：沙土	7：2：1	780～1000
田园土：草炭：（蛭石和肥料）	4：3：1	1100～1300
田园土：草炭：松针土：珍珠岩	1：1：1：1	780～1100
田园土：草炭：松针土	3：4：3	780～950
轻砂壤土：腐殖土：珍珠岩：蛭石	2.5：5：2：0.5	≤1100
轻砂壤土：腐殖土：蛭石	5：3：2	1100～1300

表4-5　屋顶绿化植物基质最小厚度要求*

植物类型	高度（m）	最小基质厚度（cm）
小型乔木	2.0～2.5	≥60
大灌木	1.5～2.0	50～60
小灌木	1.0～1.5	30～50
草坪、地被植物	0.2～1.0	10～30

* 注：最小厚度要求为植物所能生长的最低限度值，在荷载满足的条件下，建议增加基质厚度以满足植物生长所需。

4.2.2.5 种植设计

屋顶绿化植物材料应选择耐旱、抗风、耐热、生长缓慢、耐修剪、滞尘能力强、低维护管理的植物种类，乡土植物比例不应小于**70%**。

屋顶绿化环境一般较为复杂，如表 **4-6** 所示，需要综合分析其影响因素，涉及建筑的形式、材料以及待实施的位置，待实施建筑与周边建筑关系，实施面朝向及全天光照情况，屋面设备与屋面构筑物的类型及分布、女儿墙高度、避雷设施形式及分布等。

表4-6 屋顶绿化种植设计影响因素

	影响因素	注意事项
屋顶绿化种植设计	建筑形式、材料以及待实施的位置	植物种类色彩、外形、肌理构成等
	待实施建筑与周边建筑关系	俯瞰、近观或整体效果
	实施面朝向及全天光照情况	耐阴性、抗风、抗寒能力
	屋顶设备与屋面构筑物的类型及分布、女儿墙高度、避雷设施形式及分布	遮挡或美化

此外，屋顶绿化种植还应当遵循安全性原则，乔木或大灌木种植点以位于建筑梁柱位置为宜，以保证荷载安全；树木定植点与女儿墙的安全距离应大于树高；主风向不应配置枝叶密集、冠幅较大的植物。同时，由于建筑屋顶往往风比较大，需要考虑种植土对植物的固定，而种植土的厚度受荷载限制，所以对植物采用适当固定措施显得十分重要。一般对高于 **2m** 的乔灌木，都应采取相关固定措施，包括地上支撑固定法、地上牵引固定法、预埋索固定法以及地下锚固法等（图 **4-5** ～图 **4-7**），或者将多种形式结合，更为安全牢固。

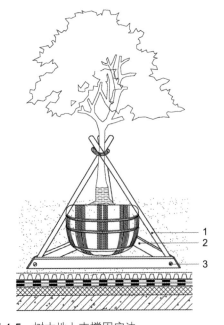

图 **4-5** 树木地上支撑固定法

注：1—圆木支撑架；2—三角形金属网架；3—圆木与金属网架用螺栓拧紧固定。

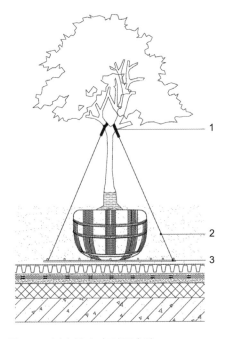

图 **4-6** 树木地上牵引固定法

注：1—软质衬垫；2—牵引绳索；3—金属网架。

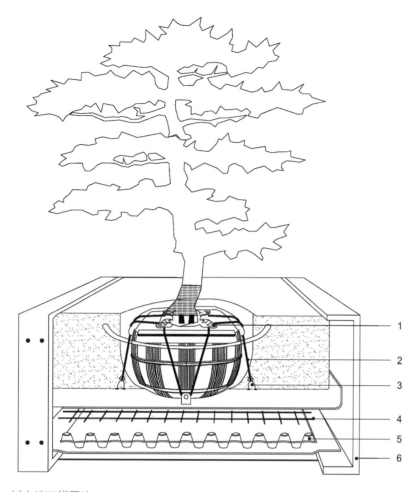

图 4-7　树木地下锚固法
注：1—固定卡扣；2—固定绳索；3—预埋件；4—金属网架；5—排水板；6—种植池。

4.2.2.6　给水灌溉设计

屋顶绿化给水灌溉设计前，应充分调查给水管水压力，压力不足时，要增加加压设备。屋顶绿化灌溉设备可选用滴灌、微喷以及微灌等。其中，大面积的屋顶种植宜采用固定式自动微喷或滴灌、渗灌等节水技术，小面积种植可设取水点进行人工灌溉或者智能灌溉系统。

此外，屋顶绿化灌溉用水不能喷洒至防水层泛水部位，灌溉设施管道的套箍接口应牢固紧密、对口严密，并设置安全泄水设施。

4.2.2.7　其他

屋顶绿化用地还应设置围挡，常见围挡有圆木、透水路缘、砖砌贴面石材、金属等多种材料形式，具体做法见图 4-8。

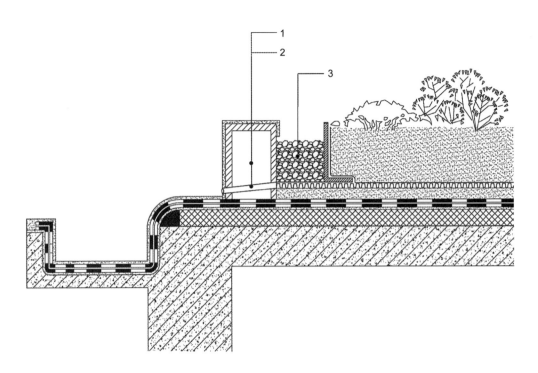

图 4-8　种植围挡构造层次图

注：1—种植挡墙；2—排水管（孔）；3—缓冲带。

4.2.3　屋顶绿化施工

4.2.3.1　施工工序

屋顶绿化施工工序主要包含以下内容：①清理屋面，基础找平层施工；②防水阻根层施工；③防水保护层、排蓄水层及过滤层施工；④种植基质填充、植物种植；⑤土建工程施工；⑥给水管道安装及照明设备安装，附属工程施工等；⑦现场清理及后期养护管理。新建建筑与既有建筑有所差异，具体施工流程见图 4-9、图 4-10。

其中，防水层施工前，应确保基层坚实，无空鼓、起砂、裂纹、松动和凹凸不平等现象，并应在阴阳角、变形缝等细部构造部位设防水增强层，增强层材料应与大面积防水层的材料同质或相容。铺设前要把现场全部清理一遍，尤其是女儿墙周边，不能有石子、钉子等杂物，防止后续破坏防水层。在防水施工过程中要注重细部处理，如转角、管根、变形缝等处常因不易操作而容易产生渗漏，因此施工时对附加层要仔细操作，以保证特殊部位的施工质量。防水层铺设完成后，按照屋面防水技术规范规定进行 48h 闭水试验，经检查无渗漏，验收合格后，方可进入下一道工序。

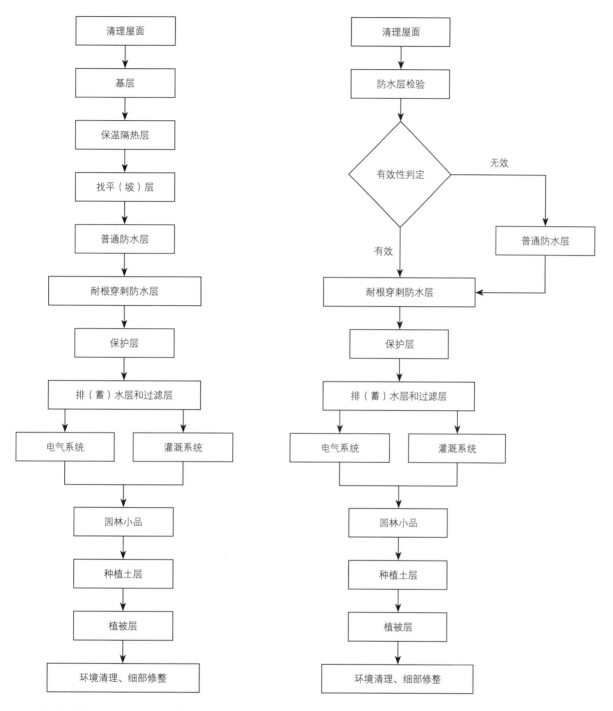

图 4-9 新建建筑屋顶绿化施工工艺流程图   图 4-10 既有建筑屋顶绿化施工工艺流程图

4.2.3.2 普通防水层施工

普通防水层施工一般需要注意以下事项：

（1）普通防水层施工前，应在阴阳角、水落口、突出屋面管道根部、泛水、天沟、檐沟、变形缝等细部构造部位设防水增强层，增强层材料应与大面积防水层的材料同质或相容。

（2）普通防水层的施工材料与基层以满粘施工为宜，坡度大于 3% 时，不得空铺施工。

（3）采用热熔法或胶粘剂满粘防水卷材防水层时，其基层注意要干燥、洁净。

（4）当屋面坡度 ≤ 15% 时，卷材应平行屋脊铺贴；屋面坡度 > 15% 时，卷材应垂直屋脊铺贴。上下两层卷材不得互相垂直铺贴。

（5）高聚物改性沥青防水卷材、自粘类防水卷材、合成高分子防水卷材、合成高分子防水涂料在施工中应符合相关材料工艺要求。

4.2.3.3　不同材料的耐根穿刺防水层施工

4.2.3.3.1　SBS 改性沥青防水卷材

SBS 改性沥青防水卷材通常采用热熔法施工，其施工工艺流程为基层清理→基层干燥程度检验→涂刷基层处理剂→细部附加层施工→定位、弹线、试铺→调试火焰加热器→对卷材表面加热至卷材表面熔融→滚铺卷材→辊压、排气、压实→刮挤出胶→接缝口、末端收头处理→节点密封→检查、修整→保护层施工→验收。

SBS 改性沥青防水卷材热熔法施工时，其环境温度不应低于 –10℃，施工要点包括以下内容：

（1）卷材防水层的基层应坚实、干净、平整，应无孔隙、起砂和裂缝，若基层平整度较差或起粉起砂时，必须进行剔除并修补平整；基层要求干燥，含水率应在 9% 以内；施工前要清扫干净基层；阴角部位应用水泥砂浆抹成八字形或圆角。

（2）基层处理剂涂刷应均匀、不漏刷或露底，基层处理剂涂刷完毕并达到干燥程度后方可进行热熔施工，以避免失火。

（3）对阴阳角、管根、排水口、变形缝以及其他易渗漏的细部节点均应做附加增强处理，附加层要求无空鼓，并压实铺牢，附加层宽度应为 500mm。

（4）为保证卷材搭接宽度，使防水层平整、顺直，不出现扭曲、褶皱，应在卷材施工前进行定位、弹线并进行试铺。

（5）卷材试铺完成后将卷材回卷，点燃喷灯（喷灯距卷材 0.3mm 左右），用喷灯往复移动加热卷材和基层，加热要均匀，不得将火焰长时间停留在一处，待卷材表面熔化后，随即向前滚铺。

（6）卷材搭接缝及复杂部位应均匀、全面烘烤，保证搭接处卷材间的沥青密实熔合，且有熔融沥青从边端挤出，沿边端封严，以保证接缝的密闭防水功能。

（7）立面防水层收口时应采用镀锌压条进行固定并采用相容的密封材料密封严密，收口高度应高出种植土 250mm。

（8）双层做法施工工艺和单层做法施工工艺基本相同，但在铺贴第二层时上下两层卷材接缝应错开，错缝宽度不应小于幅宽的 1/3。

4.2.3.3.2　高分子类防水卷材

高分子类防水卷材通常采用冷粘法铺贴，其施工工艺流程为基层清理→基层干燥程度检验→细部附加层施工→定位、弹线、试铺→胶粘剂称量、搅拌→基层、卷材涂胶粘剂→滚铺或抬铺贴卷材→辊压、排气、贴实→涂刷接缝口胶粘剂→滚压、排气、粘合→接缝口、卷材末端收头、节点密封→检查、修整→验收→保护层施工。

高分子类防水卷材冷粘法施工时，其环境温度不应低于5℃，施工要点包括以下内容：

（1）卷材铺贴前要检查基层质量，基层坚实、平整、干燥、无杂物，方可进行防水施工。

（2）细部节点部位附加层施工时，应在基层和卷材上涂刷专用胶粘剂。常温下，干燥5～10min以上，指触不粘时，方可粘贴卷材做附加层。

（3）卷材大面积涂胶施工前，应对卷材进行试铺。弹出标示线，作为铺贴卷材的基准线，避免卷材施工过程中出现褶皱、扭曲等。

（4）多组份胶粘剂每次称量，误差不应超过1%，并采用机械搅拌均匀，凝胶的胶粘剂不应混入使用。

（5）基层胶粘剂可涂刷在基层或卷材底面，涂刷应均匀，不露底、不堆积，不得在同一处反复涂刷。卷材空铺、点粘、条粘时，应按规定的位置及面积涂刷胶粘剂；粘合时应充分排气、压实，经检查合格后再用密封材料封边。

（6）铺贴卷材时不得用力拉伸卷材，应排除卷材下面的空气，并辊压粘贴牢固。

（7）平面铺贴后再铺贴立面，从下而上，转角处应松弛，不得拉紧。铺贴的卷材应平整顺直，搭接尺寸应准确，不得扭曲、皱折、松驰。

（8）卷材铺好压粘后，应将搭接部位的粘合面清理干净，满涂与卷材配套的胶粘剂，并排除接缝间的空气，辊压粘贴牢固。

（9）卷材接缝口、末端收头、节点部位应用材性相容的密封材料封严。

（10）卷材搭接部位采用胶粘带粘结时，粘合面应清理干净，必要时可涂刷与卷材及胶粘带材性相容的基层胶粘剂，撕去胶粘带隔离层后应及时粘合上层卷材，并辊压粘贴牢固。

（11）立面防水层收口时应采用镀锌压条进行固定并采用相容的密封材料严密密封，收口高度应高出种植土250mm。

4.2.3.3.3　自粘类防水卷材

自粘类耐根穿刺防水卷材宜采用自粘法铺贴，其施工工艺流程为基层清理→基层干燥程度检验→涂基层处理剂→细部附加层施工→定位、弹线、试铺（第二道自粘耐根穿刺防水层施工时无需前面工序）→揭去卷材底面隔离层→铺贴卷材→辊压、排气、压实→粘贴接缝口→辊压接缝，排气、压实→接缝口、末端收头、节点密封→检查、修整→验收→保护层施工。

自粘类防水卷材施工要点包括以下内容：

（1）自粘类防水卷材采用自粘法铺贴时，要检查基层质量，基层坚实、平整、干燥、无杂物，方可进行防水施工。

（2）防水层大面积施工前，应对阴阳角、管根、变形缝、后浇带、施工缝等细部节点进行加强处理，加强层与基层应粘结紧密，附加层所用材料应与大面积防水层材料同质或相容，附加层宽度为500mm。

（3）根据施工现场情况，进行合理定位，确定卷材铺贴方向，在基层上弹好卷材控制线，试铺时应由低向高，保证卷材搭接缝顺流水方向。

（4）采用自粘法铺贴卷材时，基层表面应均匀涂刷基层处理剂，干燥后及时铺贴卷材。

双层自粘卷材或自粘耐根穿刺防水层与水乳型、水泥基类防水涂料复合施工时无须涂刷基层处理剂。

（5）卷材铺贴时可用裁纸刀将隔离膜轻轻划开，注意不要划伤卷材，将隔离膜从卷材背面缓缓撕开，同时将卷材沿基准线慢慢向前推铺；卷材粘贴时，不得用力拉伸卷材，卷材铺贴应平整顺直，不得出现扭曲、褶皱；低温施工时，可采用热风机将自粘胶料加热，待自粘胶料恢复自粘性能后粘贴；卷材施工完成后，随即用压辊辊压，排出空气，使卷材牢固粘贴在基层上。

（6）卷材接缝口、末端收头、节点部位应用材性相容的密封材料封严。

（7）立面防水层收口时应采用镀锌压条进行固定并采用相容的密封材料密封严密，收口高度应高出种植土250mm。

4.2.3.3.4 非固化涂料防水施工（复合防水施工）

非固化橡胶沥青防水涂料是一种在应用状态下始终保持黏性膏状体的新型防水材料，具有独特的蠕变性、自愈性能和超强的黏结性能，能封闭基层裂缝和毛细孔，可解决因基层开裂应力传递给防水层造成的防水层断裂、疲劳破坏或处于高应力状态下的提前老化问题。同时，蠕变性材料的黏滞性使其能够很好地封闭基层的毛细孔和裂缝，解决了防水层的窜水难题，使防水可靠性得到大幅提高，还能解决现有改性沥青防水卷材和防水涂料复合使用时的相容性问题，近年来被市场接受并广泛应用，在国内外众多的工程中取得了良好的应用效果。

4.2.3.4 排（蓄）水层和过滤层

4.2.3.4.1 排（蓄）水层

排（蓄）水层施工质量对屋面荷载安全有重要影响，如不能及时有效地排除多余积水，会给屋面结构安全造成较大安全隐患，因此排（蓄）水层施工时材料的厚度、质量和搭接宽度均应完全符合设计要求。其施工要点包括以下内容：

（1）施工前根据现有屋面坡向确定整体排水方向。

（2）施工时与排水系统连通，铺设至排水沟边缘或水落口周边。

（3）凹凸塑料排（蓄）水板建议采用搭接法施工，搭接宽度≥100mm；网状交织、块状塑料排水板建议采用对接或并接法施工，接茬应齐整；排水层采用卵石、陶粒等材料铺设时，粒径大小应均匀，铺设厚度应符合设计要求。

4.2.3.4.2 无纺布过滤层

过滤层施工要点包括以下内容：

（1）铺设前要做好现场清理，防止杂物影响过滤效果。

（2）空铺于排（蓄）水层之上，铺设应平整、无皱褶。

（3）搭接建议采用粘合或缝合固定，搭接宽度≥150mm。

（4）边缘延种植围挡上翻时应与种植土高度一致。

4.2.3.5　种植基质层

与地面施工堆料不同，屋顶绿化种植基质进场后不得集中码放，避免因局部荷载过大造成安全隐患，需要及时摊平铺设、分层踏实，平整度和坡度应符合竖向设计要求。摊铺后的种植土表面应采取覆盖或洒水措施防止扬尘，且不能采用机械回填。

4.2.3.6　植被层

4.2.3.6.1　乔灌木种植

移植带土球的树木入穴前，穴底松土踏实；土球放稳后，拆除不易腐烂的包装物；树木根系舒展，填土分层踏实。常绿树栽植时土球宜高出地面 50mm，乔灌木种植深度与原种植线持平，易生不定根的树种栽深宜为 50 ~ 100mm。

4.2.3.6.2　草本植物种植

根据植株高低、分蘖多少、冠丛大小确定栽植的株行距，种植深度为原苗种植深度，并保持根系完整，不得损伤茎叶和根系。高矮不同的植物种类混植时，按先高后矮的顺序种植。

4.2.3.7　容器种植

容器种植应遵照现行国家标准《屋面工程技术规范》（GB 50345）中一级防水等级要求施工，并设置保护层。

容器种植施工前，按设计要求铺设灌溉系统。种植容器按要求组装，放置平稳、固定牢固，并与屋面排水系统连通，同时应避开水落口、檐沟等部位，不得放置在女儿墙上和檐口部位。

4.2.3.8　土建工程

屋顶绿化土建工程具体施工要点主要包括以下内容：

（1）各种土建材料质量、品种及规格应符合设计要求。

（2）土建工程施工时要确保原有防水层、排蓄水层及屋顶设施的安全，园路或者花池施工时不能阻断排水系统，要确保排水畅通。

（3）基层处理要坚实、平整，结合层粘结牢固，无空鼓现象。

（4）园路铺装面层要平整，不能积水。

（5）木铺装所用的面材及垫木等应选用防腐、防蛀材料；固定用螺钉、螺栓等配件要做防锈处理，且安装紧固、无松动，螺钉顶部不得高出铺装表面。

（6）透水砖铺设后采用细砂扫缝。

（7）嵌草砖铺设以砂土、砂壤土为结合层，其厚度不应低于 30mm。

（8）卵石面层无明显坑洼、隆起和积水等现象。石子与基层结合牢固，石子建议采用立铺方式，镶嵌深度应大于粒径的 1/2。带状卵石铺装长度大于 6m 时，要设伸缩缝。

4.2.3.9　园林小品

园林小品工程施工要点主要包括以下内容：

（1）花架等小品做防腐防锈处理，立柱垂直偏差应小于 5mm。

（2）园亭整体安装稳固，顶部要采取防风揭措施，超出屋顶原有高度的要进行防雷处理。

（3）景观桥表面做防滑和排水处理。

（4）水景设置水循环系统，并定期消毒；池壁类型配置合理、砌筑牢固，为避免漏水，应单独做防排水处理。

（5）护栏做防腐防锈处理，安装应紧实牢固，整体垂直平顺。

4.2.4　屋顶绿化养护管理

屋顶绿化施工完成后，能否发挥其应有的作用，养护管理质量至关重要。由于屋顶位置处于高楼楼顶，对植物抗风性、抗逆性、耐旱性及耐寒性的要求较高，养护措施的落实对景观效果的呈现起到了关键作用。

屋顶绿化日常养护管理按照工作性质来分，主要包括灌溉、苗木修剪、施肥、病虫害防治、除杂、排水管道清理、冬季防寒防火及设施维护工作。具体工作见表 4-7。

表4-7　屋顶绿化养护内容

养护内容	注意事项
灌溉	● 遵循少量多次的浇水原则，建议控制单次浇水量，并增加浇水频次。 ● 单次浇水量以排水层不排出水或排出少量水为宜。 ● 冬季要根据植物基质含水量情况及时进行封冻水补灌工作。 ● 早春根据基质含水量情况及天气情况宜早于地面行解冻水浇灌。
施肥	● 根据植物生长情况，必要时进行施肥。 ● 肥料建议使用环保长效的无机肥或复合肥。
苗木修剪	● 为确保屋顶荷载安全，需要定期对苗木进行修剪，特别是枝条密集的小乔木或灌木，修剪频次应高于地面普通绿化。 ● 保持良好景观效果，达到设计要求。
病虫害防治	● 建议优先选用生物防治、物理防治等绿色防控措施。 ● 确需使用农药防治，采用环保型农药进行科学施药。
排水管道清理	● 每年常规进行1~2次，在春季及时清扫雨落口与排水口。 ● 在夏季暴雨期间及雨后，要及时进行巡查，保证排水的畅通。
防火	● 屋顶配备灭火器材，冬季火灾隐患较大时期，加强专人值守巡查。
附属设施维护	● 定期检查电气照明设备设施，保证设备完好。 ● 园林小品外观应整洁美观，损坏及时修缮。 ● 园路铺装、绿地围栏等应保持稳固、整齐。

4.2.4.1 灌溉

4.2.4.1.1 日常浇水

与地面绿化浇水方式有所不同，屋顶绿化浇水作业应遵循少量多次的浇水原则。为保证屋顶荷载安全，屋顶绿化植物栽植基质多为轻型基质，排水较快，如一次性浇水过多，水会随排水层流出，导致水资源浪费。因此，浇水时要控制每次的浇水量，以排水层不排出水或排出少量水为宜，但为满足植物水分需求，应增加浇水频次来保证水分供应。对于有条件的场地，可建立雨水收集回灌系统，以增强水资源的利用率。

4.2.4.1.2 封冻水与解冻水浇灌

北方地区屋顶绿化应于冬季浇灌封冻水。此外，因植物栽植基质多为轻型基质，加之建筑保温作用，部分水分会蒸发散失，容易造成苗木根系失水死亡，因此，还应根据植物基质含水量情况及时进行冻水补灌工作，以保证苗木成活。

早春应及时浇灌解冻水，通常根据基质含水量情况及天气情况进行，浇灌时间一般略早于地面。

4.2.4.2 苗木修剪

为了确保屋顶荷载安全，屋顶植物不能任其自由生长，需要定期对苗木进行修剪以控制苗木生长量。修剪方式与地面相似，通常根据季节及植物生长特性进行修剪，如花前花后修剪、春季修剪及冬季修剪等。栽植多年生攀缘植物时，秋冬两季应进行强修剪。

4.2.4.3 施肥

根据植物生长情况，在必要时应进行施肥工作，肥料宜使用环保长效的无机肥或复合肥，并且保证基质有机质含量不超过 **20%**。

4.2.4.4 病虫害防治

屋顶绿化病虫害防治应优先选择生物防治和物理防治等绿色防控措施，如确需使用农药防治，则应采用环保型农药进行科学施药。

4.2.4.5 排水管道清理

为保证屋顶荷载安全，在雨季能顺利降低降雨带来的活荷载压力，应每年进行排水管道清理。春季时，及时清扫雨落口与排水口，同时注意疏通排水管道，防止淤积物堵塞排水管；夏季暴雨期间及雨后，应及时进行巡查，对发现的排水口堵塞及屋顶有积水部位要及时处理，保证排水的畅通。

4.2.4.6　冬季防寒与防风

与地面相比，屋顶植物受大风危害及冻害概率增加，冬季防寒及防风措施成为植物成活的关键。

根据植物种类及设计形式的不同，防寒处理可采取不同方式进行。色带及抗寒性弱的植物可搭建整体防寒围挡；单株定植苗木可采用"单枝干缠绕"方式进行，并可进行两层或多层缠绕，以保证苗木成活。防寒材料宜选用耐火材料。

屋顶绿化常采用搭设风障的方式进行冬季防风，通过分层搭设不同高度的风障，减弱大风对苗木的伤害。

此外，在采取屋顶绿化防寒与防风措施的基础上，还应当保证冬季景观效果的协调性。

4.2.4.7　防火安全

北方地区冬季寒冷干燥，屋顶冬季植物部分枯死，易造成防火安全隐患，因此屋顶应配备灭火器材，以便在火灾发生初期能及时处理，防止发生严重的火灾事故。

4.2.4.8　设施维护

屋顶花园养护要做好各项设备设施的维护保养工作，保证其完好，满足其正常使用功能。维护要点包括以下方面：

（1）定期检查电气照明设备设施，保证设备完好。

（2）屋顶花园内的园林小品应外观整洁美观，定期清理。

（3）园路铺装、绿地围栏、屋顶围栏等应保持稳固、整齐，满足安全使用及美观功能。

（4）入冬后，要重点做好设备设施的维护工作，及时对浇灌管道进行泄水处理，防止冻裂事故发生。

（5）对防寒设施进行定期巡查，发现破损部位应及时修复。

（6）对苗木支撑定期检查，保证植物的稳固性。

4.2.5　屋顶绿化案例——中国标准科技集团有限公司办公楼屋顶花园

4.2.5.1　项目概况

中国标准科技集团有限公司办公楼屋顶花园工程立项于 2016 年 7 月，竣工于同年 9 月。中国标准科技集团有限公司位于北京市昌平区天通苑太平庄中一街，其办公楼为一栋五层建筑，局部楼层四层。本项目为四层屋顶，总面积为 713.14m²，屋顶构筑物原有占用部分荷载，绿化施工前屋面荷载为 1.0 ~ 1.5kN/m²，属上人屋面。屋面排水为内外排水兼备,屋面防水是楼体外包装修时新做防水,为 **3mm+4mm SBS** 改性沥青耐根穿刺防水层。

4.2.5.1.1 建筑条件

待建区域形状规则方正,屋顶现状平整,设备少而整齐。方正、空阔、整齐的屋面条件为屋顶花园的设计和建造提供了良好的场地基础,有很大的发挥空间。

4.2.5.1.2 屋面排水

屋面排水条件良好,四周及中部都分布有落水口,同时具有外排水和内排水两种排水方式。良好的排水条件为屋顶的植物种植提供了良好的基础,设计时布局考虑落水口的位置,尽量保证落水口周边排水通畅且方便检查。

4.2.5.1.3 周边环境

屋顶有相邻办公室的门窗,而且出入方便,使本屋顶的景观质量至关重要。本楼周边包围着高层居民住宅楼,使本屋顶成为高层居民的视线焦点。待建屋顶同时有人视景观和鸟瞰景观两方面的需要,并且与建筑立面交互、相关的空间较多,适合做规则型花园式的屋顶绿化(图 4-11 ~ 图 4-14)。

图 4-11 屋顶外排水

图 4-12 屋顶内排水

图 4-13 屋顶现状

图 4-14 屋顶周边环境

4.2.5.1.4　荷载

屋顶恒荷载 2.6KN/m²，但由于楼体装修增加了很多构筑物，占用了部分恒荷载，导致屋顶绿化能够使用的荷载数降低。屋面荷载被占据后，屋面的承重能力分布不均衡，有个别区域的荷载数不满足屋顶绿化规范中建造花园式屋顶绿化的荷载要求。而荷载是屋顶设计至关重要的决定性条件，为了充分发挥设计区域屋顶的优势条件，又能满足其荷载的安全需求，认真细致的检测和分析屋顶荷载是提升屋顶景观质量尤为重要的基础环节。图 4-15 为屋顶承重能力图，展示了每块楼板的承重能力。图中网格为楼板，阴影覆盖部分楼板可用荷载为 1.0KN/m² 以下，空白部分可用荷载为 1.5KN/m² 以下。图中承载能力按照原有屋顶绿化规范的标准，适合做简单式屋顶绿化，本次设计施工探索了在此条件下建造精品屋顶花园的可能性。按照承重能力进行布局，将较重的景观元素布置在荷载较大的部位。

图 4-15　屋顶承重能力分布示意图

4.2.5.2　设计方案

4.2.5.2.1　设计主题

项目以"境"为主题，根据功能和景观，全园主要分为四个区域（图 4-16）。

4.2.5.2.2　平面布局

根据荷载及梁柱布局图所示，将重量较高的部分分布在荷载高的位置，如孤植景观的小乔木或灌木的种植点和种植池、座凳、景墙、景观小品等构筑物的布置位置，园路、广场铺装的位置等。屋顶周边环境方正规整，一侧有高一层建筑，另一侧是玻璃幕墙，并且屋顶上出入口部分有方形框架结构，使屋顶形成一个既有半封闭半开放空间又有开敞空间的规则式屋顶。屋顶花园的平面布局是建筑布局的延伸和展开。新中式设计风格方正规整，典雅大方，并且讲究空间的层次和景观的步移景换。布局中借用屋顶原有框架结构，并设置景墙，利用迂回曲折的园路以及植物的高矮错落增加屋顶的层次感（图 4-17）。

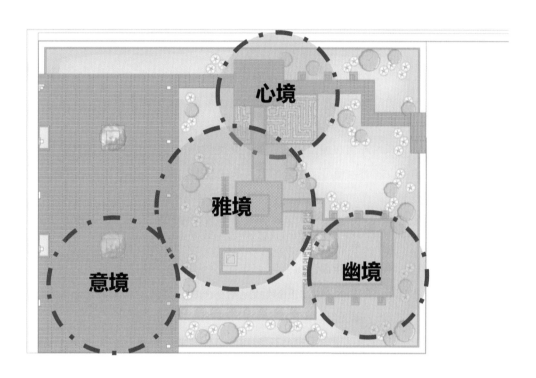

图 4-16　分区示意图

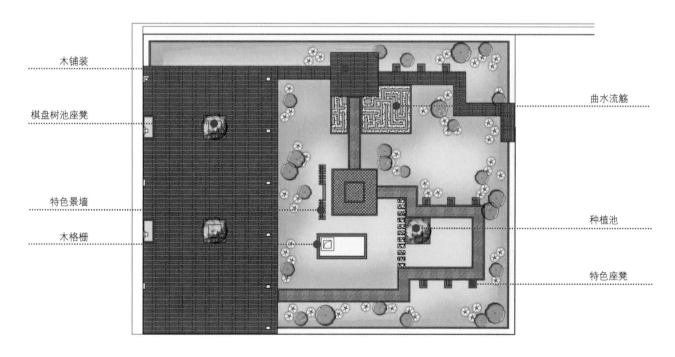

图 4-17　设计平面图

4.2.5.2.3 节点及小品

（1）曲水流觞

全园的点睛之笔，用玻璃砖和白沙砾石两种不同材质的铺装材料对比，互相衬托彼此的特质。因为本屋顶的特殊环境，不适合设置真实的水景，故以玻璃砖的质感来象征水，得以完成"曲水流觞"的主景，体现了中国文人的儒风雅俗。境由心生，在此营造独特风雅的清思静心之所。

（2）棋盘树池座凳

利用树池座凳的顶面，放置有棋盘刻纹的大理石压顶。下棋能使人静心思考，有如此一个阴凉舒适、片刻静思放松之地，可使游者神领意适。

（3）特色景墙

景墙布置在屋顶中部，两处集散广场的中间，有划分屋顶花园空间、分隔使用功能的作用，同时也使屋顶花园的空间产生进深、有层次感。因景墙是丰富竖向设计的重要载体，是屋顶花园的视线焦点，所以更需要从景墙的每个细节上突出设计的主题和体现设计风格。景墙用同木地板相称的木质建造，并雕刻精细的花纹，体现新中式的设计风格。

（4）特色座凳

特色座凳用屋顶的两种主要材料——木头和石材组成。石材上以新中式的风格雕刻业主标准局的logo，将业主的标志、新中式的设计风格和屋顶花园协调统一，融合为一个整体。

（5）雕塑灯箱

灯箱用与特色座凳石材相同的材料建造，并进行镂空雕刻，雕刻花纹亦与特色座凳相同。灯箱内衬磨砂膜，夜晚灯光点亮时更加凸显其特色的花纹，漏出的灯光影影绰绰，营造出典雅的气氛。此灯箱包含夜景照明、景观装饰、凸显主题等多种功能。

4.2.5.2.4 种植设计

屋顶荷载有限，屋顶花园中植物的选择以北京乡土植物为基础，主要选择低矮灌木、草坪、地被植物和攀缘植物中的耐寒、耐旱、浅根系、耐瘠薄的物种。其中小乔木及灌木选择株形小巧饱满、近景观赏效果佳的植物；草本花卉为多年生花卉和宿根花卉，选择郁闭度高、花型花色漂亮鲜艳的植物种类（表4-8）。

表4-8 苗木表

编号	植物名称	规格	重量估算
1	油松	H=1.5～1.8m	50kg/株
2	西府海棠	H=1.5～1.8m	30kg/株
3	紫丁香	H=1.2～1.5m	40kg/株
4	花石榴	H=1.2～1.5m	40kg/株

续表

编号	植物名称	规格	重量估算
5	碧桃	H=1.2～1.5m	40kg/株
6	红王子锦带	H=0.8～1.0m	30kg/株
7	迎春	H=1.2～1.5m	30kg/株
8	天目琼花	H=1.2～1.5m	40kg/株
9	金叶榆	H=0.8～1.0m	40kg/株
10	紫叶小檗	H=0.8～1.0m	30kg/m^2
11	小叶黄杨球	H=0.8～1.0m	40kg/球
12	丝兰	H=0.5～1.0m	30kg/株
13	金银花	多年生	10kg/m^2
14	金焰绣线菊	三年生	10kg/m^2
15	鼠尾草	三年生	10kg/m^2
16	萱草	三年生	10kg/m^2
17	婆婆纳	三年生	10kg/m^2
18	斑叶芒	三年生	10kg/m^2
19	马蔺	三年生	10kg/m^2
20	鸢尾	三年生	10kg/m^2
21	蓍草	三年生	10kg/m^2
22	玉簪	三年生	10kg/m^2
23	假龙头	三年生	10kg/m^2
24	美国薄荷	三年生	10kg/m^2
25	桔梗	三年生	10kg/m^2
26	波斯菊	三年生	10kg/m^2
27	地被菊	三年生	10kg/m^2
28	金鸡菊	三年生	10kg/m^2
29	荷兰菊	三年生	10kg/m^2
30	八宝景天	三年生	10kg/m^2
31	三七景天	三年生	10kg/m^2
32	德国景天	三年生	10kg/m^2
33	佛甲草	三年生	10kg/m^2
34	蓝羊茅	三年生	10kg/m^2
35	麦冬	多年生	10kg/m^2

4.2.5.3 低荷载要求的材料选择

4.2.5.3.1 园路及铺装材料

（1）玻璃砖

玻璃砖是"曲水流觞"铺装部分的铺装材料，砖体透明，结构中空，既能体现水晶莹剔透的特质，还能降低砖体的总密度，减轻铺装的总重量。玻璃砖密度为796kg/m³，铺设荷重为63.7kg/m²。

（2）木铺装

木材是铺装材料中密度既轻且坚固耐用的材料。木铺装材料颜色、花纹多样，能体现精致的园林品质。防腐木密度为890kg/m³，40mm厚菠萝格防腐木单层铺设荷重为35.6kg/m²。

（3）烧结砖

用烧结砖替代地面园林做法中普通的砖石材料，此种材料密度低，透水性能好，虽然坚固程度不及普通的砖石材料，但是因屋顶园路铺装只需承载少数人员的走动休息，不用承载车辆等重量高的负荷，轻体透水砖的坚硬程度足以满足屋顶少量游人通行的需要。烧结砖密度为1000kg/m³，50mm厚单层砖体铺设荷重为50kg/m²。

（4）陶粒

养护通道等需要覆盖的地方用陶粒替代卵石铺盖，大大减轻了覆盖物的重量，还有较好的透水效果。陶粒密度为500kg/m³，白色纳米陶粒密度为1000kg/m³。

具体园路及铺装材料见表4-9。

表4-9　园路及铺装材料对照表

编号	材料	密度（kg/m³）	荷重（kg/m²）	备注
1	烧结砖	1000	50	砖体厚度50mm
2	菠萝格防腐木	890	35.6	木铺装厚度40mm
3	普通陶粒	500		粒径10~30mm
4	白色陶粒	1000		粒径30mm
5	玻璃砖	796	63.7	砖体规格为190mm×190mm×80mm
6	生态透水砾石	1650	49.5	铺设厚度为30mm
7	透水砖	2000	100	砖体厚度50mm
8	花岗岩	3000	90	石材厚度30mm
9	青石板	2800	140	青石板厚度50mm
10	卵石	2700		粒径30~50mm
11	多孔岩	400		砖体共50mm，其中10mm贴面根据材质另行计算

注：1. 表格中1~5号为本次选中材料。2. 表格中6~10号为本次未被选中材料，其中生态透水砾石荷重虽然不高，但需要较厚水泥砂浆结合层，总体重量较高，所以未被选中。3. 表格中11号为工程结束后才有的新材料，有密度低、可表达形式多样等优点。

4.2.5.3.2　绿地封边材料

（1）钢材绿地封边

原有的绿地封边一般用道牙石，但道牙石厚重且绿地边缘的可塑性低；有些屋顶也用圆木桩这种轻便的材料作为封边，但圆木桩长时间接触绿地种植基质，容易腐烂变形，即使有 PVC 板隔离也难免受潮腐坏。本屋顶利用钢板作为绿地的封边，虽然钢材密度高，但是做封边需要的材料很薄，N 型钢板封边用厚度 2mm 的钢板即可满足要求，单层钢板封边适合厚度为 4mm，所以绿地封边的总重量并不多。钢材易于塑造，能灵活的塑造各种各样的绿地造型；而且钢材的质地稳定，能够长远地保证景观效果和对绿地的隔离效果。直线和折线形的绿地边缘可用 N 型钢板封边，自然曲线形的绿地边缘适合用单层钢板封边。钢板密度为 7850kg/m³，N 型钢板封边重量为 3.9kg/ 延米，单层钢板封边重量为 4.7kg/ 延米。

（2）PVC 板绿地分割

PVC 板比钢板更容易塑造，且线条自然顺畅，适合在绿地中作为不同地被植物之间的分隔板，能够使植物之间的分隔清晰美观，且利于养护。PVC 板的厚度一般为 3mm，密度为 1000kg/m³，重量为 0.45kg/ 延米。

具体绿地封边材料见表 4-10。

表4-10　绿地封边材料对照表

编号	材料	密度（kg/m³）	荷重（kg/延米）	备注
1	钢板	7850	3.9 ~ 4.7	N型钢板2mm厚，单层钢板4mm厚
2	PVC板	1000	0.45	3mm厚
3	花岗岩	3000	60	道牙砖规格为600mm×200mm×100mm
4	圆木桩	420	8.4	圆木桩直径为10cm

注：1. 表格中 1、2 号为本次选中材料；2. 表格中 3、4 号为未被选中材料。

4.2.5.3.3　地下基础支撑材料

（1）万能支撑器

替代原有木铺装混凝土基础，只需在需要安装固定木龙骨的位置放置重量极轻的万能支撑器，大大降低了用料的密度和用量。万能支撑器基本件 0.8kg/ 个，铺设间距为 0.6m×0.6m。

（2）轻质混凝土

在需要基础支撑又无法使用万能支撑器的地方，用轻质混凝土替代普通混凝土。其密度只是普通混凝土的 1/4。轻质混凝土的种类有很多，在本屋顶使用的是搅拌陶粒的轻质混凝土，作为分隔绿地边缘的基础和小品、景墙等构筑物的基础。轻质混凝土密度为 600kg/m³。

4.2.5.3.4　景墙材料

（1）松木

材料轻且易于雕刻、易于塑型，有较强的表达能力。松木密度为420kg/m³。

（2）火山岩

火山岩属于新型建筑材料，外观和属性有自己独特鲜明的特色。其密度较低，能够漂浮于水上。但由于施工过程中的一些原因，此材料未能应用。火山岩密度为900kg/m³。

具体小品及地下基础材料见表4-11。

表4-11　小品及地下基础材料对照表

编号	材料	密度（kg/m³）	荷重	备注
1	万能支撑器	—	0.8kg/个	铺设面积为0.6m×0.6m
2	松木	420	2.1kg/m²	每条铺设长度为0.6m，厚度为50mm
3	轻质混凝土	600	—	—
4	水泥砂浆	2000	—	—
5	陶粒混凝土	1500	—	—
6	C15混凝土	2400	—	—
7	火山岩	900	—	—

注：1. 表格中1～4号为本次选中材料；2. 表格中5、6号为本次未被选中材料；3. 表格中2、7号为景墙材料。

4.2.5.3.5　种植基质

所用基质是一种白色的轻型种植基质，排蓄水性能好、质量轻，适合屋顶绿化，但如果裸露在外易被风吹散或被较大量的水流冲散，适合种植郁闭度高、根系抓土能力强的地被植物。饱和水容重为550kg/m³，干容重为260kg/m³。

4.2.5.4　低荷载要求的节点设计

4.2.5.4.1　木铺装及基础支撑做法

万能支撑器做法：常规木铺装基础做法以混凝土梁为基础，其上安装木龙骨，木龙骨之上安装木铺装；而为了减少重量、方便排水的屋顶改良做法是在需要固定木龙骨的点位用混凝土块作为基础，替代常规的混凝土梁。本屋顶在荷载低的情况下用万能支撑器替代混凝土块作为支撑。万能支撑器的优点有重量轻、安装简单、施工流程快、排水通畅、承重能力高等（图4-18～图4-22）。

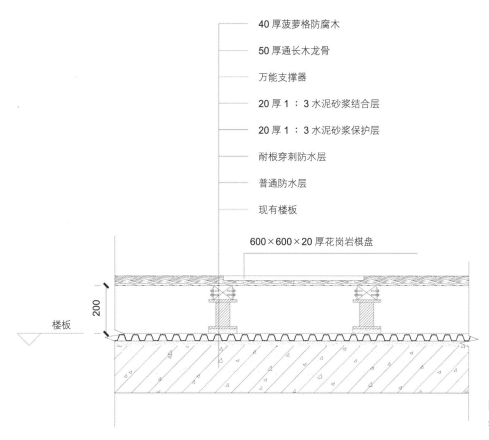

40 厚菠萝格防腐木

50 厚通长木龙骨

万能支撑器

20 厚 1 ∶ 3 水泥砂浆结合层

20 厚 1 ∶ 3 水泥砂浆保护层

耐根穿刺防水层

普通防水层

现有楼板

600×600×20 厚花岗岩棋盘

200

楼板

图 4-18　万能支撑器做法
注：图中单位为"mm"。后同。

图 4-19　混凝土梁做法

图 4-20　混凝土块做法

图 4-21　万能支撑器做法（木铺装）

图 4-22　万能支撑器做法（木园路）

4.2.5.4.2 树池、座凳等构筑物做法

树池座凳亦采用轻荷载设计，其前后对比见图 4-23 ~ 图 4-26。

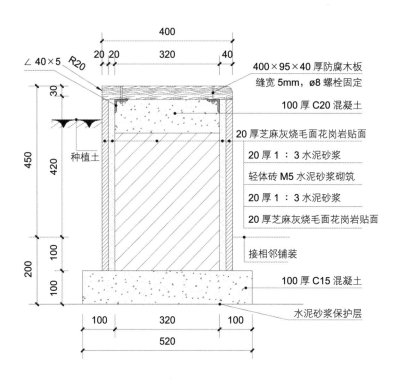

图 4-23 轻体砖结构
树池座凳做法详图

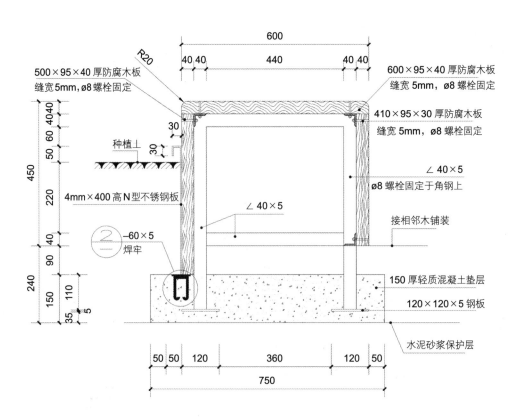

图 4-24 钢架结构树
池座凳做法详图

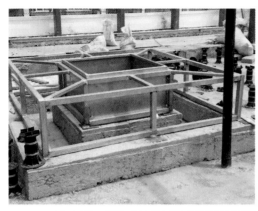

图 4-25　轻体砖结构树池座凳做法照片　　　　图 4-26　钢架结构树池座凳做法照片

4.2.5.4.3　绿地封边做法

钢材边缘处理成 N 形的回边，提高了原有石材道牙结构做法的坚硬程度，也兼顾美观（图 4-27 ～图 4-30）。

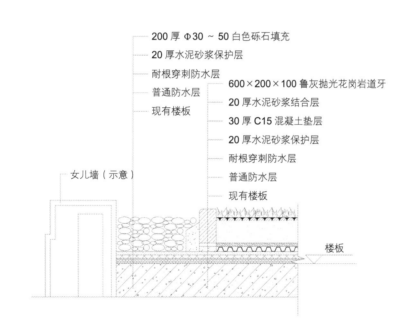

200 厚 Φ30 ～ 50 白色砾石填充
20 厚水泥砂浆保护层
耐根穿刺防水层
普通防水层
现有楼板

600×200×100 鲁灰抛光花岗岩道牙
20 厚水泥砂浆结合层
30 厚 C15 混凝土垫层
20 厚水泥砂浆保护层
耐根穿刺防水层
普通防水层
现有楼板

女儿墙（示意）

楼板

图 4-27　石材道牙结构做法详图

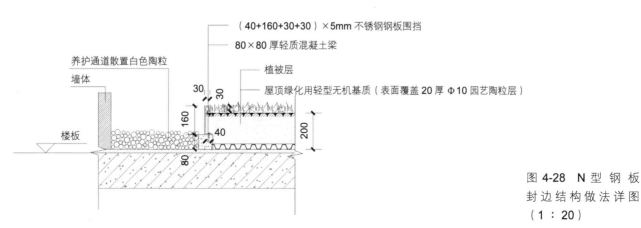

（40+160+30+30）×5mm 不锈钢钢板围挡
80×80 厚轻质混凝土梁
植被层
屋顶绿化用轻型无机基质（表面覆盖 20 厚 Φ10 园艺陶粒层）

养护通道散置白色陶粒
墙体
楼板

图 4-28　N 型钢板封边结构做法详图（1：20）

图 4-29　石材道牙结构做法照片

图 4-30　N 型钢板封边结构做法照片

4.2.5.4.4　景墙等园林小品做法

为减轻景墙荷载，本项目将原设计火山岩石材主材更改为木质材料，具体荷载对照见表 4-12，木质景墙重量计算见表 4-13。

表4-12　火山岩景墙重量计算

材料	密度（kg/m³）	体积（m³）	荷重（kg）
防腐木	890	0.5388	479.532
火山岩	900	1.2	1080
铁艺	7870	0.0122	96
C15混凝土	2400	0.3024	725.76
总重	—	—	2381.29

表4-13　木质景墙重量计算

材料	密度（kg/m³）	体积（m³）	荷重（kg）
松木	430	1.62	696.6
钢板	7850	0.012	94.2
轻质混凝土	600	0.603	361.8
总重	—	—	1152.6

4.2.5.4.5　精细的荷重计算方法

为了满足荷载要求，并提升景观质量，本项目采取分别核算单块楼板荷重的方法，使每块楼板的荷重都不超过其限制条件（图 4-31），竣工实景照片如图 4-32 所示。

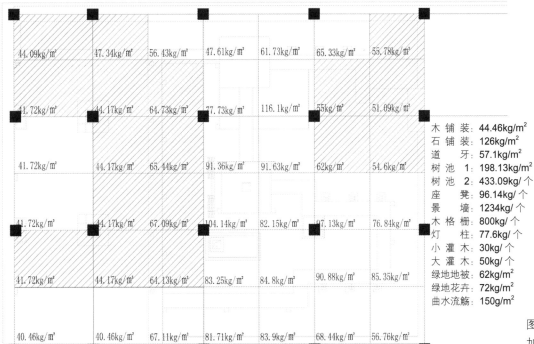

44.09kg/m²	47.34kg/m²	56.43kg/m²	47.61kg/m²	61.73kg/m²	65.33kg/m²	55.78kg/m²
41.72kg/m²	44.17kg/m²	64.73kg/m²	77.73kg/m²	116.1kg/m²	55kg/m²	51.09kg/m²
41.72kg/m²	44.17kg/m²	65.44kg/m²	91.36kg/m²	91.63kg/m²	62kg/m²	54.6kg/m²
41.72kg/m²	44.17kg/m²	67.09kg/m²	104.14kg/m²	82.15kg/m²	97.13kg/m²	76.84kg/m²
41.72kg/m²	44.17kg/m²	64.13kg/m²	83.25kg/m²	84.8kg/m²	90.88kg/m²	85.35kg/m²
40.46kg/m²	40.46kg/m²	67.11kg/m²	81.71kg/m²	83.9kg/m²	68.44kg/m²	56.76kg/m²

木 铺 装：44.46kg/m²
石 铺 装：126kg/m²
道　　牙：57.1kg/m²
树 池 1：198.13kg/m²
树 池 2：433.09kg/个
座　　凳：96.14kg/个
景　　墙：1234kg/个
木 格 栅：800kg/个
灯　　柱：77.6kg/个
小 灌 木：30kg/个
大 灌 木：50kg/个
绿地地被：62kg/m²
绿地花卉：72kg/m²
曲水流觞：150g/m²

图 4-31　每块楼板增加荷重示意图

图 4-32　项目竣工后实景照片

4.3 垂直绿化构建技术

　　垂直绿化具有占地少、见效快、覆盖率高等优点，对城市生态环境改善具有重要作用。基于北京城市副中心垂直绿化现状及近年相关研究和工程实践，本节将对垂直绿化构建技术进行介绍，包括垂直绿化的类型、材料、设计、施工以及养护管理等内容，相关技术适用于墙面、立交桥体、建（构）筑物等表面绿化。

4.3.1 垂直绿化类型及组成

　　根据攀缘形式的不同，常见的垂直绿化形式有攀缘式、框架式、种植槽式、模块式等（图 4-33 ～图 4-37）。

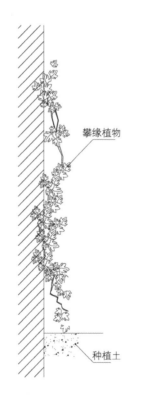

图 4-33　攀缘式

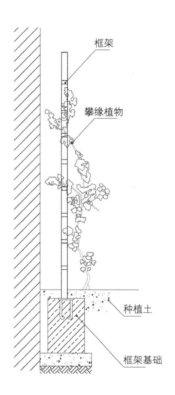

图 4-34　独立型框架式

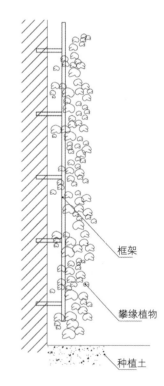

图 4-35　依附型框架式

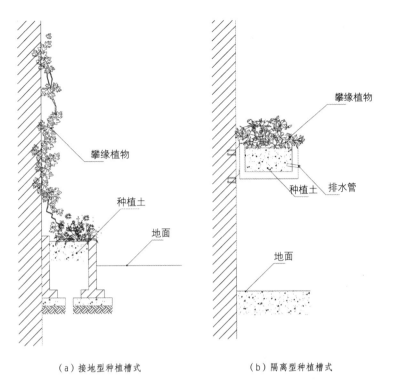

（a）接地型种植槽式　　　　　（b）隔离型种植槽式

图 4-36　接地型和隔离型种植槽式

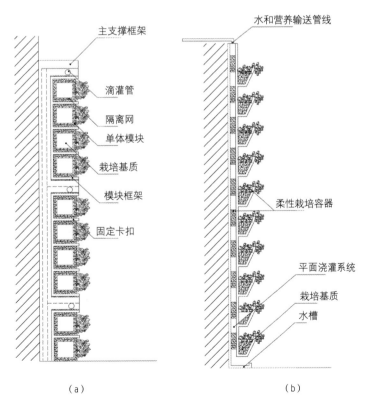

（a）　　　　　　　　（b）

图 4-37　模块式

4.3.2　垂直绿化设计

4.3.2.1　设计原则

垂直绿化设计应遵循安全性、生态性、景观性和经济性原则。

（1）安全性原则是指应在满足墙体荷载和防水安全的前提下进行墙体绿化设计。

（2）生态性原则是指墙体绿化应选择适应性较强的植物。

（3）景观性原则是指植物墙景观从完成开始就一直处于不断变化之中，所以不仅要考虑当时的视觉效果，还要从更为长远的角度考虑植物不同季节、不同生命阶段的景观效果。植物墙的动态变化主要有植物的季相变化与植物的生命周期变化。

（4）经济性原则是指应充分考虑降低施工及后期养护成本。

4.3.2.2　垂直绿化设计内容

垂直绿化设计内容一般包括下列内容并根据需要绘制相应设计图纸：

（1）因地制宜设计垂直绿化支撑系统；

（2）选择植物种类，制订配置方案；

（3）合理配比种植基质，明确灌溉养护方式。

垂直绿化还要根据其周围的环境进行合理配置，在色彩搭配、空间大小、绿化形式上协调一致，并努力实现种类丰富、形式多样的观赏效果。具体内容见表4-14。

表4-14　不同类型垂直绿化设计内容及特点

类型	适用范围	特点
攀缘式	栽植植物沿墙体种植，绿地较窄的区域，如立交桥引桥及较窄的道路、分车带、道路护网等。	● 宜设计为地栽形式； ● 植物材料上宜选择茎节有气生根或吸盘的速生藤本植物，栽植间距不宜过密。
框架式	对立面景观要求较高的区域，如道路路口节点等。	● 宜设计为地栽形式； ● 框架与建筑墙面间距不宜过近。
种植槽式	区域内不能为植物提供生长条件，如硬化路面等。	● 以接地型最为常见，特殊空间设计为隔离型； ● 种植槽大小及尺寸应满足植物生长的最小栽培基质体积； ● 应设计排水系统。

4.3.2.3　支撑系统

支撑系统设计是否合理，是决定垂直绿化成败的关键，常用材料包括金属材料、木杆、竹竿、金属网、木栅栏等。其中金属材料包括不锈钢丝、镀铝钢丝、镀锌钢丝、尼龙包膜镀锌丝网等,一般金属丝宜设置为突起或波纹状,有利于植物攀缘;金属网网眼大小应适宜;所有支撑材料应满足防火和防腐要求,且不易燃。

对于不同的建筑墙体,如常见的有砖墙、加气混凝土砌块墙、玻璃幕墙、混凝土墙、轻钢龙骨隔断等几种形式的植物层与室内墙体的连接固定,一般采用以下几种形式:

（1）板材直连

这种形式一般应用在较平整、可钻孔的墙面上,使用较轻便的种植容器,直接在墙体上固定防水背板,然后将种植容器固定于防水背板上。

（2）钢架连接

在墙面不平整、不可钻孔（如玻璃幕墙）、种植容器要求、无墙体等情况下,需要先搭设钢架结构作为支撑,然后固定防水背板 / 钢丝网,最后固定种植容器。

4.3.2.4　植物选择

垂直绿化植物种类选择应考虑气候条件、光照条件、拟采取的工程形式、要达到的景观效果、种植基质的水肥条件和灌溉条件,具体原则如下:

（1）根据植物的生态习性,选择和立地条件相适应的植物种类;

（2）以乡土植物为主,选择抗性较强的种类或品种;

（3）根据植物生态习性和所要达到的景观效果,确定合理的栽植密度;

（4）根据前面或构筑物的高度,选择不同植物种类。

在植物选择方面,首先,应尽量选择覆盖力强、根系浅、以须根为主的植物,这样的植物根系与种植基质结合快而紧密。其次,还应选择观赏性佳的植物,以观叶型植物为主,叶片要求厚重而且紧密,株型低矮整齐、四季观赏效果好的更佳。再者,还应选择综合抗性强、耐湿热、耐旱、耐强光或耐荫,同时又能耐寒、病虫害少的植物种类或品种,避免使用释放有刺激性气味及过多花粉的植物。

4.3.2.5　种植基质

尽量选择无渣、不污染水源的种植基质。由于同一植物墙面的灌溉参数一般一致,所以应根据不同植物对水分的喜好来调配基质比例,实现其保水能力因植物不同而不同。在灌溉水直接排走且不便安装施肥泵的情况下,可向基质中加入一定量的缓释肥。

4.3.2.6　灌溉设计

灌溉系统为植物生长提供必不可少的水分及养分,是垂直绿化的重要组成部分。不洁净的灌溉用水容易堵塞滴头,因此做好前期进水过滤是重中之重。

此外,垂直绿化建议采用高效节水的微灌方式,并应保证灌溉均匀且不溢流。灌溉系统设计依据植物耗水强度进行,微灌水有效利用系数为 0.7 ～ 0.95。

4.3.2.7 补光、通风、加湿系统

在光照条件较差或者室内墙体垂直绿化中，为提高植物的生存率，补光、通风、加湿系统也极为重要，它们可以缓解阴暗、干燥等恶劣环境对植物造成的不良影响。

4.3.3 垂直绿化施工

4.3.3.1 墙面处理

对于攀缘式垂直绿化而言，表面粗糙度大的墙面有利于植物爬附，垂直绿化容易成功。墙面太光滑时，植物不容易爬附墙面，可在墙面上均匀地钉上水泥钉或膨胀螺钉，用铁丝贴着墙面拉成网，供植物攀附。

4.3.3.2 种植施工

垂直绿化种植施工包括地栽和容器种植两种形式。

4.3.3.2.1 地栽

地栽需要开辟一条种植带，种植带通常以沿着墙面为宜，带宽为 50 ~ 100cm，深度大于 50cm，为了保障种植植株的生长方向，苗梢应当向外倾斜。采用容器种植时，容器高度以 50 ~ 60cm 为宜，直径或宽度控制为 50 ~ 80cm 较为合适。

4.3.3.2.2 容器种植

容器底每隔 2.0 ~ 2.5cm 应留出 1 个排气孔。栽植时，苗木根系距墙体 15cm 左右，株距 50 ~ 70cm，而以 50cm 的效果更好。栽植深度以苗木的根团埋入土中为标准（范体凤等，2016）。

4.3.3.3 牵引固定

根据长势进行固定与牵引，固定点的设置根据植物枝条的长度、硬度而定，墙面贴植应剪去内向、外向的枝条，保存可填补空档的枝叶，按主干、主枝、小枝的顺序进行固定，固定好后应修剪平整（白伟岚等，2015）。

4.3.3.4 不同类型垂直绿化施工要点

根据不同类型各自特点进行垂直绿化施工，具体内容见表 4-15。

表4-15 不同类型垂直绿化施工要点

类型	施工要点
攀缘式	● 植株枝条应根据长势进行固定与牵引； ● 固定点的设置，要根据植物枝条的长度、硬度确定，以保证整体效果。
框架式	● 基础安装牢固，框架需做防锈或防腐处理； ● 使用塑料类材质的，应符合室外工程塑料标准； ● 依附式框架嵌入建筑墙体的锚固设施应牢固，并保证防水有效。
种植槽式	● 应基础牢固、连接件紧实，不出现松动、脱离现象，并应保证排水通畅。

4.3.4 垂直绿化养护管理

通常情况下，垂直绿化与普通地面绿化相比，垂直绿化立地条件相对较差，且多位于人流、车流较密集的区域，因此养护措施的落实对景观效果的呈现起到关键作用。日常养护管理工作主要包括植物的养护管理，以及灌溉和排水设施、支架、支撑材料、种植槽、模块等辅助设施的维护、保养和管理。

4.3.4.1 灌溉

根据天气情况和季节变化、不同的工程类型、不同栽培基质的特性、不同植物需水量等因素确定浇水次数和用量，以每次浇水不出现大面积径流为宜；新植和近期移植的各类攀缘植物，适当增加浇水次数，直至植株不灌水也能正常生长为止。

一般攀缘植物根系浅、占地面积少，因此在土壤保水力差或天气干旱季节应适当增加浇水次数和浇水量。3～7月为植物生长关键时期，应掌握好浇水量；做好冬初冻水的浇灌，以利于植株防寒越冬。

4.3.4.2 施肥

选择卫生、环保、长效的缓释肥料，根据植物生长需要和土壤肥力状况，合理进行施肥。基肥应使用有机肥，宜在秋季植株落叶后或春季发芽前进行，追肥宜在春季萌芽后至当年秋季进行，特别是6～8月雨水勤或浇水足时更应及时补充肥力。

根部追肥每两周1次。根据观叶、观花不同可喷施叶面肥，叶面喷肥宜每半月1次，一般每年喷4～5次，宜在早晨或傍晚进行，也可结合喷药一并喷施。

使用有机肥时必须经过腐熟，使用化肥必须粉碎、施匀；施用有机肥不应浅于40cm，化肥不应浅于10cm，施肥后应及时浇水。常见施肥方式见表4-16。

表4-16　常见施肥方式

方式	工程类型				
	攀缘式	框架式	种植槽式	模块式	铺贴式
沟施	●	●	○	○	○
撒施	●	●	○	○	○
穴施	●	●	○	○	○
孔施	●	●	●	●	○
叶面喷施	●	●	●	●	●

注：● 建议采用，○ 不宜采用。

4.3.4.3　修剪

对攀缘植物修剪的目的是防止其枝条脱离依附物，便于植株通风透光，防止病虫害以及便于形成整齐的造型。修剪可以在植株秋季落叶后和春季发芽前进行，剪掉多余枝条，减轻植株下垂的重量。为了整齐美观也可在任何季节随时修剪，但主要用于观花的种类，一般在落花之后进行。

框架上的攀缘植物，应及时牵引，修剪过密的枝条，去除干枯枝。吸附类的应及时剪去未能吸附且下垂的枝条；匍匐类的应视植物长势定期翻蔓，除去老弱残枝；钩刺类的，可按灌木方法疏枝，对长势弱的及时回缩修剪。

4.3.4.4　病虫害防治

在防治上应遵循"预防为主、综合防治"的原则，及时清理病虫落叶、杂草等，消灭病源虫源，防止病虫扩散、蔓延，加强病虫情况检查，发现主要病虫害应及时进行防治。在防治方法上要因地、因树、因虫制宜，采用人工防治、物理防治、生物防治、化学防治等各种有效方法。

4.3.4.5　防火

雨季和强风后、冬季过后应加强对植物落叶的清理工作，定期清理框架、种植槽角落处的枯枝落叶，清除易燃物，以杜绝火灾隐患。

4.3.4.6　附属设施

定期对灌溉系统和排水设计进行检查，发现损坏的应及时修理；对于植物依附的框架、种植槽、模块等相关构件，应定期检查，防止搭接部分、螺栓、螺钉松动而出现安全隐患。

4.4　边坡绿化构建技术

　　边坡指具有一定倾斜度的坡面，主要分为土体和岩体。通常见到和认知的边坡主要指在建筑物或工程场地及其周边，由于建筑工程开挖或填筑施工所形成的人工边坡和对建（构）筑物安全或稳定有不利影响的自然斜坡。边坡绿化是一种新兴的能有效防护裸露坡面的生态护坡方式，与传统的土木工程护坡相结合，可有效实现坡面的生态植被恢复与防护，不仅具有保持水土的功能，还可以美化环境、涵养水源、防止水土流失和滑坡、净化空气。在绿化形式上，边坡绿化是一种特殊的绿化形式，有别于常规园林和林业绿化形式，是一种新兴的能有效防护裸露坡面的护坡方式，是以边坡为基础和载体，采用新兴的技术或传统的工程技术措施与护坡相结合，并为最大程度地实现坡面生态植被恢复而进行的一种绿化形式。

　　从发展历程来看，边坡绿化发展较晚。随着我国国民经济的持续高速发展，基础设施建设与矿产资源开发利用强度日益加剧，加之自然灾害导致的坡体损毁与植被损坏，裸露坡面急剧增加，亟待进行植被恢复，提出并完善相关的边坡绿化构建技术迫在眉睫。早期的边坡绿化方式比较单一，多为直接栽植攀缘植物的形式，缺乏保持边坡稳定的相关技术和措施。随着建设加快，边坡的类型越来越多、越来越复杂，因此，对边坡相关技术的研究显得十分重要，如边坡的支护方式、稳固方法、植物材料的选择、灌溉方式、养护管理措施等方面。

　　本节主要介绍边坡绿化构建关键技术，包含边坡的类型、设计、施工以及养护管理方面的内容，相关技术适用于公路两侧、河道、立交桥等地方的边坡绿化。

4.4.1　边坡绿化构建技术分类

　　边坡绿化技术是一种综合性技术，涉及工程力学、工程管理、地质学、植物学、土壤物理、土壤化学、植物营养、植物保护、园艺学、环境科学、生态学等多个不同专业，并具有一定交叉性。

　　边坡分类以土壤及岩石（普氏）分类为基础，可分为土质边坡、土石质边坡和岩质边坡（按坡度包含缓坡、陡坡、急坡、险坡、崖坡、崖壁）3 类。经调研，城市副中心边坡以土质和土石质的缓坡、急坡为主。边坡绿化构建技术由固土技术、集排水技术和种植技术组成，具体构建技术见表 4-17。

表4-17　边坡绿化构建技术表

分部	分类	分项	常用技术
固土技术	表面固结	平面网	应用金属网、土工格栅、主动防护网
		立体网	应用三维网

续表

分部	分类	分项	常用技术
固土技术	分区固结	格室	设置混凝土格构、预制格室、现浇格室、土工格室
		穴槽	设置种植槽、鱼鳞坑
		阶台	设置水平阶、水平沟、水平台、栅栏
集排水技术	截排水	截水沟	设置浆砌石截水沟、生态截水沟
		排水沟	设置浆砌石排水沟、生态排水沟
	集蓄水	集水设施	设置人工集水面、天然集水面
种植技术	基质配制技术	结构改良	应用粘结剂、保水剂、珍珠岩、木纤维
		肥力改良	应用有机肥、无机肥料
		活力改良	应用微生物菌剂、微生物肥料、生物有机肥、土壤调理剂
	播种技术	喷播	进行干法喷播、湿法喷播
		人工播种	进行点播、穴播
	栽植技术	苗木栽植	进行裸根苗栽植、容器苗栽植（含保育块）
		营养体栽植	进行扦插、埋条
	植被诱导技术	自然恢复	实行封禁恢复、封育恢复

4.4.2　边坡绿化设计

边坡绿化设计应合理、措施得当，不可产生新的水土流失及生态破坏，并须符合项目所属行业及所在区域产业发展规划要求，在确保基坡稳定的前提下进行。经过多年的研究，我国已发布《建筑边坡工程技术规范》《混凝土基体植绿护坡技术标准》《裸露坡面植被恢复技术规范》《高速公路边坡绿化设计、施工及养护技术规范》《北方地区裸露边坡植被恢复技术规范》等边坡及绿化相应的技术标准。

通常裸露边坡绿化宜分区设计，施工工艺的选择应综合考虑项目所处自然、社会环境、工程条件及植被恢复目标等因素，以降低施工及养护成本。设计应遵循安全性、生态性、景观性、经济性的原则，技术内容一般包括固土技术、集排水技术、种植技术、养护技术等，设计阶段一般包括方案设计、初步设计、施工图设计。植物作为边坡绿化的主体，在修复边坡过程中应考虑大量的因素来进行选择（郭红霞，2019）。具体设计阶段如下：

（1）方案设计阶段要求完成相关基础设计工作，进行现场调查分析，编制方案说明，根据边坡立地条件划分不同边坡类型，进而针对不同边坡类型选择相应植被恢复技术方案，确定植物选择的原则、目标植被类型等，宜对边坡植被恢复的预期效果绘制效果图，结合设计方案，提出工程估算。

（2）初步设计阶段要求提交设计说明、工程量及投资概算、设计图纸等，根据边坡类型及选取的植被恢复技术方案进行总体布局图的绘制，形成平面图、侧视图及正视图等，并确定选择植物的种类、规格、平面布局等。

（3）施工图设计阶段包括工程措施实施点细部设计、植物种植设计、编制设计预算。

4.4.2.1　固土设计

对于边坡绿化，边坡的稳定性是至关重要的，因此可根据工程的不同情况对坡体进行加固处理，以保证后期景观效果。通常采取的固土方式有鱼鳞坑、三维网、金属网、格室和阶台。

（1）鱼鳞坑

布置方式在边坡宜呈品字型，布置密度应根据设计预期覆盖度来确定，坑面应水平或向内倾斜，尺寸宜根据边坡类型及目标植被类型确定，底部应采取防渗设计，与边坡结合处应设导水口。

（2）三维网

常与机械播种结合使用，适用于土质边坡。三维网沿边坡铺设时在坡顶位置应有不小于 30cm 的埋压长度，网与网之间纵向搭接不应小于 10cm，横向搭接不应小于 5cm，用 U 型钉与边坡结合牢固，U 型钉一般采用 6 ～ 8mm 钢筋或 8 # 铁丝制作，长度不应小于 20cm，材料要求按 GB/T 18744 的规定执行。

（3）金属网

应用金属网对坡体进行加固，常与喷播法植被工程结合使用，适用于高陡土石质边坡，应进行镀锌或浸塑等防腐处理，金属丝线径不应小于 2.2mm，网孔尺寸宜为 50mm×50mm，宜用锚杆与边坡固定，主锚杆钢筋直径不宜小于 16mm，辅锚杆钢筋直径不宜小于 8mm，长度依据边坡质地、坡度及荷载情况确定。

（4）格室类

采取预制格室、现浇格室及土工格室固土时，应对坡脚处做基础设计，格室与边坡应平整、贴紧，格室与格室之间应连接紧密，厚度不应小于 12cm，土工格室材料可按 JT/T 516 的要求执行。

（5）阶台类

阶台类包括水平阶、水平沟、水平台等，应按一定距离沿边坡等高线布设，横向排水比降宜为 0.3% ～ 0.5%，布设水平阶、水平沟、水平台后形成的种植槽尺寸宜根据边坡类型及目标植被类型设计确定。

4.4.2.2　集排水设计

边坡排水指排出边坡岩体内及地表水的工作。滑坡发生的重要诱导因素是水的作用。水对边坡岩体施加动水压力、静水压力以及物理化学作用而减弱岩体强度，使边坡失稳而滑坡，故排水是防止滑坡的极其重要的措施。依据边坡上部汇水面特征及水文条件进行坡顶截排水设计，即边坡分级平台应根据上级边坡的汇水特征进行横向截水及纵向排水设计。横向截水沟的比降宜为 0.3% ～ 0.5%；在满足截排水要求的前提下，设计宜采用生态型截排水技术；宜根据植被生长需水要求及边坡实际场地情况进行集蓄水设计，以最大程度地利用雨水。

4.4.2.3　种植设计

（1）植物选择

①安全性原则：为保护边坡，同时考虑行车、行人安全，边坡绿化应不用或者尽量少用大乔木。

②生态性原则：宜多以草本或藤本植物为主，灌木和乔木为辅，因其生长速度快、根系发达、固坡固土能力强，能够更好地防止水土流失，起到生态修复和生态防护的作用。

③抗逆性原则：因边坡多为裸露区域，具有一定坡度，土壤瘠薄且易发生水土流失，选用的绿化植物应具备较强的抗旱性和耐贫瘠性。

④乡土树种原则：边坡绿化时应以乡土植物为主，可根据情况适当选用适应性强的外来优良植物。

⑤景观性原则：边坡绿化通常应具有一定的观赏性，宜选用具有一定的景观效果的绿期长、叶色、花色或果色较为丰富的植物。

（2）植物配置

植物配置应符合生物多样性及生态位原理，物种间应具有良好的共生性且能形成稳定的生态系统，具有多层次、多色彩、多季相的景观特点，能与周边自然生态环境相融合。根据具体情况，可设计为乔灌型、灌木型、灌草型、灌丛型、草本型、攀缘型等；坡度大于 45° 及有安全要求的边坡不宜采用大型乔木，配置方式应采用深根系与浅根系植物相结合。具体绿化类型见表 4-18。

（3）基质配制技术

根据裸露边坡坡度、质地构成及植被恢复要求采取适宜的基质改良措施，改良基质厚度及理化性质应满足植物生长要求。厚度设计需要考虑坡度、坡质、坡向、降雨量、目标植被等。改良基质应满足自身整体稳定性及与边坡依附的稳定性，使其在暴雨条件下不发生因饱和持水失稳导致的泄溜、滑塌等现象。结构改良措施包括添加粘结剂、保水剂、木纤维等，粘结剂应对人畜无害无毒，pH 值 6.0 ～ 7.5，保水剂应符合相关规范的要求；肥力改良措施包括施用有机肥、复混肥料和有机 - 无机复混肥料、化肥等，施用量根据边坡表层土壤或基质肥力情况确定，施用方法根据肥料特性确定。

表4-18　不同类型垂直绿化设计内容及特点

绿化类型	主要特征	适用地点
乔灌型	乔灌结合群落	坡度较缓的下边坡
灌木型	灌木群落	上边坡、下边坡、隧道口边坡
灌草型	灌草结合群落	上边坡、下边坡、隧道口边坡、重要景观节点
草本型	草本植物群落	上边坡、下边坡、服务区周边、主要收费站点、观景台周边区域等
攀缘型	攀缘植物群落	上边坡、下边坡、隧道口边坡、服务区周边、主要收费站点、观景台周边区域等

（4）播种技术

喷播和人工播种的用种量应综合考虑种子千粒重、发芽率、发芽速度和苗木生长速度等因素，并根据边坡的岩性、坡向和坡率等立地条件来确定。枕袋类、毯垫类播种可由加工单位在制作过程中加入种子；不适宜直接加入的大颗粒木本植物种子可采用锥孔植入，每孔内种子不少于 2 粒，孔间距根据目标植物群落设定。采用乔灌型边坡绿化设计时，种子配比中乔木比例不宜小于 30%；采用灌草型种子配比时，灌木种子比例不宜小于 70%，草本植物比例不宜大于 30%。

①喷播：干法喷播适用于岩质及土石质边坡，湿法喷播适用于坡度缓于 55° 的土质边坡。厚度大于 6cm 时宜采取分层法喷播，底层基质可不含种子；坡度陡于 45° 时应在采取固土措施的基础上喷播。

②枕袋类：植生袋适用于坡度缓于 45° 的边坡，当坡度陡于 45° 边坡时，应与骨架等工程护坡措施结合设计使用；生态袋适用于坡度陡于 55° 的石质边坡及有特殊景观要求的边坡，应依据垒砌坡度和高度情况增加袋体之间的横向连接及袋体与坡体之间的纵向连接措施。

③毯垫类：毯垫类适用于坡度缓于 35° 的土质松软边坡，包括植生毯、植生带和植生模袋等，自然降解时间均应不少于 2 年。

（5）栽植技术

穴植苗适用于坡度缓于 45° 的土质边坡；容器植苗适用于坡度陡于 45° 的土质边坡，或与喷播技术组合使用；营养体栽植适用于坡度缓于 45° 的土质边坡，或与植生袋、生态袋组合使用；草坪建植技术适用于坡度缓于 35° 的土质边坡。

4.4.3　边坡绿化施工

在施工前应了解工程施工图、工期、质量要求、安全要求和进度要求等，设计人员应向施工单位进行设计交底，包括设计意图、土建工程、种植工程施工图等技术要点等。

施工人员应及时与业主单位和其他相关单位进行资料对接；施工单位根据施工图、合同要求和现场情况编制施工组织设计和施工方案，并按规定进行报批；在工程开工前应对各类施工班组、施工人员进行岗前培训和技术、安全交底，按设计要求准备所需的施工机械设备及材料，并在现场按规定进行报验。主控材料进场按规定报验，符合设计要求方可使用。进场前还需进行现场踏勘，包括周围环境、施工条件、电源、水源、土源、道路交通、堆料场地和生活设施位置等。具体施工工艺流程见图 4-38。

4.4.3.1　固土技术施工

（1）鱼鳞坑

施工前，应清除边坡的石块、枯枝等，并将边坡整理平顺，采用自上而下的顺序挖掘土坑，密度及坑径大小应符合设计要求，挖出的弃渣刨向下方，形成弧形埂，用碎石码放成围埂，埂高 0.2 ~ 0.3m，坑内回填土壤。

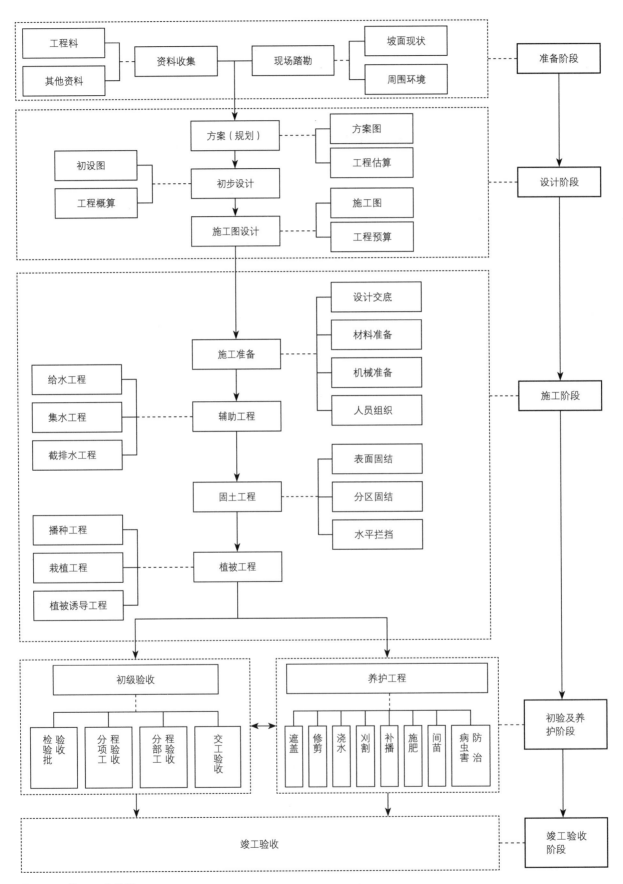

图 4-38   施工工艺流程

（2）三维网

三维网的选择和固定均应符合设计要求，以保证工程质量；为保证三维网与边坡紧密结合，应整平边坡、清除石块、碎泥块、植物地上部分和其他可能引起网层在地面被顶起的障碍物，填平凹槽；在坡顶及坡底沿边坡走向开挖矩形沟槽，沟槽规格应符合设计要求。三维网剪裁长度宜比边坡长 100 ～ 150cm，顺坡铺设，铺网时，应让网尽量与边坡贴附紧实，防止悬空，并应使网面保持平整、不产生褶皱，网之间重叠搭接，搭接宽度应符合设计要求。

（3）金属网

施工前，应清除边坡所有石块及其他杂物，保证边坡平整；采用从上而下的铺设顺序，将网片自然平铺在边坡上，网片之间搭接应符合设计要求；锚杆和网片之间使用扎丝固定，或采用 U 型销钉将网固定在相应的边坡上。坡顶反包宽度应符合设计要求；网材、锚杆质量应符合设计要求；与喷播法结合时，网片与边坡距离宜为设计喷播总厚度的 1/2。

（4）格室类

施工前应清理边坡杂草、树根、碎石等，孔洞、淤泥和凹陷体处应填土夯实，使边坡平整，格室基础密实度应符合设计要求；现浇格室应按设计要求进行放样，控制平面位置及标高，以模板支撑稳定，确保格室的结构几何尺寸；混凝土原材料质量标准及配比应符合设计要求；浇筑中应振捣密实，浇筑完成后应及时覆盖并养护；钢筋的制作安装、规格、型号、间距、布置形式等均应符合设计要求；固定锚杆的平面布置、埋深、规格等均应符合设计要求；固定锚杆与边坡夹角应符合设计要求；锚杆应做防锈处理；土工格室铺设时，应先在坡顶用固定钉或锚杆进行固定，然后再固定坡脚；土工格室铺设完成后应填土压实。

（5）阶台类

施工前，应清除边坡的石块、枯枝等，并将边坡整理平顺；应按设计要求在边坡上修筑水平阶梯，然后在水平阶梯上按一定距离开凿种植槽，种植槽的尺寸应符合设计要求；在槽内回填土壤、有机质肥料和保水剂等。

无论采取何种技术进行边坡绿化施工，为了能够达到施工效果，均需要创造生长环境，解决基质层固定问题。为了使基质层可以附着在石质坡面上，避免被雨水冲刷，造成土壤流失，需要配置基质或者客土并做好固定，可以采取物理法与化学法等。比如采取物理法，通过在坡面上钉立与铺设金属网或者土工网等方式，固定基质；在基质中播种草纤维或者木纤维，以起到加筋的作用，提升稳固性。或者采取化学法，通过往基质中加入粘合剂，利用胶结作用，固定土壤，利用保水剂，做好保水处理。

4.4.3.2　集排水技术

截排水施工时截水沟、排水沟施工应在建植工程施工前完成，参照 GB 50330 标准执行；集水工程施工应与建植工程同期完工，参照 GB/T 50596 标准执行。

4.4.3.3　种植技术

（1）点播、穴播

宜使用温水或赤霉素溶液浸泡种子，播种后覆土厚度宜不大于2cm，播种后根据土壤墒情，及时浇水，保证种子萌发及幼苗生长。

（2）干法喷播

施工现场附近设置拌料场进行基材拌合。拌料场场地应平整、排水顺畅，应选择当地山坡地表层土或根据设计具体要求选择种植土，土源应干燥，含水率宜控制在30%以下，基材所需材料应按照设计比例进行混合并拌合均匀。混合均匀后的基层基材应在有效期内使用完毕，如遇降雨等情况应覆盖保护；混合均匀后的种子层基材应在24h内使用完毕，如遇连续降水等情况，可酌情添加种子，重新拌合均匀后使用。喷播时应采取多层喷附方式，下层为基材底层，喷播厚度依据设计要求进行；上层为植物种子层，喷播厚度不宜低于2cm；喷播完成后根据土壤墒情，及时浇水，保证种子萌发及幼苗生长。

（3）湿法喷播

将基材按设计比例配好后装入专用机械并喷射到边坡上，基材混合均匀后存放在设备内的时间不应大于30min，采取多层喷附方式，单层喷附厚度宜小于2cm；喷播完成后根据土壤墒情，及时浇水，保证种子萌发及幼苗生长。

（4）植生袋

植生袋堆码应错缝水平叠放，呈品字形，码放层与基坡之间的缝隙应及时回填，逐层夯实，不应出现沉降缝或渗流暗沟；植生毯施工前应平整边坡，清除边坡上的石块和杂质，填平较大的坑穴，打碎土块，楼细耙平压实，将植生毯用钎子固定在边坡上，使其与边坡紧密接触；毯垫顶端应固定牢固；在植生毯施工结束后要注意苗期维护，及时喷水保墒。

（5）种植

植物种植前应对苗木进行必要的断根和剪枝处理；按照设计要求开挖种植穴，规格应符合设计要求；结合植生袋码放进行植株活体扦插及压条；完毕后应进行边坡覆盖，根据土壤墒情及时浇水，保证幼苗生长。浇水时应避免冲刷边坡，栽植后应浇足透水，反季节栽植应选用容器苗。

不论采取何种种植技术，在施工前期选择合适的植物是边坡绿化技术的重要内容之一，选择植物并进行科学配置，可提高边坡绿化的稳定性和一定的景观效果，发挥其良好的生态效益。

4.4.4　边坡绿化养护管理

边坡绿化养护措施包括遮盖、施肥、浇水、刈割、修剪、间苗、补播（栽）、病虫害防治和其他措施，养护期间要保证边坡植物达到设计要求、边坡植物绿化效果良好，边坡安全稳定。

4.4.4.1　遮盖

施工完毕待喷播层稳定后应及时进行边坡遮盖，遮盖材料包括草帘、遮阳网、无纺布、地膜等。以保温、保湿为主的遮盖，宜选用草帘、无纺布等材料进行覆盖，当植物覆盖边坡时可视情况进行揭除；遮阳、防冲刷为主的遮盖，宜选用无纺布、遮阳网等材料进行覆盖，当植物覆盖边坡时可根据具体情况进行揭除，在不影响周边环境的情况下，生态型环保降解遮盖材料可适时保留或待其自然降解。

4.4.4.2　施肥

施工 1 ~ 2 年根据苗木生长情况进行追肥，应在植物生长旺季前进行，根据植物生长情况选择氮肥、磷肥或钾肥。施肥时宜将所施肥料溶入水中，结合灌溉方式进行，在降雨前或灌溉前也可进行人工撒施。

4.4.4.3　浇水

应根据气候特点、边坡立地条件、植物长势等情况进行浇水；浇水方式可以采用喷灌、滴灌和微灌方式。

发芽期浇水，土层湿润深度宜为 2 ~ 3cm，幼苗期浇水，可依据不同植物根系发育逐渐增加浇水量。浇水时应避开日光曝晒，以不出现表面径流为宜，避免水流直接冲刷边坡，寒冷地区应根据气候条件适时浇封冻水和解冻水。

4.4.4.4　刈割

当草本植物影响植被生长，或先锋植物抑制目标植物生长，或控制杂草时，刈割高度宜低于目标植物；当植被群落出现人为难以控制的病虫害情况时，以全部割除植物地上部分为宜。

冬季防火期及防火带刈割，以割除草本植物地上部分为宜；雨季或植物生长旺盛期应加强杂草刈割。

4.4.4.5　修剪

乔灌木应适当疏剪弱枝和病枯枝，短截徒长枝控制地表生长量，应及时排查可能影响坡体稳定性的植株并处理，可在秋季通过平茬调控地下与地上生长量。修剪宜在秋季落叶后或春季发芽前进行。

4.4.4.6　补播（栽）

当边坡裸露较多或乔灌木比例较低时，应进行人工补播或补栽，补播（栽）时间以每年 4 ~ 8 月为宜，补栽苗宜优先选择容器苗进行栽植。

4.4.4.7　病虫害防治

优先采用生物防治措施进行林业有害生物防治，尽量减少化学药剂使用；宜采用喷施生物和植物源类制剂以无公害防治措施灭杀，不应使用有机磷类药剂。

4.4.4.8　其他措施

汛期前应排查和维护边坡防汛设施，确保边坡排水设施正常运行；汛期中应巡查和清理边坡排水设施，出现问题及时修缮。应做好边坡及周边区域保洁工作，清除与目标植被无关的杂物；及时清理边坡区域内各种异常易燃物，消除火灾隐患；发生火灾后应及时清理过火区域，并及时补播（栽）。

4.5　现存问题与发展建议

4.5.1　现存问题

4.5.1.1　总体规划和发展目标不明确

《北京城市总体规划（2016—2035 年）》明确提道："将城市第五立面整治与城市修补、生态修复相结合，通过建筑屋顶绿化美化与有序整理、城市立体绿化补充与修饰等手段，全面提升第五立面整体品质。"但北京城市总体景观规划中缺乏立体绿化的总体规划。加大绿化建设力度，构建绿色空间体系，推动生态环境示范区建设中需要明确立体绿化的空间范围，进行集中连片集群式开展绿化建设，形成俯视第一印象；局部形成小环境、小气候，改善周边生态效益、提高社会和经济效益，从而提高城市发展的宜居性，实现对城市空间绿化体系进行有效补充。

4.5.1.2　相关技术的特殊性

多维绿色空间绿化工程，从调研来看，主要包含屋顶绿化、垂直绿化与边坡绿化三大类型，其主要技术构成包含建筑结构、屋面防水技术、排蓄水系统、种植基质材料技术、植物配置、固定技术、灌溉技术、种植养护技术等在内的技术综合体，需要多学科、多专业之间的协调配合才能实现。屋顶和垂直绿化以建筑为载体，其设计构思、植物选择、小品布局和施工技术受建筑防水、建筑荷载等因素的局限，因此，必须以科学性为主，艺术性为辅，处理好园林造景和建筑结构之间的关系，植物选择必须精细，对于施工质量要求更高。

4.5.1.2.1　屋顶荷载安全

（1）花园式屋顶绿化若采用乔木、园亭、花架、山石等较重物体，应设计在建筑承重墙、柱、梁的位置，这样既能够有效分担建筑屋面荷载，还能在一定程度上保证屋顶花园的安全性（如可以防止屋面因局部重量过大而变形、防水层开裂以致屋面漏水等）。

（2）既有建筑进行花园式屋顶绿化并设置园林小品，应在园林规划设计中详细分析屋面自身荷载强度大小，承重墙、梁、柱的位置，以及精确计算设计后各部分构造层增加的平均荷载量，以解决屋顶绿化荷载问题。

（3）屋顶绿化荷重不可能一成不变，必须注意树木生长逐年增加的荷载和瞬时集中降雨排水不畅的荷载。屋顶栽植树木时其荷重应按照生长 10 年以后的荷重计算。屋顶瞬时集中降雨若排水不畅，会导致屋面蓄存水过大，加重建筑荷载负担并危及建筑安全，因此，屋顶绿化排水比蓄水更重要，必须设置排水观察井，及时观察并清理杂物。

（4）屋顶绿化要重视结构安全

不同种植基质因导热系数差异较大，会对建筑侧立面墙或女儿墙产生侧面应力，造成结构安全隐患。因此，屋顶绿化种植区与建筑侧立面墙或女儿墙之间应留出一定的缓冲区，作陶粒填充或硬质铺装处理。屋顶绿化在基质厚度允许的情况下（乔木 80cm 左右，灌木 40cm 左右，草坪、地被 25cm 左右），植物种类只要掌握适地适树的原则，基本上能满足植物在屋顶的生长要求，对屋顶结构安全几乎不构成威胁。

4.5.1.2.2　屋顶节能及低荷载技术

对于立体绿化特别是屋顶绿化，在北方城市还有不同的看法，主要是节水问题，屋顶绿化所带来的生态效益是否能抵消或大于用水及养护方面的投入，目前还缺少量化指标，需要更进一步的研究。因此，如何利用建筑屋面大力提倡屋顶绿化和节能技术，进一步研究和推广屋顶雨水利用技术和开发屋顶绿化灌溉技术，对于有效利用自然资源、节约能源意义重大。

4.5.1.2.3　垂直绿化方式的局限性

就目前而言，受所处气候带环境等影响，通州区乃至全市范围内的垂直绿化形式均相对比较单一，技术手段较南方发达地区有一定差距，需要进一步提高相关技术水平，丰富设计手段，进而促使相关材料产品、施工工艺的发展。

4.5.1.2.4　边坡绿化的复杂性

对于不同类型的边坡，所采取的设计手法与施工方法差异很大。就通州区而言，主要为土质、土石和岩质边坡，虽然对此类边坡绿化已经有了很成熟的相关技术，但对于单个项目来说，所包含的节点处理问题相对较复杂，在同一个区域内存在不同种类型，而采取的手段又不能通用，也是造成后期边坡绿化效果不够理想的原因之一。

4.5.1.3　可持续发展政策不配套

目前技术方面已经不是制约多维度绿色空间发展的难题，而是难在资金、政策和人们的绿化参与意识上。当前出台的相关政策虽有强制措施和鼓励措施，但强制力、执行力不够。当前大尺度绿化的开展，未包含有此类绿化的内容。

4.5.2　发展建议

4.5.2.1　因地制宜，统筹规划

以通州区现状来看，三种类型的绿化形式均以点状零星分布，分布零散不均，缺少整体优势，未形成集中连片的整体效果，因此对缓解城市热岛，以及发挥生态优势方面作用

极其有限；与此同时，屋顶绿化、垂直绿化、边坡绿化所占的比例远远落后于城市中心区，未来几年有一定发展优势。

结合城市第五立面综合整治，进一步梳理通州区可实施绿化的载体，分区分类建立台账，突出老城、重点视廊区域及副中心区域，以及集中连片的建筑屋顶，制定专项规划及未来一个时期的建设计划。

4.5.2.2　优化布局，集约发展

多维度空间绿化是城市多元绿化中的重要结构和方式。作为城市常规绿化的重要补充，首先是体现生态效益，其次考虑园林造景因素。随着通州区技术的不断成熟和发展，建设成本的逐渐降低，多维度空间绿化将成为通州区未来几年内生态效益较大、改善城市中心区热岛效应、治理生态环境、美化空中景观的最行之有效的工作项目之一，对改善城市生态环境和提升城市整体形象起着重要的辅助作用。

4.5.2.3　典型示范，放大效应

充分利用科研技术领先和人才队伍优势，打造典型平台、放大示范效应，在重要地区、重点地段打造一批低碳节能、环保高效、生态集约的多维绿色空间绿化样板工程，发挥着示范引领作用。

4.5.2.4　规范产业，绿色发展

目前多维绿色空间构建技术研究尚处在待进一步完善的阶段，技术上还有一些有待解决的问题，例如新技术新材料的进一步探索；相关材料缺乏链接；屋顶绿化中耐根穿刺防水材料、蓄排水材料、种植基质等都尚未形成产业化，或依赖进口，价格昂贵；一些相关材料的检测标准尚未明确，没有统一的国家或地方行业标准。

4.5.2.5　强化设计、施工技术要求

从调查的实际工程来看，施工队伍素质参差不齐，施工不规范，由此给绿化带来一些负面影响。虽然发布了行业标准《垂直绿化工程技术规程》（CJJ/T 236—2015）、《北方地区裸露边坡植被恢复技术规范》（LY/T 2771—2016），北京市地方标准《屋顶绿化规范》（DB11/T 281—2015），用于指导绿化的建设。但施工技术和规范对于众多绿化施工队伍来说还是全新的，需要一个消化吸收的过程，因此在绿化施工调查中发现仍然存在一些问题。例如，屋顶防水层因保护不善而留下漏水隐患；绿地排水系统在施工过程中因保护不利，造成排水不畅；屋顶水落口处置不当，影响正常使用；屋顶铺装伸缩缝和通风系统处理不善，影响屋顶保温效果；屋顶施工安全未受到特别重视等。

4.5.2.6　增加投入，广泛宣传

多维度绿色空间绿化成本与地面普通绿化相比成本相对较高，特别是单方造价较高。据不完全统计，目前实施屋顶绿化的建筑大多集中在绿化条件好、后期养护技术到位、有一定经济基础的相关单位或企业。因此应进一步加强资金投入，努力拓展城市空间立体绿化。广泛宣传和普及绿化美化环境、治理生态、净化空气等的作用，深入宣传理念，不断增强各级领导和全民的绿化意识，并付之行动。使屋顶绿化通过各级政府和全社会的不懈努力与奋斗更好的融入我们的生活空间里来，成为一种时尚，为进一步改善城市生态环境做出更大贡献。

第 **5** 章

生态改善型植物筛选
与群落构建技术

伴随城市化进程，热岛效应、环境污染等城市问题日益突出。绿地作为城市生态系统的重要组成部分，在净化空气、调节气候、维持城市生物多样性等方面发挥着重要的生态作用。本章从园林植物生态功能角度出发，筛选与总结具有较强生态改善功能的降温增湿型、固碳释氧型等植物材料，在比较与分析不同植物群落在降温增湿与固碳释氧等方面差异的基础上，总结形成生态改善型植物群落构建技术，提出适用于北京地区的植物群落构建模式。

5.1　研究综述

5.1.1　城市绿地固碳释氧效应的小尺度定量化研究

城市绿地发挥着重要的固碳释氧效应，其小尺度层面的定量化研究在国内开始于 20 世纪 90 年代，北京市园林科学研究所（现为北京市园林绿化科学研究院）在开展的 "北京城市园林绿化生态效益的研究" 等课题研究中，对不同植物吸收二氧化碳与释放氧气的能力进行了测定、比较与分级，开创了国内绿地生态效益小尺度定量研究的先河，并得到业内的广泛认可。此后，国内诸多研究团队也开始进行相关研究，研究内容既涉及不同地区、不同植物等植物个体的固碳释氧差异，也包括不同植物群落结构、不同绿地类型等植物群体的固碳释氧效应比较，但研究方法大多相似。

5.1.2　城市绿地温湿效应的小尺度定量化研究

城市绿地具有改善微环境气候的重要功能，其内部园林植物通过蒸腾作用发挥着降温增湿的重要作用，国内该方面的小尺度定量化研究最早开始于 20 世纪 90 年代的北京市园林科学研究所的系列课题，此后，国内相关研究陆续展开。在植物个体效益方面，涉及不同植物的降温增湿效益差异。在植物群体效益方面，国内学者针对绿地温湿效应的影响因素进行了多元化探究，包括绿地斑块规模、位置、形状、结构、郁闭度、环境、植物群落类型、冠层结构、物种组成等。

5.2　北京常用园林植物绿量研究

　　植物绿量是科学测定和评价园林植物生态效益的基础，国内研究开始于 20 世纪 90 年代，最早由北京市园林科学研究所提出。本节采用落叶收集法对北京 12 种园林植物绿量进行测定，结合"北京城市园林绿化生态效益的研究"课题成果，对 45 种北京常用园林植物绿量进行分类与分级，以期为城市绿地生态效益评价提供科学依据。

5.2.1　研究方法

5.2.1.1　试验材料

　　试验材料包括侧柏、元宝枫、玉兰、紫叶李、红瑞木、早园竹、小叶黄杨、紫叶小檗、大叶黄杨、金叶女贞、金娃娃萱草、鸢尾 12 种植物，其中小叶黄杨以单株球状和绿篱两种形式分别测定，紫叶小檗、大叶黄杨及金叶女贞 3 种植物以绿篱形式进行测定，其他植物在自然生长状态下测定。

5.2.1.2　测试方法

　　试验于 2019 年 9 ～ 10 月进行，每种植物选择 3 株植株，每植株上摘取 20 片叶片，采用美国 LI-3000C 便携式叶面积仪对元宝枫等 9 种植物进行单片叶面积测定，对侧柏进行小枝片面积测定，对鸢尾、金娃娃萱草 2 种植物进行整株叶面积测定。同时，为进行不同规格叶片数量测算，每种植物选择 3 ～ 5 种规格，每种规格选择 3 ～ 5 株样本，每株样本各摘取 1/4 或不小于 1kg 的叶片进行收集，结合样本数量或质量计算不同规格的单株植物叶片总量。

5.2.1.3　数据处理

　　运用 SPSS 22.0 进行植物绿量回归分析。

5.2.2　结果与分析

5.2.2.1　12 种园林植物单叶片叶面积

　　对 12 种植物单叶片叶面积进行测定，结果如表 5-1 所示，叶面积最大者为玉兰，其次为红瑞木。

表5-1　单叶片叶面积

序号	树种	单片叶面积（cm²）	整株叶面积（cm²）
1	元宝枫	39.32	—
2	侧柏	2.03（小枝片面积）	—
3	紫叶李	39.01	—
4	玉兰	76.66	—
5	红瑞木	75.48	—
6	大叶黄杨	13.51	—
7	小叶黄杨	2.30	—
8	金叶女贞	13.76	—
9	紫叶小檗	2.73	—
10	早园竹	30.69	—
11	金娃娃萱草	—	263.54
12	鸢尾	—	669.06

5.2.2.2　12种园林植物绿量

基于植物叶面积测定，建立12种植物绿量回归方程，结果如表5-2、表5-3所示。其中，绿篱与草本地被植物显示为1m²内植物绿量。

表5-2　乔木、灌木和竹类植物绿量回归方程

树种	一元回归方程	二元回归方程
元宝枫	$S=5.9136W-16.5813$ $R=0.7387$	$S=9.547W-7.9344H+5.8254$ $R_W=0.7388$，$R_H=0.7716$，$R=0.7928$
侧柏	$G=2.75W-9.9$ $R=0.8543$	$G=2.53W+0.63H-10.34$ $R_W=0.8544$，$R_H=0.7269$，$R=0.8557$
紫叶李	$S=20.292W-153.215$ $R=0.9356$	$S=18.2848W+9.1503H-176.069$ $R_W=0.9356$，$R_H=0.8683$，$R=0.9366$
玉兰	$S=22.8375W-195.18$ $R=0.9371$	$S=28.4666W-16.272H-182.959$ $R_W=0.9371$，$R_H=0.6597$，$R=0.952$
红瑞木	$S=14.8H-13.8$ $R=0.9176$	$S=-0.79H+19.43D-10.37$ $R_H=0.9176$，$R_D=0.9583$，$R=0.9584$
小叶黄杨（球）	$S=41.57H-23.02$ $R=0.6505$	$S=16.99H+14.62D-20.97$ $R_H=0.6505$，$R_D=0.7113$，$R=0.7325$
早园竹	$S=2.24W+1.77$ $R=0.8615$	$S=28.47W-16.27H-182.96$ $R_W=0.8615$，$R_H=0.7136$，$R=0.8947$

注：S—叶面积（m²）；G—叶重（kg）；W—胸径（cm）；H—株高（m）；D—冠幅（m）。

表5-3　绿篱与草本地被植物绿量

绿篱	叶面积（m²）	草本	叶面积（m²）
紫叶小檗	45.04	金娃娃萱草	0.86
大叶黄杨	23.6	鸢尾	4.28
金叶女贞	8.24		
小叶黄杨	8.08		

5.2.2.3　北京常用园林植物绿量计算与分级

5.2.2.3.1　北京常用园林植物常用规格绿量计算

结合"北京城市园林绿化生态效益的研究"课题成果，采用一元回归方程对北京常用园林植物绿量进行计算，结果如表5-4所示。其中，刺槐等19种乔木选用胸径20cm规格；碧桃等17种灌木选用株高2m规格；紫叶小檗与小叶黄杨（球）2种灌木选用株高1m规格；早园竹选用胸径2cm规格。可以看出，在刺槐、栾树、臭椿、泡桐、白蜡、银杏、馒头柳、悬铃木、国槐、绦柳、毛白杨、元宝枫19种高大乔木中，悬铃木绿量最大，其次为刺槐。

表5-4　北京常用园林植物常用规格绿量

序号	树种	胸径（cm）	株高（m）	叶面积（m²/株）	叶重（kg/株）
1	刺槐	20	—	409.78	—
2	栾树	20	—	209.13	—
3	臭椿	20	—	189.97	—
4	毛泡桐	20	—	236.5	—
5	白蜡	20	—	280.2	—
6	银杏	20	—	148.56	—
7	馒头柳	20	—	148.88	—
8	悬铃木	20	—	411.12	—
9	国槐	20	—	209.33	—
10	绦柳	20	—	176.19	—
11	毛白杨	20	—	136.02	—
12	元宝枫	20	—	101.62	—
13	玉兰	20	—	261.62	—
14	紫叶李	20	—	252.58	—
15	油松	20	—	—	33.29
16	雪松	20	—	—	13.73

序号	树种	胸径（cm）	株高（m）	叶面积（m²/株）	叶重（kg/株）
17	圆柏	20	—	—	25.43
18	白皮松	20	—	—	66.68
19	侧柏	20	—	—	45.1
20	碧桃	—	2	6.77	—
21	丁香	—	2	8.16	—
22	榆叶梅	—	2	19.89	—
23	木槿	—	2	6.62	—
24	西府海棠	—	2	10.35	—
25	金银木	—	2	12.24	—
26	紫薇	—	2	10.97	—
27	棣棠	—	2	2.53	—
28	紫荆	—	2	2.77	—
29	丰花月季	—	2	4.88	—
30	珍珠梅	—	2	11.54	—
31	锦带花	—	2	11.37	—
32	卫矛	—	2	10.91	—
33	天目琼花	—	2	2.78	—
34	太平花	—	2	3.31	—
35	紫叶小檗	—	1	0.66	—
36	连翘	—	2	3.23	—
37	红瑞木	—	2	15.8	—
38	小叶黄杨（球）	—	1	18.54	—
39	早园竹	2	—	6.25	—

5.2.2.3.2　北京常用园林植物绿量分级

结合"北京城市园林绿化生态效益的研究"课题成果，将45种北京常用园林植物绿量进行分级，结果如表5-5所示，悬铃木等18种植物被划分为一级，毛泡桐等15种植物被划分为二级，馒头柳等12种植物被划分为三级。

表5-5　北京常用园林植物绿量分级

植物类别		一级	二级	三级
乔木	落叶	悬铃木、刺槐、白蜡	毛泡桐、国槐、栾树、臭椿、绦柳	馒头柳、银杏、毛白杨、元宝枫
	常绿	白皮松、侧柏	油松、圆柏	雪松
灌木或小乔木		玉兰、紫叶李、榆叶梅、小叶黄杨（球）、红瑞木、金银木、珍珠梅、锦带花、紫薇、卫矛、西府海棠	丁香、碧桃、木槿、丰花月季	太平花、连翘、天目琼花、紫荆、棣棠、紫叶小檗
草坪和地被		结缕草、早熟禾	野牛草、麦冬、涝峪薹草、鸢尾	金娃娃萱草

5.2.3　结论

（1）分别建立了元宝枫、玉兰、紫叶李、侧柏、早园竹 5 种植物以胸径为自变量，叶面积（叶重）为因变量的一元回归方程；以胸径、株高为自变量，叶面积（叶重）为因变量的二元回归方程；分别建立了红瑞木、小叶黄杨（球）2 种植物以株高为自变量，叶面积为因变量的一元回归方程；以株高、冠幅为自变量，叶面积为因变量的二元回归方程；分别计算了紫叶小檗、金叶女贞、小叶黄杨、大叶黄杨 4 种绿篱和金娃娃萱草、鸢尾 2 种地被每平米绿地的叶面积数据。

（2）结合"北京城市园林绿化生态效益的研究"课题成果，将 45 种北京常用园林植物绿量进行分级，具体包括一级植物 18 种，二级植物 15 种，三级植物 12 种。

5.3　北京常用园林植物固碳释氧效益研究

　　植物通过光合作用发挥着重要的固碳释氧作用，植物种类不同，其碳同化力也不同。本节在对 9 种植物单位叶面积夏季光合量进行测定的基础上，结合"北京城市园林绿化生态效益的研究"课题成果，对 75 种园林植物单位叶面积固碳释氧效益进行分级，对 33 种园林植物个体的固碳释氧效益进行测算，以期为城市绿地园林植物选择提供科学依据。

5.3.1　研究方法

5.3.1.1　试验材料

　　试验材料包括元宝枫、侧柏、玉兰、紫叶李、红瑞木、紫叶小檗、小叶黄杨、早园竹、玉簪 9 种植物。

5.3.1.2　测试方法

　　选择北京夏季 7 ～ 8 月晴朗天气，8:00 ～ 18:00，每隔 2h 测定一次，重复 3 天；每种植物选取 3 株，每株植物随机选取 5 个健康叶片进行植物光合速率测定。其中对侧柏采用美国 LI-6400 便携式光合测量系统测定；对元宝枫等 8 种植物采用美国 LI-6800 便携式光合测量系统测定。

5.3.1.3　数据处理

　　（1）采用公式（5-1）对植物单日同化量进行计算：

$$P=\sum_{n=1}^{j}\left[\left(P_{n+1}+P_n\right)/2\times\left(t_{n+1}-t_n\right)\times 3600\right]　　　　（5-1）$$

式中：P 为该植物单日同化量，单位为 vMol；P_n 为初测点瞬时光合作用速率，P_{n+1} 为下一测点的瞬时光合作用速率，单位为 vmol/s.m²；t_n 为初测点的测试时间，t_{n+1} 为下一测点的时间，单位为 h；j 为测试次数。

　　（2）单位叶面积日吸收二氧化碳的总质量采用公式（5-2）进行计算：

$$W_{CO_2}=P\times 44　　　　（5-2）$$

式中：W_{CO_2} 为单位叶面积日吸收二氧化碳的质量单位为 mg/（m²·d）；44 为二氧化碳的摩尔质量。

　　（3）单位叶面积日吸收二氧化碳的总质量采用公式（5-3）进行计算：

$$W_{CO_2}=P\times 32　　　　（5-3）$$

（4）单株植物吸收二氧化碳的总质量计算公式为：

$$G_{CO_2}=44 \cdot P \cdot S \cdot T \tag{5-4}$$

式中：G_{CO_2} 为单株植物吸收二氧化碳的质量，单位为 µg；44 为二氧化碳的摩尔质量；P 为植株的平均光合速率，单位为 µmol /（m²·s）；S 为植株总叶面积，单位为 m²；T 为有效光照时间，单位为 s。

（5）单株植物释放氧气的总质量计算公式为：

$$G_{O_2}=32 \cdot P \cdot S \cdot T \tag{5-5}$$

式中：32 为氧气的摩尔质量。

5.3.2　结果与分析

5.3.2.1　9 种园林植物光合速率日变化分析

对 9 种植物夏季白昼光合速率进行测定，结果如图 5-1 所示，早园竹、玉簪的昼最高光合速率集中在 8:00 ~ 10:00，侧柏、玉兰、红瑞木、紫叶小檗、小叶黄杨的昼最高光合速率集中在 10:00 ~ 12:00，紫叶李的昼最高光合速率集中在 12:00 ~ 14:00。6 个时段平均光合速率最大者为紫叶李，可达 8.5µmol /（m²·s），其次为侧柏。

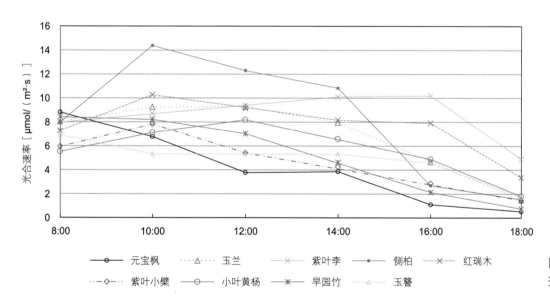

图 5-1　9 种植物光合速率日变化

5.3.2.2　9 种园林植物单位叶面积夏季固碳释氧量

依据北京地区夏季日照时数，对 9 种园林植物单位叶面积夏季固碳释氧量进行计算，结果如表 5-6 所示，紫叶李最高，其次为侧柏，最低者为紫叶小檗。

表5-6　9种园林植物单位叶面积夏季固碳释氧量

序号	树种	单位时间光合量（mmol/hr）	光合总量（mol）	吸收CO_2（g）	释放O_2（g）
1	侧柏	34.72	21.39	940.96	684.34
2	元宝枫	18.54	11.42	502.47	365.43
3	玉兰	24.45	15.06	662.56	481.86
4	紫叶李	34.74	21.40	941.47	684.71
5	红瑞木	27.66	17.04	749.81	545.31
6	紫叶小檗	16.68	10.28	452.12	328.82
7	小叶黄杨	26.21	16.15	710.51	516.74
8	早园竹	18.70	11.52	506.83	368.61
9	玉簪	17.63	10.86	477.84	347.52

注：夏季日照时数参见《北京气象资料》（1980—2008）取1980—2008年的平均日照时数（616h）。

5.3.2.3　北京常用园林植物单位叶面积固碳释氧效益分级

结合"北京城市园林绿化生态效益的研究"课题成果（详见附表4），对75种北京常用园林植物单位叶面积固碳释氧效益进行聚类分析与分级，如表5-7所示，将单位叶面积吸收二氧化碳总量高于900g的植物划分为一级，600～900g的划分为二级，600g以下的为三级。结果显示，一级植物30种，二级植物25种，三级植物20种。

表5-7　北京常用园林植物单位叶面积固碳释氧能力分级

植物类别		一级（吸收CO_2量高于900g）	二级（吸收CO_2量为600～900g）	三级（吸收CO_2量低于600g）
乔木	落叶	桑树、国槐、栾树、柿树、合欢、泡桐	白蜡、臭椿、绦柳、火炬树、构树、刺槐、黄栌、毛白杨	核桃、元宝枫、银杏、悬铃木、玉兰、杂交马褂木
	常绿	圆柏、白皮松、侧柏、油松	—	—
灌木或小乔木	落叶	山桃、紫薇、丰花月季、金银木、木槿、连翘、小叶女贞、紫荆、迎春、石榴、紫叶李、山楂	西府海棠、卫矛、金叶女贞、玫瑰、红瑞木、羽叶丁香、丁香、碧桃、榆叶梅	黄刺玫、猬实、蜡梅、棣棠、珍珠梅、樱花、天目琼花、太平花、海州常山、锦带花、鸡麻、紫叶小檗
	常绿	—	大叶黄杨、小叶黄杨	—
藤本		凌霄、蔷薇、山荞麦、金银花	五叶地锦、紫藤	—
竹类				早园竹
草坪和地被		涝峪薹草、早熟禾、野牛草、白车轴草	马蔺、鸢尾、麦冬、萱草	玉簪

5.3.2.4　北京常用园林植物个体夏季固碳释氧效益

依据本章 5.2 中植物绿量计算结果，结合 "北京城市园林绿化生态效益的研究" 课题成果，对 33 种北京常用园林植物个体夏季固碳释氧效益进行测算，结果如表 5-8 所示。在高大乔木中，悬铃木、刺槐、白蜡、国槐、栾树以及泡桐等具有较高的固碳释氧能力；在灌木和小乔木中，紫薇、金银木、小叶黄杨、红瑞木和榆叶梅具有较高的固碳释氧能力。

表5-8　北京常用园林植物个体夏季固碳释氧效益

编号	树种	胸径（cm）	株高（m）	叶面积（m²/株）	吸收CO₂（kg）	释放O₂（kg）
1	刺槐	20	—	409.78	313.31	227.86
2	栾树	20	—	209.13	238.92	173.76
3	臭椿	20	—	189.97	169.03	122.93
4	泡桐	20	—	236.5	233.50	169.82
5	白蜡	20	—	280.2	250.30	182.03
6	银杏	20	—	148.56	72.90	53.02
7	悬铃木	20	—	411.12	182.41	132.67
8	国槐	20	—	209.33	240.26	174.73
9	绦柳	20	—	176.19	156.14	113.56
10	毛白杨	20	—	136.02	86.57	62.96
11	元宝枫	20	—	101.62	51.06	37.14
12	玉兰	20	—	261.62	173.34	126.06
13	紫叶李	20	—	252.58	237.80	172.94
14	碧桃	—	2	6.77	4.82	3.51
15	丁香	—	2	8.16	6.10	4.44
16	榆叶梅	—	2	19.89	11.99	8.72
17	木槿	—	2	6.62	8.12	5.91
18	西府海棠	—	2	10.35	9.12	6.63
19	金银木	—	2	12.24	15.08	10.97
20	紫薇	—	2	10.97	15.90	11.57
21	棣棠	—	2	2.53	1.30	0.95
22	紫荆	—	2	2.77	2.81	2.05
23	丰花月季	—	2	4.88	6.11	4.45
24	珍珠梅	—	2	11.54	5.90	4.29
25	锦带花	—	2	11.37	4.45	3.24
26	卫矛	—	2	10.91	9.14	6.64

续表

编号	树种	胸径（cm）	株高（m）	叶面积（m²/株）	吸收CO₂（kg）	释放O₂（kg）
27	天目琼花	—	2	2.78	1.21	0.88
28	太平花	—	2	3.31	1.36	0.99
29	紫叶小檗	—	1	0.66	0.30	0.22
30	连翘	—	2	3.23	3.94	2.86
31	红瑞木	—	2	15.8	11.85	8.62
32	小叶黄杨（球）	—	1	18.54	13.17	9.58
33	早园竹	2	—	6.25	3.17	2.30

5.3.3 结论

（1）对元宝枫、侧柏、玉兰、紫叶李、红瑞木、紫叶小檗、小叶黄杨、早园竹、玉簪9种植物夏季光合速率进行测定，结果显示，紫叶李、侧柏具有较高的光合速率。

（2）结合"北京城市园林绿化生态效益的研究"课题成果，对75种北京常用园林植物单位叶面积固碳释氧效益分级，具体包括一级植物30种，二级植物25种，三级植物20种。

（3）结合"北京城市园林绿化生态效益的研究"课题成果，对33种北京常用园林植物个体夏季固碳释氧效益进行测算，结果显示，乔木中，悬铃木、刺槐、白蜡、国槐、栾树以及泡桐等具有较高的固碳释氧能力；灌木和小乔木中，紫薇、金银木、小叶黄杨、红瑞木和榆叶梅具有较高的固碳释氧能力。

5.4　北京常用园林植物降温增湿效益研究

　　植物通过蒸腾作用散失水分，吸收热量，从而增加环境湿度，降低温度。本节在对 9 种植物单位叶面积夏季蒸腾量进行测定的基础上，结合 "北京城市园林绿化生态效益的研究" 课题成果，对 71 种北京常用园林植物单位叶面积降温增湿效益进行分级，对 33 种北京常用园林植物个体的夏季降温增湿效益进行测算，以期为城市绿地园林植物选择提供科学依据。

5.4.1　研究方法

5.4.1.1　试验材料

　　试验材料与 5.3 相同。

5.4.1.2　测试方法

　　测试时间、测试仪器均与 5.3 相同，每种植物选取 3 株，每株植物随机选取 5 个健康叶片进行植物蒸腾速率测定。其中，对侧柏采用美国 LI-6400 便携式光合测量系统测定；对元宝枫等 8 种植物采用美国 LI-6800 便携式光合测量系统测定。

5.4.1.3　数据处理

　　（1）采用公式（5-6）对植物日蒸腾量进行计算：

$$E=\sum_{i=1}^{j}\left[\left(e_{i+1}+e_i\right)/2\times\left(t_{i+1}-t_i\right)\times3600\right] \tag{5-6}$$

式中：E 为该植物的日蒸腾量，单位摩尔为 mol；e_i 为初测点的瞬时蒸腾速率，e_{i+1} 为下一测点的瞬时蒸腾速率，单位为 mol/（$m^2 \cdot s$）；t_i 为初测点的测试时间，t_{i+1} 为下一测点的时间，单位为 h；j 为测试次数。

　　（2）植物单位叶面积日释水量采用公式（5-7）进行计算：

$$W_{H_2O}=E\times18 \tag{5-7}$$

式中：18 为水的摩尔质量。

　　（3）植物单位叶面积一昼夜吸收热量采用公式（5-8）进行计算：

$$Q=W\times L \tag{5-8}$$

式中：Q 为单位叶面积每日吸收热量，单位为 J/（$m^2 \cdot d$）；W 为植物日蒸腾总量，单位为 g/m^2；L 为蒸发耗热系数（$L=597-0.57\times t$，t 为温度）。

（4）单株植物释水量采用公式（5-9）进行计算：

$$G_{H_2O} = S \cdot W_{H_2O} \qquad (5\text{-}9)$$

式中：S 为植物叶面积，单位为 m^2；W_{H_2O} 为单位叶面积释水量。

（5）植株一昼夜因蒸腾作用而吸收的热量采用公式（5-10）进行计算：

$$Q_d = Q \cdot S \qquad (5\text{-}10)$$

式中：Q_d 为植株一昼夜吸收热量，单位为 J；S 为植物叶面积；Q 为单位叶面积一昼夜吸收热量，单位为 J/m^2。

5.4.2 结果与分析

5.4.2.1 9种植物蒸腾速率日变化分析

对 9 种植物夏季白昼蒸腾速率进行测定，结果如图 5-2 所示，紫叶李的单位叶面积昼平均光合速率最大，其次为红瑞木。元宝枫、早园竹、玉簪、紫叶小檗、红瑞木 5 种植物的昼最高蒸腾速率集中于 8:00 ~ 10:00，侧柏、玉兰、小叶黄杨 3 种植物的昼最高蒸腾速率集中于 10:00 ~ 12:00，紫叶李的昼最高蒸腾速率集中于 14:00 ~ 16:00。

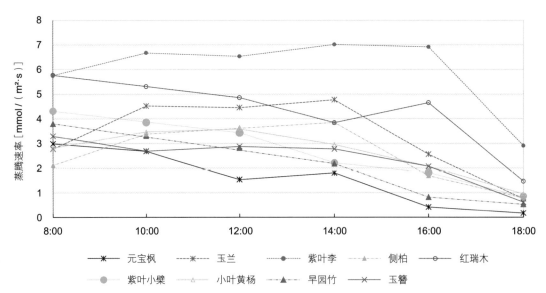

图 5-2 9 种植物蒸腾速率日变化

5.4.2.2 9种植物单位叶面积夏季降温增湿效益

对 9 种植物单位叶面积夏季降温增湿效益进行计算，结果如表 5-9 所示，紫叶李、红瑞木、玉兰等的单位叶面积夏季降温增湿效益较高。

表5-9 9种植物单位叶面积夏季降温增湿效益

序号	植物名称	夏季蒸腾量（mol/hr）	夏季蒸腾量（mol）	夏季释放H₂O量（kg）	蒸腾吸热（kJ）
1	元宝枫	6.13	3776.08	67.97	39901.46
2	玉兰	11.92	7342.72	132.17	77589.79
3	紫叶李	21.5	13244	238.39	139948.02
4	侧柏	10.59	6523.44	117.42	68932.54
5	红瑞木	15.52	9560.32	172.09	101022.95
6	小叶黄杨	9.54	5876.64	105.78	62097.87
7	紫叶小檗	9.87	6079.92	109.44	64245.91
8	早园竹	8.11	4995.76	89.92	52789.7
9	玉簪	8.61	5303.76	95.47	56044.3

5.4.2.3 北京常用园林植物单位叶面积降温增湿效益分级

结合"北京城市园林绿化生态效益的研究"课题成果，对 71 种北京常用园林植物单位叶面积降温增湿效益进行聚类分析与分级，如表 5-10 所示，白蜡等 24 种植物的单位叶面积可吸收热量高于 15 万 kJ，被划为一级植物；臭椿等 30 种植物的单位叶面积可吸收热量为 10 万～ 15 万 kJ，被划为二级植物；银杏等 17 种植物的单位叶面积可吸收热量为 10 万 kJ 以下，被划为三级植物。

表5-10 北京常用园林植物单位叶面积降温增湿效益分级

植物类别		一级（吸收热量高于15万kJ）	二级（吸收热量为10万～15万kJ）	三级（吸收热量低于10万kJ）
乔木	落叶	白蜡、国槐、柿树、刺槐、合欢、核桃、绦柳、杂交马褂木	构树、臭椿、泡桐、火炬树、悬铃木、桑树、栾树、黄栌、樱花	银杏、毛白杨、元宝枫
	常绿	白皮松	—	—
灌木或小乔木	落叶	珍珠梅、木槿、丰花月季、蜡梅、蔷薇、黄刺玫、棣棠、鸡麻、迎春、天目琼花	紫叶李、卫矛、紫薇、碧桃、石榴、连翘、山楂、玫瑰、榆叶梅、丁香、海州常山、金银木、太平花、西府海棠、小叶女贞、红瑞木、羽叶丁香	玉兰、山桃、紫荆、紫叶小檗、锦带花、金叶女贞、猬实
	常绿	—	大叶黄杨	小叶黄杨
藤本		五叶地锦、紫藤	金银花、凌霄	—
竹类		—	—	早园竹
草坪和地被		白车轴草、马蔺、萱草	鸢尾	玉簪、野牛草、早熟禾、麦冬、涝峪薹草

5.4.2.4 北京常用园林植物个体夏季降温增湿效益

依据前述研究结果，对33种北京常用园林植物个体的夏季降温增湿效益进行测算，如表5-11所示，刺槐、白蜡、悬铃木等高大乔木，珍珠梅、榆叶梅、红瑞木等灌木具有较高的降温增湿效益。

表5-11 北京常用园林植物夏季降温增湿效益

编号	树种	胸径（cm）	株高（m）	叶面积（m²/株）	植株夏季释放H₂O量（kg）	吸热相当电能（kW·hr）
1	刺槐	20	—	409.78	127750.21	20832.40
2	栾树	20	—	209.13	40124.85	6543.21
3	臭椿	20	—	189.97	46420.40	7569.84
4	泡桐	20	—	236.5	54770.49	8931.50
5	白蜡	20	—	280.2	95122.63	15511.77
6	银杏	20	—	148.56	19965.38	3255.78
7	悬铃木	20	—	411.12	85106.69	13878.46
8	国槐	20	—	209.33	67982.50	11086.00
9	绦柳	20	—	176.19	50178.88	8182.74
10	毛白杨	20	—	136.02	13623.78	2221.65
11	元宝枫	20	—	101.62	6907.05	1126.34
12	玉兰	20	—	261.62	34578.04	5638.69
13	紫叶李	20	—	252.58	60213.05	9819.02
14	碧桃	—	2	6.77	1448.76	236.25
15	丁香	—	2	8.16	1586.44	258.70
16	榆叶梅	—	2	19.89	3936.02	641.85
17	木槿	—	2	6.62	2144.00	349.63
18	西府海棠	—	2	10.35	1844.39	300.77
19	金银木	—	2	12.24	2260.81	368.67
20	紫薇	—	2	10.97	2351.65	383.49
21	棣棠	—	2	2.53	717.06	116.93
22	紫荆	—	2	2.77	358.76	58.50
23	丰花月季	—	2	4.88	1495.94	243.94
24	珍珠梅	—	2	11.54	4132.17	673.84
25	锦带花	—	2	11.37	936.08	152.65
26	卫矛	—	2	10.91	2642.76	430.96

续表

编号	树种	胸径（cm）	株高（m）	叶面积（m²/株）	植株夏季释放H₂O量（kg）	吸热相当电能（kW·hr）
27	天目琼花	—	2	2.78	749.56	122.23
28	太平花	—	2	3.31	606.16	98.85
29	紫叶小檗	—	1	0.66	72.23	11.78
30	连翘	—	2	3.23	673.61	109.85
31	红瑞木	—	2	15.8	2718.96	443.38
32	小叶黄杨（球）	—	1	18.54	1961.15	319.81
33	早园竹	2	—	6.25	562.02	91.65

5.4.3　结论

（1）对元宝枫、侧柏、玉兰、紫叶李、红瑞木、紫叶小檗、小叶黄杨、早园竹、玉簪 9 种植物单位叶面积夏季蒸腾速率进行测定，结果显示，紫叶李、红瑞木等植物具有较高的蒸腾速率。

（2）结合"北京城市园林绿化生态效益的研究"课题成果，对 71 种北京常用园林植物单位叶面积降温增湿效益分级，具体包括一级植物 24 种，二级植物 30 种，三级植物 17 种。

（3）结合"北京城市园林绿化生态效益的研究"课题成果，对 33 种北京常用园林植物个体的夏季降温增湿效益进行测算，结果显示，乔木中，刺槐、白蜡、悬铃木、国槐、泡桐和绦柳等具有较高的降温增湿能力；灌木和小乔木中，珍珠梅、榆叶梅、红瑞木、卫矛、紫薇、金银木等具有较高的降温增湿能力。

5.5　不同林型绿地降温增湿效应研究

　　城市绿地对局部气候改善具有重要作用，不同林型绿地对其内部环境温湿度表现出不同的调节作用。本节以不同林型绿地为研究对象，采用小尺度定量测定的方法，探究绿地林型与温湿效应的相关关系，以期为城市绿地的合理规划、设计与管理提供科学依据。

5.5.1　研究方法

5.5.1.1　测试方法

　　分别在奥林匹克森林公园北园（以下简称奥森北园）、奥林匹克森林公园南园（以下简称奥森南园）和朝阳公园内设置不同林型的测试样地共计69个，并在每个公园内各选择一处铺装作为对照样地，测试时间为2017年7～8月，每个公园连续测试3天，3天均为晴朗天气。每个样地内各随机设置20个测试点，在距地面1.5m处进行空气温度、相对湿度及风速等指标测试，每天8:00～18:00，每隔2h测试一次。同时，对各样地内主要植物构成、群落结构、群落郁闭度、样地面积、乔木层种植密度、乔木层平均胸径等进行测定与记录，并以样地中心为圆心，分别以20m、30m和40m为半径画圆，计算样圆区域内绿地、铺装、建筑、水体等各环境要素所占比例（表5-12～表5-14）。

5.5.1.2　试验仪器

　　测试仪器为美国产NK Kestrel 4500 NV便携式气象测定仪，温度测定范围为−45～125℃，精度±0.1℃，分辨率0.1℃；相对湿度测定范围为0%～100%，精度±3%，分辨率0.1%；风速测定范围为0.4～60m/s，精度±0.1m/s，分辨率0.1m/s。

表5-12　奥森北园样地概况

样地号	群落结构	林型类别	郁闭度	样地面积 (m²)	乔木层种植密度 (株/m²)	乔木层平均胸径 (cm)	比例 (*r=20m) 绿地	铺装	建筑	水体	比例 (r=30m) 绿地	铺装	建筑	水体	比例 (r=40m) 绿地	铺装	建筑	水体
1	乔-草	白蜡林	0.76	1250	0.11	23	1.00	0.00	0.00	0.00	0.65	0.30	0.05	0.00	0.91	0.09	0.00	0.00
2			0.75	1366	0.10	23	1.00	0.00	0.00	0.00	0.80	0.20	0.00	0.00	0.84	0.02	0.03	0.11
3			0.78	1476	0.11	22	1.00	0.00	0.00	0.00	0.77	0.00	0.15	0.08	0.79	0.14	0.07	0.00
4		臭椿林	0.75	1500	0.10	21	1.00	0.00	0.00	0.00	0.23	0.65	0.04	0.08	0.86	0.00	0.14	0.00
5			0.77	1610	0.10	23	1.00	0.00	0.00	0.00	0.49	0.36	0.05	0.10	0.66	0.18	0.00	0.16
6			0.75	1763	0.09	21	1.00	0.00	0.00	0.00	0.95	0.02	0.01	0.02	0.87	0.03	0.10	0.00
7		国槐林	0.78	2000	0.10	22	0.98	0.02	0.00	0.00	0.80	0.00	0.15	0.05	0.49	0.36	0.00	0.15
8			0.79	2059	0.10	20	1.00	0.00	0.00	0.00	0.90	0.10	0.00	0.00	0.58	0.25	0.11	0.06
9			0.77	2351	0.11	23	1.00	0.00	0.00	0.00	1.00	0.00	0.00	0.00	0.79	0.17	0.04	0.00
10		栾树林	0.73	1724	0.11	20	1.00	0.00	0.00	0.00	0.92	0.08	0.00	0.00	0.38	0.21	0.05	0.36
11			0.74	2187	0.12	21	1.00	0.00	0.00	0.00	0.82	0.12	0.06	0.00	0.96	0.04	0.00	0.00
12			0.72	2068	0.10	20	1.00	0.00	0.00	0.00	1.00	0.00	0.00	0.00	0.82	0.15	0.00	0.03
13		毛白杨林	0.76	1698	0.11	25	1.00	0.00	0.00	0.00	0.87	0.13	0.10	0.00	0.22	0.65	0.00	0.13
14			0.77	1790	0.12	24	1.00	0.00	0.00	0.00	0.68	0.22	0.00	0.00	0.94	0.01	0.00	0.05
15			0.75	1672	0.14	26	1.00	0.00	0.00	0.00	1.00	0.00	0.00	0.00	0.88	0.00	0.00	0.12
16		银杏林	0.75	2300	0.13	23	1.00	0.00	0.00	0.00	0.43	0.15	0.42	0.00	0.73	0.12	0.00	0.15
17			0.77	2285	0.12	24	0.75	0.25	0.00	0.00	0.76	0.11	0.08	0.05	0.57	0.31	0.12	0.00
18			0.79	2578	0.11	26	1.00	0.00	0.00	0.00	1.00	0.00	0.00	0.00	0.89	0.10	0.00	0.01
19		油松林	0.77	2195	0.13	24	1.00	0.00	0.00	0.00	0.56	0.20	0.24	0.00	0.90	0.03	0.00	0.07
20			0.78	2088	0.10	25	1.00	0.00	0.00	0.00	0.69	0.23	0.00	0.08	0.77	0.15	0.08	0.00
21			0.80	2164	0.14	22	1.00	0.00	0.00	0.00	1.00	0.00	0.00	0.00	0.91	0.09	0.00	0.00

*注：将各样地周围环境要素划分为绿地、铺装、建筑和裸地，以样地中心为圆心，分别以20m、30m和40m为半径画圆，计算圆内区域各环境要素所占比例，以下同。

表5-13 奥森南园样地概况

样地号	群落结构	林型类别	郁闭度	样地面积(m²)	乔木层种植密度(株/m²)	乔木层平均胸径(cm)	比例(r=20m) 绿地	铺装	建筑	水体	比例(r=30m) 绿地	铺装	建筑	水体	比例(r=40m) 绿地	铺装	建筑	水体
1	乔-草	白蜡林	0.83	4036	0.12	18	1.00	0.00	0.00	0.00	0.85	0.12	0.00	0.03	0.84	0.11	0.00	0.05
2	乔-草	白蜡林	0.82	4169	0.11	17	1.00	0.00	0.00	0.00	1.00	0.00	0.00	0.00	1.00	0.00	0.00	0.00
3	乔-草	白蜡林	0.84	4259	0.10	16	1.00	0.00	0.00	0.00	0.95	0.05	0.00	0.00	0.71	0.25	0.00	0.04
4	乔-草	刺槐林	0.85	3890	0.11	19	1.00	0.00	0.00	0.00	0.51	0.45	0.04	0.00	0.73	0.26	0.01	0.00
5	乔-草	刺槐林	0.87	3970	0.12	20	0.90	0.10	0.00	0.00	0.76	0.20	0.04	0.00	0.95	0.00	0.05	0.00
6	乔-草	刺槐林	0.83	4178	0.10	17	1.00	0.00	0.00	0.00	0.88	0.11	0.01	0.00	1.00	0.00	0.00	0.14
7	乔-草	国槐林	0.81	3500	0.11	16	1.00	0.00	0.00	0.00	0.78	0.22	0.00	0.00	0.58	0.28	0.00	0.03
8	乔-草	国槐林	0.85	3281	0.13	15	1.00	0.00	0.00	0.00	1.00	0.00	0.00	0.00	0.83	0.14	0.00	0.08
9	乔-草	国槐林	0.83	3404	0.12	16	0.95	0.05	0.00	0.00	0.87	0.05	0.08	0.00	0.65	0.17	0.00	0.25
10	乔-草	旱柳林	0.85	3742	0.11	15	1.00	0.00	0.00	0.00	0.63	0.00	0.37	0.00	0.44	0.31	0.05	0.20
11	乔-草	旱柳林	0.86	3816	0.13	16	1.00	0.00	0.00	0.00	1.00	0.00	0.00	0.00	0.50	0.32	0.07	0.16
12	乔-草	旱柳林	0.84	3612	0.12	18	1.00	0.00	0.00	0.00	0.65	0.00	0.11	0.24	0.63	0.21	0.00	0.16
13	乔-草	栾树林	0.80	3672	0.12	17	1.00	0.00	0.00	0.00	0.49	0.21	0.30	0.00	0.82	0.13	0.05	0.00
14	乔-草	栾树林	0.81	3529	0.13	16	0.60	0.35	0.00	0.05	1.00	0.12	0.00	0.00	0.77	0.10	0.13	0.00
15	乔-草	栾树林	0.83	3420	0.14	17	1.00	0.00	0.00	0.00	0.94	0.06	0.00	0.00	0.80	0.20	0.00	0.00
16	乔-草	毛白杨林	0.82	4326	0.10	17	1.00	0.00	0.00	0.00	0.71	0.22	0.07	0.00	0.66	0.18	0.16	0.00
17	乔-草	毛白杨林	0.84	4416	0.12	18	1.00	0.00	0.00	0.00	0.59	0.12	0.00	0.29	0.49	0.36	0.15	0.00
18	乔-草	毛白杨林	0.85	4215	0.13	19	0.98	0.02	0.00	0.00	1.00	0.00	0.00	0.00	1.00	0.00	0.00	0.00
19	乔-草	银杏林	0.84	3940	0.13	20	0.89	0.11	0.00	0.00	0.68	0.19	0.11	0.02	0.93	0.07	0.00	0.00
20	乔-草	银杏林	0.82	3810	0.10	21	1.00	0.00	0.00	0.00	0.87	0.11	0.02	0.00	0.69	0.00	0.31	0.00
21	乔-草	银杏林	0.84	3913	0.13	20	1.00	0.00	0.00	0.00	1.00	0.00	0.00	0.00	0.54	0.29	0.17	0.00
22	乔-草	油松林	0.81	3546	0.14	19	1.00	0.15	0.00	0.00	0.77	0.16	0.03	0.04	0.87	0.13	0.00	0.00
23	乔-草	油松林	0.80	3785	0.14	19	0.85	0.15	0.00	0.00	0.68	0.09	0.23	0.00	1.00	0.00	0.00	0.00
24	乔-草	油松林	0.83	3615	0.11	18	0.68	0.12	0.20	0.00	0.54	0.17	0.20	0.03	0.97	0.03	0.00	0.00

表5-14　朝阳公园样地概况

样地号	群落结构	林型类别	郁闭度	样地面积（m²）	乔木层种植密度（株/m²）	乔木层平均胸径（cm）	比例（r=20m）				比例（r=30m）				比例（r=40m）			
							绿地	铺装	建筑	水体	绿地	铺装	建筑	水体	绿地	铺装	建筑	水体
1	乔-草	白蜡林	0.80	3045	0.11	23	1.00	0.00	0.00	0.00	0.56	0.18	0.26	0.00	0.75	0.25	0.00	0.00
2			0.77	2987	0.12	23	1.00	0.00	0.00	0.00	0.77	0.21	0.02	0.00	1.00	0.00	0.00	0.00
3			0.81	3214	0.10	21	1.00	0.00	0.00	0.00	1.00	0.00	0.00	0.00	0.63	0.21	0.00	0.16
4		臭椿林	0.76	2956	0.14	24	1.00	0.00	0.00	0.00	0.80	0.20	0.00	0.00	0.88	0.10	0.02	0.00
5			0.75	3024	0.13	26	1.00	0.00	0.00	0.00	0.90	0.10	0.00	0.00	0.95	0.02	0.03	0.00
6			0.76	2765	0.12	24	1.00	0.00	0.00	0.00	1.00	0.00	0.00	0.00	1.00	0.00	0.00	0.00
7		刺槐林	0.77	2877	0.10	25	0.85	0.15	0.00	0.00	0.59	0.36	0.05	0.00	0.67	0.23	0.10	0.10
8			0.80	2910	0.10	22	1.00	0.00	0.00	0.00	0.96	0.04	0.00	0.00	0.80	0.10	0.00	0.10
9			0.82	2609	0.11	26	1.00	0.00	0.00	0.00	1.00	0.00	0.00	0.00	1.00	0.00	0.00	0.00
10		国槐林	0.75	2500	0.10	22	1.00	0.00	0.00	0.00	0.93	0.07	0.00	0.00	0.90	0.10	0.00	0.00
11			0.76	2702	0.11	24	1.00	0.00	0.00	0.00	1.00	0.00	0.00	0.00	0.74	0.02	0.15	0.09
12			0.78	2678	0.13	22	1.00	0.00	0.00	0.00	0.65	0.14	0.21	0.00	1.00	0.00	0.00	0.00
13		栾树林	0.74	2760	0.11	21	1.00	0.00	0.00	0.00	0.85	0.11	0.04	0.00	0.89	0.11	0.00	0.00
14			0.75	2914	0.12	20	0.97	0.03	0.00	0.00	1.00	0.00	0.00	0.00	0.66	0.32	0.00	0.02
15			0.76	2800	0.10	25	1.00	0.00	0.00	0.00	1.00	0.00	0.00	0.00	0.84	0.10	0.00	0.06
16		毛白杨林	0.78	3548	0.12	20	1.00	0.00	0.00	0.00	0.98	0.02	0.00	0.00	0.78	0.21	0.01	0.00
17			0.77	3348	0.13	21	1.00	0.00	0.00	0.00	0.68	0.11	0.21	0.00	0.94	0.06	0.00	0.00
18			0.79	3619	0.14	23	0.92	0.08	0.00	0.00	1.00	0.00	0.00	0.00	1.00	0.00	0.00	0.00
19		绦柳林	0.79	2076	0.13	22	1.00	0.00	0.00	0.00	0.79	0.16	0.05	0.00	0.98	0.02	0.00	0.00
20			0.80	2214	0.14	21	1.00	0.00	0.00	0.00	1.00	0.00	0.00	0.00	0.46	0.31	0.23	0.00
21			0.81	2506	0.13	20	1.00	0.00	0.00	0.00	0.58	0.36	0.06	0.00	0.71	0.10	0.00	0.19
22		油松林	0.80	3368	0.10	25	1.00	0.00	0.00	0.00	0.68	0.24	0.00	0.08	0.86	0.14	0.00	0.00
23			0.81	3256	0.12	24	1.00	0.00	0.00	0.00	1.00	0.00	0.00	0.00	0.69	0.20	0.03	0.08
24			0.78	3465	0.11	26	1.00	0.00	0.00	0.00	0.91	0.09	0.00	0.00	0.58	0.13	0.13	0.16

5.5.1.4　数据处理

（1）选用空气温度、相对湿度和风速3个要素为主要评价指标，计算人体舒适度指数，其公式如式（5-11）所示：

$$I=1.8 \times T+0.55 \times (1-RH)+32-3.2V^{1/2} \tag{5-11}$$

式中：I为人体舒适度指数；T为空气温度，单位为℃；RH为相对湿度，单位为%；V为风速，单位为m/s。按照中国气象局统一标准，人体舒适度指数可划分为9级，如表5-15所示。

表5-15　人体舒适度指数分级

等级	指数范围	表征意义
1	$I<25$	寒冷，感觉极不舒适
2	$25 \leq I<40$	冷，感觉不舒适
3	$40 \leq I<50$	偏冷或较冷，大部分人感觉不舒适
4	$50 \leq I<60$	偏凉或凉，部分人感觉不舒适
5	$60 \leq I<70$	普遍感觉舒适
6	$70 \leq I<79$	偏热或较热，部分人感觉不舒适
7	$79 \leq I<85$	热，感觉不舒适
8	$85 \leq I<90$	闷热，感觉很不舒适
9	$I \geq 90$	极其闷热，感觉极不舒适

（2）采用SPSS22.0对样地特征与空气温度、相对湿度湿度进行Spearman相关性分析；对各样地昼均降温率、增湿率等进行多重比较和差异显著性分析；对不同林型绿地昼均降温率、增湿率等进行K-Means聚类分析。

5.5.2　结果与分析

5.5.2.1　不同林型样地特征与温湿度相关性分析

选取各样地14:00空气温度、相对湿度与样地特征进行Spearman相关性分析，并根据5.4中不同植物单株吸收热量对主要乔木进行赋值。结果如表5-16～表5-18所示，各样地林型特征（即群落结构与植物构成，本研究中群落结构均为乔-草型）与空气温度、相对湿度存在显著性相关关系，植物种植密度、郁闭度、面积及各环境要素所占比例等与样地的空气温度、相对湿度无显著性相关关系。

表5-16　奥森北园样地特征与空气温度、相对湿度相关系数

要素		14:00空气温度		14:00相对湿度	
		相关性系数	p值	相关性系数	p值
样地林型		−0.438	0.047	0.405	0.069
郁闭度		0.073	0.754	−0.003	0.991
样地面积		0.282	0.215	−0.401	0.071
乔木层种植密度		0.281	0.217	−0.239	0.296
乔木层平均胸径		−0.024	0.918	0.063	0.786
比例（r=20）	绿地	−0.043	0.853	−0.203	0.377
	铺装	0.043	0.853	203	0.377
	建筑	—	—	—	—
	水体	—	—	—	—
比例（r=30）	绿地	−0.325	0.150	−0.135	0.559
	铺装	0.277	0.225	0.099	0.671
	建筑	0.119	0.607	0.104	0.654
	水体	0.356	0.113	0.061	0.792
比例（r=40）	绿地	0.268	0.241	−0.041	0.858
	铺装	−0.283	0.213	0.015	0.948
	建筑	0.209	0.362	0.103	0.656
	水体	−0.221	0.336	0.010	0.964

表5-17　奥森南园样地特征与空气温度、相对湿度相关系数

项目		14:00空气温度		14:00相对湿度	
		相关性系数	p值	相关性系数	p值
样地林型		−0.929	0.000	0.619	0.001
郁闭度		−0.068	0.753	−0.144	0.503
样地面积		0.176	0.411	−0.197	0.356
乔木层种植密度		0.263	0.214	−0.069	0.750
乔木层平均胸径		0.402	0.051	−0.464	0.022
比例（r=20）	绿地	−0.209	0.326	0.206	0.334
	铺装	0.209	0.326	−0.206	0.334
	建筑	0.319	0.129	−0.319	0.129
	水体	−0.046	0.833	0.137	0.525

续表

项目		14:00空气温度		14:00相对湿度	
		相关性系数	p值	相关性系数	p值
比例（r=30）	绿地	−0.342	0.102	0.448	0.028
	铺装	0.009	0.965	−0.201	0.347
	建筑	0.369	0.076	−0.481	0.017
	水体	0.401	0.052	−0.268	0.206
比例（r=40）	绿地	0.016	0.942	−0.213	0.317
	铺装	−0.021	0.922	0.154	0.474
	建筑	0.189	0.377	−0.079	0.715
	水体	−0.308	0.143	0.308	0.143

注：p值 <0.05 时，相关性显著。

表5-18　朝阳公园样地特征与空气温度、相对湿度相关系数

项目		14:00空气温度		14:00相对湿度	
		相关性系数	p值	相关性系数	p值
样地林型		−0.778	0.000	0.443	0.030
郁闭度		0.196	0.358	−0.121	0.575
样地面积		0.373	0.073	−0.357	0.087
乔木层种植密度		0.385	0.063	−0.008	0.970
乔木层平均胸径		0.057	0.791	−0.038	0.858
比例（r=20）	绿地	−0.307	0.144	0.405	0.050
	铺装	0.292	0.166	−0.405	0.050
	建筑	0.329	0.117	—	—
	水体	—	—	—	—
比例（r=30）	绿地	0.072	0.740	−0.135	0.530
	铺装	−0.024	0.910	0.124	0.563
	建筑	−0.219	0.303	0.1555	0.469
	水体	0.319	0.129	−0.137	0.525
比例（r=40）	绿地	−0.113	0.598	0.040	0.854
	铺装	0.109	0.613	−0.099	0.644
	建筑	0.268	0.206	−0.072	0.738
	水体	0.011	0.959	0.027	0.902

注：p值 <0.05 时，相关性显著。

5.5.2.2 不同林型绿地昼均温、湿度变化

5.5.2.2.1 不同林型绿地昼均温度变化

为进一步揭示不同林型绿地与其降温效应关系，分别计算不同林型绿地昼均温度变化、昼均降温效应。其中昼均降温差值采用对照昼均值与不同林型绿地昼均值进行差值计算，昼均降温率为不同林型绿地降温效应与对照样地昼均值的比值。

（1）奥森北园

表 5-19 为奥森北园不同林型绿地昼间空气温度及降温效应概况，白蜡林等 7 种林型绿地的昼间最高温度、最低温度、平均温度等全部低于对照样地，昼温差介于 4.78 ~ 5.50℃，远低于对照样地。不同林型绿地的降温差值与降温率排序为国槐林＞白蜡林＞栾树林＞银杏林＞毛白杨林＞臭椿林＞油松林。对 7 种林型绿地及对照样地降温率进行单因素方差分析，结果显示，对照样地与各林型绿地存在显著性差异；油松林与国槐林、白蜡林、栾树林、银杏林及毛白杨林 5 种林型绿地存在显著性差异，臭椿林与油松林间无显著性差异。

表5-19 奥森北园不同林型绿地昼间（8:00～18:00）空气温度及降温效应概况

编号	样地类型	昼间最高温度（℃）	昼间最低温度（℃）	昼温差（℃）	昼均温度（℃）	降温效应（℃）	降温率（%）
1	白蜡林	33.46	28.68	4.78	31.92	2.85	8.08a*
2	臭椿林	34.17	28.96	5.20	32.43	2.34	6.63ab
3	国槐林	33.43	28.41	5.02	31.82	2.95	8.40a
4	栾树林	33.71	28.63	5.08	31.95	2.81	8.00a
5	毛白杨林	33.88	28.85	5.03	32.00	2.76	7.82a
6	银杏林	33.86	28.36	5.50	31.99	2.77	7.91a
7	油松林	34.57	29.14	5.42	32.67	2.10	5.94b
8	对照	37.28	30.08	7.20	34.77	0.00	0.00c

注：同一列不同字母表示为 0.05 水平下的显著性，下同。

（2）奥森南园

表 5-20 为奥森南园不同林型绿地昼间空气温度及降温效应概况，与奥森北园相似，白蜡林等 7 种林型绿地的昼间最高温度、最低温度、平均温度等全部低于对照样地，温度昼温差变化范围为 5.17 ~ 6.01℃，远低于对照样地。不同林型绿地的降温差值与降温率排序为刺槐林＞国槐林＞白蜡林＞栾树林＞银杏林＞旱柳林＞毛白杨林＞油松林。对 8 种林型绿地及对照样地降温率进行单因素方差分析，结果显示，对照样地与各林型绿地存在显著性差异；油松林、毛白杨林与刺槐林、国槐林、白蜡林、栾树林等存在显著性差异，其余林型样地之间无显著性差异。

表5-20　奥森南园不同林型绿地昼间（8:00～18:00）空气温度及降温效应概况

编号	样地类型	昼间最高温度（℃）	昼间最低温度（℃）	昼温差（℃）	昼均温度（℃）	降温效应（℃）	降温率（%）
1	白蜡林	30.11	24.60	5.51	28.31	2.46	7.77a
2	刺槐林	30.18	24.59	5.59	28.23	2.53	8.02a
3	国槐林	30.06	24.89	5.17	28.24	2.52	7.92a
4	旱柳林	30.48	24.54	5.94	28.49	2.28	7.22ab
5	栾树林	30.47	24.46	6.01	28.35	2.41	7.66a
6	毛白杨林	30.53	24.69	5.85	28.55	2.21	6.99b
7	银杏林	30.29	24.81	5.49	28.36	2.40	7.56ab
8	油松林	30.59	24.73	5.86	28.56	2.20	6.95b
9	对照	33.47	25.18	8.30	30.76	0.00	0.00c

（3）朝阳公园

表5-21为朝阳公园不同林型绿地昼间空气温度及降温效应概况，与前两个公园相似，刺槐林等8种林型绿地的昼间最高温度、最低温度、平均温度等全部低于对照样地，温度昼温差变化范围为6.42～7.34℃，远低于对照样地。不同林型绿地的降温差值与降温率排序为刺槐林＞白蜡林＞国槐林＞栾树林＞绦柳林＞臭椿林＞毛白杨林＞油松林，与其他两个公园的测试结果大体一致。对8种林型绿地及对照样地降温率进行单因素方差分析，结果显示，对照样地与各林型绿地存在显著性差异；油松与其余7种林型绿地具有显著性差异；毛白杨林与刺槐林存在显著性差异；其余林型样地间无显著性差异。

5.5.2.2.2　不同林型绿地昼均湿度变化

为揭示不同林型绿地与其增湿效应关系，分别计算不同林型绿地昼均相对湿度变化、

表5-21　朝阳公园不同林型绿地昼间（8:00～18:00）空气温度及降温效应概况

编号	样地类型	昼间最高温度（℃）	昼间最低温度（℃）	昼温差（℃）	昼均温度（℃）	降温效应（℃）	降温率（%）
1	白蜡林	33.67	27.25	6.42	31.47	3.47	9.73ab*
2	臭椿林	34.18	27.20	6.98	31.78	3.16	8.88ab
3	刺槐林	34.13	27.09	7.04	31.45	3.50	9.85a
4	国槐林	34.10	27.17	6.93	31.50	3.44	9.67ab
5	栾树林	34.14	27.37	6.77	31.73	3.21	9.02ab
6	毛白杨林	34.19	27.29	6.90	31.74	3.08	8.67b
7	绦柳林	34.36	27.34	7.02	31.76	3.18	8.94ab
8	油松林	35.01	27.67	7.34	32.36	2.59	7.25c
9	对照	38.70	29.05	9.65	34.94	0.00	0.00d

昼均增湿效应。其中昼均增湿差值通过不同林型绿地昼均值与对照昼均值进行差值计算，昼均增湿率为不同林型绿地增湿效应与对照样地昼均值的比值。

（1）奥森北园

表 5-22 为奥森北园不同林型绿地昼间相对湿度及增湿效应概况，银杏林等 7 种林型绿地的昼间最高湿度、最低湿度、平均湿度等全部高于对照样地，昼均湿度变化范围为 69.50% ～ 71.96%，昼温差变化范围为 15.39% ～ 19.20%。不同林型绿地的增湿差值与增湿率排序为银杏林＞白蜡林＞国槐林＞栾树林＞毛白杨林＞臭椿林＞油松林。对 7 种林型绿地及对照昼均增湿率进行单因素方差分析，结果显示，对照与各林型样地存在显著性差异；银杏林与油松林、臭椿林之间存在显著性差异；其余林型样地间无显著性差异。

表5-22　奥森北园不同林型绿地昼间（8:00～18:00）相对湿度及增湿效应概况

编号	样地类型	昼间最高湿度（%）	昼间最低湿度（%）	昼温差（%）	昼均湿度（%）	增湿效应（%）	增湿率（%）
1	白蜡林	80.94	64.79	16.15	71.12	10.89	18.80ab
2	臭椿林	79.30	63.91	15.39	69.61	9.37	16.28b
3	国槐林	81.50	63.36	18.15	71.08	10.85	18.61ab
4	栾树林	82.39	63.23	19.16	70.86	10.63	18.17ab
5	毛白杨林	80.41	63.74	16.67	70.10	9.87	17.03ab
6	银杏林	83.08	64.43	18.65	71.96	11.73	20.07a
7	油松林	81.04	61.84	19.20	69.50	9.27	15.89b
8	对照	76.14	52.99	23.15	60.23	0.00	0.00c

（2）奥森南园

表 5-23 为奥森南园不同林型绿地昼间相对湿度及增湿效应概况，国槐林等 8 种林型绿地的昼间最高湿度、最低湿度、平均湿度等全部高于对照样地，相对湿度平均值变化范围为 63.48% ～ 68.10%，昼温差变化范围为 17.76% ～ 26.06%。不同林型绿地的增湿差值与增湿率排序为国槐林＞银杏林＞白蜡林＞毛白杨林＞栾树林＞刺槐林＞旱柳林＞油松林。对 8 种林型绿地及对照昼均增湿率进行单因素方差分析，结果显示，对照与各林型样地存在显著性差异；油松林与银杏林、国槐林存在显著性差异；其余林型样地间均无显著性差异。

表5-23　奥森南园不同林型绿地昼间（8:00～18:00）相对湿度及增湿效应概况

编号	样地类型	昼间最高湿度（%）	昼间最低湿度（%）	昼温差（%）	昼均湿度（%）	增湿效应（%）	增湿率（%）
1	白蜡林	80.52	57.64	22.89	65.13	9.77	19.16ab
2	刺槐林	80.36	57.18	23.18	64.66	9.30	18.23ab
3	国槐林	79.99	62.23	17.76	68.10	12.74	25.41a
4	旱柳林	81.22	55.17	26.06	64.19	8.82	17.11ab
5	栾树林	80.48	56.99	23.49	64.67	9.31	18.24ab

编号	样地类型	昼间最高湿度 （%）	昼间最低湿度 （%）	昼温差 （%）	昼均湿度 （%）	增湿效应 （%）	增湿率 （%）
6	毛白杨林	80.08	57.59	22.50	64.75	9.39	18.43ab
7	银杏林	80.88	58.10	22.78	65.90	10.54	20.65a
8	油松林	79.43	56.81	22.62	63.48	8.12	16.05b
9	对照	76.34	45.38	30.96	54.69	0.00	0.00c

（3）朝阳公园

表 5-24 为朝阳公园不同林型绿地昼间相对湿度及增湿效应概况，国槐林等 8 种林型绿地的昼间最高湿度、最低湿度、平均湿度等全部高于对照样地，相对湿度平均值变化范围为 51.92% ~ 54.57%，昼温差变化范围为 27.74% ~ 30.42%。不同林型绿地的增湿差值与增湿率排序为国槐林＞白蜡林＞绦柳林＞臭椿林＞栾树林＞刺槐林＞毛白杨林＞油松林。对 8 种林型绿地及对照昼均增湿率进行单因素方差分析，结果显示，对照与各林型样地存在显著性差异；国槐林、白蜡林、绦柳林、臭椿林分别与油松林、毛白杨林存在显著性差异；其余林型样地间无显著性差异。

表5-24 朝阳公园不同林型绿地昼间（8:00～18:00）相对湿度及增湿效应概况

编号	样地类型	昼间最高湿度 （%）	昼间最低湿度 （%）	昼温差 （%）	昼均湿度 （%）	增湿效应 （%）	增湿率 （%）
1	白蜡林	74.06	45.40	28.66	54.50	10.29	24.94a
2	臭椿林	72.72	44.74	27.98	53.65	9.44	23.11a
3	刺槐林	72.74	42.32	30.42	52.57	8.36	19.94ab
4	国槐林	72.78	45.04	27.74	54.57	10.36	25.21a
5	栾树林	73.96	43.60	30.36	53.37	9.16	21.94ab
6	毛白杨林	72.00	42.09	29.91	51.96	7.76	18.67b
7	绦柳林	73.36	43.79	29.57	54.00	9.79	23.58a
8	油松林	72.59	42.67	29.92	51.92	7.72	18.55b
9	对照	64.87	34.43	30.44	44.21	0.00	0.00c

5.5.2.3 不同林型绿地温、湿度随时间变化

5.5.2.3.1 不同林型绿地温度随时间变化

分别计算各样地 3 天内不同时段空气温度及其降温差值，结果如图 5-3 ~ 图 5-8 所示。

（1）奥森北园

图 5-3 为奥森北园不同林型绿地温度随时间变化图，受太阳辐射规律影响，7 种林型绿地及对照温度随时间大体呈现先上升后下降的单峰型变化趋势，并多以 14:00 为高峰值。

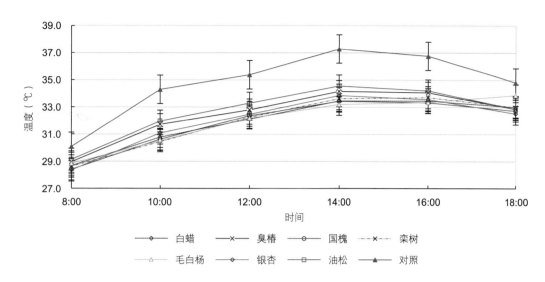

图 5-3　奥森北园不同林型绿地温度随时间变化图

8:00 ~ 10:00,对照样地的升温速率明显大于其他林型绿地的升温速率,伴随太阳辐射增强,对照样地可迅速升温,各林型样地则由于树冠的遮挡,内部温度变化相对缓慢。

图 5-4 为奥森北园不同林型绿地降温差值随时间变化图,7 种林型绿地在 8:00 ~ 18:00 的各时段均具有降温效应,并随时间大体呈现双峰型变化趋势。8:00 ~ 10:00,对照样地更易受太阳辐射影响,其升温速率远大于绿地,各林型绿地在 10:00 体现出较强的降温效应,最高为栾树林,降温差值可达 3.79℃。14:00,受太阳辐射影响,各样地空气温度达到最大值,各林型绿地也在该时段发挥其最强的降温效应,最高为毛白杨林,可达 3.87℃。

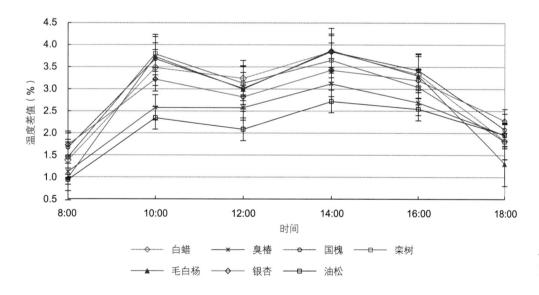

图 5-4　奥森北园不同林型绿地降温差值随时间变化图

（2）奥森南园

图 5-5、图 5-6 分别为奥森南园不同林型绿地温度随时间变化图与降温差值随时间变化图,与奥森北园测试结果相似,在 8:00 ~ 18:00,不同样地的空气温度随时间呈现单峰值变化趋势,并以 8:00 ~ 10:00 为低温时段,14:00 ~ 16:00 为高温时段;不同林型绿地的降温差值随时间呈现双峰值变化趋势,并分别在 10:00 和 14:00 ~ 16:00 发挥较强的降温效应。

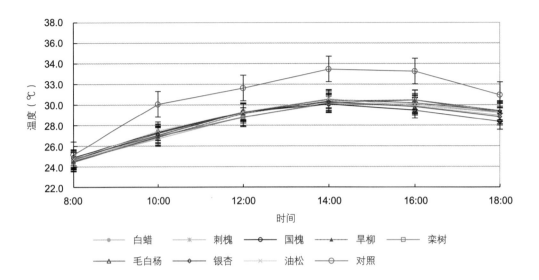

图 5-5 奥森南园不同林型绿地温度随时间变化图

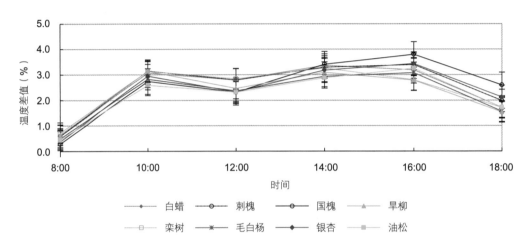

图 5-6 奥森南园不同林型绿地降温差值随时间变化图

（3）朝阳公园

图 5-7、图 5-8 分别为朝阳公园不同林型绿地温度随时间变化图与降温差值随时间变化图，在 8:00 ~ 18:00，不同样地的空气温度与不同林型绿地的降温差值均随时间呈现单峰值变化趋势，不同林型绿地在 14:00 ~ 16:00 发挥较强的降温效应。

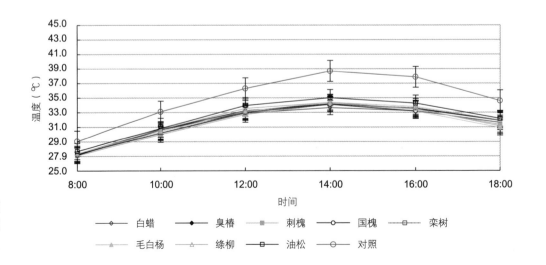

图 5-7 朝阳公园不同林型绿地温度随时间变化图

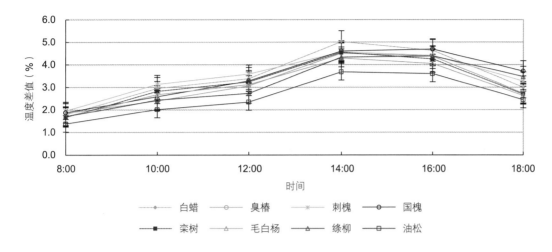

图 5-8　朝阳公园不同林型绿地降温差值随时间变化图

5.5.2.3.2　不同林型绿地相对湿度随时间变化

分别计算各样地 3 天内不同时段相对湿度及其增湿差值，结果如图 5-9 ~ 图 5-14 所示。

（1）奥森北园

图 5-9 为奥森北园不同林型绿地相对湿度随时间变化图，7 种林型绿地及对照温度随时间大体呈现先下降后上升的变化趋势，并在 14:00 达到最低值。总体而言，8:00 为各样地白天的高湿时段，14:00 为低湿时段。不同林型绿地各时段相对湿度均高于对照样地。

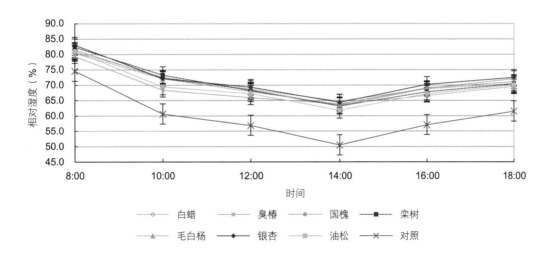

图 5-9　奥森北园不同林型绿地相对湿度随时间变化图

图 5-10 为奥森北园不同林型绿地增湿差值随时间变化图，7 种林型绿地在 8:00 ~ 18:00 的各时段均具有增湿效应，并在 14:00 达到最大值，与各样地降温差值变化趋势相似。总体而言，各林型绿地在 8:00、18:00 增湿效应较弱，14:00 ~ 16:00 以及部分样地的 10:00 时段增湿效应较强。其中，8:00 ~ 10:00 各样地增湿效应急剧上升，与绿地相比，对照样地更易受太阳辐射影响，保湿能力差，水分迅速蒸发，从而导致对照样地的相对湿度差值迅速变大。

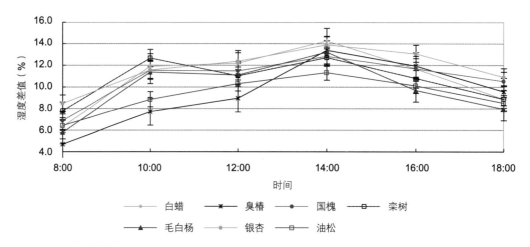

图 5-10 奥森北园不同林型绿地增湿差值随时间变化图

（2）奥森南园

图 5-11、图 5-12 分别为奥森南园不同林型绿地相对湿度随时间变化图与增湿差值随时间变化图，与奥森北园测试结果相似，在 8:00 ～ 18:00，不同样地的相对湿度随时间呈现先下降后上升的变化趋势，并以 8:00 为高湿时段，14:00 ～ 16:00 为低湿时段。8:00 ～ 18:00，8 种林型绿地在各时段均具有不同程度的增湿效应，并在 14:00 ～ 16:00 增湿效应较强。

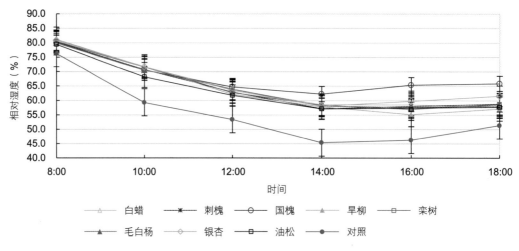

图 5-11 奥森南园不同林型绿地相对湿度随时间变化图

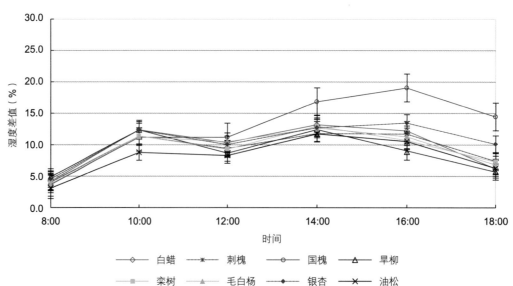

图 5-12 奥森南园不同林型绿地增湿差值随时间变化图

（3）朝阳公园

图 5-13、图 5-14 分别为朝阳公园不同林型绿地相对湿度随时间变化图与增湿差值随时间变化图，在 8:00 ~ 18:00，不同样地的相对湿度随时间变化呈现先下降后上升的单峰型趋势，并以 8:00 为高湿时段，12:00 ~ 16:00 为低湿时段。8:00 ~ 18:00，8 种林型绿地在各时段均具有不同程度的增湿效应，各时段变化趋势各有不同，大体在 16:00 发挥较强的增湿效应。

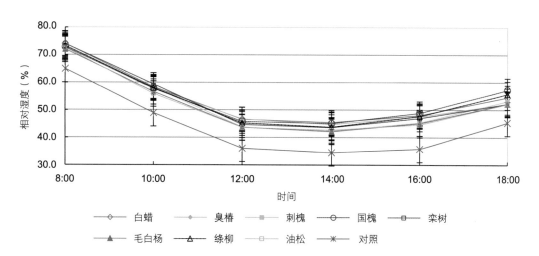

图 5-13　朝阳公园不同林型绿地相对湿度随时间变化图

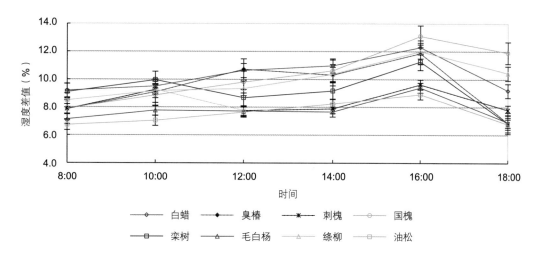

图 5-14　朝阳公园不同林型绿地增湿差值随时间变化图

5.5.2.4　不同林型绿地高温低湿时段温、湿度效应

分别计算不同林型绿地 3 天内高温低湿时段（14:00 ~ 16:00）降温差值、降温率、增湿差值及增湿率。

5.5.2.4.1　不同林型绿地 14:00 ~ 16:00 降温效应

（1）奥森北园

分别计算奥森北园不同林型绿地 14:00 ~ 16:00 降温差值，结果显示，各林型绿地降温差值排序为国槐林＞白蜡林＞毛白杨林＞栾树林＞银杏林＞臭椿林＞油松林，国槐林降温效应最强，平均降温 3.64℃，油松林最弱，平均降温 2.63℃。对 7 种林型绿地及对照样地的平均降温率进行单因素方差分析，结果显示，各样地在高温时段降温效应显著；国槐林、白蜡林、毛白杨林与臭椿林、油松林存在显著性差异，其余林型样地无显著性差异。

（2）奥森南园

分别计算奥森南园不同林型绿地 14:00 ～ 16:00 降温差值，结果显示，各林型绿地降温效应排序为国槐林＞刺槐林＞银杏林＞白蜡林＞油松林＞栾树林＞毛白杨林＞旱柳林，国槐林降温效应最强，平均降温 3.60℃。对 8 种林型绿地及对照样地的平均降温率进行进行单因素方差分析，结果显示，各样地在高温时段降温效应显著；国槐林与旱柳林存在显著性差异，其余林型样地间无显著性差异。

（3）朝阳公园

高温时段各林型绿地降温差值排序为白蜡林＞国槐林＞刺槐林＞臭椿林＞栾树林＞绦柳林＞毛白杨林＞油松林，白蜡林降温效应最强，平均降温 4.83℃。对 8 种林型绿地及对照样地的平均降温率进行进行单因素方差分析，结果显示，各样地在高温时段降温效应显著；白蜡林与油松林存在显著性差异，其余林型样地之间不存在显著性差异。

5.5.2.4.2　不同林型绿地 14:00 ～ 16:00 增湿效应

（1）奥森北园

分别计算奥森北园不同林型绿地 14:00 ～ 16:00 增湿差值，结果显示，各林型绿地增湿效应排序为银杏林＞白蜡林＞臭椿林＞国槐林＞栾树林＞毛白杨林＞油松林。对 7 种林型绿地及对照样地的平均增湿率进行进行单因素方差分析，结果显示，对照样地与 7 种林型绿地存在显著性差异；不同林型样地间无显著性差异。

（2）奥森南园

分别计算奥森南园不同林型绿地 14:00 ～ 16:00 增湿差值，结果显示，各林型绿地增湿效应排序为国槐林＞银杏林＞白蜡林＞毛白杨林＞栾树林＞刺槐林＞油松林＞旱柳林，国槐林增湿效应最强，平均增湿可达 17.96%。对 8 种林型绿地及对照样地的平均增湿率进行单因素方差分析，结果显示，对照样地与 7 种林型绿地存在显著性差异；国槐林与银杏林等 7 种林型绿地存在显著性差异；其他林型样地无显著性差异。

（3）朝阳公园

分别计算朝阳公园不同林型绿地 14:00 ～ 16:00 增湿差值，结果显示，各林型增湿效应排序为国槐林＞白蜡林＞绦柳林＞臭椿林＞栾树林＞刺槐林＞油松林＞毛白杨林，国槐林增湿效应最强，平均增湿可达 11.85%。对 8 种林型绿地及对照样地的平均增湿率进行进行单因素方差分析，结果显示，对照样地与 7 种林型绿地存在显著性差异；各林型样地间无显著性差异。

5.5.2.5　不同林型绿地降温增湿效应聚类分析

5.5.2.5.1　不同林型绿地降温效应聚类分析

对奥森北园、奥森南园、朝阳公园等 3 个公园 10 种林型绿地的昼均降温率进行 K-Means 聚类分析，并对聚类结果的类别间距进行方差分析，结果显示，10 种林型绿地可聚合为 3 类，第一类为降温效应较强的林型，包括绦柳林、国槐林、刺槐林、白蜡林 4 种；第二类为降温效应中等的林型，包括银杏林、栾树林、臭椿林、毛白杨林 4 种；第三类为降温效应较弱的林型，包括旱柳林和油松林 2 种。

5.5.2.5.2　不同林型绿地增湿效应聚类分析

对奥森北园、奥森南园、朝阳公园等 3 个公园 10 种林型绿地的昼均增湿率进行 K-Means 聚类分析，并对聚类结果的类别间距进行方差分析，结果显示，10 种林型绿地可聚合为 3 类，第一类为增湿效应较强的林型，包括国槐林、绦柳林 2 种；第二类为增湿效应中等的林型，包括白蜡林、银杏林、臭椿林、栾树林、刺槐林 5 种；第三类为增湿效应较弱的林型，包括旱柳林、毛白杨林和油松林 3 种。

5.5.2.6　不同林型绿地人体舒适度分析

5.5.2.6.1　奥森北园

分别计算各样地不同时段及昼均舒适度指数，结果如表 5-25 所示。14:00 ~ 16:00 各样地舒适度等级均为 9，为全天最不舒适时段，且对照样地 14:00 的舒适度指数值最大，可达 96.95。对照样地除 8:00 的舒适度等级为 7 外，其余 5 个时段的舒适度等级均为 9，不同林型绿地可在不同时段提升环境的人体舒适度，除油松林外，白蜡等 6 种林型具有 1 个舒适度等级为 7 的时段，2 个舒适度等级为 8 的时段和 3 个舒适度等级为 9 的时段。昼均舒适度指数计算结果显示，不同样地人体舒适度指数值大体呈现栾树林＜国槐林＜白蜡林＜毛白杨林＜银杏林＜臭椿林＜油松林＜对照的规律。

表5-25　奥森北园各样地舒适度指数

时间	白蜡林		臭椿林		国槐林		栾树林		毛白杨林		银杏林		油松林		对照	
	I	等级	I	等级	I	等级	I	等级	I	等级	I	等级	I	等级	I	等级
8:00	82.60	7	82.82	7	82.10	7	82.40	7	82.44	7	82.29	7	83.37	7	84.42	7
10:00	86.41	8	87.94	8	86.13	8	85.36	8	85.09	8	86.53	8	88.33	8	91.98	9
12:00	88.97	8	89.66	8	89.63	8	88.30	8	88.83	8	90.11	9	90.66	9	93.86	9
14:00	90.90	9	92.07	9	90.98	9	90.30	9	90.37	9	92.18	9	92.91	9	96.95	9
16:00	91.10	9	93.03	9	90.89	9	90.75	9	90.76	9	91.84	9	92.54	9	96.75	9
18:00	90.71	9	90.66	9	90.12	9	90.79	9	92.12	9	89.97	8	90.70	9	93.35	9
昼均	88.45	8	89.36	8	88.31	8	87.98	8	88.55	8	88.82	8	89.75	8	92.88	9

对 7 种林型绿地及对照舒适度指数进行单因素方差分析，结果显示，对照与栾树林、国槐林、白蜡林及毛白杨林 4 种林型存在显著性差异，而与银杏林、臭椿林、油松林之间的差异性不显著，7 种林型样地之间不存在显著性差异。

5.5.2.6.2 奥森南园

分别计算各样地不同时段及昼均舒适度指数，结果如表 5-26 所示。与奥森北园测定结果一致，14:00 ~ 16:00 为各样地全天最不舒适时段，且对照样地 14:00 的舒适度指数值最大。昼均舒适度指数计算结果显示，不同样地人体舒适度指数值大体呈现刺槐林＜国槐林＜旱柳林＜白蜡林＜栾树林＜银杏林＜毛白杨林＜油松林＜对照的规律。

对 8 种林型绿地及对照样地舒适度指数进行单因素方差分析，结果显示，各样地间无显著性差异。

5.5.2.6.3 朝阳公园

分别计算各样地不同时段及昼均舒适度指数，结果如表 5-27 所示，与其他两个公园相似，14:00 ~ 16:00 为各样地全天最不舒适时段，且对照样地 14:00 的舒适度指数值最大。

表5-26 奥森南园各样地舒适度指数

时间	白蜡林		刺槐林		国槐林		旱柳林		栾树林		毛白杨林		银杏林		油松林		对照	
	I	等级	I	等级	I	等级	I	等级	I	等级	I	等级	I	等级	I	等级	I	等级
8:00	75.21	6	75.77	6	76.92	6	74.48	6	75.84	6	75.49	6	75.86	6	74.59	6	74.71	6
10:00	79.23	7	79.67	7	81.02	7	79.74	7	79.56	6	79.68	7	79.70	7	80.38	7	83.72	7
12:00	82.50	7	83.07	7	83.89	7	82.84	7	82.41	7	83.35	7	83.88	7	83.31	7	86.14	8
14:00	84.74	7	85.20	8	85.14	8	84.67	8	85.07	8	85.28	8	85.58	8	85.88	8	89.81	8
16:00	85.35	8	84.09	7	84.55	7	85.10	8	85.78	8	83.80	7	85.12	8	84.84	7	89.62	8
18:00	83.23	7	83.07	7	82.39	7	82.92	7	83.28	7	82.77	7	82.98	7	83.09	7	85.24	8
昼均	81.71	7	81.15	7	81.25	7	81.46	7	81.72	7	81.99	7	81.93	7	82.01	7	84.87	7

表5-27 朝阳公园各样地舒适度指数

时间	白蜡林		臭椿林		刺槐林		国槐林		栾树林		毛白杨林		绦柳林		油松林		对照	
	I	等级	I	等级	I	等级	I	等级	I	等级	I	等级	I	等级	I	等级	I	等级
8:00	80.12	7	80.46	7	79.74	7	80.11	7	80.52	7	80.18	7	80.34	7	81.17	7	82.43	7
10:00	84.84	7	86.40	8	84.09	7	85.97	8	85.39	8	85.15	8	85.59	8	86.80	8	89.83	8
12:00	89.78	8	90.84	9	88.43	8	89.52	8	89.77	8	89.60	8	90.88	9	91.65	9	94.88	9
14:00	91.59	9	93.07	9	91.71	9	91.95	9	91.69	9	92.39	9	92.28	9	93.81	9	99.59	9
16:00	90.63	9	91.54	9	91.36	9	90.16	9	91.31	9	91.51	9	91.21	9	92.74	9	98.20	9
18:00	87.75	8	88.65	8	87.86	8	86.85	8	88.14	8	88.72	8	86.94	8	89.11	8	92.82	9
昼均	87.45	8	88.49	8	87.20	8	87.43	8	87.80	8	87.92	8	87.87	8	89.21	8	92.96	9

昼均舒适度指数计算结果显示，不同样地人体舒适度指数值大体呈现刺槐林＜国槐林＜白蜡林＜栾树林＜绦柳林＜毛白杨林＜臭椿林＜油松林＜对照的规律。

对 8 种林型绿地及对照样地的舒适度指数进行单因素方差分析，结果显示，对照样地与刺槐林、国槐林、白蜡林等 3 种林型存在显著性差异，其他样地间无显著性差异。

5.5.3　结论

（1）对不同林型绿地的样地特征与微环境温湿度进行相关性分析，结果表明，不同样地的林型特征对微环境的空气温度与相对湿度存在显著影响，样地内植物种植密度、植物群落郁闭度、面积及各环境要素所占比例等与微环境空气温度、相对湿度无显著性相关关系。

（2）对不同林型绿地各时段及昼均温湿效应进行分析，结果显示，8:00 ～ 18:00，不同林型绿地空气温度大体呈现先上升后下降的变化趋势，相对湿度则与之相反，14:00 ～ 16:00 为日间高温低湿时段。不同林型绿地在各时段均具有显著的降温增湿效应，并在 14:00 ～ 16:00 效应较强，平均降温可达 2.63 ～ 4.83℃，平均增湿可达 8.53% ～ 17.96%。

（3）10 种林型绿地降温增湿效应可聚合成强、中、弱三类，降温效应强的有绦柳林、国槐林、刺槐林、白蜡林 4 种林型，增湿效应强的有国槐林、绦柳林 2 种林型；降温效应中等的有银杏林、栾树林、臭椿林、毛白杨林 4 种林型，降温效应中等的有白蜡林、栾树林、银杏林、臭椿林、刺槐林 5 种林型；降温效应弱的有旱柳林、油松林 2 种林型，增湿效应弱的有油松林、毛白杨林、旱柳林 3 种林型。

（4）分别计算各样地不同时段及昼均舒适度指数，结果显示，不同林型绿地可通过不同时段及昼间不同程度改善夏季微环境的人体舒适度。

5.6 不同结构绿地降温增湿效应研究

不同结构绿地所发挥的生态效益不同，本节以不同结构绿地为研究对象，采用小尺度定量测定方法，探究绿地结构与温湿效应的相关关系。

5.6.1 研究方法

5.6.1.1 研究地概况

样地设于北京市园林绿化科学研究院城市绿地生态系统科学观测研究站内（39°58′N，116°27′N），该站于 2016 年建成，占地 3.4hm²，是国内首家城市绿地生态系统定位观测站点。本研究以裸地为对照，选择研究站内 4 种不同结构绿地（乔 – 灌 – 草、乔 – 草、灌 – 草、草坪）作为研究对象，每种类型各 3 块样地，共计 13 块，样地概况如表 5-28 所示。

5.6.1.2 测试方法

采用美国产 NK Kestrel 4500 NV 便携式气象测定仪进行测试，试验于 2017 年 6 月 28 ~ 30 日连续 3 天进行，3 天均为晴朗天气。每处样地内随机布点，各设置 20 个测试点，在距地面 1.5m 处进行测试。测试时间为每天 8:00 ~ 18:00，每隔 2h 分别对样地内各测试点的空气温度、相对湿度及风速进行同步测定 1 次。

5.6.1.3 数据处理

（1）人体舒适度指数计算与 5.5 方法相同。

（2）采用 SPSS 软件对样地特征与空气温度、相对湿度进行 Spearman 相关性分析；对样地昼均及 14:00 的温、湿度差值进行多重比较，分析各样地温、湿效应的显著性差异。

5.6.2 结果与分析

5.6.2.1 样地特征与温湿度相关性分析

在炎热晴朗的夏季，14:00 通常为当日大气温度最高值的产生时刻。选取该时刻样地空气温度、相对湿度与样地特征进行 Spearman 相关性分析。其中，样地特征包括样地类型、样地面积、植物种植密度、乔木层郁闭度、各环境要素所占比例等 17 项指标。结果如表 5-29

表5-28　样地概况

样地	样地结构*	植物构成	乔木层郁闭度	样地面积(m²)	种植密度(株/m²)			比例**(r=20m)				比例(r=30m)				比例(r=40m)			
					乔木	灌木	草本	绿地	水泥地面	建筑	裸地	绿地	水泥地面	建筑	裸地	绿地	水泥地面	建筑	裸地
1	乔—灌—草(3)	白桦、白杆、榛棠、红瑞木、金银木、早园竹、麦冬	0.75	323	0.09	0.44	28	0.20	0.80	0.00	0.00	0.27	0.73	0.00	0.00	0.26	0.62	0.11	0.00
2		元宝枫、银杏、小叶朴、白杆、金银木、毛叶水栒子、涝峪薹草	0.75	373	0.12	0.68	32	0.14	0.52	0.34	0.00	0.31	0.42	0.27	0.00	0.43	0.34	0.23	0.00
3		元宝枫、圆柏、涝峪薹草	0.60	56	0.11	0.03	31	0.55	0.45	0.00	0.00	0.63	0.37	0.00	0.00	0.59	0.41	0.00	0.00
4	乔—草(2)	国槐、涝峪薹草	0.75	350	0.10	—	22	1.00	0.00	0.00	0.00	1.00	0.00	0.00	0.00	0.91	0.07	0.03	0.00
5		栾树、涝峪薹草	0.70	101	0.39	—	35	0.89	0.11	0.00	0.00	0.91	0.09	0.00	0.00	0.88	0.12	0.00	0.00
6		银杏、涝峪薹草	0.75	635	0.21	—	33	0.51	0.49	0.00	0.00	0.50	0.50	0.00	0.00	0.52	0.48	0.00	0.00
7	灌—草(2)	大叶醉鱼草、涝峪薹草	—	21	—	1.30	30	0.88	0.12	0.00	0.00	0.89	0.11	0.00	0.00	0.92	0.08	0.00	0.00
8		丁香、涝峪薹草	—	36	—	0.58	30	0.92	0.08	0.00	0.00	0.95	0.05	0.00	0.00	0.94	0.06	0.00	0.00
9		紫穗槐、涝峪薹草	—	92	—	0.52	32	0.85	0.15	0.00	0.00	0.87	0.13	0.00	0.00	0.85	0.15	0.00	0.00
10	草(1)	早熟禾	—	171	—	—	40	0.69	0.25	0.06	0.00	0.71	0.13	0.16	0.00	0.59	0.10	0.31	0.00
11		野牛草	—	275	—	—	29	1.00	0.00	0.00	0.00	0.82	0.18	0.00	0.00	0.88	0.12	0.00	0.00
12		金娃娃薹草	—	1296	—	—	9	0.00	1.00	0.00	0.00	0.58	0.42	0.00	0.00	0.83	0.17	0.00	0.00
13	裸地(0)	—	—	1080	—	—	—	0.00	0.00	0.00	0.56	0.44	0.00	0.00	0.56	0.62	0.00	0.00	0.38

注：* 根据下垫面植物结构层次，对乔灌草、乔草、灌草、草地、建筑和裸地，以样地分级赋值为3、2、2、1、0。
** 将各样地周围环境要素划为绿地、水泥地面、铺装、建筑和裸地，分别以20m、30m和40m为半径画圆，计算圆内区域各环境要素所占比例。

所示，样地结构类型与样地的空气温度和相对湿度存在极显著相关关系，样地内植物种植密度、郁闭度、面积及各环境要素所占比例等与样地的空气温度、相对湿度无显著性相关关系。

表5-29　样地特征与温、湿度间相关系数

项目		14:00空气温度		14:00相对湿度	
		相关性系数	p值	相关性系数	p值
结构		−0.858	0.000	0.835	0.000
郁闭度		−0.270	0.604	0.034	0.949
面积		0.086	0.771	−0.446	0.110
种植密度	乔木	0.029	0.957	−0.143	0.787
	灌木	0.314	0.544	0.314	0.544
	草本	−0.240	0.452	−0.004	0.991
比例（r=20）	绿地	−0.206	0.479	0.249	0.391
	水泥地面	−0.356	0.211	0.281	0.331
	建筑	0.138	0.639	−0.180	0.537
比例（r=30）	绿地	0.002	0.994	0.095	0.748
	水泥地面	−0.340	0.243	0.172	0.557
	建筑	0.138	0.639	−0.180	0.537
	裸地	0.379	0.182	−0.310	0.281
比例（r=40）	绿地	0.157	0.593	0.040	0.893
	水泥地面	−0.431	0.124	0.220	0.449
	建筑	−0.049	0.869	−0.064	0.828
	裸地	0.379	0.182	−0.310	0.281

5.6.2.2　不同结构绿地昼均温湿度变化

为进一步揭示不同结构绿地与其温湿效应关系，分别计算不同结构绿地昼均温、湿度及其对照差值，如表5-30所示。可以看出，各样地空气温度呈现乔灌草＜乔草＜灌草＜草地＜对照的规律；相对湿度呈现乔灌草＞乔草＞灌草＞草地＞对照的规律。与对照样地相比，不同结构绿地均具有降温增湿效应，并以乔灌草降温增湿效应最强，昼均降温3.25℃，昼均增湿5.72%；草地降温增湿效应最弱，昼均降温0.25℃，昼均增湿0.45%。

对不同结构样地昼均降温增湿效应进行单因素方差分析，结果显示，草地与对照的降温效应不存在显著性差异，其余样地两两之间存在显著性差异（$p < 0.05$）。草地与裸地

均为透水性样地，且两者导热率及对太阳辐射的反射率差异较小，加之草地植物蒸腾作用较弱、没有遮荫，因此二者温、湿效应差异性不显著。从增湿效应的差异来看，除乔草与灌草之间不存在显著性差异外，其余差异性与降温效应一致，乔草与灌草样地植物结构均为两层，乔草的绿量大于灌草，但乔草型样地中乔木的分枝点较高，空气对流作用较强，保湿能力略差，因此两者未表现出显著性的差异。

综合不同结构绿地昼均降温增湿效应来看，绿地能够降温增湿集中表现在两个方面，一个是植物的蒸腾作用，另一个是植物枝叶的遮荫作用。蒸腾作用是一个吸收周围热能、释放水蒸汽的过程，吸收热能降低温度，而释放水蒸气增加环境湿度。植物树冠可以遮挡阳光，从而减少太阳辐射热，降低温度；植物叶面积总量通常会决定绿地的生态效益，乔灌草、乔草、灌草和草地 4 种绿地进行比较时，叶面积总量依次降低，因此乔灌草的降温增湿效应最强，草地最弱。裸地与绿地相比，吸收、释放热能快，小部分太阳辐射的热能被裸地表面反射和散射，剩余的大部分被其吸收，而绿地植物树冠可以遮挡、反射一部分太阳辐射，只有一小部分太阳辐射进入绿地内部，这使得裸地温度高于绿地，与其他相关研究一致。

表5-30　各样地昼均空气温度、相对湿度及降温效应概况

项目	乔灌草	乔草	灌草	草地	对照
温度（℃）	31.24	32.58	33.17	34.24	34.49
相对湿度（%）	55.16	53.12	52.22	49.90	49.45
降温效应*（℃）	3.25a	1.91b	1.32c	0.25d	0.00d
增湿效应**（%）	5.72a	3.68b	2.78b	0.45c	0.00c

注：*降温效应为对照样地昼均空气温度分别与不同类型样地昼均空气温度差值；
　　**增湿效应为不同类型样地昼均相对湿度与对照样地昼均相对湿度差值。

5.6.2.3　不同结构绿地温湿度随时间变化

分别计算各样地 3 天内不同时段空气温度、相对湿度及其对照差值。图 5-15、图 5-16 分别为不同样地空气温度随时间变化图和不同样地相对湿度随时间变化图，各样地空气温度在 8:00 ～ 18:00 时段呈现先上升后下降的趋势，并在 14:00 ～ 16:00 达到峰值；相对湿度与之相反，呈现先下降后上升的趋势，并大致在 16:00 达到全天最低值。

图 5-17、图 5-18 分别为不同结构绿地降温、增湿效应随时间变化图，其中降温效应为对照样地各时段空气温度与不同结构绿地各时段空气温度的差值，增湿效应为不同结构绿地各时段相对湿度与对照样地各时段相对湿度的差值。可以看出，不同结构绿地对内部环境的调节能力在 12:00 ～ 14:00 时段最强，并在 14:00 达到最大值，其中乔灌草降温增湿效应最强，降温达 4.50℃，增湿 7.45%；其次为乔草，降温 2.89℃，增湿 4.87%；草地降温增湿效应最弱，降温 0.55℃，增湿 1.14%。对照样地由于没有遮挡，直接承受太阳辐射，当太阳辐射达到一天当中最强时，裸地迅速升温，水分迅速蒸发，而绿地由于植物树冠对太阳的遮挡，加之植物吸收部分光能进行光合作用，且其蒸腾作用能够调节温湿度，

内部温度和相对湿度不会迅速变化，因此这个时间段绿地与对照样地的温、湿度差值最大，降温增湿效应最显著。此外，不同结构绿地在不同时段的温湿效应排序基本与昼均温湿效应一致，即乔灌草＞乔草＞灌草＞草。

对 14:00 不同结构绿地温、湿效应进行单因素方差分析，结果显示，在降温效应方面，除草地外，其他结构绿地均与对照样地存在显著性差异（$p < 0.05$），乔灌草与乔草等其他样地存在显著性差异，乔草与灌草无显著性差异；在增湿效应方面，乔灌草、乔草 2 种结构类型与对照样地存在显著性差异，乔灌草与草地存在显著性差异，灌草、草地 2 种结构类型与对照样地无显著性差异。

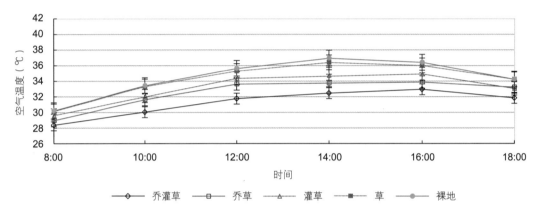

图 5-15 不同样地空气温度随时间变化图

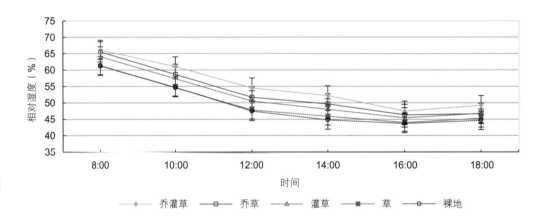

图 5-16 不同样地相对湿度随时间变化图

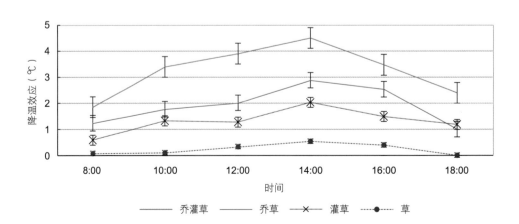

图 5-17 不同结构绿地降温效应随时间变化图

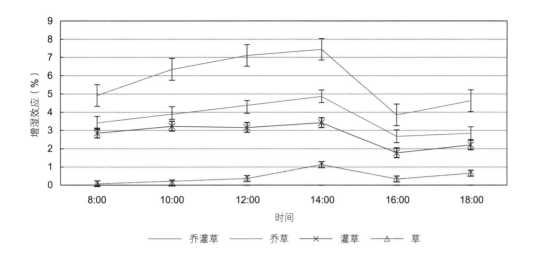

图 5-18　不同结构绿地增湿效应随时间变化图

5.6.2.4　不同结构绿地人体舒适度分析

分别计算 4 种结构绿地及对照样地各个时刻与昼均舒适度指数，如表 5-31 所示，在炎热的夏季，舒适度指数（I）值越低，等级越低，人体感觉越舒适。5 种类型样地昼均舒适度指数值排序为乔灌草＜乔草＜灌草＜草地＜对照，与昼均空气温度排序一致。

8:00 ～ 18:00 不同时段舒适度指数中，14:00 ～ 16:00 为全天最不舒适时段，各样地的 I 值均达到最高值，舒适度等级多为 9 级，虽然不同结构样地在 14:00 ～ 16:00 降温增湿效应最显著，但对于北京湿热的天气，绿地可以缓解炎热天气带来的不适感，却不能完全达到让人舒适的状态。综合昼均和各个时刻的舒适度指数可以发现，不同样地人体舒适程度大体呈现乔灌草＞乔草＞灌草＞草地＞对照的规律，这与不同结构绿地的降温增湿效应规律一致。

表5-31　不同结构绿地及对照样地舒适度指数

时间	乔灌草		乔草		灌草		草地		裸地	
	I	等级	I	等级	I	等级	I	等级	I	对照
8:00	82.56	7	83.07	7	85.21	8	84.91	7	84.83	8
10:00	85.43	8	87.82	8	89.32	8	90.97	9	91.01	9
12:00	88.53	8	91.16	9	93.27	9	94.02	9	94.26	9
14:00	89.45	8	91.41	9	94.27	9	95.92	9	96.72	9
16:00	90.70	9	91.25	9	94.51	9	95.29	9	96.06	9
18:00	88.89	8	90.58	9	91.25	9	92.29	9	91.82	9
昼均	87.57	8	89.18	8	91.28	9	92.22	9	92.43	9

5.6.3　结论

（1）对不同结构绿地的样地特征与微环境温湿度进行相关性分析，结果表明，样地结构类型与样地的空气温度和相对湿度存在极显著相关关系，样地内植物种植密度、郁闭度、面积及各环境要素所占比例等与样地的空气温度、相对湿度无显著性相关关系。

（2）对不同结构绿地昼均温湿效应进行分析，结果显示，各样地昼均空气温度呈现乔灌草＜乔草＜灌草＜草地＜对照的规律，昼均湿度与之相反；昼均降温、增湿效应排序均为乔灌草＞乔草＞灌草＞草地降温、增湿效应无对照。

（3）对不同结构绿地不同时段温湿效应进行分析，结果显示，8:00 ～ 18:00，各样地与对照温度随时间呈现先上升后下降的变化规律，相对湿度与之相反。各结构绿地降温增湿效应在 14:00 最显著，乔灌草降温增湿效应最强，降温 4.50℃，增湿 7.45%，草地最弱，降温 0.55℃，增湿 1.14%。

（4）分别计算各样地不同时段及昼均舒适度指数，结果显示，不同样地人体舒适程度大体呈现乔灌草＞乔草＞灌草＞草地＞对照的规律，这与降温增湿效应规律一致。

5.7　生态改善型植物材料推荐与群落构建

基于北京常见园林植物固碳释氧、降温增湿等生态效益研究，推荐适于北京地区应用的生态改善型植物材料和群落构建模式。

5.7.1　固碳释氧型植物材料推荐与群落构建

5.7.1.1　固碳释氧型植物材料推荐

通过测定植物的光合作用与绿量可以计算不同植物个体的固碳释氧效益。结合 75 种北京常用园林植物单位叶面积固碳释氧效益分级与 33 种植物个体固碳释氧效益测算结果，推荐适于通州区应用的固碳释氧型植物材料 11 种，具体包括白蜡、国槐、栾树、紫薇、金银木、小叶黄杨、红瑞木、榆叶梅、涝峪薹草、早熟禾和野牛草。

5.7.1.2　固碳释氧型植物群落构建模式

基于固碳释氧型植物材料筛选结果，结合植被生态学与园林艺术原理，构建固碳释氧型植物群落模式，用于通州示范建设，示例如下：

（1）白蜡—金银木 + 小叶黄杨—早熟禾

上层乔木以白蜡为主体；中层以金银木为主体植于林下，微地形上可适当点缀小叶黄杨球；下层以早熟禾铺底。

（2）栾树—紫薇 + 红瑞木—涝峪薹草

上层乔木以栾树为主体；中层以红瑞木为主体植于林下，紫薇片植于林缘；下层以涝峪薹草铺底。

（3）国槐—金银木—野牛草

上层乔木以国槐为主体；中层片植金银木；下层以野牛草铺底。

5.7.2　降温增湿型植物材料推荐与群落构建

5.7.2.1　降温增湿型植物材料推荐

通过评价与测定植物的蒸腾作用与绿量可以计算不同植物个体的蒸腾总量，结合植物株型等影响降温增湿效益的诸要素，推荐适于通州区应用的降温增湿型植物材料 11 种，具体包括白蜡、悬铃木、绦柳、刺槐、国槐、珍珠梅、榆叶梅、红瑞木、紫薇、金银木、白车轴草。

5.7.2.2　降温增湿型植物群落构建模式

与单层次植物群落相比，乔灌草型植物群落具有更强的降温增湿作用。基于降温增湿型植物材料筛选结果，群落模式，用于通州示范建设，示例如下：

（1）绦柳—榆叶梅—白车轴草

上层乔木以绦柳为主体；中层榆叶梅喜光，片植于林缘；下层以白车轴草铺底。

（2）白蜡＋油松—金银木—白车轴草

上层乔木以白蜡为主体，适当间植油松，构建针阔混交林；中层以金银木为主体植于林下；下层以白车轴草铺底。

（3）国槐—珍珠梅—白车轴草

上层乔木以国槐为主体；中层片植珍珠梅于林下；下层以白车轴草铺底。

第6章

基于生物多样性保育的植物群落构建技术

　　城市化导致生物多样性降低。伴随城市化发展，农林用地变成建设用地并被硬化使用，对原有自然生态系统及其生物多样性造成了极大的直接或间接影响。城市绿地在维持和提高生物多样性水平上发挥着极大的作用，绿地通过植被的蒸腾、光合、吸收等生态过程有效改善城市生存环境的同时，容纳着众多的生物种群。进行科学的城市绿地规划、设计、建设和管理是风景园林师致力于生物多样性保护工作的重要途径。在大尺度层面，开展生态用地规划是构建健康城市生态系统和开展城市生物多样性保护的首要策略。在小尺度层面，采用科学的生态绿化技术在有限的场地内发挥其最佳的生态系统维系和生物多样性保护功能至关重要，包括绿地生态系统中环境的改善，生产者、分解者和各级消费者种群的调控等方面。基于研究成果，本章将主要介绍基于小尺度层面，以植物、天敌昆虫以及鸟类为保护对象的植物群落构建技术。

6.1　研究综述

6.1.1　近自然植物群落营建

关于近自然植物群落的相关研究，国外最早可追溯到 1869 年 Gayer 提出的近自然林业理论（陆元昌等，2002）。其后，在 1956 年，Tüxen 提出了"潜在植被理论"，该理论认为，对于现状植被，如果辅以人工措施，该立地条件则具有形成当地顶级群落的潜在能力（Miyawaki et al.，1993）。以此为基础，20 世纪 70 年代，日本生态学家宫胁昭创造了"宫胁造林法"，即通过模拟自然群落结构，进行森林植被营建，现已在日本、中国、泰国等诸多国家几百个案例中取得成功（Miyawaki et al.，1993；王仁卿等，2002；原田洋等，2014）。

我国古典园林崇尚自然，常于园林营造中学习和模仿自然，如避暑山庄中保留了大片的原始油松林，颐和园万寿山再现了北京自然群落中的景观特色。近二十年来，伴随日本宫胁造林法的盛行，我国诸多学者相继开展了近自然植物群落研究（达良俊等，2003；2004；2008；林源祥等，2006；丛日晨等，2006；任斌斌等，2009；2010；2011；卢山等，2015）；部分城市开展了近自然植物群落营造的实践（王小平等，2008）。迄今为止，基于应用对象的不同，国内相关研究可以划分为两类，一类是林业、生态修复中的近自然群落研究；另一类是城市绿地中的近自然群落研究。前者已较多地应用于实践，后者尚停留于较浅的理论和探讨层面。

6.1.2　蜜粉源植物及其应用

蜜粉源植物（insectary plants）是指有目的地引入生态系统中的能够为有害生物天敌提供花粉、花蜜或花外蜜等食物资源，并诱集天敌取食的植物。关于蜜粉源植物研究，国外已经发展到相对成熟的阶段，在其生态学意义、蜜粉源植物选择、补充营养天敌种类及蜜粉源植物应用等方面均有着较为深入的研究，与之相比，国内研究相对较少。

6.1.2.1　天敌昆虫补充营养的生态学意义

天敌昆虫取食花蜜、花粉等非寄主食物主要包括三方面原因，一是部分雌性天敌昆虫卵、卵巢发育和成熟的需要（Flanders，1950）；二是天敌昆虫在搜寻寄主过程中能量补充的需要（Hoferer et al.，2000）；三是天敌昆虫在缺乏寄主或捕食对象时对食物的需要。从其生态学意义来看，包括促进性成熟、延长寿命、提高生殖力或寄生力以及提高子代雌性比率等方面。

蜜粉源植物能够促进天敌昆虫性成熟的研究报道，最早来源于松梢螟的寄生蜂黑瘤姬蜂，刚羽化的姬蜂雌蜂为驱避松油而飞离森林，寻找蜜粉源植物补充营养后，达到性成熟（Thorpe et al.，1938）。诸多室内研究证明，多数卵育型寄生蜂和捕食性食蚜蝇必须通过取食非寄主食物补充营养后，才能达到性成熟（Van Rijn et al.，2006；Charles-Tollerup，2013）。

研究表明，天敌昆虫羽化后未及时补充营养，多数仅能存活几天甚至几小时，而当天敌昆虫取食蜜粉源植物的花粉或花蜜等补充营养后，寿命多会显著延长（Idris et al.，1997；Wratten et al.，2003；Lee et al.，2004；Berndt et al.，2005；Sivinski et al.，2006；Irvin et al.，2007；Winkler et al.，2009；Balzan et al.，2013；Wong et al.，2013）。

诸多室内研究表明，天敌昆虫取食非寄主食物补充营养后，不仅寿命显著延长，而且生殖力、寄生率显著提高。例如，一些寄生蜂在缺乏食物资源时，能将自身体内的成熟卵消溶吸收，用于维持寄生蜂正常的生命活动，并保持产生卵子的能力，直到得到并取食食物后，才又开始卵的形成及产卵（Jervis et al.，1996）。而天敌昆虫在搜寻寄主过程中需消耗大量的能量，因此，天敌昆虫需经常补充营养以维持其正常的产卵能力。也有田间试验表明，在靶标植物周围种植蜜粉源植物条带，可显著提高天敌昆虫对靶标植物害虫的寄生率。同时，靶标植物离蜜粉源植物越近，天敌昆虫对害虫的寄生率越高，反之，寄生率越低（Ellis et al.，2005）。

此外，取食非寄主食物补充营养后，部分天敌昆虫子代的雌性比率也会显著提高（Berndt et al.，2002；2005）。例如，长绒茧蜂在香雪球上补充营养后，可显著提高其子代的雌性比率。对照茧蜂在少于3天的寿命中，所产子代近100%为雄性，而处理茧蜂在前3天所产子代60%为雄性；随后几天，子代中雄性比率逐渐降低到40%（Berndt et al.，2005）。

6.1.2.2　天敌昆虫对蜜粉源植物的选择

针对天敌昆虫补充营养行为的相关因子，国外学者们也展开了大量研究。诸多研究表明，影响天敌昆虫对蜜粉源植物选择的因子包括内在因素与外在因素。内在因素包括天敌昆虫的营养状态和载卵量；外在因素涉及植物的花结构、花蜜、花外蜜、花粉、花色以及花气味等。天敌昆虫选择蜜粉源植物补充营养通常是嗅觉、视觉、味觉信号反应和花结构共同作用的结果，决定着天敌昆虫是否选择某种蜜粉源植物补充营养，以及补充营养量（Wäckers，2004）。综合研究表明，天敌昆虫补充营养的蜜粉源植物多为伞形科、小檗科、大戟科、蓼科、蝶形花科以及菊科植物（Tooker et al.，2000；Anna，2006；Sadeghi，2008；Kopta et al.，2012）。

6.1.2.3　补充营养的天敌昆虫种类

补充营养行为在寄生性和捕食性天敌中普遍存在。Hagen 在对 163 科寄生性和捕食性天敌的调查研究中发现，约 **75%** 的天敌在其发育过程中的某个阶段可取食植物的花蜜、花外蜜和花粉（Hagen，1987）。已有研究表明，昆虫纲中的膜翅目、双翅目、鞘翅目、半翅目、缨翅目、脉翅目和鳞翅目天敌，均有取食蜜粉源植物补充营养的习性。

6.1.2.4 蜜粉源植物在生物防治中的应用

将蜜粉源植物合理配置于目标害虫周围，可显著提高天敌昆虫对害虫的控制效果，在国外已有诸多成功案例，并多集中于农业领域。在扶芳藤四周种植白车轴草、岩大戟、轮叶金鸡菊和加拿大一枝黄花4种蜜粉源植物后，能够显著提高天敌长缨恩蚜小蜂对卫矛矢尖蚧的寄生效果（Rebek et al.，2005；2006）。在冬小麦周围的"农田边界"种植蜜粉源植物后，2m 和 6m 宽的蜜粉源植物带诱集或繁育的飞行性天敌昆虫，可分别降低 80m 范围内冬小麦地中 90% 和 93% 的麦长管蚜种群数量，从而有效地防止蚜虫的危害（Holland et al.，2008）。Ellis 在树木周围种植园林中常用花卉草本植物，并以周围无草本植物的树木为对照，研究了天敌对接种在树木上的大衰蛾的控制作用。结果表明，树木周围种植草本花卉植物后大衰蛾的寄生率比对照高 71%，天敌寄生率是对照和周围种植极少量花卉植物的 3 倍以上（Ellis et al.，2005）。Jane 研究了在水培种植系统中应用蜜粉源植物进行虫害管理的意义和价值（Jane et al.，2015）。大井田宽的研究表明，法色草作为蜜粉源植物能够有效控制大葱田中的葱斑潜蝇（大井田宽等，2017）。

关于蜜粉源植物，除本项目研究团队已经初步开展的研究外，国内该领域研究相对较少。

6.2　城市绿地近自然植物群落构建

　　城市绿地生态系统作为人工开放系统，其内部植物群落多强调景观效果并由人工组合而成，普遍存在着植物种类单一、景观单调、地域特色丧失和植物群落种间关系失衡等诸多问题（杨玉萍等，2009；李树华等，2017；李晓鹏等，2018；李祖政等，2018）。城市绿地近自然植物群落是指通过研究分析某地区自然群落的基本类型、层次结构，进而借鉴、模拟形成的人工植物群落（苏雪痕，1983；任斌斌等，2009），在提高植物群落科学性、艺术性以及展现地域特色等方面具有重要意义（苏雪痕，1994），对于促进群落稳定、激活生态系统内部调控机制以及丰富绿地生物多样性等方面作用显著（Miyawaki，1998；1999；任斌斌等，2010），是近年来绿地植物景观设计领域的研究热点（王丹丹等，2012），也是解决城市绿地植物群落现存问题和主要矛盾的重要方法（杨玉萍等，2009；任斌斌等，2009；2010；卢山等，2015）。

　　生境既是植物群落形成的要素，也是其存在的条件（宋永昌，2017）。城市绿地近自然植物群落构建成功的关键涉及两个方面，一是自然群落蓝本的自然生境与近自然人工植物群落的城市人工生境具有较强的相似性；二是植物群落对于生境要素具有较强的适应性，即自然与人工生境虽有差异，但植物群落对于该差异不敏感。因此，本研究选择北京近郊鹫峰低海拔森林植被中的栎林、松栎混交林为调查对象，采用数量分类和环境排序的生态学方法研究其群落特征及其与环境影响要素的相关关系，同时对比分析北京城市绿地环境，提出适于北京地区应用的城市绿地近自然植物群落构建模式，为科学合理的城市绿地建设提供依据。

6.2.1　研究地区与研究方法

6.2.1.1　研究区概况

　　北京位于华北平原北部，地属北温带半湿润大陆性季风气候，地带性植被为暖温带落叶阔叶林。在市域范围内，自然生态系统主要包括森林生态系统、灌丛生态系统、草甸生态系统和湿地生态系统 4 种类型，在人类长期干扰下，各植被类型多为次生（王光美，2006）。其中，海拔 800m 以下低山区域自然植被主要为栓皮栎林、槲树林或油松栎类混交林（贺士元等，1984）。

　　鹫峰森林公园位于北京市西北方向 30km 处，地处北京城西大西山风景区中部，地理坐标为 116° 28′ E，39° 54′ N，是整个西山山地最临近平原的区域，总面积 866.67hm²，最高海拔 1153m。园内年平均气温为 11.6℃，极端最低气温为 −21.7℃，最高气温为41.6℃，1 月平均气温为 −4.4℃，7 月平均气温为 25.8℃。年降水量 650 ~ 750mm，集中于 7 ~ 9 月。目前园内森林植被包括人工林和次生林，其中的次生林是北京低山区域的典型代表。曾有诸多学者对其植物种类、林分组成、土壤状况、生物多样性等进行过系列研究（邢亚蕾等，2015；孟晨等，2016）。

6.2.1.2　样地调查

6.2.1.2.1　植物群落调查

于 2017 年 6 ~ 7 月进行，采用法瑞学派典型样方法，根据暖温带落叶阔叶林最小面积经验值设置面积为 20m×20m 的方形样地共 10 个（宋永昌，2017）；采用相邻格子法将每个样地分成 4 个 10m×10m 的样方，调查乔木层；分别在每个样方内设置 1 个 2m×2m 的灌木样方调查灌木层和 1 个 1m×1m 的草本样方调查草本层。乔木样方、灌木样方及草本样方各 40 个。乔木层，对于 $H \geqslant 2m$ 的个体进行每木调查，实测胸径、冠幅、树高，记录种名、株数、树高、胸径、冠幅、生境等；灌木层、草本层以及层外植物记录种名、株数（丛数）、高度、盖度、聚生度等。

6.2.1.2.2　环境因素调查

共选取地形与土壤两类环境因素进行调查。地形因素包括海拔、坡度与坡向，海拔、坡度以实际观测值表示，坡向数据以东为起点（0°），顺时针旋转的角度表示，采取每 45° 为一个区间的划分等级制的方法，以数字表示各等级，即 1 表示北坡（247.5° ~ 292.5°），2 表示东北坡（292.5° ~ 337.5°），3 表示西北坡（202.5° ~ 247.5°），4 表示东坡（337.5° ~ 22.5°），5 表示西坡（157.5° ~ 202.5°），6 表示东南坡（22.5° ~ 67.5°），7 表示西南坡（112.5° ~ 157.5°），8 表示南坡（67.5° ~ 112.5°）。

土壤因素包括腐叶厚度、土壤容重、非毛管孔隙度、土壤 pH 值、有机质含量、水解性氮含量、有效磷含量、速效钾含量、有效态铁含量、有效态锰含量、有效态铜含量、有效态锌含量（崔晓阳等，2001；欧芷阳等，2015）。在各乔木样方内随机选择 1 点挖取土壤剖面，记录腐叶厚度；同时收集 0 ~ 20cm 土层中的土壤样品共计 40 份，带回实验室进行土壤理化性质测定。

6.2.1.3　数据处理

6.2.1.3.1　数量分类

根据外业数据，计算各植物在其所在层片中的相对重要值。乔木层和灌木层的相对重要值计算方法为：

相对重要值 =（相对频度 + 相对多度 + 相对显著度）/3

草本层的相对重要值计算方法为：

相对重要值 =（相对频度 + 相对多度 + 相对盖度 + 相对高度）/4

根据所有样地中乔木层植物的相对重要值，采用二元指示种划分方法（twinspan）对群落进行划分（Hill，1979），该方法以指示种进行群落区分，是目前应用于群落分类中最广泛和有效的方法。

6.2.1.3.2 环境解释

以各层片中植物相对重要值为基础，建立环境变量—样地和植物物种—样地矩阵，采用 CANOCO for Windows 4.5（Frank et al.，2003）对样地与环境变量、主要植物物种与环境变量的相关关系进行排序分析。

6.2.2 结果与分析

6.2.2.1 植被数量分类

对鹫峰 10 个样地进行 TWINSPAN 等级分类，结合实际生态学意义，采用第 3 级分类结果，将其划分为 4 组（图 6-1），根据各层优势种和 TWINSPAN 划分的指示种命名为 4 个植物群丛。

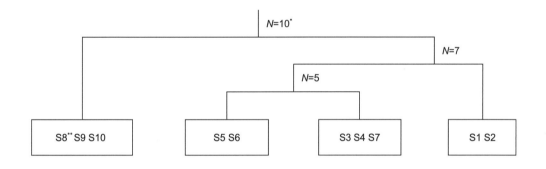

图 6-1 TWINSPAN 分类图
注：*样地数量；**样地号。

6.2.2.1.1 群丛 Ⅰ

"油松 + 槲树 + 栓皮栎—孩儿拳头—求米草"群丛，包括样地 8、9、10，位于海拔 430m 处，半阴坡。乔木层高度为 9 ～ 12m，盖度为 60%，优势种为油松、槲树和栓皮栎，相对重要值分别为 41.50%、12.97% 和 10.18%，伴生种为元宝枫、小叶朴和君迁子等。灌木层高度为 1 ～ 2.5m，盖度为 30% ～ 50%，优势种为孩儿拳头，重要值为 28.85%，同时伴生蚂蚱腿子、荆条等，也存在少量元宝枫、小叶朴等的幼苗。草本层高度为 0.1 ～ 0.2m，盖度为 70% ～ 80%，求米草为优势种，重要值达 59.32%。

6.2.2.1.2 群丛 Ⅱ

"栓皮栎—荆条—求米草"群丛，包括样地 1 和 2，位于海拔 250 ～ 300m 处，沟谷和半阴坡。乔木层高度为 9 ～ 15m，盖度为 60% ～ 80%，优势种为栓皮栎，重要值为 61.68%，伴生种为君迁子，也有少量油松。灌木层高度为 1 ～ 2.5m，盖度为 30% ～ 60%，优势种为荆条，重要值 19.72%，伴生种有小叶鼠李、孩儿拳头等。草本层高度为 0.1 ～ 0.3m，盖度为 30% ～ 70%，优势种为求米草，重要值为 40.82%。

6.2.2.1.3　群丛Ⅲ

"栓皮栎——叶萩—穿龙薯蓣 + 求米草"群丛，包括样地 5 和 6，位于海拔 300m 处，沟谷地带。乔木层高度为 9 ～ 12m，盖度为 50%，优势种为栓皮栎，重要值为 65.10%，伴生种为君迁子、槲树等。灌木层高度为 0.8 ～ 2m，盖度为 60%，优势种为一叶萩，重要值为 31.95%，其他植物还有荆条、君迁子幼树、小叶鼠李、孩儿拳头等。草本层高度为 0.1m，盖度为 20% ～ 30%，优势种为穿龙薯蓣和求米草，重要值分别为 27.04% 和 25.55%。

6.2.2.1.4　群丛Ⅳ

"栓皮栎—孩儿拳头—求米草"群丛，包括样地 3、4 和 7，位于海拔 270 ～ 320m 处，沟谷或坡地。乔木层高度为 9 ～ 12m，盖度为 50% ～ 60%，栓皮栎为绝对优势种，重要值达 79.39%，其他还有君迁子、小叶朴等。灌木层高度为 1 ～ 2m，盖度为 30% ～ 60%，优势种为孩儿拳头，重要值 28.85%，其他还有君迁子幼树、荆条、小叶鼠李等。草本层高度为 0.1m，盖度为 20% ～ 40%，优势种为求米草，重要值为 30.72%，其他还有穿龙薯蓣、热河黄精等。

6.2.2.2　植被环境解释

根据排序方法常规操作，首先利用去趋势对应分析（DCA）分析物种梯度轴的长度（SD），再依据分析结果选择适宜的排序方法。DCA 分析结果显示物种梯度轴长为小于 3.0，因此选用线性模型排序方法 RDA 进行分析。

RDA 排序结果显示，排序轴前两轴的特征值之和占全部特征值总和的 87.9%，包含了排序的绝大部分信息，其中，轴 1 的特征值占全部特征值总和的 79.4%，因此，采用前两轴的数据来分析植被与环境因素的相关关系。根据 15 个环境要素与 RDA 排序轴的相关性分析可知（表 6-1），坡向、海拔、非毛细管孔隙度、有机质、N、Fe、Mn、Zn 以及土壤 pH 值 9 项指标与第 1 轴相关性最强，腐叶厚度与第 2 轴相关性较强。由此表明，植被分布与坡向、坡度、土壤养分及微量元素均存在较强的相关关系。

表6-1　环境因子与RDA排序轴之间的相关系数

编号	环境因素	AX1	AX2	AX3	AX4
1	坡度Slo	0.2654	−0.1826	0.4746	0.1444
2	坡向Asp	−0.6921	0.0699	−0.5361	0.3949
3	海拔Ele	0.9215	−0.1210	−0.1628	−0.2047
4	腐叶厚度D-Th	0.2472	−0.5263	0.3801	−0.1453
5	土壤容重SBD	−0.1673	0.0452	−0.8049	−0.5303
6	非毛管孔隙度NCP	0.7683	−0.0633	0.0995	0.3499
7	水解性氮N	0.7165	−0.1024	0.4872	0.0896

续表

编号	环境因素	AX1	AX2	AX3	AX4
8	有效磷P	−0.0822	−0.4482	0.1464	−0.1375
9	速效钾K	0.2482	−0.0276	0.3420	−0.1053
10	有机质OM	0.5360	−0.3158	0.6314	−0.0122
11	pH	−0.7886	0.0976	0.2474	0.5020
12	有效铁Fe	0.9194	−0.0897	0.1112	−0.1217
13	有效锰Mn	−0.7338	0.1237	0.3692	0.2706
14	有效铜Cu	0.0806	0.0946	0.2413	0.2902
15	有效锌Zn	0.6423	−0.1729	0.2866	−0.0286

6.2.2.2.1 样地排序

图 6-2 是植被群落样地的 RDA 二维排序图。图中，箭头表示环境因子，箭头连线的长短表示样地的分布与该环境因子相关性的大小，箭头连线与排序轴的夹角表示环境因子与排序轴相关性的大小。

由图 6-2 可以看出，沿第一轴从左到右，土壤非毛管孔隙度、Fe、Zn 以及有机质和

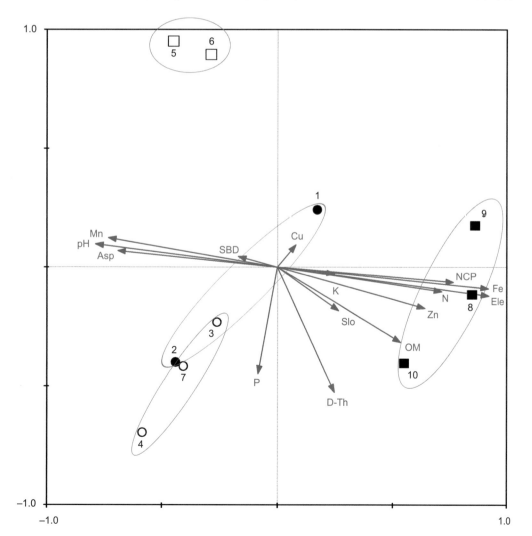

图 6-2 样地 RDA 排
序图

注：Asp—坡向；Ele—海拔；
D-Th—腐叶厚度；SBD—土
壤容重；NCP—非毛管孔隙度；
N—水解性氮；P—有效磷；
K—速效钾；OM—有机质；
pH—pH值；Fe—有效铁；
Mn—有效态锰；Cu—有效态
铜；Zn—有效态锌。

N 含量等逐步提高，海拔逐渐升高，坡向、土壤 pH 值以及土壤中 Mn 含量逐渐降低；沿第二轴从上到下，土壤腐叶厚度逐渐升高。其中，海拔、土壤中 N 含量与有机质、Fe、Zn 以及土壤非毛管孔隙度对植物群落的分布影响较大，并将 10 块样地大致分为 3 组。第一组代表了分布海拔高、土壤有机质、N、Fe、Zn 以及非毛管孔隙度较高，而土壤 pH 值较低的群落类型，包括样地 8、9、10，全部为以油松、槲树、栓皮栎为优势种的松栎混交林，与其他群落类型相比，该群落受人为干扰较小，主要集中于海拔 400 ~ 450m 区域，土壤环境良好，含有丰富的有机质、N 以及 Fe、Zn 等微量元素，并有良好的土壤通气性。第二组代表了与之相反的环境特征，主要包括样地 1、2、3、4、7，均为以栓皮栎为优势种的群丛，与松栎混交林相比，该组植物群落的土壤状况相对恶劣，主要集中于海拔 400m 以下区域。第三组包括样地 5 和 6，群丛以栓皮栎为优势种，位于沟谷地带，受各环境因素影响不大。

6.2.2.2.2　主要植物排序

图 6-3 是鹫峰植物群落中主要植物的 RDA 二维排序图。可以看出，主要植物在图中的分布格局与样地的分布格局具有一定的相似性。如以油松、小叶朴、槲树、槲栎等为代表的松栎混交林与非毛管孔隙度、海拔、N、Fe、Zn、有机质、土壤 pH 值、坡向等关系密切，与样地的 RDA 排序图一致。栓皮栎、小叶鼠李以及穿龙薯蓣与坡向、土壤 pH 值关系密切，在向阳、pH 值偏高的样地内 3 种植物的分布有所增多。在鹫峰的森林植被营建中，栓皮栎是早期的主要造林树种，伴随群落演替，阴坡、半阴坡的演替进程快于阳坡，其栓皮栎的绝对优势被逐渐削减，造成了栓皮栎在阴坡和半阴坡的分布数量少于阳坡。小叶鼠李喜光，其分布特征与其生长习性一致。穿龙薯蓣喜阴、半阴以及沟谷环境，与排序图分布特征存在差异，这主要与数据统计过程中沟谷地带坡向的平均化处理有关，在此可不做参考。

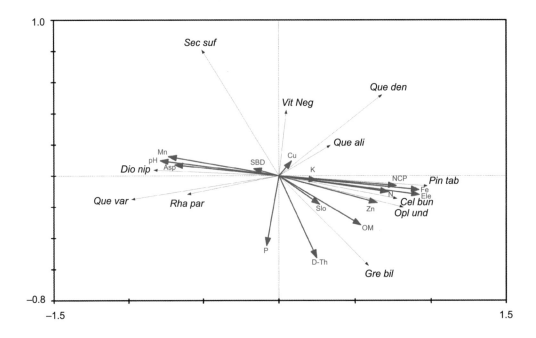

图 6-3　主要植物 RDA 排序图

注：*Que var*—栓皮栎；*Pin tab*—油松；*Que ali*—槲栎；*Que den*—槲树；*Cel bun*—小叶朴；*Gre bil*—孩儿拳头；*Vit Neg*—荆条；*Rha par*—小叶鼠李；*Sec suf*—一叶萩；*Opl und*—求米草；*Dio nip*—穿龙薯蓣。

6.2.2.3　土壤环境分析

　　土壤环境是影响植物群落形成与存在的重要生境条件之一。为提高近自然群落营建可行性，对鹫峰自然土壤环境与城市绿地进行比较分析。北京市地方标准《园林绿化种植土壤》（DB11/T 864—2012）中将北京城市绿地种植土壤划分为 3 个等级，每个等级对应相应的指标内容。表 6-2 列出了鹫峰 4 个植物群丛的土壤环境各项指标，其中，土壤容重、非毛管孔隙度、水解性氮 3 项指标处于城市绿地种植土壤三级指标范围内；有效磷接近或低于绿地土壤三级指标数值；速效钾与有机质 2 项指标高于绿地土壤一级指标数值；pH 值低于绿地土壤的各级指标数值。

表6-2　鹫峰土壤环境

群丛类别	腐叶厚度（cm）	土壤容重（g/cm³）	非毛管孔隙度（%）	水解性氮（mg/kg）	有效磷（mg/kg）	速效钾（mg/kg）	有机质（g/kg）	pH值
群丛 I	2.50±0.87	1.27±0.15	7.31±3.79	95.53±44.29	8.36±4.43	185.65±33.14	39.46±8.50	5.52±0.26
群丛 II	2.63±1.22	1.11±0.13	6.49±2.52	78.79±24.53	5.98±3.71	163.28±30.58	36.46±7.59	6.31±0.35
群丛 III	1.13±0.33	1.34±0.10	4.29±2.11	58.28±8.45	5.85±1.22	172.87±19.34	28.07±5.89	6.19±0.13
群丛 IV	2.54±1.49	1.33±0.13	4.05±1.67	65.31±26.95	10.87±7.13	168.94±35.88	32.54±10.77	6.12±0.39

　　结合 RDA 排序结果，松栎混交林以及栓皮栎与土壤环境中的 pH 值、有机质含量和非毛管孔隙度关系密切。因此，从土壤环境各项指标来看，土壤 pH 值和有机质含量将可能成为制约近自然群落在城市绿地构建的影响因素。

6.2.2.4　北京城市绿地近自然植物群落构建模式

　　北京地区近自然群落构建可以从鹫峰自然群落类型中得到借鉴，以植物的生态习性为基础，群落结构为骨架，同时遵循适生性、科学性和艺术性 3 项基本原则。

　　适生性是指自然群落蓝本的选择对象应为同一区域相似海拔范围内的自然植被，北京地区近自然植物群落构建可以从北京近郊鹫峰低海拔植被中得到借鉴。

　　科学性是指近自然植物群落的构建需要在科学的指导下完成，植物种类以自然群落中的优势种和常见种为主，同时结合自然环境与城市环境差异，考虑其在城市中的适应性，必要时选择与其相似的种类进行替换。对比分析鹫峰自然与城市绿地土壤环境差异，在采取必要改良措施进行绿地土壤 pH 值与有机质含量改善的基础上，可选择调查所得 4 个植物群丛作为群落蓝本，其优势种与常见种可用于城市绿地。

　　艺术性是指在城市绿地中进行近自然植物群落构建，尚需要充分考虑植物的色彩、体量、线条的搭配以及季相、林冠线、林缘线的变化等诸多要素，对自然群落进行提炼和加工，使其在保持原有自然植物群落本质的前提下，更具艺术性和实用性。如表 6-3 所示，根据 4 个植物群落蓝本形成近自然植物群落构建模式。

表6-3　近自然植物群落构建模式

蓝本	构建模式	构建比例		构建说明
		乔木层	灌木层	
群丛Ⅰ	油松+槲树+栓皮栎+元宝枫+小叶朴—孩儿拳头+荆条—求米草	油松：槲树：栓皮栎：元宝枫：小叶朴=4：2：2：1：1	孩儿拳头：荆条=2：1	乔木层以油松、槲树、栓皮栎为主，元宝枫、小叶朴作适当点缀或林缘种植；五者搭配能够形成优美的林冠线；中层灌木以孩儿拳头为主体，荆条作林缘种植，夏季开花，对瓢虫等天敌昆虫具有诱集效应；下层以乡土植物求米草铺底，共同构建具有复层结构的地带性植物景观。
群丛Ⅱ	栓皮栎—荆条+三桠绣线菊—求米草		荆条：三桠绣线菊=1：1	三桠绣线菊片植于林下，荆条植于林缘。
群丛Ⅲ	栓皮栎+君迁子——叶萩+荆条+杭子梢—求米草		一叶萩：荆条：杭子梢=2：1：1	灌木层以一叶萩为主体植于林下，荆条与杭子梢片植于林缘。
群丛Ⅳ	栓皮栎—孩儿拳头+荆条—求米草		孩儿拳头：荆条=2：1	灌木层以孩儿拳头植于林下，荆条植于林缘。
	栓皮栎—大花溲疏—热河黄精（或求米草、玉竹、铃兰）			灌木层中，大花溲疏花开春季，为自然群落灌木层伴生种，基于其生长习性、生态特性以及景观效果，可将其作为中层主体植物进行片植；地被层热河黄精为草本层常见种，基于其耐阴性、景观性考量，可将其作为地被层主体植物进行应用，也可将其替换为已在绿地有所应用的玉竹、铃兰等相近种。

6.2.3　结论与讨论

6.2.3.1　结论

（1）用二元指示种划分方法将 10 块样地划分为 4 个植物群丛，样地和主要植物排序与其分类结果一致，以油松、槲树、栓皮栎为优势种的松栎混交林空间分布与海拔和土壤环境中的 pH 值、有机质含量及非毛管孔隙度显著相关，集中分布于海拔 400 ~ 450m 区域，并拥有较好的土壤环境。

（2）自然山体与城市绿地土壤在 pH 值和有机质含量方面存在差异。为提高近自然群落营建成功性和植物生长健康性，应于群落建植前采取人工措施对绿地土壤进行改良，如添加草炭土、有机质等。

（3）遵循适生性、科学性与艺术性 3 项基本原则，构建形成 5 个近自然植物群落基本模式。其中，与其他模式相比，"油松＋槲树＋栓皮栎＋元宝枫＋小叶朴—孩儿拳头＋荆条—求米草"更喜小气候偏冷凉、土壤肥沃的基址条件，建议优先应用于延庆、门头沟、房山等远郊区县和浅山区域的各类绿地中，可构建形成展现地域特色的风景林，也可成为季相

丰富的背景林。"栓皮栎—荆条 + 三桠绣线菊—求米草""栓皮栎 + 君迁子——叶萩 +
荆条 + 杭子梢—求米草""栓皮栎—孩儿拳头 + 荆条—求米草""栓皮栎—大花溲疏—热
河黄精（或求米草、玉竹、铃兰）"原生境条件较前者恶劣，推荐应用于城市郊野公园或
防护林地中。

6.2.3.2　讨论

　　近年来，近自然植物群落构建模式大多从群落内部结构、外貌等单一角度出发，但由
于欠缺生境适宜性评价，最终难以付诸实践（童明坤等，2013）。本研究选择近郊、低海
拔自然植被作为模拟对象，确保了人工与自然环境在大气候方面的相似性；针对地形和土
壤进行系统分析和比较，明确了各项指标与植物群落的相关关系及自然与人工生境的差异
性，以此提出通过必要的土壤改良可提高人工土壤环境适宜性；同时，基于生物因子，以
植物种间关系为主要考量，保留了自然群落中的基本骨架进行近自然群落模拟。由此，本
研究充分考虑了气候、生物、地形和土壤生境因子（宋永昌，2017），人工环境中以上诸
要素与自然环境的相近性将为城市绿地近自然植物群落的成功构建提供重要保障。

　　城市绿地中近自然植物群落模拟相关研究对于栎类树种应用提及较少，主要是由于栎
类树种的自然生长环境与城市人工环境的小气候条件具有一定差异性。但根据研究团队十
余年的研究结果（北京望和公园、陶然亭公园、北京市园林绿化科学研究院内均有成片应用）
来看，二者在绿地中的年生长量虽不及在山体环境中，但能够保持较为健康的生长状态，
若能满足土壤和局部小气候条件，则状态更佳，尤其栓皮栎、槲树具有较好的平原适应性。
因此，一方面，建议本研究所得各项构建模式优先应用于与其植物群落蓝本原生境中微气
候一致的区域，包括城市郊野公园、防护林地以及门头沟、房山等浅山区域的城市绿地中。
另一方面，对于在城区内构建形成的近自然群落进行动态监测，以进一步明确微气候对群
落的影响参数。其他树种如小叶朴及灌木层、草本层的主要植物种类经过多年监测，并证
实可在城区中健康成长，但苗源匮乏是目前的主要问题。

6.3 城市绿地蜜粉源植物群落构建

保育式生物防治通过改善天敌生存、繁衍、栖息和觅食等生态环境措施和改变农药使用方式等手段显著提高自然界中天敌的控害能力来控制有害生物，是实现有害生物可持续控制和生态系统平衡的有效方法，常用措施包括提供蜜粉源植物、提供天敌栖息场所、提供人工食物以及提高植物生物多样性等。本章以北京城市绿地为研究对象，对有害生物及其天敌、优势天敌蜜粉源植物以及基于保育式生物防治的蜜粉源植物群落构建方法进行研究，以期为园林绿地虫害管理提供思路，为城市绿地植物景观设计提供依据。

6.3.1 研究方法

6.3.1.1 常见虫害及其天敌调查方法

6.3.1.1.1 研究地概况

选择北京市海淀区北坞村路与闵庄路交叉口西北侧绿地（样地1）、万泉河桥东南角绿地（样地2）和大望京公园（样地3）作为有害生物及其天敌的调查样地。结合群落常见种，筛选出供试植物（表6-4）。

表6-4 各样地供试植物体有害生物及其天敌昆虫

样地	白皮松	有害生物	天敌昆虫
1	油松	白皮松长足大蚜	异色瓢虫、龟纹瓢虫、红点唇瓢虫、多异瓢虫、菱斑巧瓢虫、梯斑巧瓢虫、七星瓢虫、十四星裸瓢虫、红环瓢虫、隐斑瓢虫、黄斑盘瓢虫、黑缘红瓢虫、中华通草蛉、日本通草蛉、中华草蛉、叶色草蛉、大草蛉、丽草蛉、黑带食蚜蝇、大灰食蚜蝇、斜斑鼓额蚜蝇、刻点小蚜蝇、印度细腹食蚜蝇、连带细腹食蚜蝇、蚜小蜂、蚜茧蜂、捕食螨
	元宝枫	居松长足大蚜、油松长大蚜、油松球蚜、针叶小爪螨、松梢螟	
	栾树	京枫多态毛蚜、透翅疏广蜡蝉、缘纹广翅蜡蝉、元宝枫细蛾	
	碧桃	栾多态毛蚜	
	白皮松	桃粉大尾蚜、桃一点叶蝉、山楂叶螨、桃冠潜蛾、桃潜叶蛾	
2	油松	白皮松长足大蚜	异色瓢虫、龟纹瓢虫、红点唇瓢虫、多异瓢虫、菱斑巧瓢虫、七星瓢虫、中华通草蛉、日本通草蛉、中华草蛉、叶色草蛉、大草蛉、黑带食蚜蝇、印度细腹食蚜蝇、蚜小蜂、蚜茧蜂、捕食螨
	华山松	居松长足大蚜、油松长大蚜、油松球蚜、日本单蜕盾蚧、针叶小爪螨	
	紫叶李	华山松长足大蚜	
	碧桃	苹果黄蚜	
	油松	桃粉大尾蚜、桃一点叶蝉、山楂叶螨、桃冠潜蛾	

样地	白皮松	有害生物	天敌昆虫
3	紫叶李	居松长足大蚜、油松长大蚜、油松球蚜、针叶小爪螨、松梢螟	异色瓢虫、龟纹瓢虫、红点唇瓢虫、多异瓢虫、菱斑巧瓢虫、梯斑巧瓢虫、七星瓢虫、中华通草蛉、日本通草蛉、中华草蛉、叶色草蛉、大草蛉、黑带食蚜蝇、大灰优食蚜蝇、刻点小蚜蝇、印度细腹蚜蝇、蚜小蜂、蚜茧蜂、捕食螨
	榆叶梅	苹果黄蚜	
	碧桃	禾谷缢管蚜、樱桃卷叶蚜	
	灌木层	桃粉大尾蚜、桃一点叶蝉、山楂叶螨、桃潜叶蛾、桃冠潜蛾	

6.3.1.1.2　调查方法

样地内，每种供试植物各随机抽取 3 株，于其东南西北四个方向随机抽取一根枝条，其下悬挂黄板（北京中捷四方生物科技有限公司生产，25cm×40cm，两面着胶），调查时间为 4 ~ 11 月，每 14 天一次，每次调查后更换黄板。阔叶植物调查内容为：所抽取枝条、枝条顶部向下 10 个叶片上害虫种类和数量以及黄板上天敌种类和数量；针叶植物调查内容为：所抽取枝条顶部向下 20cm 范围内的枝条、针叶上害虫种类和数量及悬挂黄板上天敌的种类和数量。

6.3.1.2　优势天敌蜜粉源植物调查方法

6.3.1.2.1　草本植物调查方法

选择北京市园林科学研究院、北京市植物园、颐和园、香山公园、陶然亭公园、景山公园、奥林匹克森林公园、北京市园林科学研究院东侧绿地、东坝郊野公园、北京药用植物园、上地软件园绿地等作为调查样地，调查时间为 4 ~ 11 月，每 7 天调查一次处于花期时的草本植物上的天敌种类与数量。

调查植物包括以下 58 种：甘野菊、筋骨草、鸭跖草、蛇鞭菊、荆芥、醉蝶花、万寿菊、夏至草、鸢尾、黑心菊、薄荷、匍枝毛茛、波斯菊、一串红、三七景天、藿香蓟、蓝花鼠尾草、德国景天、抱茎苦荬菜、蛇莓、八宝景天、蒲公英、萱草、旋覆花、玉簪、泥胡菜、硕葱、地榆、花葱、金鸡菊、田旋花、麦冬、薯草、打碗花、紫花苜蓿、天人菊、美女樱、阿拉伯婆婆纳、日光菊、福禄考、毛蕊花、加拿大一枝黄花、大花马齿苋、二月兰、欧防风、紫花地丁、荠、莳萝、三色堇、矮牵牛、野胡萝卜、角蒿、虎杖、刺芹、红花酢浆草、红蓼、美国石竹、桔梗。

6.3.1.2.2　木本植物调查方法

分别选择北京市园林科学研究院和北京市园林科学研究院东侧绿地作为调查样地，于每种植物始花期，在其四周悬挂 4 块黄板，7 天后记录黄板上的天敌种类与数量，并更换黄板，调查时间为 3 ~ 11 月。

调查植物包括以下 36 种：野蔷薇、紫丁香、枇杷叶荚蒾、山楂、暴马丁香、金银木、紫叶李、小叶女贞、红王子锦带、榆叶梅、女贞、糠椴、海棠、水蜡、紫叶小檗、贴梗海棠、流苏、二乔玉兰、三桠绣线菊、连翘、栾树、土庄绣线菊、迎春、文冠果、碧桃、紫藤、青檀、稠李、紫荆、丝棉木、水枸子、山茱萸、华北珍珠梅、枣、丰花月季、石榴。

以榆树和猬实作为对照。其中，榆树为风媒花，花期极短，非天敌补充营养蜜粉源植物；猬实在预实验中诱集天敌种类及数量与榆树无显著性差异。

6.3.1.3　优势天敌蜜粉源植物分析方法

6.3.1.3.1　草本植物

对草本植物花期时各周诱集的天敌成虫数量与频度进行统计，并定义诱集作用强弱。其中，花期 80% 以上调查时间内可见该虫，平均数量 ≥ 5 头时，为"非常强"；花期 80% 以上调查时间内可见该虫，平均数量 < 5 头时，为"较强"；花期 50% 以上调查时间内可见该虫，为"中等"；花期 20% 以上调查时间内可见该虫，为"弱"；花期调查时偶见该虫，为"极弱"。

6.3.1.3.2　木本植物

分别对木本植物花期时各周诱集的天敌成虫数量与同期猬实和榆树对照上诱集的天敌成虫数量进行 t 检验。参照普氏原羚的食性分级标准（易湘蓉等，2005），根据木本植物各周诱集的天敌成虫数量与 2 种对照之间的差异显著性，定义天敌对木本植物补充营养的偏好性。除丰花月季外，当至少 1 周木本植物花期诱集的天敌成虫数量与 2 种对照差异均为 $P < 0.001$ 时，定义为天敌补充营养嗜食植物；当均为 $P < 0.01$，且至少一值为 $0.001 \leq P < 0.01$ 时，定义为天敌补充营养喜食植物；当均为 $P < 0.05$，且至少一值为 $0.01 \leq P < 0.05$ 时，定义为天敌补充营养一般植物。

6.3.2　结果与分析

6.3.2.1　常见虫害及其天敌

对 3 块样地调查结果进行统计（表 6-5），供试植物体上有害生物主要为刺吸害虫，共计 17 种，食叶、钻蛀害虫共计 4 种。天敌昆虫以刺吸类害虫天敌瓢虫、草蛉、食蚜蝇和寄生蜂类为主。

6.3.2.2　优势天敌蜜粉源植物

6.3.2.2.1　草本植物分析

（1）诱集天敌种类

对草本植物诱集天敌补充营养的频度与数量进行统计与分析（表 6-5），58 种草本植

表6-5 草本植物花期时诱集的天敌种类与强度

天敌种类	诱集天敌强度	植物名称
食蚜蝇	非常强	欧防风、刺芹、甘野菊、抱茎苦荬菜
	较强	蛇鞭菊、地榆、蓍草、荆芥、薄荷、虎杖、八宝景天、硕葱
	中等	蒲公英、金鸡菊、加拿大一枝黄花、毛蕊花、红蓼、三七景天、德国景天、花葱、麦冬
	弱	藿香蓟、旋覆花、泥胡菜、天人菊、日光菊、夏至草、匍枝毛茛、蛇莓、大花马齿苋、红花酢浆草、田旋花、打碗花、二月兰、芹
	极弱	万寿菊、黑心菊、波斯菊、筋骨草、一串红、蓝花鼠尾草、阿拉伯婆婆纳、福禄考、鸭跖草、美女樱、紫花地丁、三色堇、角堇、矮牵牛、醉蝶花、萱草、玉簪、美国石竹、鸢尾、桔梗
寄生蜂	较强	欧防风
	中等	刺芹
	弱	荆芥、蓍草、加拿大一枝黄花、蛇鞭菊
	极弱	其他植物
瓢虫	中等	欧防风、刺芹
	弱	蛇鞭菊、金鸡菊、日光菊、加拿大一枝黄花
	极弱或无	其他植物
草蛉	较强	荆芥
	弱	欧防风、刺芹、蓍草
	极弱或无	其他植物

物对食蚜蝇的诱集作用最强，其次为寄生蜂，瓢虫与草蛉类相对较弱。

原因可能包括两方面，一是与所有种类食蚜蝇均需补充营养后才能达到性成熟（何继龙，1989），仅有一部分寄生蜂需补充营养后才能达到性成熟（Price，1974），而草蛉和瓢虫基本不需补充营养就能达到性成熟相关；二是与食蚜蝇、寄生蜂和瓢虫在白天活动，而草蛉主要在黎明和黄昏活动相关。

（2）诱集天敌补充营养植物

在各类天敌中，食蚜蝇优选欧防风等4种植物为补充营养植物，其次为蛇鞭菊等8种植物；蒲公英等18种植物为其补充营养的一般性植物。寄生蜂以欧防风为补充营养的优选植物；刺芹为一般性补充营养植物。瓢虫仅以欧防风、刺芹为其补充营养的一般性植物。草蛉以荆芥为其补充营养的优选植物。

产生上述结果的原因主要包括两方面，一是食蚜蝇、寄生蜂、瓢虫和草蛉的口器均较短，植物花结构对天敌选择补充营养植物具有非常重要的影响（Wäckers，2004）；二是不同植物的花蜜有着不同的组成成分（Baker et al.，1983），而不同的天敌昆虫嗜食不同糖类组成成分及含量的花蜜（Wäckers，1999）。因此，由于不同天敌对补充营养物质需求的不同，植物花结构的不同，以及植物产生的花蜜营养成分的不同，致使不同天敌在不同蜜粉源植物中补充营养的频度不同。

6.3.2.2.2 木本植物分析

（1）诱集食蚜蝇补充营养植物

*t*检验结果显示，山茱萸、糠椴、野蔷薇和丝棉木为食蚜蝇喜食补充营养植物，迎春为食蚜蝇一般补充营养植物（表6-6），其他植物*t*检验结果与对照无显著性差异。

（2）诱集寄生蜂补充营养植物

*t*检验结果显示，紫叶李、碧桃和榆叶梅为寄生蜂嗜食补充营养植物，山茱萸、连翘、丝棉木和三桠绣线菊为寄生蜂喜食补充营养植物（表6-6），其他植物*t*检验结果与对照无显著性差异。

（3）诱集瓢虫补充营养植物

*t*检验结果显示，糠椴、丰花月季为瓢虫嗜食补充营养植物，丝棉木和山茱萸为瓢虫一般补充营养植物（表6-6），其他植物*t*检验结果与对照无显著性差异。

（4）诱集草蛉补充营养植物

*t*检验结果显示，山茱萸、连翘、丝棉木为草蛉嗜食补充营养植物，糠椴、华北珍珠梅和二乔玉兰为草蛉喜食补充营养植物，紫叶李为草蛉一般补充营养植物（表6-6），其他植物*t*检验结果与对照无显著性差异。

（5）丰花月季诱集天敌种类与数量

丰花月季为三季有花植物，共对其进行了24次调查，*t*检验结果显示，食蚜蝇和寄生蜂仅1次$0.01 \leqslant P < 0.05$，其余均为$P > 0.05$；瓢虫5次$P < 0.001$，10次$0.001 \leqslant P < 0.01$，6次$0.01 \leqslant P < 0.05$，仅3次为$P > 0.05$；草蛉仅2次$0.01 \leqslant P < 0.05$。由此可以判断，丰花月季为瓢虫的嗜食补充营养植物。

表6-6　木本植物花期时诱集的天敌种类与强度

天敌种类	食性强度	植物名称
食蚜蝇	嗜食	—
	喜食	山茱萸、糠椴、野蔷薇、丝棉木
	一般	迎春
寄生蜂	嗜食	紫叶李、碧桃、榆叶梅
	喜食	山茱萸、连翘、丝棉木、三桠绣线菊
	一般	—
瓢虫	嗜食	糠椴、丰花月季
	喜食	—
	一般	丝棉木、山茱萸
草蛉	嗜食	山茱萸、连翘、丝棉木
	喜食	糠椴、华北珍珠梅、二乔玉兰
	一般	紫叶李

6.3.2.3　基于保育式生物防治的蜜粉源植物群落构建

6.3.2.3.1　构建方法与步骤

在目标害虫周围科学配置蜜粉源植物，能够有效促进天敌昆虫的成熟、延长天敌的寿命、提高天敌昆虫生殖力及天敌的雌性比，从而增强天敌对害虫的控制效果，这在国外已有成功案例（Rebek et al., 2005; 2006; Holland et al., 2008）。

由此，基于保育式生物防治的蜜粉源植物群落构建可遵循以下基本方法和步骤：

（1）依据绿地生态改善、景观美化、文化传承、休闲游憩、防灾避险等功能的要求，选择适宜的骨干树种。

（2）依据骨干树种，确定目标虫害。

（3）依据目标虫害，确定优势天敌。

（4）依据优势天敌，科学选择与配置天敌昆虫嗜食、喜食或一般补充营养的蜜粉源植物，并应注意以下两点：①为获得长期、持续的诱集作用，便于天敌昆虫及时获得充足的补充营养食物，应充分考虑和选用不同花期的蜜粉源植物；②为实现良好的生物防治效果，优势蜜粉源植物宜成片配置于目标害虫植物周围，并植于林缘。

6.3.2.3.2　构建模式范例

参照上述方法和步骤，依据本文相关研究结果，兼顾景观功能，形成基于保育式生物防治的蜜粉源植物群落构建模式范例：

（1）元宝枫 + 油松 + 丝棉木—山茱萸 + 连翘 + 华北珍珠梅—麦冬 + 硕葱 + 蓍草 + 薄荷 + 荆芥 + 甘野菊

元宝枫、油松为群落骨干树种，易染京枫多态毛蚜、居松长足大蚜、油松长大蚜等刺吸类虫害，丝棉木花期 5 月，作为食蚜蝇、寄生蜂、瓢虫、草蛉等的补充营养植物点缀于林缘。

中层小乔木及灌木选用山茱萸、连翘和华北珍珠梅，三者均为蜜粉源植物，成片种植。山茱萸是重要的早春开花植物，也是食蚜蝇、寄生蜂、瓢虫以及草蛉的补充营养植物；连翘花期 3～4 月，是寄生蜂、草蛉的补充营养植物；华北珍珠梅花期 6～7 月，是草蛉的补充营养植物。

下层地被以麦冬铺底，硕葱、蓍草、薄荷、荆芥、甘野菊等植于林缘形成花带或花境。上述植物均是食蚜蝇的重要补充营养植物，各植物花期可从 4 月持续到 10 月。

（2）栾树 + 油松 + 糠椴—山茱萸 + 华北珍珠梅 + 丰花月季—麦冬 + 硕葱 + 德国景天 + 蛇鞭菊 + 甘野菊

栾树、油松为群落骨干树种，糠椴作为食蚜蝇、瓢虫及草蛉的补充营养蜜粉源植物点缀于林缘。中层小乔木及灌木选用山茱萸、华北珍珠梅及丰花月季，三者均为蜜粉源植物，成片种植。下层地被以麦冬铺底，硕葱、德国景天、蛇鞭菊、甘野菊等植于林缘形成花带或花境。

（3）元宝枫 + 白皮松 + 糠椴—山茱萸 + 丰花月季—欧防风 + 刺芹 + 荆芥 + 硕葱 + 蛇鞭菊 + 甘野菊

元宝枫为群落骨干树种，白皮松作点缀，糠椴为蜜粉源植物。中层灌木选用山茱萸和丰花月季。下层地被采用草花混播，种类以欧防风、刺芹、荆芥、硕葱、蛇鞭菊、甘野菊等食蚜蝇的补充营养植物为主，花期可从 4 月持续到 10 月。

6.3.3　结论与讨论

6.3.3.1　结论

对北京城市绿地常见害虫及其天敌进行调查统计，共发现刺吸类害虫 17 种，食叶、钻蛀害虫 4 种；天敌类群以瓢虫、草蛉、食蚜蝇及寄生蜂等为主。

对优势天敌蜜粉源植物进行调查分析，结果显示，在草本植物中，欧防风等 12 种植物对食蚜蝇具有良好的诱集作用；欧防风对寄生蜂具有良好的诱集作用；荆芥对草蛉具有良好的诱集作用。在木本植物中，山茱萸等 5 种植物对食蚜蝇具有诱集作用；紫叶李等 7 种植物对寄生蜂具有诱集作用；糠椴等 4 种植物对瓢虫具有诱集作用；山茱萸等 7 种植物对草蛉具有诱集作用。

参考国外成功案例，在掌握绿地骨干树种常见虫害及其天敌发生规律、优势天敌蜜粉源植物的基础上，将不同花期的蜜粉源植物成片配置于目标害虫植物周围，是进行基于保育式生物防治的蜜粉源植物群落构建的基本方法与步骤。

6.3.3.2　讨论

（1）基于保育式生物防治的蜜粉源植物群落在为天敌昆虫提供补充营养食物的同时，也会有其特有的有害生物，而特有的有害生物又会吸引其特有的天敌昆虫。从生态学角度来说，这种方式间接丰富了食物链，提高了生物多样性和绿地生态系统的自我调控能力。因此，一方面，从长远来看，利用蜜粉源植物群落进行绿地有害生物防治是一项长期、缓慢但效果持久的工作；另一方面，在短期内，需要对绿地各类昆虫进行有效的动态监控，并根据监控结果，适时增加天敌栖息场所、人工食物等其他必要生物防治措施。

（2）众多研究表明，蜜粉源植物在保育式生物防治中扮演着重要的角色，并在国外已有成功的案例。但由于国外天敌及蜜粉源植物种类与国内存在较大差异，故国外蜜粉源植物相关研究成果多不能在国内直接应用，需要就国内现状进行专门研究。目前，研究团队已在北京市园林绿化科学研究院内进行示范和控害效果监测，以此验证研究成果在绿地建设实践中的可行性与有效性，并借此推动我国城市绿地的生物防治工作。

6.4　以捕食性瓢虫为招引目标的城市绿地植物群落构建

瓢虫为鞘翅目瓢虫科（Coccinellidae）昆虫，根据食性不同，可分为植食性、菌食性和捕食性 3 类（虞国跃和林文祥，2011）。一些捕食性瓢虫因其食性广、食量大并在城市绿地中具有较大的种群数量，成为城市绿地控制刺吸类害虫的优势天敌，对于蚜虫、介壳虫、木虱、粉虱等均具有较强的控制效果（陈川等，2003；刘长海和骆有庆，2006；Girling and Hassall，2008；Han et al.，2014）。相关研究表明，猎物、蜜粉源植物、栖息环境等对捕食性瓢虫发生规律产生重要影响（李凯，2010；Schellhorn et al.，2014；Ramsden et al.，2015）。蚜虫作为捕食性瓢虫的主要猎物之一，两者间的关系早在几百年前就已见报道（Obrycki et al.，2009；潘洪生，2015），其种群密度是决定捕食性瓢虫是否停留该场所的关键因素（Schellhorn et al.，2014）。蜜粉源植物是指有目的地引入生态系统中并能够为有害生物天敌提供花粉、花蜜等食物资源的植物，其花部结构、花蜜成分、花外蜜成分、花粉成分、色彩以及挥发性气味等均影响捕食性瓢虫的取食行为（Ostrom et al.，1997；Wäckers，1999；2004；Géneau et al.，2013；王建红等，2015）。石缝、建筑墙缝、灌木丛、草丛、树皮裂缝等隐蔽场所常为捕食性瓢虫提供繁殖、越冬或夏眠等栖息场所（潘洪生，2015），适宜的微气候环境有利于捕食性瓢虫种群的增长。因此，为了更好地发挥捕食性瓢虫对害虫的生物防治效果，基于发生规律及其影响要素进而施用安全有效的招引措施至关重要，主要包括提供人工食物、蜜粉源植物、栖息场所等方面（王建红等，2015）。目前，对于捕食性瓢虫发生规律、影响要素以及招引措施等的研究与应用国外已相对成熟，但多集中于果园和农田系统，而城市绿地的招引对象多集中于蝶类、蜻蜓类等具有观赏价值的昆虫类群（井手久登和龟山章，1993），以生物防治为目标的捕食性瓢虫招引较少；国内相关研究尚处于起步阶段，见于农田系统（李凯，2010；潘洪生，2015），城市绿地系统未见报道。本研究以城市绿地捕食性瓢虫为研究对象，在研究其发生规律和捕食特点的基础上，提出以捕食性瓢虫为招引目标的城市绿地植物群落构建方法和模式，以期科学保护和利用园林绿地中的瓢虫资源，启动绿地生态系统自我调控机制，在有效控制绿地刺吸类害虫发生和降低农药使用量的同时，增加城市绿地生物多样性，促进生态系统平衡。

6.4.1　研究方法

6.4.1.1　样地概况

选择北京市北坞村路西侧带状绿地作为捕食性瓢虫发生规律的调查样地，样地内乔木层以油松、白皮松、元宝枫和栾树为优势种，灌木层种类较少，以碧桃为优势种，地被层为北京常见野生杂草。该绿地采用粗放管理方式，无化学农药干扰、无明显捕食性瓢虫的补充营养蜜粉源植物。

6.4.1.2　调查方法

6.4.1.2.1　捕食性瓢虫调查方法

调查于 4 月初至 11 月初进行，选取样地内存在数量较多的油松、白皮松、元宝枫、栾树和碧桃 5 种北京常见园林植物作为调查植物。每种植物各随机抽取 3 株，于每株树冠中部树条下方东、南、西、北四个方向分别悬挂两面着胶黄板，规格为 40cm×25cm。每 14 天调查 1 次黄板上的捕食性瓢虫种类和数量，调查后更换黄板。

6.4.1.2.2　蜜粉源植物调查方法

3 ～ 11 月，每 7 天记录一次处于花期时的植物上的捕食性瓢虫数量。其中，草本植物共计 61 种，采用网捕法进行瓢虫调查；木本植物共计 37 种，采用黄板诱捕法进行瓢虫调查。

6.4.1.3　数据分析方法

（1）采用 Mcnaughton 指数（Mcnaughton，1967）进行瓢虫优势度指数计算和分类，Mcnaughton 指数计算公式如下：

$$Y = \frac{n_i}{N} \times f_i \tag{6-1}$$

式中：Y 为 Mcnaughton；n_i 为第 i 种瓢虫的总数；N 为所有瓢虫的总数；f_i 为第 i 种瓢虫在调查时出现的频率。

当 Y > 0.01 时，将该种瓢虫作为种群优势种；当 0.001 < Y < 0.01，将该种瓢虫作为种群常见种；当 Y < 0.001 时，将该种瓢虫作为种群偶见种。

（2）生态位宽度值的大小通常可以揭示物种资源利用和环境适应能力的强弱，当物种的生态位较大时，就表明其资源利用能力较强，生态适应性较高、分布幅度较广（胡知渊等，2006；周立垚等，2020）。北京为典型北温带半湿润大陆性季风气候，夏季高温多雨，冬季寒冷干燥，春、秋短促，全年各月份气候变化显著，包括空气温度、相对湿度、光照条件、降雨量等具有显著差异。以各月份气候条件变化为环境变量，采用 Smith 指数（Smith，1982）进行计算，公式如下：

$$FT = \sum_{j=1}^{r} (P_{ij}, Q_{ij}) = \sum_{j=1}^{r} \sqrt{P_{ij} \times Q_{ij}} \tag{6-2}$$

式中：FT 为 Smith 指数；P_{ij} 为瓢虫种 i 在第 j 种植物上的数量占该种所有数量的比例；Q_{ij} 为瓢虫种 i 可利用的资源状态占整个可利用资源的比例。

（3）蜜粉源植物筛选

对植物花期时诱集的捕食性瓢虫成虫数量与频度进行统计，并依据表6-7定义其诱集强度，其中，处于Ⅲ级以上者筛选为捕食性瓢虫补充营养蜜粉源植物。

表6-7　诱集捕食性瓢虫强度划分等级表

序号	频度（%）	平均数量（头/次）	诱集强度等级
1	≥80	≥5	Ⅰ
2	≥80	1～5	Ⅱ
3	50～80	—	Ⅲ
4	20～50	—	Ⅳ
5	<20	—	Ⅴ

6.4.1.4　群落构建方法与步骤

捕食性瓢虫为杂食性昆虫，除猎物外，用以补充营养的蜜粉源植物的丰富度对其种群生存、繁衍起着至关重要的作用。因此，提供蜜粉源植物是进行城市绿地捕食性瓢虫招引的重要措施（任斌斌，2018a；2018b），与农田系统成片种植单一植物不同，城市绿地植物景观复杂多样，又兼具多种功能，在充分尊重场地条件的基础上，以捕食性瓢虫为招引目标的绿地植物群落需要在充分掌握捕食性瓢虫发生规律的基础上，进行科学的蜜粉源植物群落搭配，主要方法与步骤如下：

（1）植物景观规划——依据生态改善、景观美化、文化传承、休闲游憩、防灾避险等不同功能需求，进行绿地植物景观规划和树种选择。

（2）核心区域选定——蚜虫等主要猎物是捕食性瓢虫生存的必要条件，因此，将捕食性瓢虫招引的核心区域设定为以刺吸类害虫为主要虫害的目标植物周围。

（3）目标设定——将优势种作为主要招引目标。

（4）蜜粉源植物选择——依据瓢虫取食偏好，进行补充营养蜜粉源植物选择。

（5）群落构建——为获取连续补充营养食物，将不同花期的蜜粉源植物围绕目标植物成片配置。

6.4.2　结果与分析

6.4.2.1　捕食性瓢虫的物种组成、优势度及生态位宽度

本次调查共发现捕食性瓢虫11属15种（表6-8）。

Mcnaughton优势度指数计算结果显示（表6-8），异色瓢虫、龟纹瓢虫、红点唇瓢虫和菱斑巧瓢虫4种瓢虫为优势种，其数量共占总数的90.5%；深点食螨瓢虫等4种瓢虫为常见种；中国双七星瓢虫等7种瓢虫为偶见种。

表6-8　捕食性瓢虫的物种组成、优势度及生态位宽度

编号	瓢虫种类	Mcnaughton 指数	Smith生态位宽度指数（FT）							
			4月	5月	6月	7月	8月	9月	10月	全年
1	异色瓢虫	0.2770	0.624	0.898	0.909	0.925	0.972	0.874	0.794	0.962
2	龟纹瓢虫	0.2296	0.675	0.703	0.755	0.665	0.728	0.897	0.773	0.819
3	菱斑巧瓢虫	0.0464	—	0.577	0.847	0.652	0.441	0.571	0.316	0.907
4	红点唇瓢虫	0.0901	—	0.316	0.903	0.953	0.876	0.667	0.790	0.953
5	深点食螨瓢虫	0.0057	—	0.671	0.408	—	—	—	—	0.731
6	梯斑巧瓢虫	0.0015	—	—	0.316	0.424	0.316	0.502	—	0.630
7	多异瓢虫	0.0012	—	0.316	0.681	—	—	—	0.548	0.819
8	红环瓢虫	0.0010	0.447	—	0.665	0.316	0.316	0.258	0.447	0.883
9	中国双七星瓢虫	0.0004	—	—	0.489	0.316	—	0.258	—	0.728
10	隐斑瓢虫	<0.0001	0.316	—	—	0.447	—	0.258	—	0.763
11	七星瓢虫	<0.0001	0.316	0.316	—	—	—	0.258	—	0.611
12	黑缘红瓢虫	<0.0001	—	—	—	—	—	—	0.548	0.775
13	二星瓢虫	<0.0001	—	0.441	—	—	—	—	—	0.623
14	暗红瓢虫	<0.0001	—	—	—	0.447	—	—	—	0.632
15	中华显盾瓢虫	<0.0001	0.316	—	—	—	—	—	—	0.447

对 15 种捕食性瓢虫进行生态位宽度计算，结果显示，异色瓢虫等 4 种瓢虫的生态位宽度居于前列，红环瓢虫等 7 种瓢虫的生态位宽度中等，黑缘红瓢虫等 4 种瓢虫的生态位宽度居后。

6.4.2.2　捕食性瓢虫优势种发生时序规律

图 6-4 ～图 6-8 为 4 种瓢虫优势种的发生时序动态，可以看出，优势瓢虫的整体数量在 5 月下旬至 7 月上旬最多。其中，异色瓢虫在白皮松、元宝枫和碧桃上的发生高峰，龟纹瓢虫在油松和碧桃上的发生高峰，以及菱斑巧瓢虫在白皮松和元宝枫上的发生高峰均为 6 月。异色瓢虫和红点唇瓢虫在栾树上的发生高峰为 6 ～ 8 月。

对不同植物优势捕食性瓢虫进行多重比较，结果发现，异色瓢虫在 5 种植物上的发生数量表现为碧桃最多，油松最少；龟纹瓢虫表现为碧桃最多，油松次之，栾树最少；红点唇瓢虫表现为元宝枫与栾树最多，油松最少。

6.4.2.3　蜜粉源植物筛选

对园林植物花期时诱集的捕食性瓢虫成虫数量与频度进行统计与分析，结果表明，蒙椴、丰花月季、抱茎苦荬菜、夏至草 4 种植物对捕食性瓢虫成虫的诱集强度等级为Ⅰ级，丝棉木、山茱萸、金露梅、欧防风、刺芹、蓬子菜 6 种植物诱集强度等级为Ⅲ级，蛇鞭菊、

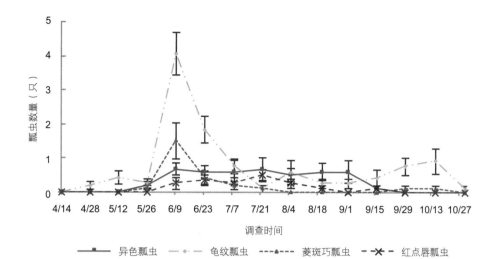

图 6-4　油松优势捕食性瓢虫发生时序动态

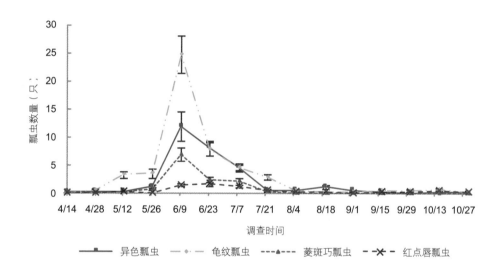

图 6-5　碧桃优势捕食性瓢虫发生时序动态

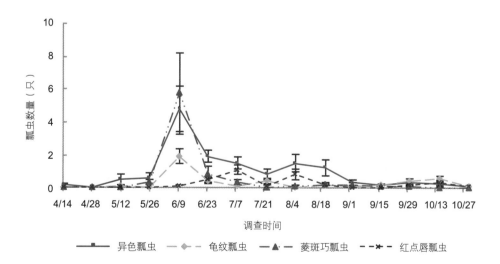

图 6-6　白皮松优势捕食性瓢虫发生时序动态图

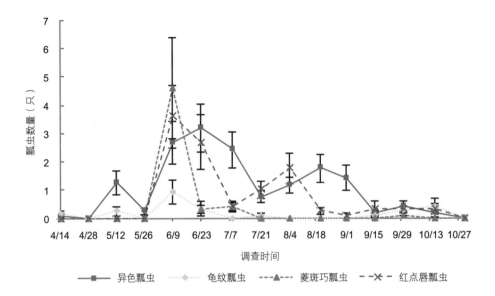

图 6-7　元宝枫优势捕
食性瓢虫发生时序动态

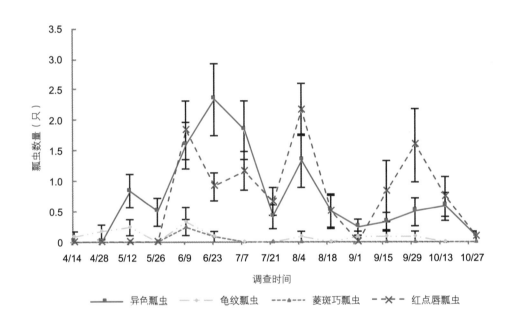

图 6-8　栾树优势捕食
性瓢虫发生时序动态

金鸡菊、日光菊、加拿大一枝黄花 4 种植物诱集强度级为Ⅳ级，迎春花等其余 84 种植物
诱集强度等级为Ⅴ级。最终，筛选诱集等级为Ⅲ级以上的 10 种植物作为捕食性瓢虫补充
营养的蜜粉源植物。

6.4.2.4　捕食性瓢虫食物谱

　　将易染蚜虫等猎物的植物设定为目标植物，筛选出的蜜粉源植物为补充营养植物，结
合捕食性瓢虫优势种的发生时序规律，绘制 3 ～ 10 月的捕食性瓢虫优势种食物谱如表 6-9
所示。

表6-9　捕食性瓢虫食物谱

编号	植物名称	3月	4月	5月	6月	7月	8月	9月	10月
1	糠椴	--	--	--	●	●	●	--	--
2	丝棉木	--	--	●	●	--	--	--	--
3	山茱萸	●	●	--	--	--	--	--	--
4	丰花月季	--	--	--	●	●	●	●	●
5	金露梅	--	--	--	●	●	●	--	--
6	抱茎苦荬菜	--	--	●	●	--	--	--	--
7	欧防风	--	--	--	●	--	--	--	--
8	刺芹	--	●	●	●	●	--	●	--
9	夏至草	--	●	●	--	--	--	--	--
10	蓬子菜	--	●	●	●	●	●	--	--
11	碧桃	--	□	□	■	■	■	□	□
12	白皮松	--	□	□	■	■	■	□	--
13	栾树	□	□	□	■	■	■	□	□
14	元宝枫	--	--	□	■	□	□	--	--
15	油松	--	--	□	■	□	--	--	--

注：■为经常利用的寄主植物；□为一般利用的寄主植物；●为经常利用的蜜粉源植物；-- 为很少利用的寄主植物或蜜粉源植物。

6.4.2.5　以捕食性瓢虫为招引目标的城市绿地植物群落构建

参照本章 6.4.2.3.1 的方法和步骤，依据本文相关研究结果，兼顾景观与生态功能，形成以捕食性瓢虫为招引目标的城市绿地植物群落构建范例。

（1）油松 + 糠椴—山茱萸 + 丰花月季—夏至草

捕食性瓢虫招引核心区域选于油松周边，群落以油松为建群种，上层乔木适当点缀糠椴，中层灌木以山茱萸为主体，丰花月季成片种植，下层地被采用草花混播，并以夏至草为优势种。其中，油松易染居松长足大蚜和油松长大蚜，如前所述，以龟纹瓢虫为捕食性瓢虫的绝对优势种，拥有较高的生态位宽度，4 ~ 10月均有出现，高峰出现于 6月。因此，在群落构建时，一方面，为提供蚜虫爆发前期的营养食物，早春开花植物的选择极为重要；另一方面，居松长足大蚜与油松长大蚜夏季种群崩溃明显，在蚜虫种群崩溃后，为满足数量众多的捕食性瓢虫进行营养补充，花期为 7 ~ 10月的蜜粉源植物也必不可少。

（2）元宝枫 + 丝棉木—山茱萸 + 丰花月季 + 金露梅—抱茎苦荬菜

捕食性瓢虫招引核心区域选于元宝枫周边，群落以元宝枫为建群种，上层乔木适当点缀丝棉木，中层灌木以山茱萸为主体，丰花月季成片种植，金露梅成丛种植略做点缀，下层地被采用草花混播，并以抱茎苦荬菜为优势种。其中，元宝枫易染京枫多态毛蚜，异色瓢虫与菱斑巧瓢虫在 6 月发生明显高峰，前者拥有较高的生态位宽度，后者则相对较低，蜜粉源植物花期应从早春至秋季持续不断。

（3）栾树—山茱萸 + 丰花月季—刺芹

捕食性瓢虫招引核心区域选于栾树周边，群落以栾树为建群种，中层灌木以山茱萸为主体，丰花月季成片种植，下层地被以草花混播为主，可将刺芹成片植于林缘。其中，栾树易染栾多态毛蚜，6 ~ 8 月，异色瓢虫和红点唇瓢虫在栾树上数量均较多，并在全年中出现多个发生高峰。此外，栾多态毛蚜存在越夏滞育型，捕食性瓢虫可在夏季持续从寄主植物获取食物资源，因此，在进行群落构建时，可根据景观及其他功能需求，重点对早春和秋季蜜粉源植物进行应用。

6.4.3　结论与讨论

6.4.3.1　结论

本次调查共发现捕食性瓢虫 15 种，隶属 11 属。其中，异色瓢虫等 4 种瓢虫为捕食性瓢虫优势种，具有较高的优势度指数和生态位宽度指数；多异瓢虫等 4 种瓢虫为常见种；七星瓢虫等 7 种瓢虫为偶见种。

5 种园林植物诱捕的捕食性瓢虫发生规律存在差异。全年观测结果显示，5 月下旬至 7 月上旬，瓢虫优势种整体数量最多；除栾树外，因夏季蚜虫发生种群崩溃，碧桃等 4 种园林植物诱捕的瓢虫优势种在全年中仅存在 1 个发生高峰，且多为 6 月。

对 98 种园林植物花期时诱集的捕食性瓢虫成虫数量与频度进行统计与分析，结果显示，蒙椴等 10 种植物诱集强度等级处于 Ⅲ 级以上，筛选确定为捕食性瓢虫补充营养的蜜粉源植物。

依据捕食性瓢虫对猎物与补充营养植物的取食特点，提出蒙椴等 15 种植物可以作为捕食性瓢虫食物谱中的可利用植物。

以植物景观规划、核心区域选定、目标设定、蜜粉源植物选择和群落构建为基本步骤，提出以捕食性瓢虫为招引目标的植物群落构建方法和 3 种植物群落构建模式，具体包括："油松 + 蒙椴—山茱萸 + 丰花月季—夏至草""元宝枫 + 丝棉木—山茱萸 + 丰花月季 + 金露梅—抱茎苦荬菜"和"栾树—山茱萸 + 丰花月季—刺芹"。

6.4.3.2　讨论

（1）捕食性瓢虫优势度指数分级与生态位宽度分级具有一致性

优势物种反映物种在群落或种群中的数量优势以及对栖息环境的占有范围，生态位宽度反映物种在群落中的分布状态。数量较多、占据环境范围较广的优势物种，通常环境适应能力和资源能力较强，生态位较宽，这与其他学者的相关研究一致（胡知渊等，2006；周立垚等，2020）。由此，依据本文研究结果可以推断，异色瓢虫等 4 种生态位宽度位于前列的瓢虫对北京地区全年气候变化的适应能力最强；黑缘红瓢虫等 4 种生态位宽度位于后列的瓢虫对北京地区全年气候变化的适应能力最弱，种群竞争力相对较弱。

（2）与传统生物防治相比，以招引自然天敌为主要手段的保育式生物防治方法更具安全性和可持续性

通过人工投放实现天敌种群数量增加是传统生物防治的常规做法，具体实践已有上千年历史，其中虽不乏成功的案例，但因涉及外来物种引入，又缺乏对引入地生态系统的整体评估和物种的长期监控，有时会以失败告终，轻则抑制无效，重则破坏本土环境和生物多样化。20 世纪初被人工投放至北美的异色瓢虫虽在早期成功地抑制了很多农业害虫，但也因其极强的种群竞争力导致本土瓢虫数量明显下降，种群迅速萎缩甚至消亡。通过改善天敌生存、繁衍、栖息和觅食等的生态环境用以招引自然天敌，从而增加其种群数量，增强其控害能力的方法被称为保育式生物防治。在国外该方法已经成功应用于农业领域，例如，在冬小麦的"农田边界"种植蜜粉源植物后，能够对飞行性天敌昆虫进行诱集和繁育，并对 80m 范围内的蚜虫进行有效控制（Holland et al., 2008）。与前者相比，该方法以改善本土天敌生存条件为手段，以激活生态系统内部种群调控机制为目标，不仅能够将有害生物控制在较低水平，还有助于促进生态系统稳定，更具安全性与可持续性。

（3）猎物、蜜粉源植物和栖息环境是捕食性瓢虫生存、繁衍、栖息的重要影响因素

本文重点从前二者角度出发，提出了在捕食性瓢虫招引阶段的绿地植物群落构建方法和范例，能够有效促进种群聚集和数量增加，而种群定居、群落稳定尚需要在此基础上进行必要和科学的栖息环境设计（井手久登，1993）。目前，国内外对于捕食性瓢虫的栖息环境研究多集中于农业领域，国外学者 Grez 和 Prado 的研究表明，比起周长 / 面积比率高的栖息环境，多数捕食性瓢虫更愿意待在比率低的环境中（Grez et al., 2000），国内学者潘洪生在对华北农田系统的研究中发现，玉米和高粱的喇叭口期能够在夏季为捕食性瓢虫提供相对潮湿以及躲避高温的微气候环境。针对绿地系统，日本造园和生态学家提倡多孔隙空间营造以为多种生物提供栖息场所，但针对捕食性瓢虫生息空间研究较少。由此，为实现绿地系统中的瓢虫种群定居，尚需对其栖息环境进行设计，研究团队也将在后续研究中做深入探讨。

6.5　基于生物多样性保育的城市绿地构建技术

为营建生物多样性保育型绿地，提高城市生物多样性，同时展现地带性植物景观，实现生物防治策略，营造鸟居环境，在城市环境中达到人与自然和谐共生和城市生态环境的可持续发展，基于前述研究，形成本技术。

6.5.1　基本原则与指标要求

6.5.1.1　基本原则

6.5.1.1.1　地带性原则

坚持植被地带性原则。树种选择方面，以乡土树种为主；群落类型方面，依照地带性植被特点进行合理配置，以获得最大的稳定性和生态效益。

6.5.1.1.2　生态性原则

以园林植物生态适应性为主要依据，充分掌握北京城市副中心生态环境条件特点，根据不同园林植物生存、生长状况，因地制宜，适地适树、适地适花、适地适草。

6.5.1.1.3　多样性原则

充分利用乡土植物的多样性，增加植物种类，完善群落结构，提高单位面积绿地的物种多样性，建设和完善结构合理、可持续发展的城市生态系统。

6.5.1.1.4　综合性原则

综合考虑绿地的生物多样性保护、调节小气候等生态改善功能和景观美化、休闲游憩、文化传承、防灾避险多种功能的发挥。

6.5.1.2　指标要求

基于生物多样性保育的植物群落构建技术各项指标见表6-10。

表6-10　基于生物多样性保育的植物群落构建技术各项指标

序号	指标内容	备注
1	裸子植物种类：被子植物种类的比例=1∶8	通用
2	常绿树种类：落叶树种类=1∶4	通用

续表

序号	指标内容	备注
3	常绿乔木数量：落叶乔木数量=1∶3～1∶5	通用
4	乔木种类：灌木种类=1∶1.2	通用
5	速生树种类：中生树种类：慢生树种类=2∶2∶1	通用
6	本地木本植物指数≥0.90	通用
7	绿化覆盖面积中乔、灌木所占比例≥70%	通用
8	蜜粉源乔木数量：乔木总数量≥1∶8	蜜粉源植物群落营建
9	蜜粉源灌木数量：灌木总数量≥1∶4	蜜粉源植物群落营建
10	蜜粉源地被植物种植面积：地被植物总种植面积≥1∶6	蜜粉源植物群落营建
11	搭建天敌越冬场所3～4处/hm² 或栽植天敌越冬场所植物10株以上/hm²	天敌越冬场所、栖息场所营建

6.5.2　绿地生物栖息地营建

6.5.2.1　限定公园最小面积

城市鸟类种类丰富度与林地面积存在极强的正相关关系。公园作为城市绿地主要组成部分，其规模对某些鸟类的临时性分布具有重要作用。大面积公园适合鸟类长时间停留，小面积绿地具有较高的鸟类栖息流通率。为保证城市常见留鸟短暂停留踏步石，建议小型公园面积宜大于 1hm²。

6.5.2.2　有效隔离

（1）选择人为干扰较少的绿地或林地进行绿块生物栖息地营建，必要时采用人造围篱将绿地或林地进行有效隔离。

（2）为了维持水系的生态平衡，减少人为干扰，重要水系与建设用地之间应留出至少20m 以上的生态隔离带作为缓冲区，以缓解建设区对水系生态环境的影响。

6.5.2.3　绿色通道

为了增加生境斑块的连接性和生境类型的多样性，结合北京城市副中心实际情况，将河滨绿地和植被缓冲带建成具有较高栖息地复杂性的绿色生态廊道，并尽可能拓展路侧绿带的宽度，使得道路绿化相互穿插呈网状。

6.5.2.4　混合密林营建

以地带性植物群落为蓝本，模拟形成具有复层结构和地域特色的人工植物群落。绿地内部减少人工干预，任由落叶树枝飘落，进而腐化为沃土。该种类型适用于防护林、隔离带等绿地类型。

6.5.2.5　杂生灌木草丛营建

（1）采用杂草、野花、小灌木等营造杂生灌木草丛，并任其自然生长，除每年只进行1~2次剪草和拔除高灌木外，较少人工管理。

（2）采用草花混播，并任其发展为野花遍地的自然草花圃。

6.5.2.6 多孔隙生物栖息地营建

（1）将围墙、边坡、挡土墙、护壁等绿地边界进行多孔隙生态设计，以供小生物藏身、觅食、筑巢、繁殖等，避免做成水泥等的无孔隙介质。

（2）对多孔隙围墙、边坡、挡土墙等进行垂直和斜面绿化，以形成多样化、高密度的生物栖息环境。

（3）在绿地内，有意识地堆置枯木、乱石、瓦砾、空心砖等多孔隙材料形成生态小丘，创造多样化气候环境，以容纳多样化的小生物栖息。

6.5.3　地带性植物群落构建技术

6.5.3.1　地带性植物选择

依据北京地带性植被特色及其在北京城市副中心的生态适应性，进行地带性植物选择，典型种类推荐如下：

（1）乔木

油松、圆柏、侧柏、栓皮栎、槲栎、槲树、蒙古栎、辽东栎、麻栎、白蜡、大叶白蜡、元宝枫、小叶朴、核桃楸、紫椴、糠椴、北京丁香、白桦、旱柳、臭椿、榆树、栾树、臭檀等。

（2）灌木或小乔木

黄栌、胡枝子、多花胡枝子、三桠绣线菊、土庄绣线菊、溲疏、大花溲疏、小花溲疏、连翘、小叶鼠李、荆条、蔷薇属、紫丁香、锦带花、山楂、山桃、山杏、红瑞木、卫矛、蚂蚱腿子、榆叶梅等。

（3）草本地被

薹草类、委陵菜属、蛇莓、石竹、三七景天、二月兰、紫花地丁、早开堇菜、马蔺、玉竹、大叶铁线莲等。

6.5.3.2　地带性植物群落构建

6.5.3.2.1　地带性植物群落设计方法

地带性植物群落设计以植物的生态习性为基础，创造地方风格为前提，通过分析北京自然群落的基本类型、层次结构，从而有目的地借鉴自然群落的景观，并遵循本章中 6.2.2.4 中的相关方法。

6.5.3.2.2　地带性植物群落设计范例

参照 6.2.2.4 中的方法和步骤，兼顾景观功能，除了表 6-3 中的配置模式之外，尚可参照以下地带性植物群落范例（表6-11）：

（1）油松 + 栓皮栎—三桠绣线菊—披针薹草

模拟北京地带性植物群落松栎混交林而形成，上层乔木以油松、栓皮栎构建基本骨架；中层片植三桠绣线菊；下层以披针薹草铺底。

（2）紫椴 + 糠椴 + 元宝枫—锦带花—披针薹草

模拟北京中生性植物群落椴树林而形成，上层乔木以紫椴、糠椴为骨干树种，适当点缀元宝枫；中层以锦带花为优势种，下层以披针薹草铺底。

（3）胡桃楸 + 白蜡 + 北京丁香—大花溲疏 + 小花溲疏—披针薹草

模拟北京阴生沟谷植物群落胡桃楸林而形成，上层乔木以胡桃楸为骨干树种，适当点缀白蜡、北京丁香，中层片植大花溲疏与小花溲疏，下层以披针薹草铺底。

表6-11　地带性植物群落设计模式范例

序号	地带性植物群落设计模式	自然植物群落蓝本
1	油松+栓皮栎—三桠绣线菊—披针薹草	油松+栓皮栎混交林
2	紫椴+糠椴+元宝枫—锦带花—披针薹草	椴树林
3	胡桃楸+白蜡+北京丁香—大花溲疏+小花溲疏—披针薹草	胡桃楸林
4	蒙古栎+北京丁香—三桠绣线菊+胡枝子—披针薹草	蒙古栎林
5	蒙古栎+辽东栎—土庄绣线菊+大花溲疏+胡枝子—委陵菜	蒙古栎+辽东栎林
6	栓皮栎—胡枝子+三桠绣线菊—披针薹草	栓皮栎林
7	油松—黄栌+大花溲疏—披针薹草	油松林
8	槲栎—黄栌+胡枝子—披针薹草	槲栎林
9	白桦—三桠绣线菊+土庄绣线菊—披针薹草	白桦林
10	黄栌+胡枝子+三桠绣线菊—披针薹草	黄栌灌丛

6.5.4　基于保育式生物防治的蜜粉源植物群落构建技术

6.5.4.1　蜜粉源植物选择

根据已有研究成果，天敌多选择在伞形科、小檗科、大戟科、蓼科、蝶形花科、菊科等伞房、伞形、复伞形、圆锥以及头状花序植物上补充营养，该类植物的综合特点为单花为小型花，并多具花盘。根据前述研究，推荐北京通州区蜜粉源植物如表6-12所示。

表6-12　蜜粉源植物推荐名录

植物类别	植物名称	花期	诱集天敌类群			
			食蚜蝇	瓢虫	草蛉	寄生蜂
乔木	蒙椴	7月	●	●	○	--
	紫椴	7月	●	●	○	--
	糠椴	7月	●	●	○	--
	丝棉木	5~6月	●	--	●	○
	毛梾	5月	●	--	●	○
灌木、小乔木	山茱萸	3月	●	--	●	○
	连翘	3~4月	--	--	●	○
	金钟花	3~4月	--	--	●	○
	华北珍珠梅	6~7月	○	--	○	--
	接骨木	4~5月	○	--	○	--
	荆条	6~8月	○	--	--	○
	金叶女贞（免修剪）	5~6月	●	--	○	--
	现代月季（丰花型）	4~9月	○	●	--	--
	紫叶李	4月	--	--	--	●
	三桠绣线菊	5~6月	--	--	--	○
	榆叶梅	4~5月	--	--	--	●
	胡枝子	7~9月	--	--	--	○
	玫瑰	5~6月	○	●	--	--
	蜡梅	3月	●	--	--	--
	小叶鼠李	4~5月	○	○	--	--
	锦熟黄杨（免修剪）	4月				
	大叶黄杨（免修剪）	4月	○			
藤本	蔷薇	5~9月	●	--	--	--
	扶芳藤	6月	●	--	●	○
草本地被	甘野菊	8~10月	●	--	--	--
	抱茎苦荬菜	4~5月	●	--	●	--
	荆芥	7~9月	○	--	●	--
	薄荷属	6~9月	○	--	--	--
	景天属	7~10月	○	--	--	--
	委陵菜属	4~5月	●	○	--	○
	硕葱	5~6月	--	--	--	--
	蓼属	7~9月	○	--	--	○

植物类别	植物名称	花期	诱集天敌类群			
			食蚜蝇	瓢虫	草蛉	寄生蜂
草本地被	地榆	7~9月	○	--	--	--
	夏至草	3~4月	--	●	--	--
	蛇鞭菊	7~8月	○	--	--	--
	蒲公英	4~10月	○	--	--	--
	欧防风	6~8月	●	●	--	●
	早小菊	8~11月	○	--	--	--
	钓钟柳	4~5月	●	--	--	--
	东方罂粟	6~7月	○	--	--	--
	刺芹	4~12月	●	●	--	○
	白车轴草	5~10月	○	--	--	--
	麦冬	5~8月	○	--	--	--

注：●表示诱集强度为"非常强"；○表示诱集强度为"较强"；--表示诱集强度为"一般"或"较弱"。

6.5.4.2　蜜粉源植物群落构建

6.5.4.2.1　蜜粉源植物群落设计方法与步骤

基于保育式生物防治的蜜粉源植物群落构建应遵循本章前述方法和步骤，除此之外，还应满足以下条件：

（1）为最大限度提高天敌的控害作用，绿地中配置的早春、盛夏和晚秋开花的蜜粉源植物的种植面积应分别不低于 5%，按表 6-15 中的相关指标进行换算，即早春、盛夏和晚秋开花乔木各 15 株 /hm²，早春、盛夏和晚秋开花灌木各 180 株 /hm²，早春、盛夏和晚秋开花地被植物各 360m²/hm²，必要时同一花期乔木、灌木和地被植物之间可相互替代，如用盛夏开花地被植物替代盛夏开花乔木，但替代后其面积为 720m²/hm²。

（2）为便于天敌随时获得补充营养植物或食物，应充分考虑和选用少量晚春和早秋开花或花期较长的蜜粉源植物与（1）中植物进行配置，以达到 3 季有花而提供补充营养食物源。

（3）为实现良好的生防效果，优势蜜粉源植物宜成片且较均匀地配置于目标害虫植物周围。

6.5.4.2.2　基于保育式生物防治的蜜粉源植物群落设计范例

参照上述方法和步骤，兼顾景观功能，形成基于保育式生物防治的蜜粉源植物群落设计范例可参见本章前述内容。

6.5.4.2.3　基于保育式生物防治的蜜粉源植物群落示例

参照蜜粉源植物群落构建方法，研究团队于 2019 年 1 ~ 4 月进行了保育式生物防治示范绿地设计和建设，具体内容如下。

（1）场地概况

保育式生物防治示范绿地位于北京市园林科学研究院南部，整体略呈三角形，总面积约1000m²，原址中包括300m²蜜粉源植物群落和700m²简易建筑拆除后的荒废地。其中，蜜粉源植物群落于2年前建设完成，采用粗放管理方式，除定期拔除恶性杂草、生物防治美国白蛾外，未采用其他管理措施。

（2）设计思路

①为展现地域特色，选择油松、白皮松为场地内骨干树种。

②依据虫害发生规律，油松以居松长足大蚜、油松长大蚜等蚜虫类为主要优势虫害，白皮松以白皮松长足大蚜为优势虫害，二者优势天敌包括食蚜蝇、瓢虫、草蛉和寄生蜂等。

③依据优势天敌，选择早春开花植物蜡梅、山茱萸；盛夏开花植物蒙椴、珍珠梅、华北珍珠梅、荆条、月季；晚秋开花植物甘野菊；以及其他季节开花植物连翘、丝棉木、胶东卫矛、大叶黄杨、小叶黄杨、荆芥、薄荷、抱茎苦荬菜、地榆等为蜜粉源植物。

④依据蜜粉源植物群落构建方法进行场地植物景观设计，如图6-9和表6-13所示。此外，为给天敌昆虫提供越夏、越冬场所，场地内种植元宝枫、栾树。

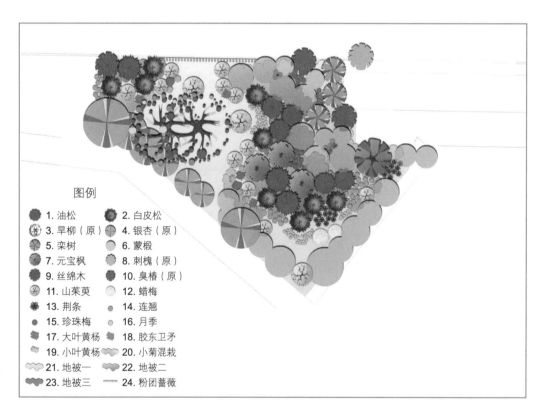

图6-9 保育式生物防治绿地种植设计图

图例
1. 油松　2. 白皮松
3. 旱柳（原）　4. 银杏（原）
5. 栾树　6. 蒙椴
7. 元宝枫　8. 刺槐（原）
9. 丝绵木　10. 臭椿（原）
11. 山茱萸　12. 蜡梅
13. 荆条　14. 连翘
15. 珍珠梅　16. 月季
17. 大叶黄杨　18. 胶东卫矛
19. 小叶黄杨　20. 小菊混栽
21. 地被一　22. 地被二
23. 地被三　24. 粉团蔷薇

表6-13　保育式生物防治绿地植物应用一览表

目标植物	刺吸害虫	优势天敌	优势蜜粉源植物	
			种类	备注
油松	居松长足大蚜、油松长大蚜	瓢虫、食蚜蝇、寄生蜂、草蛉	山茱萸	早春开花；诱集食蚜蝇
			连翘	早春开花；诱集草蛉

续表

目标植物	刺吸害虫	优势天敌	优势蜜粉源植物	
			种类	备注
油松	居松长足大蚜、油松长大蚜	瓢虫、食蚜蝇、寄生蜂、草蛉	丝棉木	晚春开花；诱集食蚜蝇
			现代月季	三季开花；诱集瓢虫
			荆条	夏季开花；诱集食蚜蝇
白皮松	白皮松长足大蚜		华北珍珠梅	夏季开花；诱集草蛉
			蒙椴	夏季开花；诱集食蚜蝇、瓢虫
			甘野菊	秋季开花；诱集食蚜蝇
			荆芥	夏秋季开花；诱集食蚜蝇、草蛉
元宝枫	京枫多态毛蚜		薄荷	夏秋季开花；诱集食蚜蝇
栾树	栾多态毛蚜		北京小菊	秋季开花；诱集食蚜蝇

6.5.5　鸟嗜植物群落构建技术

6.5.5.1　鸟嗜植物选择

鸟嗜植物通常包括嗜食植物和营巢植物，但无论哪种，都应以鸟类所熟悉的乡土植物为主，一方面，更容易被鸟类所接受；另一方面其果实成熟期往往与鸟类的繁殖期或迁徙期一致。

6.5.5.1.1　嗜食植物

在绿地中合理栽种鸟类食源性植物是进行鸟类招引的一项有效措施。每年 11 月至次年 3 月，鸟类获得食物的机会一般较少，植物果实成为植食性、杂食性留鸟和冬候鸟的过冬食物，在兼顾其他季节的情况下，冬季及早春着果的植物通常成为保护留鸟的关键。

依据果实特色，推荐通州区鸟类嗜食植物如表 6-14 所示。

6.5.5.1.2　营巢植物

鸟类对营巢树种具有一定的选择性，通常情况下，鸟类首选落叶树种营巢，从高大乔木至矮小灌丛，鸟类按自身体型大小和习性选择相适应的树种。

（1）高大乔木，如榆树、朴树、杨、柳、悬铃木、水杉、刺槐等是喜鹊、乌鸫、黑枕黄鹂、黑尾蜡嘴雀等鸟首选的树种。

（2）小乔木，如海棠、槭树类、石榴等是黑脸噪鹛、棕背伯劳、大苇莺、暗绿绣眼鸟等首选的树种。

（3）灌木类，如三桠绣线菊、棣棠、紫荆、蜡梅、郁李、木槿、小叶女贞等是棕头鸦雀、白头鹎、山斑鸠等的首选对象。

表6-14　鸟类嗜食植物推荐名录

序号	种名	果实（种子）特征	果实（种子）成熟期
1	樱桃	核果，红色	5～6月
2	桑树	聚花果，紫黑色、红色	5～6月
3	樱花	核果，橙红色	5～6月
4	蓝叶忍冬	浆果，红色	5～7月
5	杏	核果，橙色	6～7月
6	桃	核果，果肉厚而多汁，表面被柔毛	6～8月
7	接骨木	核果浆果状，红色或蓝紫色	6～8月
8	蛇莓	聚合果成熟时花托膨大，海绵质，红色	6～10月
9	海棠类	梨果，黄色、红色或紫色	6月中旬至11月上旬
10	郁李	核果，红色	7～8月
11	毛樱桃	核果，红色	7～8月
12	文冠果	蒴果，种子黑色而有光泽	7～8月
13	枸杞	浆果，红色或橘红色	7月下旬至10月底
14	皱叶荚蒾	核果，果实由红变黑	7月下旬至10月底
15	四照花	聚花果球形，肉质，熟时粉红色	8月
16	梧桐	蓇葖果	8～9月
17	观赏蓖麻	果实大而红，带软刺	8～9月
18	扁核木	核果，红色	8～9月
19	枣	核果，红色	8～9月
20	红瑞木	核果，白色或略带蓝色	8～9月
21	矮紫杉	种子核果状，为红色肉质假种皮所包	8～10月
22	粗榧	种子核果状，为肉质假种皮所包	8～10月
23	水枸子	梨果，红色	8～10月
24	猕猴桃	浆果，密被黄棕色有分枝的长柔毛	8～10月
25	葡萄	浆果，熟时黄白色或紫红色	8～10月
26	卫矛	硕果，紫色，宿存	8至10月中下旬
27	天目琼花	核果，鲜红色	8至11月初
28	栾树	硕果	8～11月
29	木兰属	蓇葖果，红色	8月下旬至10月中下旬
30	山楂	梨果，红色	8月底至11月
31	平枝枸子	梨果，红色，密生	8月下旬至11月底
32	金银木	浆果，红色，经冬不落	8月下旬至次年春天
33	元宝枫	干燥翅果	7～10月
34	南蛇藤	硕果，橙黄色，宿存	7～10月
35	蔷薇类	瘦果，橙色或红色	8月下旬至11月
36	香茶藨子	浆果，紫黑色	9～10月
37	朴树	核果，黄色或橙红色	9～10月

续表

序号	种名	果实（种子）特征	果实（种子）成熟期
38	柿树	浆果，橙黄色或橘红色	9～11月
39	爬山虎	浆果，蓝黑色	9～11月
40	臭椿	干燥翅果	9～10月
41	小叶朴	紫黑色	9～10月
42	小紫珠	浆果状核果，紫色	9月至10月下旬
43	扁担木	核果，由黄变红	9～11月
44	火炬树	果穗鲜红色，聚生成火炬状，经冬不落	9月至次年春天
45	风箱果	菁葖果，宿存	9月至次年春天
46	柘树	聚花果，红色	9～11月
47	小檗属	浆果，亮红色	9月至次年春天
48	毛梾	核果，黑色	9～10月
49	丝棉木	硕果，粉红色	9～10月
50	石榴	浆果，球形，种子多数，具肉质外种皮	9～10月
51	白蜡	干燥翅果	9～10月
52	山茱萸	核果，红色	9月至11月下旬
53	君迁子	浆果，橙黄色	9月下旬至10月下旬
54	商陆	浆果，紫色	10月
55	金银花	浆果，蓝黑色	10月
56	鼠李	核果，紫黑色	10月
57	东北茶藨子	浆果，红色	10～11月
58	流苏	核果，紫黑色	10～11月
59	鸡麻	核果，黑色	10～11月
60	圆柏	球果肉质，褐色，被白粉	10～11月
61	龙柏	球果肉质，褐色，被白粉	10～11月
62	苦楝	核果，淡黄色，经冬不落	10月至次年春天
63	大叶黄杨	硕果，粉红色	10月中旬至11月底
64	海州常山	核果，蓝紫色	10月至11月初
65	水蜡	核果，黑色	10～11月
66	麦冬	浆果，蓝黑色	10～12月
67	胶东卫矛	硕果，粉红色，开裂后鲜红色假种皮露出	11～12月

6.5.5.2　鸟嗜植物群落构建

6.5.5.2.1　鸟嗜植物群落设计要点

　　城市园林中，鸟类群落的物种多样性与植被的复杂性密切相关。鸟嗜植物群落设计应遵循生态学原理，模拟自然群落进行植物配置，并注意以下要点。

（1）实行乔、灌、草、藤的复层结构，特别是多种高大乔木与多种灌木的搭配，以充分利用空间资源，避免植被结构及功能单一，构建稳定的、多物种长期共存的复层、立体植物群落。林地中部以高树冠树种为主，同时注意植被中、下层的绿化，边缘以茂密灌丛为主。

（2）注意阔叶树和针叶树的合理搭配，许多针叶树不仅为鸟类提供食物，同时也是多种鸟类的越冬场所。

（3）合理搭配鸟嗜植物，顾及各季节甚至各月份间鸟类食源的均衡性，以保证一年四季都能为鸟类提供丰富的食物。

（4）水生及湿生植物搭配种植，为水鸟提供部分食物来源，营造多样性的栖息环境。

（5）考虑冬季盛行风向，用常绿树或常绿落叶混交林抵挡寒风，为鸟类提供适宜的栖息环境。

6.5.5.2.2　鸟嗜植物群落设计范例

参照上述设计要点，形成鸟嗜植物群落设计范例：

（1）元宝枫 + 圆柏 + 柿树—金银木 + 毛樱桃—蛇莓

乔木层，以元宝枫为优势种，适当点缀圆柏与柿树；灌木层，片植金银木与毛樱桃；地被层，以蛇莓铺底。上述植物均为鸟嗜植物，着果期为 6 月至次年春季，并可春季赏花，秋季赏叶，三季观果。

（2）小叶朴 + 苦楝 + 观赏海棠—天目琼花 + 蓝叶忍冬—麦冬

乔木层，以小叶朴为优势种，适当点缀苦楝，片植观赏海棠于林缘；灌木层，片植天目琼花与蓝叶忍冬；下层以麦冬铺底。上述植物均为鸟嗜植物，着果期为 5 月至次年春天。

（3）白蜡 + 朴树 + 圆柏—金银木 + 山茱萸—蛇莓

乔木层，以白蜡为优势种，适当点缀朴树与圆柏；灌木层，片植金银木于林下，片植山茱萸于林缘；下层以蛇莓铺底。上述植物均为鸟嗜植物，着果期为 6 月至次年春季，并可春季赏花，秋季观果、赏叶。

6.6　小结

6.6.1　结论

6.6.1.1　模拟低海拔自然植被是构建绿地近自然植物群落的可行方法

通过研究分析某地区自然群落的基本类型、层次结构，进而借鉴、模拟形成的城市绿地近自然植物群落对于促进群落稳定、激活生态系统内部调控机制、丰富绿地生物多样性以及展现地域特色等方面具有重要作用。采用数量分类与环境排序的生态学方法对鹫峰低海拔森林植物群落特征与环境影响要素进行研究，对比分析北京城市绿地土壤环境特征，提出适于北京地区应用的近自然植物群落构建方法与模式，为科学构建城市绿地植物群落提供依据。结果表明，TWINSPAN 将 10 块样地划分为 4 个植物群丛；样地和主要植物排序与 TWINSPAN 分类结果一致，以油松、槲树、栓皮栎为优势种的松栎混交林与海拔及土壤 pH 值、有机质含量、非毛管孔隙度等土壤环境关系密切；自然与人工土壤在土壤 pH 值和有机质含量方面存在差异；构建形成 5 个近自然植物群落基本模式。

6.6.1.2　将不同花期蜜粉源植物配置于目标害虫周围是进行蜜粉源植物群落构建的基本方法和保育式生物防治的有效措施

保育式生物防治通过改善天敌生存、繁衍、栖息和觅食等生态环境措施和改变农药使用方式等手段显著提高自然界中天敌的控害能力来控制有害生物，是实现有害生物可持续控制和生态系统平衡的有效方法。以北京城市绿地为研究对象，对有害生物及其天敌、优势天敌蜜粉源植物以及基于保育式生物防治的蜜粉源植物群落构建方法进行研究。研究表明，瓢虫、草蛉、食蚜蝇及寄生蜂是绿地刺吸害虫的主要天敌类群；草本植物中，欧防风等 12 种、欧防风 1 种以及荆芥 1 种植物分别对食蚜蝇、寄生蜂和草蛉具有良好诱集作用；木本植物中，山茱萸等 5 种、紫叶李等 7 种、糠椴等 4 种以及山茱萸等 7 种植物分别对食蚜蝇、寄生蜂、瓢虫和草蛉具有诱集作用；将不同花期的蜜粉源植物成片配置于目标害虫植物周围，是进行基于保育式生物防治的蜜粉源植物群落构建的基本方法与步骤。

6.6.1.3　区域选定、目标设定、蜜粉源植物选择和群落构建是以捕食性瓢虫为招引目标的绿地植物群落构建的基本步骤

捕食性瓢虫因其食性广、食量大并在城市绿地中具有较高的种群数量而成为城市绿地控制刺吸类害虫的优势天敌，对于蚜虫、蚧壳虫、木虱、粉虱等均具有较强的控制效果。以绿地捕食性瓢虫为研究对象，在系统研究其发生规律和捕食特点的基础上，提出以捕食

性瓢虫为招引目标的城市绿地植物群落构建方法和模式。结果表明，以白皮松等 5 种常见园林植物为优势种的绿地中，共发现捕食性瓢虫 15 种；多异瓢虫等 4 种瓢虫为常见种，具有较高的优势度指数和生态位宽度指数；依据捕食性瓢虫取食特点，蒙椴等 15 种植物可作为捕食性瓢虫食物谱中的可利用植物，包括补充营养蜜粉源植物和蚜虫寄主植物 2 类；核心区域选定、目标设定、蜜粉源植物选择以及群落构建是进行以捕食性瓢虫为招引目标的城市绿地植物群落构建的基本方法和步骤。

6.6.1.4　地带性植物群落、蜜粉源植物群落、鸟嗜植物群落构建以及绿地生物栖息地营建是进行绿地生物多样性保育的重要内容

为提高城市生物多样性，同时展现地带性植物景观，实现生物防治策略，营造鸟居环境，并最终在城市环境中达到人与自然和谐共生和城市生态环境可持续发展，需要在城市绿地中有效施用生物多样性保育技术。以地带性、生态性、多样性和综合性为基本原则，以地带性植物群落、蜜粉源植物群落、鸟嗜植物群落构建以及绿地生物栖息地营建为核心内容，以分别为绿地生产者、初级消费者、次级消费者以及其他生物提供适宜的生存环境为目标，共同构建形成了绿地生物多样性保育技术。

6.6.2　讨论

6.6.2.1　城市化建设对生物多样性的影响

城市化导致生物多样性降低。伴随城市化发展，农林用地变成建设用地并被硬化使用，对原有自然生态系统及其生物多样性造成了极大的直接或间接影响。其中，前者表现为大量生物栖息地被建筑、道路等人工表面所取代，自然生态空间面积减少，生境被破坏成碎片状，最终导致生物多样性水平不断降低；后者表现为土地高强度开发挤占自然生态系统资源，并造成排污增加、环境质量下降，由此干扰自然生态系统，影响各种生物的正常生存繁衍，从而导致生长减弱乃至死亡，最终使种群减少甚至灭绝，同样降低生物多样性水平。

6.6.2.2　城市绿地的生物多样性保育功能及现存问题

城市绿地在维持并提高生物多样性的水平上发挥着极大的作用。尽管城市化对不同生物类群产生了深刻影响，但作为城市环境中生物的重要栖息地，绿地通过植被的蒸腾、光合、吸收等生态过程有效改善城市生存环境的同时，容纳着众多的生物种群。

但与此同时，作为人工构建的生态系统，城市绿地影响着市民的生活环境，并在很大程度上受到人为活动的干扰，故城市生物多样性保护极其重要，且富有难度。而对于利用城市绿地规划、设计、建设与管理方式来保护生物多样性的研究与实践还处在初级阶段，尚存在诸多问题，诸如：不合理的土地开发加速了对自然生态系统的干扰和侵占，导致城

市生物多样性和生态系统服务功能下降，危及区域生态安全；城市化进程中庞大的人流物流以及不科学的园林绿化引种给外来物种入侵增加了机会，在北京已呈现逐年上升趋势；结构简单、树种单一、景观同质化成为城市绿化建设中的普遍问题；化学防治是当前绿地病虫害防治的首要手段，化学药物的泛滥使用造成严重的环境污染、害虫耐药和生物种群失调等。因此，如何科学合理地利用城市绿地进行城市生物多样性保育极为重要。

6.6.2.3　对于城市绿化建设中生物多样性保育的建议

　　进行科学的城市绿地规划、设计、建设和管理是风景园林师致力于生物多样性保护工作的重要途径。在大尺度层面，开展生态用地规划是构建健康城市生态系统和开展城市生物多样性保护的首要策略。在小尺度层面，采用科学的生态绿化技术在有限的场地内发挥其最佳的生态系统维系和生物多样性保护功能至关重要，包括绿地生态系统中环境的改善，生产者、分解者和各级消费者种群的调控等方面。其中，植物作为生产者，是城市绿地的主体，不仅发挥着改善局部生态环境气候、净化空气、降低噪声、保护水土、提供氧气等作用，也是各类生物的重要食物资源和生存环境，科学合理的植物景观规划、群落构建以及养护管理应是进行城市绿地生物多样性保护的重要内容。

第7章

节水型园林植物筛选

　　北京是典型的水资源短缺城市，绿地缺水集中体现在春、秋两季。结合实践，大部分城市绿地均于春季进行返青水灌溉，以确保植物的正常展叶和生长；而夏季降水多是暴雨，大部分水分随地表径流而流失，植物可利用水分受到土壤蓄水量与根系分布范围限制，多数园林植物在夏季多雨季节仍然面临干旱的威胁。由此，本章试验的开展以应对夏季干旱为主要目标，以在不同干旱程度和干旱持续时间条件下可保持较好观赏价值为前提条件，以植物不同干旱状态下的观赏效果、生理指标等作为评价标准，对其耐旱能力进行综合评价与分级，筛选适合北京地区应用的耐旱植物种类，为北京地区园林绿地的植物选择与配置，以及后期养护管理提供参考和指导，实现园林节水的目的。

7.1 研究综述

节水耐旱植物通常指应用于节水园林中的植物。"节水园林"是近年来相对于"耗水园林"衍生出来的，指在保证城市水环境安全和绿地生态环境持续稳定发展的前提下，通过采取各种工程和非工程措施，合理开发利用城市中的各类水资源，建设高效的水资源配给系统，以及构建高效的水分转化利用模式，从而最大限度地满足城市生态绿地建设和改善城市环境要求的节水技术体系（陈为峰等，2009）。美国节水园林实施标准提出节水型园林应包括以下几个要素：①节水耐旱型植物材料的应用；②高效节水的灌溉系统；③合理的草坪面积；④雨水的收集利用；⑤蓄水保墒功能良好的土壤；⑥铺设覆盖物；⑦合理的养护管理手段（Sun et al.，2012）。植物是园林绿地的主体，植物的存在为园林绿地提供了良好的生态环境，然而植物生长需要消耗大量的水，尤其在干旱缺水地区，需要人工补给才能存活。因此，选择节水耐旱型植物材料是建设节水型绿地的一个重要环节。

7.1.1 国外节水耐旱植物研究

在较早提出节水型园林绿地的美国，并没有节水型园林植物这一术语。其相关研究可以通过其不同发展阶段的用词来阐述。美国最初采用的词语"旱生植物"来自干旱园林（xeric landscape），这是 20 世纪 80 年代早期由丹佛水利局发明的一个术语，用来代表在干旱条件下进化的植物（Song and Wang，2015），相关研究也集中在这类植物上。这些植物在干旱条件下可正常生长，包括开花、结实等，并完成整个生命周期。旱生植物包括各类乔木、灌木等，还有许多鳞茎类植物，这些植物需要一个干旱的夏季完成其夏季休眠，从而实现生命的持续更替。但是这类植物更倾向于仙人掌类及岩石园类植物，与行业希望的节水园林不同，因此，美国园林界逐渐摒弃了这一用语。

伴随行业的不断发展，耐旱（drought-tolerant）植物和抗旱（drought–risistant）植物逐渐成为行业主流用语（Mabapa et al.，2018）。与前述的旱生植物截然不同，耐旱或抗旱植物能够利用落叶或休眠等生存机制，在异常干燥的条件下生存，但它仍然需要水分来恢复其正常生长，并完成开花、结实过程。此外，英文的耐旱植物（drought-tolerant）与抗旱植物（drought-risistant）也有显著区分。前者虽然能够通过存活的方式来度过干旱的时期，但在水分不足的情况下，它们不能一直保持健康、茂盛的生长状态。在水分充足时，才可以表现出较高的观赏价值。而后者抗旱植物不仅能忍受干旱，还可以在长时间干旱、没有水分补充的情况下，仍然表现出较好的景观效果，一旦有了充足的水分，它们就会茁壮成长。这一类植物经常出现在美国节水型园林绿地推荐的植物的"低用水量"类别中，例如加州较为常见的三角梅、马缨丹、迷迭香以及蔷薇等观花园林植物。

此外，在节水园林植物选择的相关研究中，乡土植物（native plants）也是常用的词汇，大多数专家认为乡土植物是在欧洲大规模扩张之前生长在美国的植物。此外，其他相关术语还包括节水植物（water-wise plants）、低耗水植物（low-water plants），以及非耗水植物（unthirsty plants）等。

在节水型园林建设方面，美国主要通过合理控制灌溉量和灌溉频率，以减少过量灌溉实现节水。美国干旱地区围绕不同植物耗水系数（plant factor，PF）开展了相关研究，根据水分充足条件下植物的水分需求，通过潜在蒸散量（ETo）和地表覆盖（projected canopy area，PCA）来控制灌溉（Kjelgren et al., 2016）。综合而言，美国的节水型园林绿地植物筛选研究侧重于在掌握植物习性的基础上，研究不同观赏植物的水分需求，并将相同水分需求的植物种植在同一灌溉区域内。其节水园林植物分类标准多根据其灌溉系数进行分类，以加州园艺中心（California Center for Urban Horticulture）的植物推荐名录为例，植物根据其耗水系数分为极低耗水（very low）植物（$PF \leqslant 0.1$），低耗水（low）植物（$0.1 < PF \leqslant 0.3$），中耗水（moderate/medium）植物（$0.3 < PF < 0.7$）以及高耗水（High）植物（$PF \geqslant 0.7$）。

7.1.2　国内节水耐旱植物研究

随着我国节水园林的发展，节水耐旱植物研究逐渐深入。在园林行业，节水型园林植物主要指在绿地建设和养护中，对于水分需求较低，或人工灌溉需求较少，抑或仅依靠立地环境的自然降水就可以满足健康生长并具有较好景观效果的植物。借鉴国外的相关研究成果，关于节水耐旱植物研究出现了许多专业用语，例如耐旱植物（杨丽娟和王海洋，2007）、抗旱植物（凌佳，2014）、低耗水植物等。

7.1.2.1　耐旱木本植物研究

在木本植物耐旱性方面，国内相关研究始于 20 世纪 80 年代初，初期研究主要集中在林业领域（武金翠，2007），近年来相关研究呈上升趋势。例如，何丹丹（2013）利用系统聚类分析和模糊数学隶属函数分析法开展了东北地区常用的园林树木的耐旱性研究，选取相对含水量、束缚水含量、水势等 10 个水分生理指标和气孔长度、气孔密度等 4 个叶片表皮解剖指标，综合评价了 73 种园林树木的抗旱性强弱。冉冰等（2014）以植株在干旱期（7 ~ 9 月）的生长表现为抗旱指标，综合评价了南京地区 78 种园林树木的耐旱性。董梅（2013）以柴达木地区乡土树种桎柳、梭梭、合头草、白刺、金露梅、圆柏为试验材料，研究了不同干旱胁迫条件下植物的生长形态、叶片水分及光合生理变化，进而分析其耐旱机理。王玉涛（2008）对北京地区常见绿化树种和近年来引进并广泛应用的新优植物品种开展了节水耐旱性研究，该研究利用植物叶片解剖结构指标及生理生态指标，综合分析与评价了供试材料的抗旱节水特性，共涉及 24 种乔木、20 种灌木、14 种地被以及 7 种攀缘植物，其整体研究侧重于叶片的解剖结构和生理生态指标，而对植物的生长表现关注不够，但对于发挥着景观功能的园林绿化植物来说，不同干旱条件下的观赏效果对于指导实践应用具有更重要的价值。

7.1.2.2 耐旱草本植物研究

在草本植物耐旱性方面，国内研究始于 20 世纪 90 年代并在近十年迅速发展，研究内容涉及形态、生理等指标的综合分析以及耐旱等级的划分。例如，阎晓蓉等（1991）选取了含水量、水分亏缺、保水率、根冠比等指标对 10 种宿根花卉的抗旱指数进行了分析，并将其划分为耐旱性较强、耐旱性中等、耐旱性较差三类。徐兴友等（2007）对燕山东段 6 种野生耐旱花卉幼苗在持续干旱胁迫至枯死临界点过程中的盆栽土壤含水量、叶片脱水程度、根系含水量与根系活力的变化进行了综合评价。马莹等（2009）利用田间直接鉴定法、离体叶片持水力测定法以及土壤含水量测定法等对 10 种宿根花卉进行了耐旱性研究。张科（2010）以重庆地区常见的 6 种草本地被植物作为试验材料，通过盆栽控水的方法，研究了 6 种草本地被植物在干旱胁迫处理后的生长形态指标和生理生化指标变化情况，并在此基础上用利用隶属函数法和指标排序叠加法对 6 种草本地被进行耐旱性综合评价。张博文等（2018）对黑麦草、狼尾草、结缕草、紫花苜蓿及高羊茅 5 种矿区植物在干旱胁迫下的各项生理指标进行了综合分析。此外，也有一部分文献从植物的性状特点、原产地、生态习性等，探讨与分析其耐旱性，并以此推荐可供应用的植物种类，如鸢尾科鸢尾属、玄参科钓钟柳属、景天科景天属、菊科一枝黄花属、松果菊属植物、禾本科观赏草类植物等（陈之欢等，2003；梁树乐等，2009）。

综合而言，我国的节水耐旱或抗旱园林植物研究重点主要集中在植物抗旱性比较（柴男，2016）、抗旱指标筛选（刘红茹等，2012），以及抗旱机制解析（陈立明和尹艳豹，2015）等方面，且主要借鉴了农业和林业的研究方法与理论（王玉涛，2008）。农业以农产品产量和品质为研究目标，林业也多以生物量产出为主要目标，因此这两个领域的研究都要求耐旱植物在干旱条件下可以正常进行光合作用，对生物量影响不大，水分利用效率较高，其耐旱机制研究和耐旱指标的筛选都围绕这个目标进行。与之不同，对于园林植物来说，在面临干旱时，生态效益降低是必然的，而如何维持其景观效益，并确保植物最大限度的成活，在度过干旱阶段后能够迅速恢复并发挥其生态景观功能，则是节水园林植物最为重要的筛选目标。因此，与农业和林业筛选目标相反，通过牺牲生物量来应对干旱并维持生命活力的生物学特性反倒是园林植物有实际应用价值的耐旱特征。此外，植物通过不同的方式来适应干旱，且不同的方式之间并没有严格的界限，很多植物会采用几种不同的耐旱策略来应对干旱，在不同干旱阶段或干旱程度下采用不同的应对方式，因此植物的耐旱能力是一种综合性状，是从植物形态及解剖学构造、水分生理生态适应性、植物生理生化反应，到细胞光合器官乃至原生质结构特点的综合反映。而对侧重于观赏效果和生态效益的园林植物来说，在干旱条件下的观赏效果和成活率常是植物耐旱性直观且重要的评价标准。

7.2 节水型木本植物筛选

结合实践经验与文献查阅，本节初选 53 种园林木本植物进行耐旱评价，分别通过梯度灌溉试验与持续耐旱试验后的植物观赏效果、叶色变化、叶片生长与生理指标变化等进行耐旱能力综合分析与评价，筛选适用于北京地区的节水型木本植物材料。

7.2.1 材料与方法

7.2.1.1 试验条件

本研究分别于 2017 年和 2018 年在北京市园林绿化科学研究院冷棚内进行。该试验冷棚顶棚为透明塑料板，根据天气情况打开或关闭，并防止雨水进入。冷棚四周以纱网包围，空气流通性好。冷棚内温度，光照等环境条件与北京室外环境条件基本一致。

7.2.1.2 植物材料

本研究共对 53 种木本植物开展耐旱能力试验与评价。其中，乔木 21 种，包括玉兰、速生杨、银杏、栾树、刺槐、圆柏、侧柏、雪松、白皮松、榆树、旱柳、白蜡、元宝枫、法桐、国槐、柿树、君迁子、白桦、油松、山楂、丝棉木；灌木及小乔木 32 种，包括金焰绣线菊、黄刺玫、蔷薇、棣棠、沙地柏、红瑞木、丁香、锦带花、月季、金叶女贞、大叶黄杨、金银木、华北珍珠梅、木槿、连翘、紫荆、紫薇、黄栌、平枝栒子、西府海棠、女贞、火炬树、胡枝子、碧桃、小紫珠、山杏、紫叶矮樱、暴马丁香、天目琼花、紫叶小檗、太平花、小叶黄杨。

7.2.1.3 梯度灌溉试验

7.2.1.3.1 试验处理

每种植物选择 25 盆生长一致的苗木，分别设置 100%、75%、50%、25% 及 0% 5 个灌溉处理，每处理 5 个重复。100%、75%、50%、25%、0% 分别代表无干旱（即充分灌溉处理）、轻度干旱、中度干旱、重度干旱、极度干旱。各处理开始灌溉时间一致，灌水量不同，并利用每处理的灌溉时长调节灌溉量。利用 TDR 土壤水分探头测定 100% 处理每盆的土壤含水量，当其中 3 盆以上土壤含水量低至 10% 时为开始灌溉的时间节点，在当天灌溉前测定叶片 SPAD 值和叶片光合潜能，并取叶片进行叶片干鲜重和叶面积的测定。测定结束后于当天进行灌溉，灌溉时各个处理同时开始。每盆设置出水量为 2L/h 的滴灌进行灌溉，100%、75%、50%、25%、0% 各处理每次灌溉的时长分别为 20min、15min、10min、5min、0min。整个试验共 5 次灌溉，包括 4 个不同灌溉量的干旱处理灌溉和 1 次完全饱和灌溉的复灌。

在试验开始前进行以下准备工作：①对与水源距离不同的试验小区进行出水量测定，确保每个物种每盆植物单位时间内出水量一致。②试验开始前对栽植容器内土壤的最大持水量进行测定，确保在一定灌水量条件下，使土壤达到饱和，同时尽可能没有多余水分流出。③对每株试验苗进行清理，将枯叶、死叶、病叶、黄叶全部摘除，确保试验期间出现的发黄干枯叶片是由于干旱处理造成的。

试验期间每盆试验苗下方放置托盘，保证灌溉水不外溢。一方面放置托盘防止盆内植物根系生长至下方土壤，吸收土壤内水分影响试验结果；另一方面在个别试验面出现灌溉水量过量时能将多余水分储存，用于该盆植物生长。

试验开始前将盆栽苗木浇透水，从控水第 1 天开始详细记录每个供试植物各处理的株高、冠幅、分枝与叶片数量。试验的灌溉模式为滴灌，设 100%、75%、50%、25%、0% 5 个处理，每处理 5 个重复。以 100% 处理充分灌溉为对照，其余处理的灌溉频率与对照相同，灌溉量依次递减。每天测试各植物 100% 处理的土壤水分含量，当土壤水分含量平均值达到或低于 10% 时，即达到灌溉周期节点，详细记录供试盆栽苗的形态变化、观赏效果、病虫害发生情况、叶绿素含量变化、光合荧光潜能变化、比叶面积等。每周期观测结束后灌溉至每组设定灌水量。试验时间持续 4 个灌溉周期，每种植物均在 4 个灌溉周期结束后开始满灌，给予所有处理充分灌溉，随后进行常规养护，待植物恢复生长半月或 1 个月后，观测植物生长及观赏效果恢复情况。

7.2.1.3.2　测定指标

（1）株高与冠幅

在干旱处理开始前和结束后分别测定每株苗木的株高、冠幅。

（2）叶片 SPAD 值

在每种植物到达灌溉节点的当天，测定该种植物的叶片 SPAD 值。每个处理选择 4 株进行测定，每株植株选择 5 片完全展开成熟叶片，利用 SPAD 手持叶绿素仪（SPAD 502DL Plus，柯尼卡美能达，日本）进行 SPAD 值测定。

（3）叶片光合荧光潜能

在每种植物到达灌溉节点的当天，测定该种植物的叶片光合荧光潜能。每个处理选择 4 株进行测定，每株植株选择 3 个完全展开成熟叶片，利用 Hansatech 便携式荧光仪（Handy PEA，Hansatech，英国）进行叶片光合荧光潜能测定。

（4）形态观测

在干旱处理前，统计苗木的株高、冠幅、叶面积和分枝数，在每个灌溉周期时间节点统计每种植物叶色变化、叶卷曲程度、落叶情况等，根据植株的形态指标在测试时间节点进行打分（表 7-1）。

每个处理每株植物在 5 次灌溉节点前和复灌一个月后均进行一次评分，共计 6 次，并汇总计入总分，即评分总分 X=6 次耐旱灌溉处理的分值之和。每株植物每处理的观赏性满分为 5 分，每种植物所有的处理的总分 M=5 个处理 ×6 次分值之和 =150 分，每种植物的综合评分转化为百分制评分，即综合评分 =6 轮次实际总得分 /150×100。

表7-1　测试植物土壤水分胁迫后观赏效果果评分表

编号	形态变化类型	形态变化形式与评分					
1	叶色变化	正常	稍变色或枝下个别叶片变色	叶片部分变色	叶片严重变色	叶片极严重变色	全株死亡
2	叶卷曲程度	无卷曲	个别卷曲、皱缩、下垂，针叶树中表现为针叶干瘪扭转	叶片部分卷曲、皱缩、下垂	大部分叶片卷、皱、下垂、只有叶尖未发生变化	叶片极严重卷、皱、下垂	全株死亡
3	落叶	无落叶	轻微或个别落叶	中度落叶	严重落叶	极严重落叶	全株死亡
4	出现变化的叶片占整株比例	0	<10%	10%~50%（不含）	50%~80%（不含）	80%~100%（不含）	100%
	评分	5	4	3	2	1	0

7.2.1.4　持续干旱试验

7.2.1.4.1　试验处理

每种植物选择 5 盆生长一致的苗木，保证每盆栽培基质质量一致。栽培容器为直径 15cm，高 20cm（玉兰和速生杨栽培容器为直径 40cm，高 30cm）。在试验开始前对每株试验苗进行清理，将枯叶、死叶、病叶、黄叶全部摘除，确保试验期间的出现的发黄干枯叶片是由于干旱处理造成的。进行充足灌溉后，静置一晚，将多余水分沥出，于第二天8:00之前完成所有苗木称重，之后每天早上按照同一顺序称重。试验温室内设置直径为 20cm 的水盘，保持内部水面高度为 1cm 左右，每天称重。

7.2.1.4.2　评价方法

每天观测植物的外观形态，并对景观效果进行评分。评分标准如下：5 分，生长正常，观赏效果极佳；4 分，生长正常，观赏效果较好，有肉眼可见萎蔫；3 分，萎蔫严重，观赏效果一般，生长状况一般，但复水短期内可恢复；2 分，观赏效果较差，仅存部分枝叶正常生长，复水后短期内不可恢复；1 分，地上部干枯，丧失观赏价值，但无法判断是否已完全死亡。当植物观赏效果降至 2 分或 1 分，或干旱时间大于 25 天时择机停止干旱试验，给予充足灌溉，并统计恢复灌溉后的成活率。根据每种植物每天的水分散失情况，以及植物的观赏效果变化，综合判断植物的耐旱时间和耐旱能力。

7.2.1.4.3　叶面积测定

试验开始时，选取与试验植物生长一致的植株，测定整株叶面积，根据叶片数计算该树种的平均叶面积。同时统计每株试验植物叶片数，根据平均叶面积和叶片数估算整株叶面积。

7.2.1.5 数据处理

7.2.1.5.1 梯度干旱试验数据分析

利用测定的叶片鲜重、干重、叶面积计算获得叶片干鲜比、含水率、比叶重和比叶面积。

其中，干鲜比 = 干重 / 鲜重

含水率 = （鲜重 - 干重）/ 鲜重 ×100%

比叶重 = 干重 / 叶面积

比叶面积 = 叶面积 / 干重。

7.2.1.5.2 持续干旱试验数据分析

结合植物水分散失量、耗水系数，以及植物在干旱条件下的观赏效果变化，对植物的耐旱性进行初步的评价和筛选。

利用前一天称重数据减去后一天称重数据，可以获得当天每盆植物的水分散失量。

每种植物的水分散失量 / 水盘的水分散失量 = 耗水系数

其中，植物水分散失量为前一天称重数据减去后一天称重数据；耗水系数 = 植物水分散失量 / 水盘水分散失量。

7.2.2 结果与分析

7.2.2.1 几种常见乔木梯度灌溉下观赏效果变化

通过对几种常用乔木在不同干旱程度和干旱周期条件下的观赏效果比较可以发现，所有树种在完全停止灌溉后，观赏效果均持续下降，直至降至接近死亡的水平。但是定期补充水分，即使是补充少量水分，25% 灌溉即可使植物观赏效果维持中等水平（图 7-1）。其中，刺槐在 25% 灌溉水平下观赏效果下降较快，这与刺槐的耐旱策略有关。刺槐在遭遇干旱后迅速落叶，根据可获得的水量保持一部分叶片。例如在 0% 灌溉处理下，90% 以上的叶片会脱落，而 25% 灌溉处理下则有约 1/4 的保留。由于刺槐叶片对干旱极为敏感，因此 100% 和 75% 灌溉水平在补充灌溉不及时的情况下也会出现落叶，故而出现了后期观赏效果下降的情况。

玉兰、白蜡、银杏 3 种植物在水分充足状态下观赏效果一直保持较高水平。尤其银杏在 25% 灌溉条件下也一直保持在 4 分，即具有较好的观赏效果。这可能与银杏本身的耐旱调节机制比较强大有关，在可用水不足的情况下，可以显著降低蒸腾速率，且对生长无显著影响。本研究结果与道路银杏干旱情况下经常出现焦边黄叶等现象相悖。这可能是由于道路光照强，热辐射大，银杏在关闭气孔降低蒸腾后会导致叶片对温度的调节能力降低，因此易出现叶片灼伤。本研究在冷棚内进行，光强、热辐射、空气湿度和环境温度均没有道路环境恶劣，不足以导致银杏出现显著的叶片损伤，这也与绿地中银杏很少出现焦叶的现象吻合。本结果表明，银杏是耐旱性较强的树种，可以用于节水型绿地中，但是如

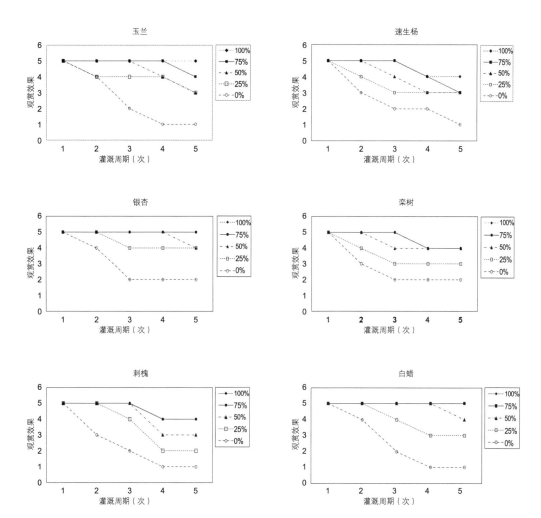

图 7-1　几种常见乔木梯度灌溉下不同灌溉周期观赏效果变化

果作为道路行道树栽植，则要尽可能确保水分，避免出现叶片灼伤，影响景观效果。玉兰、白蜡也可作为节水园林树种，在有不定时、不定量降雨的夏季，当植物出现严重水分缺乏时，只需少量补充灌溉水，或极少的降雨，即可保持植物正常生长和景观效果，并维持到下一次充足降雨的到来。

速生杨与栾树对于灌溉梯度表现敏感，观赏效果受灌溉量影响较大，表明二者需要较多的水分来维持其正常生长。速生杨通过落叶来应对干旱，栾树通过叶片萎蔫来应对干旱，二者均对其观赏效果影响较大。

7.2.2.2　几种常见乔木梯度灌溉下叶片颜色变化

叶片 SPAD 值与叶片颜色之间存在相关性（孙爱珍等，2017），因此可定量表明不同灌溉处理和灌溉周期条件下叶片黄化情况。SPAD 值越低，表明叶片变黄越显著。图 7-2 为几种常见乔木梯度灌溉下叶片颜色变化。其中，刺槐在 100%、75% 和 50% 灌溉下 SPAD 值稳定，而 25% 灌溉条件下叶片 SPAD 出现轻微下降，恢复完全灌溉后所有处理叶片黄化现象消除。刺槐 SPAD 值表明各处理间叶片黄化变化不显著，这是由于刺槐采取脱落叶片的方式应对干旱，试验观测表明，刺槐遭遇干旱后叶片迅速变黄并脱落，但是脱落后的黄化叶片无法测定，留存的叶片相对健康，也不发生明显黄化，因此各处理间 SPAD 值差异不大。

　　玉兰、速生杨和银杏在不同程度干旱胁迫条件下叶片颜色差异较为明显。在 100% 和 75% 灌溉处理干旱胁迫条件下，叶片 SPAD 值较高而在 50% 和 25% 灌溉处理干旱胁迫条件下，叶片变黄，表明中度和重度干旱确实可导致叶片颜色发黄。白蜡在中度（50% 灌溉）和重度干旱（25% 灌溉）条件下出现了叶色加深的现象，这可能与白蜡对干旱的响应特点有关，干旱条件下白蜡叶片失水萎蔫，随着干旱程度的加剧，叶片干枯脱落，但并未有变黄脱落的情况。0% 灌溉条件下，速生杨、刺槐和白蜡的叶片在第二周期后即完全脱落，玉兰叶片持续到第三灌溉周期，而银杏和栾树的叶片则分别持续到第四和第五灌溉周期，初期银杏叶片正常，后期出现萎蔫，而栾树则在各个灌溉周期干旱胁迫条件下均表现出明显的萎蔫。这一结果表明银杏主要通过叶片气孔和叶片角质层来控制叶片水分散失，而栾树则主要通过关闭气孔和叶片萎蔫来控制蒸腾，减少蒸腾面积。

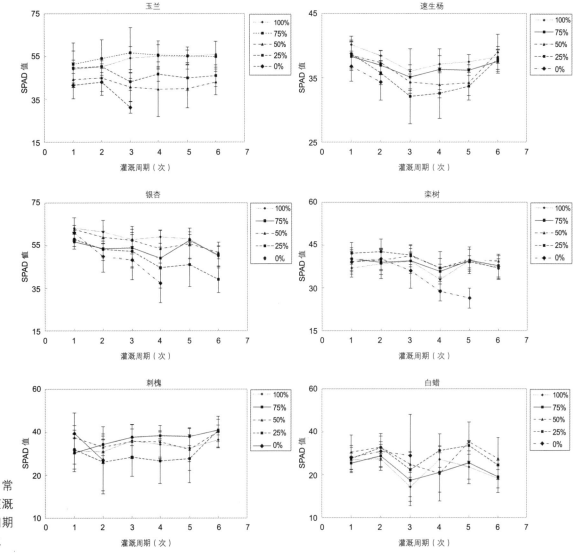

图 7-2　几种常见乔木梯度灌溉下不同灌溉周期叶片颜色变化

7.2.2.3 几种常见乔木梯度灌溉下叶片生长指标变化

图 7-3 为干旱处理周期内及充分灌溉后玉兰叶片的生长指标变化图，可以看出玉兰在干旱处理期间呈现叶片干鲜比逐渐升高，含水率逐渐下降的趋势，表明随着干旱时间延长，叶片含水量逐渐下降。100% 和 75% 灌溉处理的含水率非常接近，表明玉兰在轻度干旱的胁迫下，可以通过自身的生理调节，减少水分散失，应对轻度干旱胁迫；随着干旱程度的加剧，干鲜比增大，含水率下降，表明干旱胁迫程度对叶片含水量会造成明显影响，且随着干旱程度的加剧，叶片自身调节水分散失的功能不足以满足植物的生长需要。随着干旱程度的加剧，叶片比叶重增加，比叶面积降低，表明叶片厚度随着干旱程度的加剧而增加（图 7-3）。

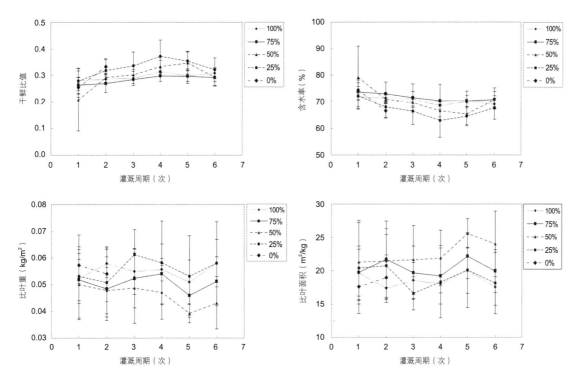

图 7-3 干旱处理周期内及充分灌溉后玉兰叶片的干鲜比、含水率、比叶重及比叶面积

图 7-4 为干旱处理周期内及充分灌溉后速生杨叶片的生长指标变化图，速生杨在干旱处理期间，各处理组间的干鲜比、含水率未出现明显的随着干旱的加剧叶片干鲜比上升，含水率降低的现象。这是由于速生杨也是通过叶片脱落来应对干旱胁迫的，通过脱落叶片来确保叶片水分含量及生理功能的正常发挥。但是比叶重和比叶面积随着干旱时间的延长，各处理组间的差异逐渐显现，干旱程度越高，单位面积的干物质含量越低，表明干旱会影响到杨树的同化物的分配。

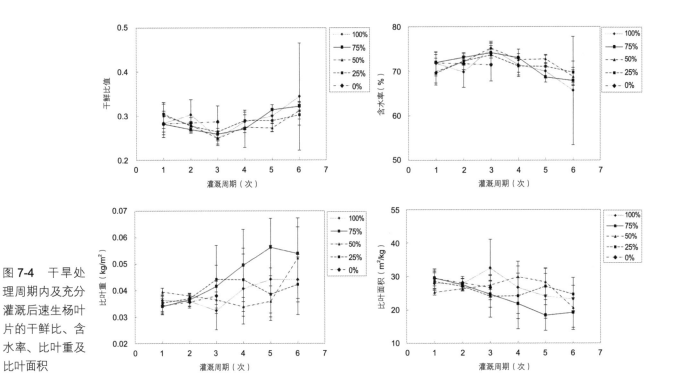

图 7-4　干旱处理周期内及充分灌溉后速生杨叶片的干鲜比、含水率、比叶重及比叶面积

　　图 7-5 为干旱处理周期内及充分灌溉后银杏叶片的生长指标变化图，银杏在各个处理间叶片干鲜比、含水率、比叶重及比叶面积结果差异不大，未出现明显的随着干旱的加剧叶片干鲜比上升、含水率降低的现象。表明银杏具有较强的生理调节能力，即可通过叶片自身生理调节，减少水分散失。另外，银杏在极度干旱的胁迫下，叶片短时期内不脱落，且仍然可以一定程度上进行生理调节，保证叶片的功能。当干旱时期过长，超过其耐受程度和自我调节范围后，叶片出现萎蔫、发黄、干枯甚至脱落的现象。

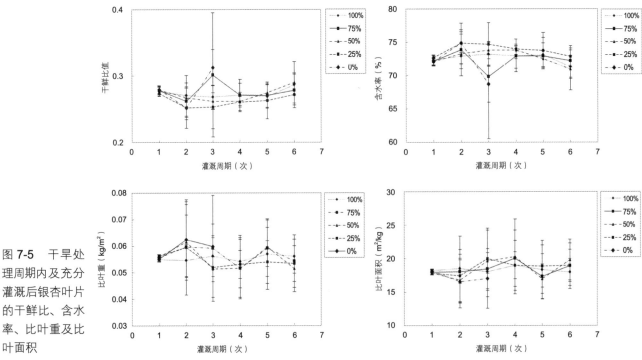

图 7-5　干旱处理周期内及充分灌溉后银杏叶片的干鲜比、含水率、比叶重及比叶面积

　　图 7-6 为干旱处理周期内及充分灌溉后栾树叶片生长指标变化图，在干旱处理期间，栾树各个灌溉处理间的差异较大。100% 灌溉处理叶片含水率最高，75% 灌溉处理和 50% 灌溉处理结果 接近，而 25% 和 0% 灌溉处理的结果接近。不同灌溉周期间叶片干鲜比和含水率数据存在异常，随着干旱周期的加剧，栾树叶片含水率相应下降。栾树应对干旱的主要策略是依靠关闭气孔及叶片萎蔫来减少水分的蒸腾。随着干旱时间的延长，单位叶面积的叶片质量呈上升趋势，且随着干旱程度的增加，比叶重随之增加。

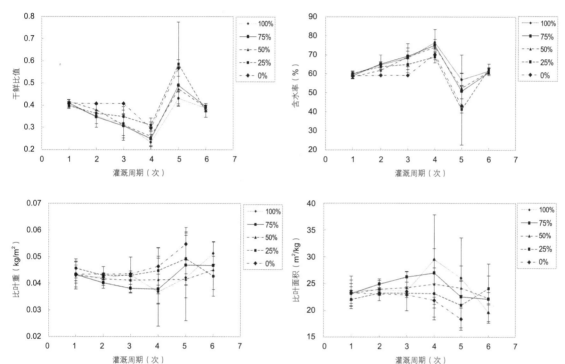

图 7-6　干旱处理周期内及充分灌溉后栾树叶片的干鲜比、含水率、比叶重及比叶面积

　　图 7-7 为干旱处理周期内及充分灌溉后刺槐叶片的生长指标变化图，刺槐叶片在干旱期间水分变化剧烈，随着干旱时间的延长，叶片含水率由初期的 90% 降低至后期的 60%，即使在 100% 灌溉处理条件下，叶片含水率也出现了连续下降，表明刺槐耗水量大，植株极易进入干旱阶段，由于生长在种植容器内，容器内可用水量受土壤体积的限制，即使 100% 灌溉处理也不能保证水分的充分供应。不同灌溉处理下比叶重和比叶面积在干旱初期差别较大，随着干旱时间的延长，各灌溉处理间无显著差别。刺槐对水分胁迫极其敏感，遇干旱迅速落叶是其主要干旱应对策略。刺槐可根据可获得外界水分的量来调整保留叶片的数量，因此随着试验周期的持续，刺槐已经适应了不同灌溉程度处理相应的水分供应量，保留了较为稳定的叶片数量，所以后期各处理组间保留叶片的比叶重和比叶面积差别不显著。

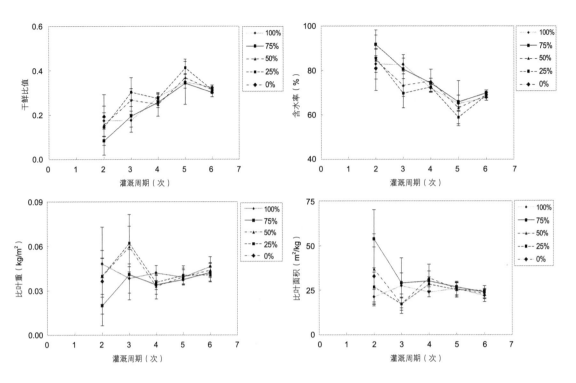

图 7-7 干旱处理周期内及充分灌溉后刺槐叶片的干鲜比、含水率、比叶重及比叶面积

　　图 7-8 为干旱处理周期内及充分灌溉后白蜡叶片生长指标变化图，白蜡在干旱处理期间叶片出现萎蔫，随着干旱周期的增加，叶片干鲜比呈增加趋势，含水率逐渐降低。不同处理间干鲜比和含水率差异显著。100% 和 75% 灌溉处理干鲜比，含水率，比叶重比和叶面积数值均较为接近，表明 75% 灌溉条件对白蜡生长无明显影响，可以通过植物自身变化调节水分散失来应对轻度干旱。50% 灌溉处理和 25% 灌溉处理下植物叶片的干鲜比、含水率、比叶重和比叶面积已经受到明显影响，且随着干旱程度的加剧影响加大。这也表

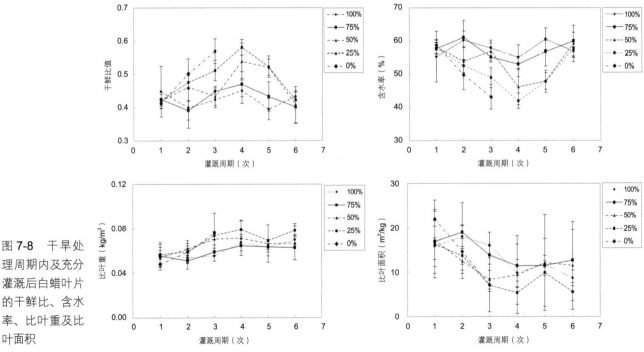

图 7-8 干旱处理周期内及充分灌溉后白蜡叶片的干鲜比、含水率、比叶重及比叶面积

明中度和重度干旱条件已经影响到植物的生长，降低植物光合和生长速率，同时会造成植物叶片萎蔫，降低观赏效果。对于不灌溉的极度干旱处理，进入第四个灌溉周期之后叶片完全干枯无法采集数据。

7.2.2.4　几种常见乔木梯度灌溉下叶片生理指标变化

图 7-9 为干旱处理周期内及充分灌溉后玉兰叶片光合荧光潜能指数，玉兰在干旱处理周期内，100% 处理组与 75% 处理组的荧光潜能指数数据相近，表明在轻度干旱胁迫下，玉兰的光合作用所受影响较小，第三周期 100% 处理组数据突增由数据误差造成，该组数据标准偏差较高。50% 处理组与 25% 处理组数据相近，但与 75% 和 100% 处理组相比，平均值显著降低。随着试验周期的推进，差异越来越显著，且 50% 和 25% 处理间差距也逐渐增大，表明干旱时间和干旱程度均对植物玉兰的生长有显著影响。试验周期结束后给予充足灌水，50% 和 25% 处理组光合荧光潜能指数均有回升，表明植物尚可恢复，但是不能马上恢复到正常水平，表明 50% 和 25% 处理在经过 5 个干旱周期后对植物造成了严重的生理损伤。

玉兰的光合荧光潜能指数与叶片 SPAD 值以及含水率，比叶重等数据表现出了一致性，在 50% 和 25% 灌溉处理下，叶片的生理，生长指标，叶片黄化程度，以及观赏效果均表明其在中度和重度干旱条件下受到严重伤害，叶片生理功能受损，生长受到抑制，整体观赏效果显著下降。但在轻度干旱条件下，玉兰的观赏表现与充足灌溉接近，且恢复灌溉后生长和生理指标恢复较快，适合对观赏效果要求较高，同时能保证灌溉的绿地（图 7-9）。

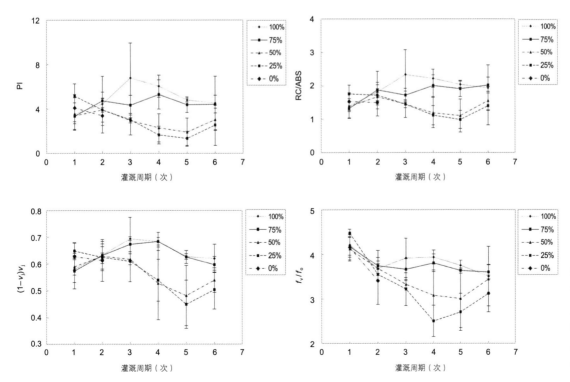

图 7-9　干旱处理周期内及充分灌溉后的玉兰叶片光合荧光潜能指数 [PI, RC/ABS, $(1-v_j)/v_j$, f_v/f_o]

图 7-10 为干旱处理周期内及充分灌溉后速生杨叶片光合荧光潜能指数，在干旱灌溉周期内，速生杨 100%、75%、50%、25% 各处理组间无显著差异，但是平均值表现为 100% 和 75% 处理间较为接近，50% 和 25% 灌溉处理间较为接近，表明 75% 灌溉处理轻度干旱条件下，植物处在生理调节阶段，而 50% 和 25% 灌溉处理，中度和重度干旱条件下，植物生理指标开始受到更进一步的影响。整体来看各处理组间无显著差异，结合速生杨通过落叶应对干旱的策略，表明速生杨留存叶片的生理功能受影响较小，速生杨通过减少叶片的方式来控制水分散失，但是同时会确保留存叶片的正常生理功能。

尽管速生杨留存叶片的光合潜能指数等生理功能指标差异不大，但是其叶片 SPAD 值数据表明 50% 和 25% 灌溉处理对生长影响较大，对观赏效果影响尤其明显，表明速生杨的耐旱策略不适宜应用于对观赏效果要求较高的绿地中（图 7-10）。

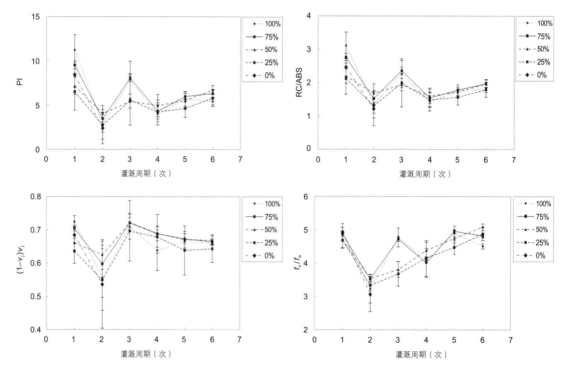

图 7-10 干旱处理周期内及充分灌溉后的速生杨叶片光合荧光潜能指数 [PI, RC/ABS, (1-v_j)/v_j, f_v/f_o]

图 7-11 为干旱处理周期内及充分灌溉后银杏叶片光合荧光潜能指数，在干旱处理期间，银杏 75% 处理组叶片光合荧光潜能指数与 100% 处理组数据相近，随着周期的增加，两个处理组间数据差值呈现越来越大的趋势，且 75% 灌溉处理组大于 100% 灌溉处理组，表明在轻度干旱对银杏叶片生理功能影响较小。50% 处理组与 25% 处理组数据均低于 75% 处理组和 100% 处理组，表明中度干旱和重度干旱对叶片造成生理损害，且随着干旱程度的加重，胁迫程度也随之增加。各处理叶片生理指标均出现随着时间的推移逐渐下降的趋势，且干旱程度越重，下降幅度也越大，表明干旱周期的增加会进一步加剧干旱程度对银杏生长的影响。

结合银杏生长表现、叶片 SPAD 值，以及观赏效果评分可以发现，银杏在中度和重度干旱条件下尽管生理功能已经受到损伤，但由于其较厚的革质表面，对其叶片含水率、比

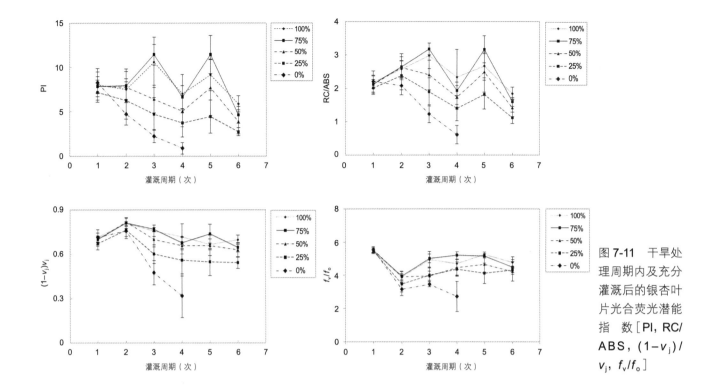

图 **7-11** 干旱处理周期内及充分灌溉后的银杏叶片光合荧光潜能指数 $[PI, RC/ABS, (1-v_j)/v_j, f_v/f_o]$

叶重以及观赏效果影响不大，主要影响体现在叶片发黄，表明随着干旱程度的加剧，叶绿素可能出现解体。恢复灌溉后，银杏叶片生理指标和生长指标均无明显回升，表明银杏一旦受到严重生理伤害，损伤不可逆，恢复较慢，尽管外在表现尚可，但也要尽可能避免重度伤害（图 **7-11**）。

图 **7-12** 为干旱处理周期内及充分灌溉后栾树叶片光合荧光潜能指数，在干旱处理期间，栾树叶片光合荧光潜能指数整体呈现 **75%** 处理组与 **100%** 处理组接近，**75%** 处理组受干旱胁迫影响不大。**50%** 处理组与 **25%** 处理组接近。随着干旱程度的加剧和干旱时间的延长，生理指标逐渐下降。**0%** 处理组生理指标受到严重伤害，到第五灌溉周期叶片全部脱落。**75%** 处理组与 **100%** 处理组接近但是高于 **100%** 处理，这可能是轻度干旱反倒有助于激发栾树的生理活性，提高其生理机能。**75%** 与 **100%** 处理组光合荧光数据表明二者均有较高的组内变异，二者之间无显著差别。恢复充分灌溉后，除 **0%** 灌溉外的各处理组均迅速回升到正常水平，表明栾树的抗旱性较强，可耐受较长时期和较严重的干旱，且度过干旱阶段后可迅速恢复正常生长。

结合栾树生长表现、叶片 SPAD 值以及观赏效果评分可以发现，栾树在轻度干旱时观赏表现即受到影响，这是由于栾树采取叶片萎蔫的方式抵御干旱，其观赏效果对于干旱异常敏感，但是其生长指标和叶片 SPAD 值对于干旱的响应不明显。其生理指标对干旱响应迅速，但是并未造成不可逆损伤。这表明栾树具有较高的耐旱性，其耐旱策略不适合对观赏效果要求较高的节水区域，但是对于防护绿地等耐粗放管理的区域，是一个非常有优势的节水树种（图 **7-12**）。

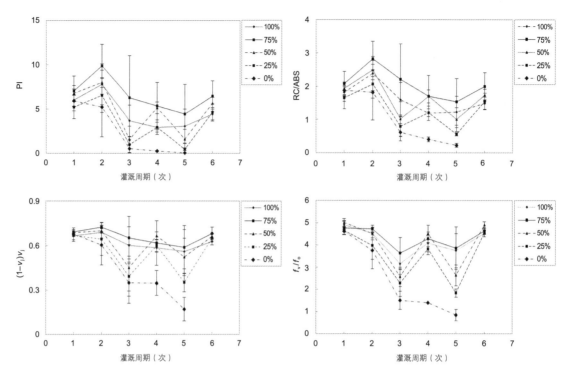

图 7-12　干旱处理周期内及充分灌溉后的栾树叶片光合荧光潜能指数〔PI，RC/ABS，$(1-v_j)/v_j$，f_v/f_o〕

图 7-13 为干旱处理周期内及充分灌溉后刺槐叶片光合荧光潜能指数，刺槐在干旱处理期间光合荧光潜能指数数据随着干旱程度的增加而降低。75% 处理组与 100% 处理组数据较为接近，表明轻度干旱的条件下，叶片的光合作用所受影响不大，75% 处理组第三周期的数据测量骤降可能是由于测量叶片选取不当造成。50% 处理组与 75% 处理组间的数据差较大，表明中度干旱与轻度干旱相比，已经极大程度的影响到叶片的光合作用。25% 处理组与 50% 处理组变化趋势接近，这与其他树种趋势一致，表明中度和重度干旱都会对植物造成严重影响，但是影响程度取决于干旱程度。第三个灌溉周期之后，光合荧光潜能指标均逐渐回升，进一步证明刺槐已经通过落叶方式适应了不同程度的水分缺乏环境，留存叶片间的生理差异逐渐缩小。恢复灌溉后，各处理的生理指标迅速恢复至正常水平，表明刺槐耐旱性较强，度过干旱阶段后可迅速恢复生长。

结合刺槐的观赏效果、叶片 SPAD 值以及生长指标来看，刺槐在干旱条件下观赏效果受到严重影响，这与其耐旱策略有关。另外，刺槐属于根系发达的树种，在荒山造林中应用较多，表明刺槐是通过扩展根系增加吸水量来适应干旱的，当根系无法吸收足够的水分时，则通过落叶来适应干旱。其耐旱策略不适宜对观赏效果要求较高，却不能保证灌溉的绿地，但是对于山地造林，防护绿地等，不失为一个良好的节水树种（图 7-13）。

图 7-14 为干旱处理周期内及充分灌溉后白蜡叶片光合荧光潜能指数，白蜡 75% 灌溉处理光合荧光潜能略低于 100% 灌溉处理，但与其非常接近，表明 75% 灌溉处理下的轻度干旱会导致植物内部生理产生变化以应对干旱条件，但仍在植物自身调节范围以内。50% 灌溉处理和 25% 灌溉处理下植物叶片的 PI、RC/ABS、$(1-v_j)/v_j$、f_v/f_o 比较接近，二者显著低于 100% 和 75% 灌溉处理，表明中度和重度干旱条件已经影响到植物的叶片生理功能，从而导致叶片光合潜能降低。恢复灌溉后，各处理的生理指标迅速恢复至正常水平，表明白蜡耐旱性较强，度过干旱阶段后可迅速恢复生长。

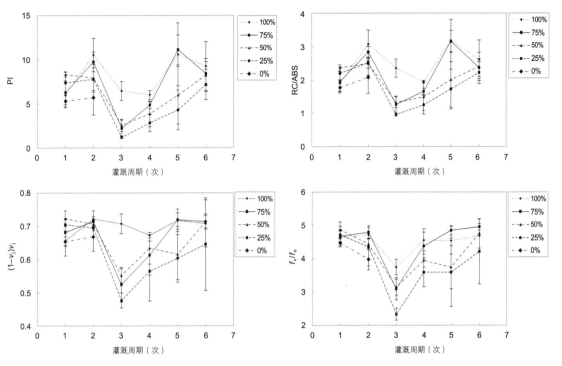

图 **7-13** 干旱处理周期内及充分灌溉后的刺槐叶片光合荧光潜能指数［PI，RC/ABS，$(1-v_j)/v_j$，f_v/f_o］

　　本结果与叶片干鲜比、含水率、比叶重、比叶面积结果一致，白蜡的观赏效果和生长均受干旱程度和干旱时间的影响，随着干旱程度的加剧和干旱时间的延长，受胁迫程度逐渐加剧。白蜡在 50% 灌溉中度干旱条件下，也一直保持了较高的观赏效果，75% 灌溉轻度干旱条件下观赏效果与充足灌溉无差异，且白蜡在恢复灌溉后，其生长可以迅速恢复，是比较适合应用于各类节水园林绿地的树种。在实际应用中，白蜡在干旱环境下生长仍可表现良好，表明增加根系吸水也是其应对干旱的主要策略，但是本研究中无法体现其根系在应对干旱中的作用。因此，白蜡是应用范围较广泛的节水耐旱树种（图 7-14）。

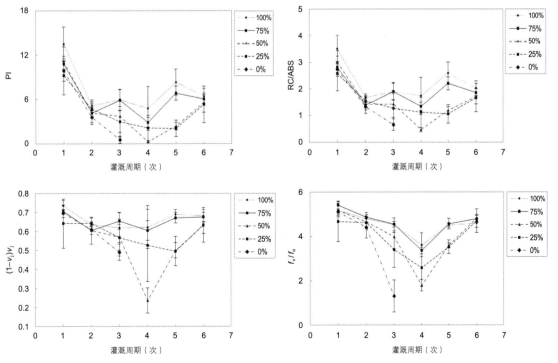

图 **7-14** 干旱处理周期内及充分灌溉后的白蜡叶片光合荧光潜能指数［PI，RC/ABS，$(1-v_j)/v_j$，f_v/f_o］

7.2.2.5　几种常见乔木持续干旱条件下耗水量日变化

不同树种的最大日耗水量有较大差异，图 7-15 为几种乔木连续干旱条件下月耗水量文化及观赏表现。其中速生杨在水分充足阶段日耗水可达 600g/ 天，刺槐可达 400g/ 天，玉兰和栾树可达 240g/ 天，银杏和白蜡则分别在 140g/ 天和 180g/ 天的水平。在环境条件一致的情况下，日均耗水量跟植物的蒸腾面积密切相关，比较植物的耗水速率需要比较单位面积的蒸腾速率。比较植物的日耗水变化趋势，可以发现，上述几种树种均经历了水分充足、初步干旱、中度干旱和重度干旱阶段。每个干旱阶段与植物的日耗水量和土壤储水量有关。玉兰和杨树采用较大的种植容器，因此尽管日耗水量较大，但仍有较长时间的水分充足阶段。二者土壤储水量基本一致，由于速生杨的日耗水量是玉兰的三倍左右，因此玉兰的水分充足阶段也大约为速生杨水分充足阶段的 3 倍，分别为 20 天和 8 天。其余四种树种栽培容器大小相同，也表现出了相同的规律，日耗水量大的树种，如刺槐，比日耗水量小的银杏更早进入干旱阶段。

结合观赏效果来看，除速生杨外，其余 5 种树种均在轻度干旱阶段表现出与水分充足阶段相同的观赏效果，表明玉兰、银杏、栾树、白蜡均具有较强的园林植物抗旱特点，在轻度干旱条件下可以通过气孔调节水分散失速率，同时对于植物生长和观赏效果无影响。

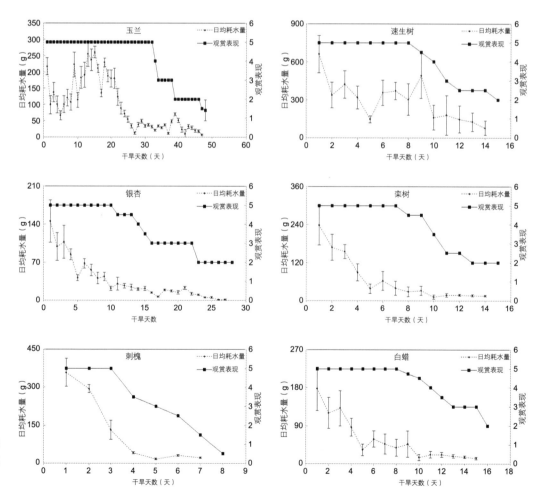

图 7-15　几种乔木连续干旱条件下日耗水量变化及观赏表现

而速生杨和刺槐则在进入轻度干旱阶段后迅速开始采取脱落叶片的策略抵御干旱，因此对于观赏效果的影响比较大。

对于抗旱性较强的玉兰、银杏、栾树、白蜡来说，水分充足阶段植物生长良好，当开始出现水分亏缺后，植物开始进行渗透调节，关闭气孔，减少水分散失，但是同时维持健康的生长状况。随着干旱的持续，植物采取进一步的调节策略，出现萎蔫，改变叶片角度等现象，这一调节策略对植物的观赏效果会造成影响，但是尚未对植物造成不可逆损伤，此时补水，植物可以迅速恢复到健康状态。如果干旱进一步持续，则会出现叶片脱落、焦叶、干枯等不可逆损伤。

7.2.2.6　30 种木本植物叶片蒸腾耗水横向比较

由于不同种植物间叶面积差异较大，因此在比较耗水量时，引入单位时间内单位叶面积耗水量即耗水速率的概念，耗水速率是植物固有的生理特性，是由其内在的遗传物质决定的，并且具有稳定性，是衡量植物蒸腾耗水量的一个重要生理指标。耗水速率可以反映植物在特定环境中的实际水分损耗，可以用来比较不同植物固有的耗水能力的大小。

本研究通过研究水分充足条件下不同植物单位叶面积的耗水量来比较不同植物间的耗水特性。由于耗水不仅与植物蒸腾叶面积，土壤水分状况相关，也与植物大小，植株间叶片间是否遮挡以及环境条件密切相关。本研究分别于 2017 年和 2018 年进行，因此同年度的耗水速率比较更可靠。

结果表明，2017 年度供试植物，乔木耗水速率为：银杏＜法桐＜速生杨＜栾树＜榆树＜国槐＜玉兰＜白蜡＜刺槐。小乔木及灌木的耗水速率为：金叶女贞＜紫薇＜大叶黄杨＜大叶女贞＜平枝栒子＜华北珍珠梅（图 7-16）。2018 年度供试植物，乔木的耗水速率为：君迁子＜柿树＜山楂＜白桦；小乔木和灌木的耗水速率为：小叶黄杨＜丝棉木＜小紫珠＜天目琼花＜紫叶小檗＜山杏＜太平花＜碧桃＜紫叶矮樱＜暴马丁香＜火炬树（图 7-17）。

可以发现，水分充足条件下植物单位叶面积耗水速率与实际观察到的结果基本一致，银杏是革质叶片，耗水速率较低；法桐叶片上有绒毛，可以显著降低其叶面空气流动速率，从而降低其蒸腾速率；杨树叶片革质，单位叶面积耗水速率较低，但由于杨树整株叶片较多，

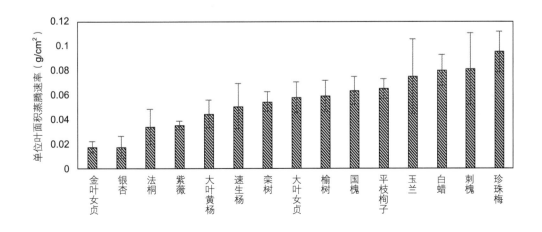

图 7-16　部分木本植物叶片蒸腾速率比较（2017 年）

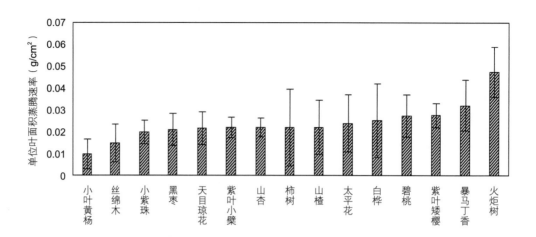

图 **7-17**　部分木本植物叶片蒸腾速率比较（2018 年）

因此整株耗水速率非常高，可达 600g/ 天。栾树、榆树、国槐、玉兰等在水分充足条件下耗水速率均较高。耗水速率较高的是白蜡和刺槐，白蜡是非常耐旱的树种，遇干旱可以迅速降低其蒸腾，但在水分充足条件下，其耗水速率非常快；刺槐叶片柔软光滑，遇干旱则迅速落叶以减少蒸腾面积，但在水分充足条件下，耗水速率极高。白蜡和刺槐的高耗水速率与其为速生树种有关，在水分充足条件下，植物需要迅速的进行水分吸收和气体交换，以满足其快速生长的需要。对于 2018 年的试验乔木树种来说，丝棉木叶片革质，君迁子和柿子叶片革质，有柔毛，山楂叶片革质，因此这些树种的耗水速率都较低。火炬树是典型的速生树种，耗水速率极高。

上述结果与实际经验相符，可以将其应用于节水园林绿地建设中例如在养护标准较高的绿地中，为了实现节约用水的目的，可以优先选用耗水速率较低的树种以实现节水，例如银杏，法桐等，避免使用耗水速率特别高的树种，例如刺槐，白蜡等。值得注意的是，树木的耗水速率低，其蒸腾总量也低，由蒸腾效果带来增湿降温的生态效益也相对低。另外，耗水速率低的树种，其生长速率也相对较低，例如银杏。

为了比较 2017 年和 2018 年两年的供试树种，利用水盘模拟潜在蒸散量进行环境因子矫正，30 种树木的耗水速率如图 7-18 所示。值得注意的是，本图表数据为矫正了环境因子之后的蒸散量，并非树木的实际蒸腾速率。因此，本结果在木本植物耗水速率方面的排序仅供参考。2017 年和 2018 年的分别的植物蒸腾耗水排序更具有参考意义。

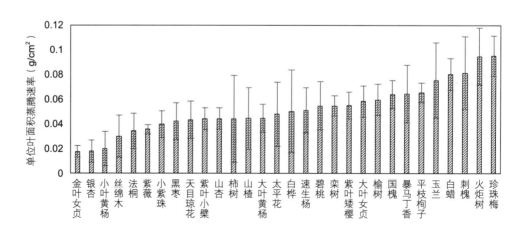

图 **7-18**　30 种木本植物叶片蒸腾速率比较

7.2.2.7　常见木本园林植物耐旱能力评价

对梯度灌溉条件下每个处理的每株植物进行观赏效果评分，将每个灌溉周期及每处理、每重复的评分均纳入评价体系，以总分（百分制）排序后，综合评价每种植物在水分胁迫状况下的观赏性状（表 7-2）。该方法可综合考虑植物在不同干旱胁迫强度和胁迫持续时间的生长表现。通过综合评价，可以获得常见园林植物的耐旱能力。

本研究对于 53 种常见木本植物的耐旱性进行评价，并将木本植物的耐旱性分为极强≥90 分，80 分≤强＜90 分，70 分≤一般＜80 分，差＜70 分 4 个等级（表 7-2）。

根据本研究方法，53 种供试木本植物中，耐旱性极强的木本植物有 10 种，包括乔木5 种：白皮松、油松、圆柏、侧柏、元宝枫；小乔木及灌木 5 种：沙地柏、暴马丁香、山杏、碧桃、丝棉木。

耐旱性强的木本植物有 24 种，包括乔木 9 种：银杏、雪松、山楂、榆树、白蜡、国槐、玉兰、君迁子、栾树；小乔木及灌木 15 种：女贞、小叶黄杨、大叶黄杨、丰花月季、西府海棠、黄栌、天目琼花、紫叶矮樱、平枝栒子、小紫珠、锦带、金叶女贞、紫叶小檗、连翘、金焰绣线菊。

耐旱性一般的木本植物有 8 种，包括乔木 3 种：柿树、刺槐、速生杨；小乔木或灌木5 种：金银木、黄刺玫、木槿、棣棠、红瑞木。

耐旱性差的木本植物有 11 种，包括乔木 3 种：法桐、白桦、旱柳；小乔木或灌木 8 种：太平花、紫荆、紫薇、蔷薇、火炬树、丁香、胡枝子、华北珍珠梅。

表7-2　木本植物水分胁迫后观赏效果评分表

编号	植物名称	6轮总评分	百分制评分	耐旱能力
1	白皮松	148	98.7	极强
2	沙地柏	145	96.7	极强
3	油松	144	96	极强
4	圆柏	144	96	极强
5	丝棉木	142	94.7	极强
6	暴马丁香	141	94	极强
7	侧柏	137	91.3	极强
8	山杏	136	90.7	极强
9	碧桃	136	90.7	极强
10	元宝枫	135	90	极强
11	银杏	134	89.3	强
12	女贞	132	88	强
13	雪松	131	87.3	强
14	山楂	130	86.7	强

编号	植物名称	6轮总评分	百分制评分	耐旱能力
15	小叶黄杨	129	86	强
16	大叶黄杨	129	86	强
17	现代月季	127	84.7	强
18	西府海棠	127	84.7	强
19	榆树	127	84.7	强
20	白蜡	127	84.7	强
21	黄栌	127	84.7	强
22	国槐	125	83.3	强
23	玉兰	125	83.3	强
24	天目琼花	124	82.7	强
25	紫叶矮樱	124	82.7	强
26	平枝栒子	124	82.7	强
27	小紫珠	123	82	强
28	锦带花	122	81.3	强
29	君迁子	121	80.7	强
30	栾树	121	80.7	强
31	金叶女贞	121	80.7	强
32	紫叶小檗	120	80	强
33	连翘	120	80	强
34	金焰绣线菊	120	80	强
35	柿树	117	78	一般
36	刺槐	116	77.3	一般
37	金银木	116	77.3	一般
38	速生杨	116	77.3	一般
39	黄刺玫	113	75.3	一般
40	木槿	109	72.7	一般
41	棣棠	108	72	一般
42	红瑞木	105	70	一般
43	法桐	104	69.3	差
44	太平花	103	68.7	差
45	白桦	103	68.7	差
46	紫荆	103	68.7	差

续表

编号	植物名称	6轮总评分	百分制评分	耐旱能力
47	紫薇	100	66.7	差
48	蔷薇	100	66.7	差
49	火炬树	98	65.3	差
50	丁香	98	65.3	差
51	胡枝子	95	63.3	差
52	华北珍珠梅	92	61.3	差
53	旱柳	86	57.3	差

注：如两种植物评分相同，排序时比较 0% 处理的 6 轮总评分，分值大的排名靠前，如 6 轮总评分相同，则比较满灌后恢复期评分，分值较大的排名靠前。

7.2.3 讨论

本研究方法所获得植物耐旱性排序主要考虑植物的观赏性状，以及非充分灌溉既可满足植物生长需要又可维持较好的景观效果，从而实现节约用水的目的。非充分灌溉（deficit irrigatioin）是农业中常用的一个节水策略，是针对水资源的紧缺性与用水效率低下的普遍性而提出的一种新的灌溉技术（Colak and Yazar，2017；Geerts and Raes，2009）。农业中非充分灌溉广义上可以理解为：灌水量不能完全满足作物的生长发育全过程需水量的灌溉。即将有限的水资源科学合理的（非足额）安排在对产量影响比较大，并能产生较高经济价值的水分临界期供水。而这一理念在园林中同样适用，即在关键时间给予一定灌溉，以维持园林植物的正常生长和景观效果。研究也表明，大多数木本植物在轻度干旱条件下与水分充足植物生长无差异，而在中度和重度干旱条件下，即使少量补充水分，也可维持植物的存活。因此，园林中根据植物特点进行适时适量，灌溉也是节水园林中的重要环节，而了解不同植物的水分需求特征是实现园林节水的关键。

根据本研究的评价方法，供试的 53 种木本植物中有 10 种为耐旱性极强的植物，24 种为耐旱性强的植物，8 种耐旱性一般，11 种耐旱性差。本研究评价结果与实践经验基本一致，除刺槐和旱柳外，已知耐旱性强的植物其评价结果均为极强或强，已知不耐旱的植物评价结果均为一般或差。这表明本评价方法较为科学，可用于木本园林植物耐旱节水性评价。此外，值得注意的是，根据实际经验来判断，刺槐为极耐旱树种，可用于荒山造林，但其综合评分为 77.3，评价等级为一般，而旱柳的评价结果为 57.3 分，耐旱等级为差，二者与实际耐旱性不符。出现这一结果是由于刺槐和旱柳适应干旱胁迫的机制为叶片脱落，遇到干旱时牺牲观赏效果从而达到保存生命力的目的。本研究的目的是筛选耐旱性园林植物，其在干旱胁迫条件下的观赏效果为筛选植物的重要指标，故而本方法将刺槐和旱柳的耐旱能力评价分别划分为一般和差。

　　大多自然科学研究工作都会根据特定的研究目的设置一定的试验条件，并人为控制试验条件，让试验在尽可能一致的条件下进行，这样可以排除一些干扰因素，但也会带来一定的局限性，本研究也不例外。例如，植物根系增加吸水性能是植物抗旱的重要策略，干旱地区的梭梭，根系深度可以深达 30 米。在没有外界供水的情况下，依靠植物强大的根系，结合地上部分的节水策略就可帮助植物度过极度干旱时期。园林植物中的刺槐也是很典型的利用根系获取水分抵御干旱的例子，因此刺槐常用于荒山造林。但是本研究为了消除环境条件的干扰，采用了同样的试验种植容器，并隔绝了根系向外生长的可能性，因此依靠根系获取水分抵御干旱的植物就无法发挥其优势，评分结果可能低于其实际耐旱性。因此对于本研究结果，在实际应用时应结合植物的自身特性，辩证的加以参考和使用。

　　事实上，每种植物都有多种耐旱策略，不同干旱阶段会采用不同的应对方式。其形态、解剖和生理生化特性都是为不同阶段的耐旱策略服务的。通常植物都会采取关闭气孔，减少消耗，增加吸水，减少蒸腾面积等主要耐旱策略。一般来说，轻度干旱和干旱初期，植物通过主动关闭气孔的方式来减少水分消耗，而叶片的渗透调节则是实现气孔调节的过程和手段。同时，植物会尽可能延展根系搜寻可利用的水分，为植物提供更多的可用水源。随着干旱程度的加剧和时间的持续，仅靠渗透调节或增加的吸水不足以维持植物的正常生长，植物则会采取更进一步的耐旱策略，减少水分流失，同时减少叶片损伤，例如改变叶片角度，叶片卷曲等，这时会出现肉眼可见萎蔫。但这些都是可逆的，随着水分的补充，植物随时可以恢复正常生长状态。如果干旱程度和时间持续加剧，则会出现不可逆损伤，例如落叶、黄化、焦叶等。由于植物应对干旱的方式不同，因此对于观赏效果的影响也比较大。园林中则应根据园林绿地的立地条件和水分条件选取适合的物种，在观赏效果和节水效益上进行平衡。

　　另外需要注意的是，每种树木各有特点，选择树木应以适地、适树为原则，不建议盲目以节水为目的。如前所述，如果树种在水分充足的条件下耗水速率低，固然能够节约用水，但是其生长速率也往往较低，造成树木增湿降温以及释氧固碳的生态效益也随之降低。即使在确需节水的低养护绿地和防护绿地，也应综合考虑植物的耐旱性和水分充足时的生态和景观效益。总之，合理选用绿化树种，是一个需要综合考虑的问题，没有树种是十全十美的，我们应该做的是将合适的树种应用于合适的地点。

7.3　节水型草本植物筛选

在查阅文献的基础上，结合实践，本节初选 40 种宿根草本植物（包括景天科植物 2 种，观花宿根植物 35 种，观叶地被植物 3 种）进行耐旱试验，并结合试验期间植物表现进行综合分析，最后采用层次分析法，分级评价出抗旱节水型植物材料，旨在为园林绿化科学选择与配置节水抗旱型草本植物提供依据。

7.3.1　材料与方法

7.3.1.1　试验材料

依据文献资料，结合实践，初选 40 种宿根草本植物作为试验材料，具体包括藁本、黑心菊、藿香、假龙头、电灯花、宿根福禄考、荆芥、桔梗、宿根鼠尾草、蛇鞭菊、松果菊、宿根天人菊、黄花鸢尾、黄芩、金边玉簪、蓍草、瞿麦、车前、大叶铁线莲、大花秋葵、阔叶风铃草、美国薄荷、蜀葵、赛菊芋、青绿薹草、涝峪薹草、脚薹草、狼尾草、玉带草、拂子茅、连钱草、匍枝委陵菜、蛇莓、垂盆草、高山紫菀、荷兰菊、马蔺、长尾婆婆纳、费菜和山韭。

7.3.1.2　试验方法

本研究于 2017 年 7 ~ 10 月在北京市园林绿化科学研究院冷棚内进行。冷棚顶棚为透明塑料板，根据天气情况打开或关闭，防止雨水进入；其四周以纱网包围，空气流通性好；其内部温度、光照等环境条件与北京室外环境条件一致。

7.3.1.2.1　试验准备与方法

（1）缓苗

试验材料于 6 月中旬全部进入试验缓冲地，4 天后进行集中换盆和正常养护，集体进行适应性生长。

（2）苗木进棚

待植物适应生长后，每种植物选择 5 盆生长一致的苗木，保证每盆栽培基质质量一致，于 8 月 11 日统一移盆进冷棚。每盆苗木盆体底下放置一个托盘，一方面防止盆内植物根系生长至下方土壤，吸收土壤内水分影响试验结果；另一方面可在灌溉水量过量时将多余水分储存，用于该盆植物生长。

（3）滴管安装及充分灌溉

8 月 12 日安装滴管设施，8 月 13 日进行一次充分灌溉（灌溉量 100%），并对每株试验苗进行清理，将枯叶、死叶、病叶、黄叶全部摘除，确保试验期间出现的发黄干枯叶片是由干旱处理造成。

（4）灌溉处理

每盆设置一个出水量为 2L/h 的滴键进行灌溉，灌溉量设置 5 个处理：无干旱 CK（100%）、轻度干旱 75%、中度干旱 50%、重度干旱 25%、极度干旱 0%，每个处理 5 盆重复，每种植物 25 盆，40 种植物共计 1000 盆。根据灌溉量矫正设置将灌溉量 100%、75%、50%、25%、0% 分别转化成灌溉时长，分别为 20min、15min、10min、5min、0min。

（5）灌溉测试

根据天气和蒸腾情况，及时利用 TDR 土壤水分探头测定所有植物 100% 处理的含水量，当其中 3 盆以上土壤含水量低至 10% 时为开始灌溉的时间节点，当天测定叶片 SPAD 值和叶片光合潜能等相关指标的第一轮测定，测定结束后进行第一轮复灌，按 100% 灌溉处理、75% 灌溉处理、50% 灌溉处理、25% 灌溉处理、0% 处理（不灌溉）；当每种植物 100% 处理的有 3 盆以上含水量再次降到 10% 以下时，进行第二轮指标测试，后进行第二轮复灌；依次类推，直到 5 个处理之间出现明显的差异（4 轮复灌）后，观测，并结束水分差异灌溉处理试验，转而全部进行统一的正常养护管理，即每次水分灌溉均为 100% 灌溉，半个月或 1 个月后观测每种植物的恢复生长情况。

7.3.1.2.2 观测、评价方法

（1）观测指标与方法

整个试验共 6 轮灌溉，包括起始满灌 1 次，4 轮不同灌溉量的干旱处理灌溉和水分胁迫试验结束后正常养护前的 1 轮完全饱和灌溉。试验期间，对每种植物的水分胁迫时长、0% 处理地上部分完全干枯时间节点等进行观测与记录，满灌半月或 1 个月后（1 次观测），观测植物恢复生长及景观效果情况。具体观测方法如表 7-3 所示。

表7-3 观测指标及方法

序号	观测指标	测试方法	使用仪器
1	水分胁迫试验持续时长	试验开始到第6轮满灌的时间天数	人工观测、记录、计算
2	0%处理地上部分完全干枯时间	随时观测记录每种植物0%处理地上部分枝叶完全干枯的时间	人工观测、记录
3	叶色	每个重复选择功能性健全的叶片，测定5片叶子，每个处理共25个数值	SPAD 502叶绿素含量测定仪，叶绿素的相对含量
4	萎蔫情况	每轮复灌前和地上部分变化的关键节点时观测叶片萎蔫情况，详细记录	人工观测、记录，再根据评分标准分级
5	恢复力	水分胁迫结束后正常养护后经过严重干旱胁迫处理的植株的成活、生长、景观等恢复情况	人工观测、记录、分析

续表

序号	观测指标	测试方法	使用仪器
6	叶片荧光参数	每个重复选择功能性健全的叶片，测定3片叶子，每个处理共15个数值	Handy PEA植物效率分析仪
7	土壤含水量%	100%处理，每盆测试一次，5个数值	TDR土壤水分探头测试仪
8	地带性	查阅文献资料	
9	原生境	查阅文献资料	
10	景观观测打分	每种植物叶色变化、叶卷曲程度、落叶情况等观测，课题组成员3人根据打分标准进行景观打分	

（2）景观打分综合比值计算方法

每个处理每株植物在 5 次灌溉节点前和复灌 1 个月后均进行 1 次评分（评分方法如表 7-4 所示），共计 6 次评分。每处理每轮灌溉的评分均计入总分，即评分总分 X＝6 次耐旱灌溉处理的分值。每株植物每处理的观赏性满分为 5 分，每种植物所有处理的观赏性满分 M＝5 个处理 ×6 次分值 ×5 分 =150 分，每种植物的综合评分转化为百分制评分，即综合评分 =6 轮次实际总得分 /150×100。

表7-4　植物景观效果评分表

编号	形态变化	形态变化形式与评分					
1	叶色变化	正常	稍变色或枝下个别叶片变色	叶片部分变色	叶片严重变色	叶片极严重变色	全株死亡
2	叶卷曲程度	无卷曲	个别卷曲、皱缩、下垂，薹草表现为叶尖稍黄	叶片部分卷曲、皱缩、下垂	大部分叶片卷曲、皱缩、下垂	叶片极严重卷曲、皱缩、下垂	全株死亡
3	落叶	无落叶	轻微或个别落叶	中度落叶	严重落叶	极严重落叶	全株死亡
4	出现变化的叶片占整株比例	0	<10%	10%～50%（不含）	50%～80%（不含）	80%～100%（不含）	100%
	评分	5	4	3	2	1	0

（3）草本植物节水耐旱等级划分与评价方法

采用层次分析法（analytic hierarchy process，AHP）进行草本植物耐旱等级划分与评价，其基本步骤为先确定评价指标体系，并根据草本植物节水耐旱的特点建立递阶层次结构模型，从而进行综合评价。

评价指标的选择遵从科学性、典型性、可测性与可比性、层次性 4 个原则。评价因子及层次结构如图 7-19 所示，目标层为 40 种草本植物节水耐旱等级评价，旨在为节水耐旱型草本植物的选择提供依据。准则层分别为适应性、耐旱性和景观性三大要素，其下共设置 9 个评价因子，涵盖了影响草本植物节水耐旱评价的重要因素。

依据已有研究进展及本研究关于节水耐旱植物筛选目标与目的，制定评分指标如表 7-5 所示。

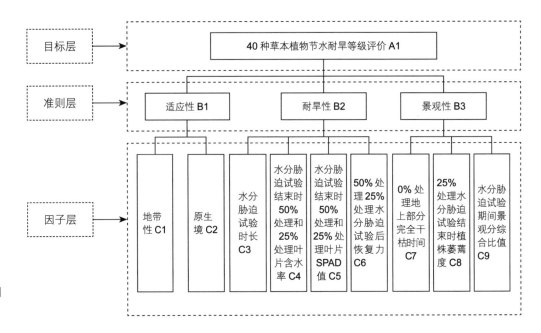

图 7-19　AHP 评价因子与结构

表7-5　各评价因子的评分标准

评价因子	等级评分
地带性	1. 属于乡土地被植物（15分） 2. 属于归化地被植物（10分） 3. 属于逸出地被植物（5分）
原生境	1. 只分布向阳干燥处（15分） 2. 向阳处、沟边和水湿处均有分布（10分） 3. 只分布沟边、水湿处（5分）
水分胁迫试验持续时长	1. 超过50天（15分） 2. 超过30天少于51天（10分） 3. 少于31天（5分）
0%处理地上部分完全干枯时间	1. 始终未完全干枯或超过40天完全干枯（15分） 2. 超过30天少于41天完全干枯（10分） 3. 少于31天完全干枯（5分）
25%处理水分胁迫试验结束时植株萎蔫度	1. 轻度萎蔫，叶片稍软、耷拉，正常绿（15分） 2. 中度萎蔫，叶片软、下垂，稍灰绿（10分） 3. 重度萎蔫，叶片卷、稍干，稍黄（5分）
50%处理和25%处理水分胁迫试验后恢复力	1. 100%恢复，生长快，与其他处理无明显差异（15分） 2. 80%~100%恢复，生长稍慢，与其他处理无明显差异（10分） 3. 80%~100%恢复，生长慢，与其他处理差异明显（5分）
水分胁迫试验结束时50%处理和25%处理叶片含水率	1. 70%~90%，变化小（15分） 2. 60%~70%，变化小（10分） 3. 0~80%，变化大（5分）

续表

评价因子	等级评分
水分胁迫试验结束时50%处理和25%处理叶片SPAD值	1. 30~40，变化小（15分） 2. 20~30，变化小（10分） 3. 0~10，变化大（5分）
水分胁迫试验期间景观分综合比值	1. 80%~100%，景观好（15分） 2. 70%~80%，景观中等（10分） 3. 70%以下，景观差（5分）

本次评价选用了常见的 1 ~ 9 比例标度进行判断，即 1、3、5、7、9 分别表示 2 个因素相比，一个因素与另一个因素同等重要、稍微重要、明显重要、强烈重要、极端重要；2、4、6、8 分别表示其中间值。按照上述层次结构关系，通过专家咨询，分别构建 A-B，B-C 判断矩阵，如表 7-6 所示。

表7-6　判断矩阵标度及其含义

标度	含义
1	表示两元素相比，具有同等重要性
3	表示两元素相比，前者比后者稍微重要
5	表示两元素相比，前者比后者明显重要
7	表示两元素相比，前者比后者强烈重要
9	表示两元素相比，前者比后者极端重要
2，4，6，8	表示上述相邻判断的中间值

层次单排序是根据判断矩阵计算对于上一层次某元素而言，本层次与之有联系的元素重要次序的权值，是本层次中所有元素对上一层次而言进行重要性排序的基础，是指计算判断矩阵的最大特征根和相应的特征向量。运用和积法求解各判断矩阵，得出单一准则下被比较元素的相对权重，即层次单排序。用算术平均法计算出各矩阵的最大特征根（λ_{max}）及其相应的特征向量（W），计算步骤如下：

①将判断矩阵每一列进行正规化，即

$$\overline{b_{ij}} = \frac{b_{ij}}{\sum\limits_{k=1}^{n} b_{ij}} \ (i,j=1,2,\cdots,n)$$

（7-1）

②每一列经正规化后的判断矩阵按行相加，即

$$W_i = \sum\limits_{j=1}^{n} b_{ij} \ (i,j=1,2,\cdots,n)$$

（7-2）

③对向量 $\overline{W} = [W_1, W_2, \cdots, W_n]^T$ 正规化，即

$$\overline{W_i} = \frac{\overline{W_i}}{\sum_{j=1}^{n} \overline{W_{ij}}} \quad (i, j = 1, 2, \cdots, n)$$ （7-3）

所得 $W = [W_1, W_2, \cdots, W_n]^T$ 即为所求特征向量。

④计算判断矩阵的最大特征根 λ_{max}

$$\lambda_{max} = \sum_{i=1}^{n} \frac{(AW)_i}{nW_i}$$ （7-4）

式中：A 为第 i 个元素值；n 为矩阵阶数；W 为向量。

⑤检验判断矩阵的一致性

$$CI = \frac{\lambda_{max} - n}{n-1}, \quad CR = \frac{CI}{RI}$$ （7-5）

式中：CI 为一致性指标；n 为矩阵阶数；RI 为平均随机一致性指标（表7-7）。当 $CR < 0.10$ 时，则判断矩阵有满意一致性；否则重新判断直至满意。

表7-7　RI 修正表

阶数	1	2	3	4	5	6	7	8	9
RI	0	0	0.58	0.90	1.12	1.24	1.32	1.41	1.45

　　层次总排序就是计算最后一层对于第一层的相对重要性排序，实际上是层次单排序的加权组合，得到乡土花卉组合景观评价的各个因子的权重值，并进行一致性检验。

$$CR_{总} = \frac{CI_{总}}{RI_{总}}$$ （7-6）

$$CI_{总} = W_{B1} \times CI_{B1} + W_{B2} \times CI_{B2} + W_{B3} \times CI_{B3}$$
$$RI_{总} = W_{B1} \times RI_{B1} + W_{B2} \times RI_{B2} + W_{B3} \times RI_{B3}$$

当 $CR_{总} < 0.10$ 时，认为层次总排序结果具有满意一致性，否则需要重新调整判断矩阵的元素取值。

　　通过节水等级综合评价指数法得出综合评价分值。节水等级综合评价指数法，即：

$$B = \sum_{i=1}^{n} F_i \times X_i$$ （7-7）

式中：B 为某植物节水综合评价指数；X_i 为某评价因子的权重值；F_i 为某植物景观在某评

价因子下的得分值。

确定草本植物节水等级所利用公式：

$$CEI = S / S0 \times 100\% \tag{7-8}$$

式中：CEI 为综合评价指数；S 为评价分数值；$S0$ 为理想值（取每一个因子的最高级别与权重相乘叠加而得）。

CEI 作为分级的依据，并以差值百分比分级法划分为Ⅰ、Ⅱ、Ⅲ、Ⅳ级，如表 7-8 所示。

表7-8　节水等级表

M（%）	100～80	80～60	60～40	＜40
节水等级	Ⅰ	Ⅱ	Ⅲ	Ⅳ

7.3.2　结果与分析

7.3.2.1　不同灌溉条件对 40 种草本植物水分胁迫持续时长变化的影响

由图 7-20、表 7-9 分析可知，供试 40 种草本植物于 8 月 13 日同时满灌开始试验，满灌与第一轮复灌之间持续时长不同，从满灌开始试验到第五轮试验结束的整个试验时长不同，但 40 种草本植物两个时长的趋势基本一致，而第一轮至第五轮每两轮之间的持续时长无明显规律。根据整个水分胁迫试验持续时长可对 40 种草本植物进行等级划分：

一级植物：水分胁迫试验时长大于 60 天，包括 9 种植物，为拂子茅、藁本、连钱草、蛇莓、金边玉簪、涝峪薹草、宿根福禄考、宿根鼠尾草、匍枝委陵菜。以上草本植物的土壤水分散失较慢，与其植物根系水分消耗较慢及地上部分蒸腾相对较弱有关。

二级植物：水分胁迫试验时长大于 50 天小于 61 天，包括 5 种植物，为假龙头、蜀葵、垂盆草、脚薹草、桔梗。

三级植物：水分胁迫试验时长大于 40 天小于 51 天，包括 4 种植物，为蛇鞭菊、松果

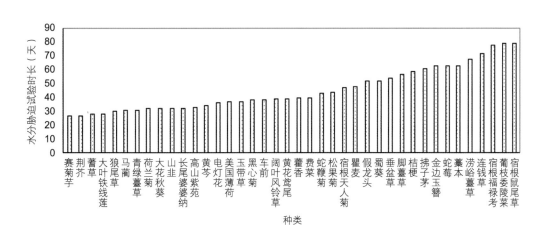

图 7-20　40 种草本植物水分胁迫试验时长比较

表7-9　40种草本植物每轮复灌之间持续时长（天）与整个水分胁迫试验时长（天）

植物种类	满灌至第一轮复灌持续时长	第一轮至第二轮复灌持续时长	第二轮至第三轮复灌持续时长	第三轮至第四轮复灌持续时长	第四轮至第五轮复灌持续时长	整个水分胁迫试验时长
赛菊芋	11	2	5	4	5	27
荆芥	11	4	4	4	4	27
薹草	11	5	4	4	4	28
大叶铁线莲	11	4	4	5	4	28
狼尾草	11	4	6	5	4	30
马蔺	12	5	5	4	5	31
青绿薹草	12	6	5	3	5	31
荷兰菊	12	6	5	4	5	32
大花秋葵	11	6	6	4	5	32
山韭	12	5	5	3	7	32
长尾婆婆纳	12	5	5	5	5	32
高山紫菀	12	5	5	5	6	33
黄芩	12	6	5	4	7	34
电灯花	15	4	5	6	6	36
美国薄荷	12	7	5	6	7	37
玉带草	12	7	5	6	7	37
黑心菊	19	4	4	6	5	38
车前	12	6	6	6	8	38
阔叶风铃草	15	7	4	6	7	39
黄花鸢尾	15	6	5	6	7	39
藿香	15	6	8	3	8	40
费菜	15	6	5	6	8	40
蛇鞭菊	15	7	6	8	7	43
松果菊	15	11	7	7	4	44
宿根天人菊	17	7	8	7	8	47
瞿麦	16	7	8	8	9	48
假龙头	15	8	5	16	8	52
蜀葵	16	7	8	8	13	52
垂盆草	15	6	9	10	14	54
脚薹草	18	8	8	10	13	57
桔梗	19	8	8	8	16	59

续表

植物种类	满灌至第一轮复灌持续时长	第一轮至第二轮复灌持续时长	第二轮至第三轮复灌持续时长	第三轮至第四轮复灌持续时长	第四轮至第五轮复灌持续时长	整个水分胁迫试验时长
拂子茅	18	9	6	14	14	61
金边玉簪	15	15	9	11	13	63
蛇莓	20	6	13	7	17	63
藁本	18	9	10	11	15	63
涝峪薹草	20	7	11	8	22	68
连钱草	19	8	11	12	22	72
宿根福禄考	21	12	12	11	22	78
匍枝委陵菜	22	10	11	18	18	79
宿根鼠尾草	21	10	9	19	20	79

菊、宿根天人菊、瞿麦。

四级植物：水分胁迫试验时长大于 30 小于 41 天，包括 17 种植物，为青绿薹草、马蔺、荷兰菊、大花秋葵、山韭、长尾婆婆纳、高山紫菀、黄芩、电灯花、美国薄荷、玉带草、黑心菊、车前、阔叶风铃草、黄花鸢尾、藿香、费菜。试验的种类大部分属于此类，属于一般型。

五级植物：水分胁迫试验时长小于 31 天，包括 5 种植物，为赛菊芋、荆芥、蓍草、大叶铁线莲、狼尾草。以上植物土壤水分散失快，分析可能跟其根系比较发达粗壮，而盆栽试验一定程度上空间有限，导致发达的根系较快地吸收并蒸腾消耗了水分，使其持续时长较短，在较短的时间内完成了整个水分胁迫试验。

综上，水分胁迫试验时长大于 50 天的一、二级耐旱植物共有 14 种。初步说明这些草本植物在相同的水分条件和养护条件下，水分蒸散相对较慢，水分胁迫试验持续时间较长。

7.3.2.2　水分胁迫下 40 种草本植物 0% 处理地上部分茎叶完全干枯时间节点变化分析

由图 7-21、表 7-10 分析可知，不同灌溉条件下的 40 种草本植物 0% 处理的地上部分茎叶完全干枯时间节点不同，差异较大，按时间节点长短具体可分为以下 5 级：

一级：0% 处理的植株在水分胁迫试验结束时始终未完全枯黄，地上部分依然未干枯，保持一定的绿色，具体包括费菜、垂盆草、金边玉簪、山韭 4 种植物。

二级：0% 处理的植株完全干枯较晚，完全干枯需要的时长大于或等于 40 天小于 50 天，具体包括涝峪薹草、脚薹草、桔梗、藁本、匍枝委陵菜、宿根福禄考 6 种植物。

三级：0% 处理的植株完全干枯晚，完全干枯需要的时长小于 40 天，具体包括瞿麦、蛇莓、连钱草、拂子茅、蜀葵、松果菊、马蔺、黄花鸢尾、美国薄荷、玉带草、假龙头、

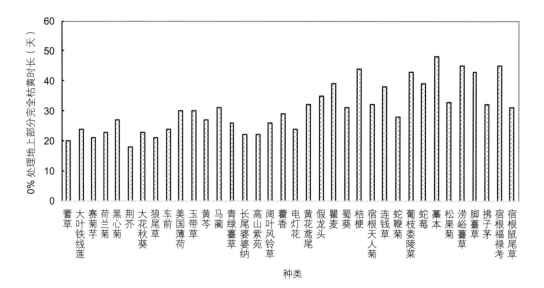

图 7-21 36 种草本植物水分胁迫期间 0% 处理地上部分完全枯黄时长比较

表7-10 40种草本植物每轮复灌时间表（月.日）

编号	植物种类	第一轮复灌时间	第二轮复灌时间	第三轮复灌时间	第四轮复灌时间	第五轮满灌时间
1	蓍草	8.24	8.29	9.2	9.6	9.10
2	大叶铁线莲	8.24	8.28	9.1	9.6	9.10
3	赛菊芋	8.24	8.29	9.3	9.7	9.12
4	荷兰菊	8.25	8.31	9.5	9.9	9.14
5	黑心菊	9.1	9.5	9.9	9.15	9.20
6	荆芥	8.24	8.28	9.1	9.5	9.9
7	大花秋葵	8.24	8.30	9.5	9.9	9.14
8	狼尾草	8.24	8.28	9.3	9.8	9.12
9	车前	8.25	8.31	9.6	9.12	9.20
10	美国薄荷	8.25	9.1	9.6	9.12	9.19
11	玉带草	8.25	9.1	9.6	9.12	9.19
12	黄芩	8.25	8.31	9.5	9.9	9.16
13	马蔺	8.25	8.30	9.4	9.8	9.13
14	青绿薹草	8.25	8.31	9.5	9.8	9.13
15	长尾婆婆纳	8.25	8.30	9.4	9.9	9.14
16	高山紫菀	8.25	8.30	9.4	9.9	9.15
17	山韭	8.25	8.30	9.4	9.7	9.14
18	阔叶风铃草	8.28	9.4	9.8	9.14	9.21
19	费菜	8.28	9.3	9.8	9.14	9.22
20	垂盆草	8.28	9.3	9.12	9.22	10.6

续表

编号	植物种类	第一轮复灌时间	第二轮复灌时间	第三轮复灌时间	第四轮复灌时间	第五轮满灌时间
21	藿香	8.28	9.3	9.11	9.14	9.22
22	电灯花	8.28	9.1	9.6	9.12	9.18
23	黄花鸢尾	8.28	9.3	9.8	9.14	9.21
24	假龙头	8.28	9.5	9.10	9.17	9.25
25	瞿麦	8.29	9.5	9.13	9.21	9.30
26	蜀葵	8.29	9.5	9.13	9.21	10.4
27	桔梗	9.1	9.9	9.18	9.26	10.12
28	宿根天人菊	8.30	9.6	9.14	9.21	9.29
29	连钱草	9.1	9.9	9.20	10.2	10.24
30	蛇鞭菊	8.28	9.4	9.10	9.18	9.25
31	匍枝委陵菜	9.4	9.14	9.25	10.13	10.31
32	蛇莓	9.2	9.8	9.21	9.28	10.15
33	藁本	8.31	9.9	9.19	9.30	10.15
34	松果菊	8.28	9.8	9.15	9.22	9.26
35	涝峪薹草	9.2	9.9	9.20	9.28	10.20
36	脚薹草	8.30	9.7	9.15	9.25	10.8
37	拂子茅	8.30	9.8	9.14	9.28	10.12
38	金边玉簪	8.28	9.12	9.21	10.2	10.15
39	宿根福禄考	9.3	9.15	9.27	10.8	10.31
40	宿根鼠尾草	9.3	9.13	9.22	10.11	10.31

宿根天人菊、宿根鼠尾草 13 种植物。

四级：0% 处理的植株完全干枯早，完全干枯需要的时长小于 30 天，具体包括蓍草、大叶铁线莲、赛菊芋、荷兰菊、黑心菊、大花秋葵、狼尾草、车前、黄芩、青绿薹草、长尾婆婆纳、高山紫菀、阔叶风铃草、藿香、电灯花、蛇鞭菊 16 种植物。

五级：0% 处理的植株完全枯黄较早，完全干枯需要的时长少于 20 天，具体包括荆芥 1 种植物，从试验开始直到第 18 天 0% 处理其地上部分完全枯黄，属于枯黄最早的 1 种。

根据以上分析，说明不同草本植物在不灌溉（0% 处理）的条件下，植株耐旱能力不同，地上部分观赏性持续的时间不同。其中地上部分可持续至少 30 天才完全干枯，且始终未完全枯黄的草本植物有 23 种，分别为：费菜、垂盆草、金边玉簪、山韭、涝峪薹草、脚薹草、桔梗、藁本、匍枝委陵菜、宿根福禄考、瞿麦、蛇莓、连钱草、拂子茅、蜀葵、松果菊、马蔺、黄花鸢尾、美国薄荷、玉带草、假龙头、宿根天人菊、宿根鼠尾草，说明这些草本植物在相同的条件下，耐受干旱的能力较强，在实际应用中可以起到较好的节水效果。

7.3.2.3 水分胁迫结束时 40 种草本植物 25% 处理的植株地上部分萎蔫程度比较

表 7-11 为 40 种草本植物 25% 处理水分胁迫试验结束时地上部分萎蔫程度比较表，可以看出，不同灌溉条件下的水分胁迫试验结束时 40 种草本植物 25% 处理的地上部分茎叶萎蔫程度有差异，按景观分值具体可分为以下 3 级。

一级：轻度萎蔫，分值为 4 分，具体表现为植株叶片稍软，正常绿，包括费菜、垂盆草、金边玉簪、山韭 4 种植物。

二级：中度萎蔫，分值为 3 分，具体表现为植株叶较绿，叶软、耷拉，偶稍卷，或植株下部少有脱叶等，包括涝峪薹草、脚薹草、青绿薹草、马蔺、大花秋葵、瞿麦、桔梗、松果菊 8 种植物。

三级：重度萎蔫，分值为 1～2 分，具体表现为植株 60% 以上叶片干枯，余叶黄绿或干绿，具体包括蓍草、荷兰菊、黄芩、藿香、电灯花、黄花鸢尾、蜀葵、藁本、大叶铁线莲、赛菊芋、黑心菊、荆芥、狼尾草、车前、美国薄荷、玉带草、长尾婆婆纳、高山紫菀、阔叶风铃草、假龙头、宿根天人菊、连钱草、蛇鞭菊、匍枝委陵菜、蛇莓、拂子茅、宿根福禄考、宿根鼠尾草 28 种植物。

表7-11　40种草本植物25%处理水分胁迫试验结束时地上部分萎蔫程度比较

编号	植物种类	状态描述	萎蔫程度	相应分值
1	蓍草	叶稀疏、下垂，下部叶片干枯，上部叶片干绿	重度萎蔫	2
2	大叶铁线莲	顶端几片叶片黄绿，下部叶片干枯、卷曲	重度萎蔫	1
3	赛菊芋	植株顶端干枯弯曲，下部叶片干枯卷曲，中部叶片软耷、黄绿	重度萎蔫	1
4	荷兰菊	叶萎蔫、稍卷、黄绿，下部有干黄叶	重度萎蔫	2
5	黑心菊	叶耷拉多干枯，少绿，	重度萎蔫	1
6	荆芥	植株倒伏，叶多数干枯掉落，少量干绿卷曲叶	重度萎蔫	1
7	大花秋葵	叶软、稍卷、耷拉，叶较绿，植株下部有脱叶	中度萎蔫	3
8	狼尾草	植株90%枯黄，多数黄叶耷拉、凌乱	重度萎蔫	1
9	车前	叶片全耷拉，90%以上干枯，少干绿	重度萎蔫	1
10	美国薄荷	植株干枯弯曲，叶片90%干枯，少干绿	重度萎蔫	1
11	玉带草	植株叶90%以上干黄，顶端少绿	重度萎蔫	1
12	黄芩	植株90%叶黄绿，顶端、下部叶多干枯脱落	重度萎蔫	2
13	马蔺	植株叶软、耷拉、灰绿，有黄绿叶	中度萎蔫	3
14	青绿薹草	植株叶软、耷拉，偶卷曲，灰绿，有黄绿叶	中度萎蔫	3
15	长尾婆婆纳	植株少见干绿叶，90%干黄	重度萎蔫	1
16	高山紫菀	植株60%叶干黄，余叶干绿	重度萎蔫	1

编号	植物种类	状态描述	萎蔫程度	相应分值
17	山韭	植株叶稍软，少见黄叶，90%以上叶正常绿	轻度萎蔫	4
18	阔叶风铃草	植株叶全干枯，少绿	重度萎蔫	1
19	费菜	植株正常，30%叶片稍灰绿	轻度萎蔫	4
20	垂盆草	叶变薄，叶色稍黄绿，无干枯	轻度萎蔫	4
21	藿香	植株稍倒伏，叶全部软、耷拉、黄绿、皱卷	重度萎蔫	2
22	电灯花	植株叶全软、耷拉、稍黄绿、皱卷	重度萎蔫	2
23	黄花鸢尾	植株叶少，叶全软、倒伏、稍黄绿，有干黄叶	重度萎蔫	2
24	假龙头	植株全株上部叶片干绿，下部叶片干黄，有脱落	重度萎蔫	1
25	瞿麦	植株30%叶片有干黄，余叶较绿	中度萎蔫	3
26	蜀葵	丛生外部叶全干枯，只剩中心小叶绿	重度萎蔫	2
27	桔梗	植株黄绿叶较多，有少许干枯叶	中度萎蔫	3
28	宿根天人菊	叶耷拉，植株60%干黄，余叶软、稍绿	重度萎蔫	1
29	连钱草	地上部分茎叶基本干枯	重度萎蔫	1
30	蛇鞭菊	植株叶多干黄、少绿、软、耷拉	重度萎蔫	1
31	匍枝委陵菜	地上部分茎叶多干枯，稀有几片软、黄绿叶	重度萎蔫	1
32	蛇莓	80%茎叶干枯，其余叶软、耷拉、黄绿	重度萎蔫	1
33	藁本	多数叶黄绿，有干枯叶	重度萎蔫	2
34	松果菊	叶60%较绿、无软耷，余叶干黄	中度萎蔫	3
35	涝峪薹草	黄绿叶较多，有干卷	中度萎蔫	3
36	脚薹草	叶软耷拉、黄绿，有干枯叶	中度萎蔫	3
37	拂子茅	植株基本干黄，稍见绿	重度萎蔫	1
38	金边玉簪	整体正常绿，无耷拉现象，下部稍有叶片干黄	轻度萎蔫	4
39	宿根福禄考	60%植株完全干枯，40%植株顶端叶片绿、软、耷拉，下部叶片干枯	重度萎蔫	1
40	宿根鼠尾草	叶片基本干枯，稍见几片黄绿叶，软、耷拉	重度萎蔫	1

7.3.2.4 不同灌溉条件对 40 种草本植物水分胁迫试验结束满灌后正常养护条件下恢复生长的影响

如表 7-12、附表 6 所示，水分胁迫试验结束后，所有草本植物种类进行满灌，并进入正常养护，在适应生长 1 个月后，观测各种类各水分胁迫处理的恢复生长情况，不同植物不同的处理恢复生长表现不同，具体根据恢复情况分为以下 4 级。

表7-12　40种草本植物25%处理水分胁迫试验结束满灌后正常养护条件下恢复生长比较

编号	植物种类	0%处理恢复情况	25%处理恢复情况	50%处理恢复情况
1	蓍草	不能恢复，全部死亡	恢复生长，且景观上与50%、75%、100%处理无明显差异	恢复生长，且景观上与75%和100%处理无明显差异
2	大叶铁线莲	10%根丛处萌发新芽，生长缓慢，其余死亡	有恢复生长趋势，但景观上与50%、75%、100%处理有明显差异	恢复生长，但景观上与75%、100%处理有明显差异
3	赛菊芋	不能恢复，全部死亡	恢复生长，且景观上与50%、75%、100%处理无明显差异	恢复生长，且景观上与75%和100%处理无明显差异
4	荷兰菊	不能恢复，全部死亡	在枯枝上或根丛处萌发出新叶，但恢复生长慢，景观上与50%、75%和100%处理生长差异明显	恢复生长，但景观上因下部枯黄叶与75%和100%处理稍有差异
5	黑心菊	不能恢复，全部死亡	恢复生长，且景观上与50%、75%、100%处理无明显差异	恢复生长，且景观上与75%和100%处理无明显差异
6	荆芥	不能恢复，全部死亡	恢复生长，且景观上与50%、75%、100%处理无明显差异	恢复生长，且景观上与75%和100%处理无明显差异
7	大花秋葵	不能恢复，全部死亡	恢复生长，且景观上与50%、75%、100%处理无明显差异	恢复生长，且景观上与75%和100%处理无明显差异
8	狼尾草	不能恢复，全部死亡	恢复生长，且景观上与50%、75%、100%处理无明显差异	恢复生长，且景观上与75%和100%处理无明显差异
9	车前	不能恢复，全部死亡	恢复生长，且景观上与50%、75%、100%处理无明显差异	恢复生长，且景观上与75%和100%处理无明显差异
10	美国薄荷	不能恢复，全部死亡	恢复生长趋势，但景观上与75%和100%处理有一定差异	恢复生长，但景观上与75%和100%处理有一定差异
11	玉带草	植株全部根丛处萌发新叶，但恢复生长较慢，景观与其他处理差异明显	生长恢复快，与50%、75%和100%处理生长景观表现无明显差异	生长恢复快，与75%和100%处理生长景观表现无明显差异
12	黄芩	20%植株萌发新叶，但恢复生长缓慢，景观与其他处理差异明显	恢复生长，且景观上与50%、75%、100%处理无明显差异	恢复生长，且景观上与75%、100%处理无明显差异
13	马蔺	植株全部根丛处萌发新叶，但恢复生长较慢，景观与其他处理差异明显	恢复生长，且景观上与50%、75%、100%处理无明显差异	恢复生长，且景观上与75%和100%处理无明显差异
14	青绿薹草	不能恢复，全部死亡	恢复生长，且景观上与50%、75%、100%处理无明显差异	恢复生长，且景观上与75%和100%处理无明显差异
15	长尾婆婆纳	20%植株萌发新叶，但恢复生长缓慢，景观与其他处理差异明显	恢复生长，且景观上与50%、75%、100%处理无明显差异	恢复生长，且景观上与75%和100%处理无明显差异
16	高山紫菀	不能恢复，全部死亡	恢复生长趋势，但景观上与75%和100%处理有一定差异	恢复生长，但景观上与75%和100%处理有一定差异
17	山韭	100%恢复生长，与其他处理景观无明显差异	100%恢复生长，与其他处理景观无明显差异	100%恢复生长，与其他处理景观无明显差异
18	阔叶风铃草	不能恢复，全部死亡	恢复生长，且景观上与50%、75%、100%处理无明显差异	恢复生长，且景观上与75%和100%处理无明显差异
19	费菜	100%恢复生长，与其他处理景观无明显差异	100%恢复生长，与其他处理景观无明显差异	100%恢复生长，与其他处理景观无明显差异
20	垂盆草	100%恢复生长，与其他处理景观无明显差异	100%恢复生长，与其他处理景观无明显差异	100%恢复生长，与其他处理景观无明显差异

续表

编号	植物种类	0%处理恢复情况	25%处理恢复情况	50%处理恢复情况
21	藿香	不能恢复，全部死亡	恢复生长，且景观上与50%、75%、100%处理无明显差异	恢复生长，且景观上与75%和100%处理无明显差异
22	电灯花	不能恢复，全部死亡	恢复生长，且景观上与50%、75%、100%处理无明显差异	恢复生长，且景观上与75%和100%处理无明显差异
23	黄花鸢尾	20%植株萌发新叶，有恢复生长趋势，但景观与其他处理差异明显	恢复生长，且景观上与50%、75%、100%处理无明显差异	恢复生长，且景观上与75%和100%处理无明显差异
24	假龙头	不能恢复，全部死亡	恢复生长困难或死亡不能恢复生长，与50%等处理景观有明显差异	不能100%恢复生长，与75%和100%处理生长景观有明显差异
25	瞿麦	不能恢复，全部死亡	恢复生长，且景观上与50%、75%、100%处理无明显差异	恢复生长，且景观上与75%和100%处理无明显差异
26	蜀葵	不能恢复，全部死亡	恢复生长，且景观上与50%、75%、100%处理无明显差异	恢复生长，且景观上与75%和100%处理无明显差异
27	桔梗	不能恢复，全部死亡	恢复生长困难或死亡不能恢复生长，与50%等处理景观有明显差异	不能100%恢复生长，与75%和100%处理生长景观有明显差异
28	宿根天人菊	不能恢复，全部死亡	恢复生长，且景观上与50%、75%、100%处理无明显差异	恢复生长，且景观上与75%和100%处理无明显差异
29	连钱草	不能恢复，全部死亡	恢复生长困难或死亡不能恢复生长，与50%等处理景观有明显差异	不能100%恢复生长，与75%和100%处理生长景观有明显差异
30	蛇鞭菊	不能恢复，全部死亡	恢复生长，且景观上与50%、75%、100%处理无明显差异	恢复生长，且景观上与75%和100%处理无明显差异
31	匍枝委陵菜	不能恢复，全部死亡	恢复生长困难或死亡不能恢复生长，与50%等处理景观有明显差异	不能100%恢复生长，与75%和100%处理生长景观有明显差异
32	蛇莓	不能恢复，全部死亡	恢复生长困难或死亡不能恢复生长，与50%等处理景观有明显差异	不能100%恢复生长，与75%和100%处理生长景观有明显差异
33	藁本	不能恢复，全部死亡	恢复生长趋势，但景观上与75%和100%处理有一定差异	恢复生长，但景观上与75%和100%处理有一定差异
34	松果菊	不能恢复，全部死亡	恢复生长，且景观上与50%、75%、100%处理无明显差异	恢复生长，且景观上与75%和100%处理无明显差异
35	涝峪薹草	不能恢复，全部死亡	恢复生长，且景观上与50%、75%、100%处理无明显差异	恢复生长，且景观上与75%和100%处理无明显差异
36	脚薹草	不能恢复，全部死亡	恢复生长，且景观上与50%、75%、100%处理无明显差异	恢复生长，且景观上与75%和100%处理无明显差异
37	拂子茅	不能恢复，全部死亡	恢复生长困难或死亡不能恢复生长，与50%等处理景观有明显差异	不能100%恢复生长，与75%和100%处理生长景观有明显差异
38	金边玉簪	100%恢复生长，与其他处理景观无明显差异	100%恢复生长，与其他处理景观无明显差异	100%恢复生长，与其他处理景观无明显差异
39	宿根福禄考	不能恢复，全部死亡	恢复生长困难或死亡不能恢复生长，与50%等处理景观有明显差异	不能100%恢复生长，与75%和100%处理生长景观有明显差异
40	宿根鼠尾草	不能恢复，全部死亡	恢复生长困难或死亡不能恢复生长，与50%等处理景观有明显差异	不能100%恢复生长，与75%和100%处理生长景观有明显差异

一级：0% 处理的植株能 100% 恢复生长，植株生长与 25%、50%、75%、100% 处理生长景观表现无明显差异，其中垂盆草、费菜 2 种草本 0% 处理地上部分灰绿、叶薄，进行满灌正常养护管理 1 个月后，0% 处理恢复生长，与 25%、50%、75%、100% 处理生长景观表现无明显差异。金边玉簪、山韭 2 种植物的 0% 处理地上部分未完全枯黄，进行满灌正常养护管理 1 个月后，其 0% 处理复绿，新叶萌出，恢复生长，25%、50% 处理与 75% 和 100% 处理生长景观表现无明显差异。

二级：0% 处理的植株有不同程度新芽萌发，生长缓慢，但 25%、50% 处理生长恢复快，与 75% 和 100% 处理生长景观表现无明显差异，包括马蔺、长尾婆婆纳、黄花鸢尾、玉带草、大叶铁线莲、黄芩 6 种植物。

三级：0% 处理的植株不能恢复、全部死亡，25%、50% 处理恢复生长，且景观上与 75% 和 100% 处理无明显差异，包括蓍草、赛菊芋、黑心菊、大花秋葵、狼尾草、荆芥、车前、青绿薹草、藿香、松果菊、阔叶风铃草、蜀葵、脚薹草、电灯花、涝峪薹草、瞿麦、蛇鞭草、宿根天人菊 18 种植物。

四级：0% 处理的植株不能恢复，全部死亡，25%、50% 处理呈恢复生长趋势，但景观上与 75% 和 100% 处理有一定的差异，包括荷兰菊、美国薄荷、高山紫菀、藁本 4 种植物，说明在干旱处理之后需要较长的时间才可以恢复生长和景观。

五级：0% 处理不能恢复，全部死亡，且 25% 处理恢复生长困难或死亡不能恢复生长，与 50% 等处理景观有明显差异；50% 处理不能 100% 恢复生长，与 75% 和 100% 处理生长景观有明显差异，包括假龙头、桔梗、连钱草、宿根福禄考、宿根鼠尾草、匍枝委陵菜、蛇莓、拂子茅 8 种植物。

7.3.2.5 33 种草本植物 50% 处理和 25% 处理在水分胁迫结束时叶片含水率比较分析

图 7-22 为 33 种草本植物 50%、25% 处理水分胁迫结束时叶片含水率变化比较图，

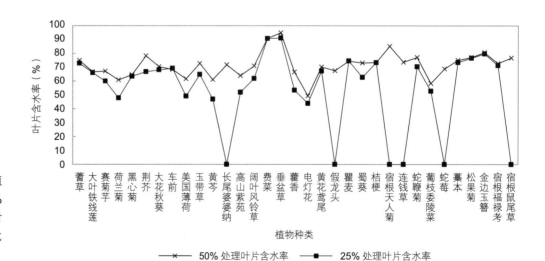

图 7-22 33 种草本植物 50% 处理和 25% 处理水分胁迫结束时叶片含水率变化比较图

根据 2 个处理含水率的变化差异，将 33 种草本植物分为以下 5 级。

一级：两个处理叶片含水率均高于 80%，伴随灌溉量的降低，叶片含水率依然较高，且变化较小，具体包括费菜、垂盆草、金边玉簪 3 种植物。

二级：两个处理叶片含水率均高于 70% 低于 80%，变化较小，包括蓍草、瞿麦、桔梗、蛇鞭菊、藁本、松果菊、宿根福禄考 7 种植物。

三级：两个处理叶片含水率均高于 60% 低于 70%，变化较小，包括大叶铁线莲、赛菊芋、黑心菊、大花秋葵、车前、玉带草、阔叶风铃草、黄花鸢尾 8 种植物。

四级：两个处理叶片含水率均高于 40% 低于 80%，或两个处理叶片含水率均低于 60% 且变化较小，或两个处理叶片含水率变化较大、差别 10% 以上，包括电灯花、匍枝委陵菜、荷兰菊、美国薄荷、黄芩、荆芥、蜀葵、高山紫菀、藿香 9 种。

五级：两个处理叶片含水率变化大，25% 处理叶片含水率骤降为 0%、叶片完全干枯，种类有宿根天人菊、连钱草、长尾婆婆纳、宿根鼠尾草、假龙头、蛇莓 6 种植物。

7.3.2.6 34 种草本植物 50% 处理和 25% 处理在水分胁迫结束时叶片 SPAD 变化分析

图 7-23 为 34 种草本植物 50%、25% 处理水分胁迫结束时叶片 SPAD 值变化图，其中大叶铁线莲、荆芥、美国薄荷、长尾婆婆纳、藿香、桔梗、宿根天人菊、连钱草、蛇莓、宿根鼠尾草 10 种植物变化过大，25% 处理叶片干枯或变黄，SPAD 值无法测试，说明灌溉量的减少严重影响其叶片的叶绿素含量。由此，依据 50% 处理和 25% 处理不同种类的 SPAD 值变化，将 34 种草本植物分为以下 5 级。

一级：两个处理 SPAD 值均高于 40，变化较小，包括费菜、车前、山韭、黄芩、马蔺、青绿薹草、电灯花、黄花鸢尾、假龙头、蛇鞭菊 10 种植物。

二级：两个处理 SPAD 值均高于 30 小于 40，变化较小，包括赛菊芋、荷兰菊、黑心菊、

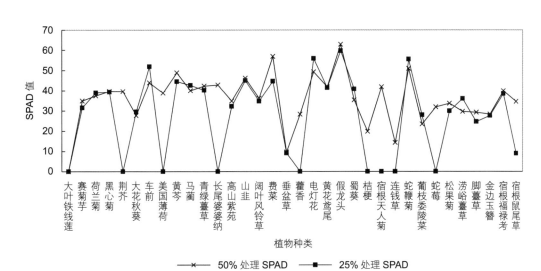

图 7-23 34 种草本植物 50% 处理和 25% 处理水分胁迫结束时叶片 SPAD 值变化

高山紫菀、阔叶风铃草、蜀葵、宿根福禄考 7 种植物。

三级：两个处理 SPAD 值均高于 20 小于 30，变化较小，包括大花秋葵、匍枝委陵菜、脚薹草、金边玉簪、松果菊、涝峪薹草 6 种植物。

四级：两个处理 SPAD 值均低于 10 或 25% 处理 SPAD 值低于 10，包括垂盆草、宿根鼠尾草、桔梗、藿香、美国薄荷、蛇莓、连钱草、宿根天人菊、长尾婆婆纳、荆芥 10 种植物。

五级：叶片完全枯黄，两个处理叶片 SPAD 值均为 0，包括大叶铁线莲 1 种植物。

7.3.2.7 12 种草本植物 50% 处理和 25% 处理在水分胁迫结束时叶片荧光指标变化分析

图 7-24 为 12 种草本植物 50%、25% 处理水分胁迫结束时叶片 Fv/Fm 值变化比较图，依据其不同变化将 12 种草本植物分为以下 4 级。

一级：两个处理的 Fv/Fm 均为 0.7 ~ 0.8，变化小，Fv/Fm 值高，包括大叶铁线莲、大花秋葵、黑心菊、车前、松果菊 5 种植物。

二级：两个处理的 Fv/Fm 均为 0.6 ~ 0.7，变化小，Fv/Fm 较高，包括电灯花、藿香 2 种植物。

三级：两个处理的 Fv/Fm 变化大，25% 处理的 Fv/Fm 骤降为 0，包括阔叶风铃草、美国薄荷、蜀葵、金边玉簪 4 种植物。

四级：两个处理的 Fv/Fm 均为 0，说明 50% 处理和 25% 处理在水分胁迫结束时叶片已完全干枯，包括赛菊芋 1 种植物。

图 7-24 12 种草本植物 50% 处理和 25% 处理水分胁迫结束时叶片 Fv/Fm 值变化比较图

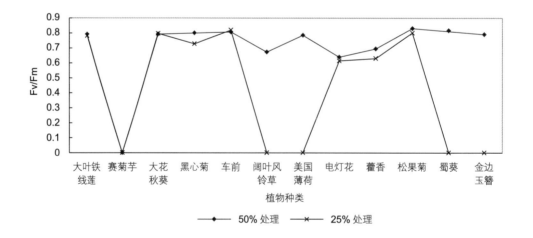

7.3.2.8 40 种草本植物原生境比较分析

已有文献对植物原生境的记录与描述与本试验中耐旱植物的抗旱性具有相关性，如抗旱能力表现较强的植物在野外常生长于干旱、贫瘠的山体阳坡。如表 7-13 所示，依据植物文献对植物原生境的记录，大体将 40 种供试植物分为以下两类。

一级：分布、生长于山坡、灌丛、林缘等处，包括蓍草、大叶铁线莲、狼尾草、黄芩、

表7-13　40种草本植物原生境/生长立地条件调查统计表

编号	植物种类	原生境		参考文献
		向阳干燥处，山坡、林缘	沟旁、沟边、水湿处	
1	菁草	√		《北京植物志》
2	大叶铁线莲	√		《北京植物志》
3	赛菊芋	√		文献资料及实际经验
4	荷兰菊	√		文献资料及实际经验
5	黑心菊	√		文献资料及实际经验
6	荆芥	√	√	文献资料及实际经验
7	大花秋葵	√		文献资料及实际经验
8	狼尾草	√		《北京植物志》
9	车前	√		《上方山植物资源考察报告》
10	美国薄荷	√		文献资料
11	玉带草	√		文献资料
12	黄芩	√		《北京植物志》《上方山植物资源考察报告》
13	马蔺	√		《北京植物志》
14	青绿薹草	√		《上方山植物资源考察报告》《北京薹草属植物资源调查与园林应用评价》
15	长尾婆婆纳	√		《北京植物志》
16	高山紫菀	√		文献资料
17	山韭	√		《北京植物志》《北京山区蓝色草本植物资源调查与分析》
18	阔叶风铃草	√		文献资料
19	费菜	√		《北京植物志》《上方山植物资源考察报告》
20	垂盆草	√	√	《北京植物志》《上方山植物资源考察报告》
21	藿香	√		《北京植物志》《北京山区蓝色草本植物资源调查与分析》
22	电灯花	√		文献资料及实际经验
23	黄花鸢尾	√	√	《北京植物志》
24	假龙头	√		文献资料及实际经验
25	瞿麦	√	√	《北京植物志》
26	蜀葵	√		文献资料及实际经验
27	桔梗			《北京山区蓝色草本植物资源调查与分析》
28	宿根天人菊	√		文献资料及实际经验
29	连钱草	√	√	《北京植物志》

编号	植物种类	原生境		参考文献
		向阳干燥处,山坡、林缘	沟旁、沟边、水湿处	
30	蛇鞭菊	√	√	文献资料及实际经验
31	匍枝委陵菜	√	√	《北京植物志》《上方山植物资源考察报告》
32	蛇莓	√		《北京植物志》《上方山植物资源考察报告》
33	藁本	√	√	《山西植物志》
34	松果菊	√		《北京植物志》
35	涝峪薹草	√		《北京植物志》《上方山植物资源考察报告》
36	脚薹草	√		《北京植物志》
37	拂子茅	√	√	《北京植物志》
38	金边玉簪	√		文献资料及实际经验
39	宿根福禄考	√		文献资料及实际经验
40	宿根鼠尾草	√		文献资料及实际经验

马蔺、青绿薹草、长尾婆婆纳、山韭、费菜、藿香、蜀葵、车前、假龙头、松果菊、蛇莓、涝峪薹草、脚薹草、赛菊芋、荷兰菊、黑心菊、大花秋葵、美国薄荷、玉带草、高山紫菀、阔叶风铃草、电灯花、宿根天人菊、金边玉簪、宿根福禄考、宿根鼠尾草 31 种植物。

二级：在山坡、路旁、岩石等处有分布，在沟旁、沟边、水湿处也有分布，包括荆芥、垂盆草、黄花鸢尾、瞿麦、连钱草、蛇鞭菊、匍枝委陵菜、藁本、拂子茅、桔梗 10 种植物。

7.3.2.9　不同灌溉条件对 40 种草本植物景观效果的影响

不同草本植物遭受干旱胁迫时，表现出不同的应对调节机制，其观赏性也有不同的表现，通过对 40 种草本植物水分胁迫试验 6 轮时期的景观表现进行打分，结果如表 7-14 所示，可将 40 种植物划分为 4 级。

一级：费菜和金边玉簪比值最高，超过 90 分，说明在水分胁迫试验过程中这 2 种草本植物始终保持较好的景观效果，有较高的观赏度。

二级：包括山韭、马蔺、黄花鸢尾、涝峪薹草 4 种植物，分值为 80 ~ 90。

三级：包括垂盆草、青绿薹草、桔梗、藿香、荷兰菊、脚薹草、长尾婆婆纳、玉带草、假龙头、黄芩、大花秋葵 11 种植物，分值为 70 ~ 80。

四级：包括瞿麦、蜀葵、松果菊、蛇鞭菊、美国薄荷、高山紫菀、电灯花、藁本、连钱草、匍枝委陵菜、黑心菊、蛇莓、阔叶风铃草、宿根福禄考、大叶铁线莲、车前、赛菊芋、荆芥、宿根鼠尾草、宿根天人菊、薹草、狼尾草、拂子茅 23 种植物，分值低于 70。

表7-14　40种草本植物景观表现

编号	种类	6轮总得分	百分制评分
1	费菜	144	96.0
2	金边玉簪	136	90.7
3	山韭	128	85.3
4	马蔺	125	83.3
5	黄花鸢尾	125	83.3
6	涝峪薹草	121	80.7
7	垂盆草	118	78.7
8	青绿薹草	112	74.7
9	桔梗	110	73.3
10	藿香	109	72.7
11	荷兰菊	108	72.0
12	脚薹草	108	72.0
13	长尾婆婆纳	108	72.0
14	玉带草	107	71.3
15	假龙头	105	70.0
16	黄芩	105	70.0
17	大花秋葵	105	70.0
18	瞿麦	103	68.7
19	蜀葵	103	68.7
20	松果菊	101	67.3
21	蛇鞭菊	98	65.3
22	美国薄荷	98	65.3
23	高山紫菀	96	64.0
24	电灯花	95	63.3
25	藁本	94	62.7
26	连钱草	94	62.7
27	匍枝委陵菜	92	61.3
28	黑心菊	92	61.3
29	蛇莓	92	61.3
30	阔叶风铃草	91	60.7
31	宿根福禄考	89	59.3
32	大叶铁线莲	87	58.0

编号	种类	6轮总得分	百分制评分
33	车前	81	54.0
34	赛菊芋	81	54.0
35	荆芥	79	52.7
36	宿根鼠尾草	77	51.3
37	宿根天人菊	75	50.0
38	蓍草	63	42.0
39	狼尾草	61	40.7
40	拂子茅	57	38.0

7.3.2.10　层次分析法模型构建与评判

7.3.2.10.1　判断矩阵的建立与排序

按照评价模型建立的层次结构关系，通过专家打分的方式进行比较判断，分别构成 A-$B_{1\sim3}$、B_1-$C_{1\sim2}$、B_2-$C_{3\sim6}$、B_3-$C_{7\sim9}$ 判断矩阵。计算各层次单排序并对判断矩阵进行一致性检验，计算结果及排序如表 7-15 至表 7-19 所示。

可以看出，A-$B_{1\sim3}$ 层中，景观性指标的权重值最大，为 0.4905，适应性及耐旱性指标的权重分别为 0.1976 和 0.3119。草本植物水分胁迫试验后景观性是其最为突出、最具亮点之处，因此其景观性所占权重最大。草本植物作为园林绿地建设最低层，具备覆盖地面的作用，因应用面积大、立地条件差异大，对植物的耐旱性要求要高，因此草本植物的耐旱性指标权重排序第二。

适应性 B_1-$C_{1\sim2}$ 层中评价因子按所占权重值大小排序分别为地带性 0.0659，原生性 0.1317。生境是生物赖以生存的生态环境，经过自然长期选择，以植物稳定繁衍下来，因此一种植物的原生境情况能反映这种植物的习性、抗性等，如某些植物原生境只分布、生长于沟边、湿地，那这种植物在实际应用中将更适合应用在水边、湿地等立地条件中，而不适合应用在干旱的土壤立地条件中，因此植物的原生境是评价节水能力的一个较为重要的因子，其权重较高。植物地带性也是一个不可缺少的因子，本土植物和乡土植物是园林行业里常用的词语，相对于引种驯化而来的植物，常表现出更强的抗性，更适宜本地应用。但很多植物虽是引种驯化而来，但经长期种植适应后，其抗性也能像本土植物一样，因此相对于原生境的客观性，地带性更具有主观性，其权重相对较小。

耐旱性 B_2-$C_{3\sim6}$ 层中各评价因子按所占权重值大小排序分别为 25% 处理生长恢复力 0.1510，叶片含水率 0.0855，叶片 SPAD 值 0.0423，水分胁迫持续时长 0.0265。植物在干旱阶段，可以发挥其自身耐旱、抗旱调节功能，迅速降低其蒸腾速率，在严重干旱阶段，植物仍可以保持基本的观赏特性，或者可以通过牺牲一定的景观效果，确保其生命活力，并在恢复水分供应的时候，迅速恢复生长，从而实现节水的目的。

表7-15　判断矩阵及一致性检验（A-B₁₋₃）

A	B_1	B_2	B_3	W
B_1	1	1/2	1/2	0.1976
B_2	2	1	1/2	0.3119
B_3	2	2	1	0.4905

注：λ_{max}=3.0605，CI=0.0303，RI=0.5800，CR=0.0522 < 0.1000。

表7-16　判断矩阵及一致性检验（B₁-C₁₋₂）

B_1	C_1	C_2	W
C_1	1	1/2	0.3333
C_2	2	1	0.6667

注：λ_{max}=2.0000，CI=0.0000，RI=0.0000，CR=0.0000 < 0.1000。

表7-17　判断矩阵及一致性检验（B₂-C₃₋₆）

B_2	C_3	C_4	C_5	C_6	W
C_3	1	1/2	1/2	1/3	0.0851
C_4	2	1	2	1/3	0.2740
C_5	2	1/2	1	1/3	0.1356
C_6	3	3	3	1	0.4841

注：λ_{max}=4.0000，CI=0.0000，RI=0.9000，CR=0.0000 < 0.1000。

表7-18　判断矩阵及一致性检验（B₃-C₇₋₉）

B_3	C_7	C_8	C_9	W
C_7	1	2	1/2	0.3119
C_8	1/2	1	1/2	0.1976
C_9	2	2	1	0.4905

注：λ_{max}=3.0608，CI=0.0304，RI=0.5800，CR=0.0524 < 0.1000。

表7-19　层次总排序及一致性检验

目标层	权重	准则层	权重	因子层	权重	C层总权重排因素序
草本植物节水等级评价 A	1	B_1	0.1976	C_1 C_2	0.3333 0.6667	0.0659 0.1317
		B_2	0.3119	C_3 C_4 C_5 C_6	0.0851 0.2740 0.1356 0.4841	0.0265 0.0855 0.0423 0.1510
		B_3	0.4905	C_7 C_8 C_9	0.3119 0.1976 0.4905	0.1530 0.0970 0.2406

注：CR= 0.0435 < 0.1000。层次总排序反映了各个评价因子在整个评价体系中所占的重要性程度，也就是权重，权重值的大小反映了评判者对各个评价因子的重视程度。

　　景观性 B_3-$C_{7\sim9}$ 层中各评价因子按所占权重值大小排序分别为景观综合比值 0.2406，0% 处理地上部分完全干枯时长 0.1530，25% 处理水分胁迫结束时植株萎蔫度 0.0970。景观性是个不可缺少的因素，植物在干旱阶段保持较好的观赏效果，在受到严重干旱后，能恢复生长并有一定观赏效果，也是体现节水的一个重要因素。

7.3.2.10.2　AHP 综合评判分析

　　根据评价标准表对 40 种草本植物进行打分和权重赋值，得到节水耐旱综合评价分值，如表 7-20 所示。

表7-20　40种草本植物节水能力综合评价分值

编号	种类	评价分值	排序
1	费菜	14.77	1
2	金边玉簪	12.72	3
3	山韭	14.77	1
4	马蔺	12.67	4
5	黄花鸢尾	11.95	6
6	涝峪薹草	12.60	5
7	垂盆草	13.28	2
8	青绿薹草	9.94	12
9	桔梗	11.28	9
10	藿香	9.03	19
11	荷兰菊	8.04	24
12	脚薹草	11.39	8
13	长尾婆婆纳	9.79	14
14	玉带草	10.32	10
15	假龙头	9.27	17
16	黄芩	10.21	11
17	大花秋葵	9.50	15
18	瞿麦	9.49	16
19	蜀葵	9.15	18
20	松果菊	9.82	13
21	蛇鞭菊	7.79	29
22	美国薄荷	7.18	33
23	高山紫菀	6.84	34

续表

编号	种类	评价分值	排序
24	电灯花	7.60	30
25	藁本	9.15	18
26	连钱草	7.32	31
27	匍枝委陵菜	8.29	23
28	黑心菊	8.02	25
29	蛇莓	7.97	26
30	阔叶风铃草	8.02	25
31	宿根福禄考	11.76	7
32	大叶铁线莲	8.88	20
33	车前	8.35	22
34	赛菊芋	7.89	28
35	荆芥	6.38	35
36	宿根鼠尾草	7.31	32
37	宿根天人菊	7.94	27
38	薹草	8.55	21
39	狼尾草	8.55	21
40	拂子茅	7.32	31

40 种草本植物按节水耐旱综合表现可划分为 3 级，如表 7-21 所示，费菜、金边玉簪、山韭、马蔺、黄花鸢尾、涝峪薹草、垂盆草 7 种植物为 I 级植物，具有极强耐旱能力；宿根福禄考、青绿薹草、桔梗、藿香、脚薹草、长尾婆婆纳、玉带草、假龙头、黄芩、大花秋葵、瞿麦、蜀葵、松果菊、藁本 14 种植物为 II 级植物，具有较强耐旱能力；荷兰菊、蛇鞭菊、美国薄荷、高山紫菀、电灯花、连钱草、匍枝委陵菜、黑心菊、蛇莓、阔叶风铃草、大叶铁线莲、车前、赛菊芋、荆芥、宿根鼠尾草、宿根天人菊、薹草、狼尾草、拂子茅 19 种植物为 III 级植物，耐旱性较弱。

表7-21 40种草本植物节水能力综合评价指数及等级

编号	种类	综合评价指数	等级
1	费菜	99.11	I
2	金边玉簪	85.32	I
3	山韭	99.11	I
4	马蔺	84.99	I

续表

编号	种类	综合评价指数	等级
5	黄花鸢尾	80.18	I
6	涝峪薹草	84.52	I
7	垂盆草	89.09	I
8	青绿薹草	66.71	II
9	桔梗	75.70	II
10	藿香	60.62	II
11	荷兰菊	53.97	III
12	脚薹草	76.45	II
13	长尾婆婆纳	65.69	II
14	玉带草	69.27	II
15	假龙头	62.20	II
16	黄芩	68.53	II
17	大花秋葵	63.74	II
18	瞿麦	63.67	II
19	蜀葵	61.41	II
20	松果菊	65.88	II
21	蛇鞭菊	52.28	III
22	美国薄荷	48.19	III
23	高山紫菀	45.90	III
24	电灯花	50.96	III
25	藁本	61.38	II
26	连钱草	49.09	III
27	匍枝委陵菜	55.64	III
28	黑心菊	53.83	III
29	蛇莓	53.50	III
30	阔叶风铃草	53.83	III
31	宿根福禄考	78.94	II
32	大叶铁线莲	59.59	III
33	车前	56.04	III
34	赛菊芋	52.94	III
35	荆芥	42.82	III
36	宿根鼠尾草	49.08	III

续表

编号	种类	综合评价指数	等级
37	宿根天人菊	53.26	Ⅲ
38	蓍草	57.40	Ⅲ
39	狼尾草	57.40	Ⅲ
40	拂子茅	49.09	Ⅲ

7.3.3 讨论

（1）水资源短缺是北京地区的基本水情，通州全年降水量为 620mm 左右，丰富节水耐旱性草本植物的应用，减少耗水较多、管理成本较高的冷季型草坪，提高绿地植物多样性，丰富景观和季相变化，突出特色，才能符合通州作为北京市副中心的定位及绿化建设要求。本研究选取 40 种草本植物作为试验材料，结合不同程度干旱胁迫下的观赏性状表现，以及充分灌溉后恢复生长和景观的能力，采用层次分析法对 40 种草本植物的节水耐旱能力进行了分级，费菜、金边玉簪、山韭、马蔺、黄花鸢尾、涝峪薹草、垂盆草、宿根福禄考、青绿薹草、桔梗、藿香、脚薹草、长尾婆婆纳、玉带草、假龙头、黄芩、大花秋葵、瞿麦、蜀葵、松果菊、藁本共 21 种植物具有较强的耐旱能力，被划分为 Ⅱ 级以上。

（2）评价为 Ⅱ 级以上的 21 种草本植物中，费菜、垂盆草、金边玉簪、山韭 4 种植物可在极度干旱条件下（0% 灌溉）长期保持景观效果，与其叶片结构及叶片水分代谢有关，适合应用于水分条件较差的场地环境中；马蔺等 17 种植物在受到重度干旱（25% 灌溉量）胁迫时能够存活并维持基本景观效果，且一旦恢复灌溉，可在较短时间内恢复生长和景观效果，也可在中度干旱条件下（50% 灌溉量）较长时间内保持较好的景观效果，因此，该类植物可依据具体习性结合场地条件进行灵活应用，并与其他耐旱型乔、灌木进行合理搭配，共同达到节水效果。

7.4　节水型园林植物与植物配置模式推荐

7.4.1　节水型植物筛选与推荐

在系统梳理与总结已有研究成果的基础上，结合北京城市绿地植物材料应用现状，对耐旱能力较强的植物材料进行初选，共计选取 53 种木本植物和 40 种草本植物作为节水型植物初选材料。针对初选耐旱植物进行耐旱试验，对比分析不同灌溉处理对植物生长状况的影响，根据植物在干旱胁迫下和恢复灌溉后的生长表现，筛选不同等级的耐旱植物。结果显示，木本植物中，油松等 10 种为耐旱性极强植物，银杏等 24 种为耐旱性强植物；草本植物中，费菜等 7 种为耐旱性极强植物，宿根福禄考等 14 种为耐旱性强植物。

结合北京通州区生态环境条件和应用实践，推荐通州区节水型植物有 50 种。其中，重点推荐植物 17 种，包括油松、圆柏、侧柏、白皮松、元宝枫、丝棉木、暴马丁香、山杏、碧桃、沙地柏 10 种木本植物，费菜、马蔺、玉簪、山韭、鸢尾、涝峪薹草、垂盆草 7 种草本植物；一般推荐植物 33 种，包括银杏、白蜡、国槐、君迁子、栾树、西府海棠、黄栌、天目琼花、玉兰、山楂、紫叶矮樱、连翘、小叶黄杨、大叶黄杨、丰花月季、锦带花、金叶女贞、紫叶小檗、金焰绣线菊、小紫珠 20 种木本植物，宿根福禄考、青绿薹草、桔梗、藿香、脚薹草、长尾婆婆纳、玉带草、假龙头、黄芩、大花秋葵、瞿麦、松果菊、藁本 13 种草本植物。

7.4.2　节水型植物配置模式

基于耐旱植物材料筛选结果，结合植被生态学与园林艺术原理，构建节水型植物配置模式，用于通州示范建设，示例如下：

（1）油松 + 元宝枫 + 暴马丁香—山杏—涝峪薹草

以重点推荐的节水植物构建植物群落并营造四季植物景观。上层乔木以油松、元宝枫为主体构建针阔混交林，适当点缀暴马丁香以增加夏季景观；中层片植山杏；下层以涝峪薹草铺底。所有植物均为北京乡土植物，具有较强的环境适应性，在实践应用中，可进行粗放管理。

（2）圆柏 + 元宝枫—碧桃 + 圆柏—玉簪

以重点推荐的节水植物构建植物群落。上层乔木以圆柏为主体，适当点缀元宝枫；中层种植碧桃，并以圆柏为背景植于林缘；耐荫地被玉簪植于下层。

（3）油松 + 白皮松 + 暴马丁香—连翘—涝峪薹草

上层乔木以油松为主体，适当点缀白皮松和暴马丁香，营造常绿落叶针阔混交林；中层种植连翘；下层以涝峪薹草铺底。

（4）油松 + 栾树—黄栌 + 天目琼花—涝峪薹草 + 鸢尾

上层乔木为油松和栾树；中层种植黄栌和天目琼花；下层以涝峪薹草铺底，鸢尾镶边。

（5）侧柏 + 元宝枫—紫叶矮樱—涝峪薹草 + 沙地柏

上层乔木以侧柏为主体，适当点缀元宝枫，形成优美林冠线；中层以侧柏为背景，片植紫叶矮樱；下层以涝峪薹草铺底，沙地柏植于林缘。

第 **8** 章

绿地高效用水养护技术

伴随城市绿化的发展，城市绿地面积不断增加，绿地养护用水量也随之增长。然而我国人口众多、人均资源相对不足、环境承载力较弱，绿地养护用水已达城市居民生活用水的 36.8%，绿地养护用水与生活用水之间的矛盾日益突出。基于水资源短缺的基本国情，国家发改委、水利部于 2019 年 4 月联合出台《国家节水行动方案》，方案明确指出要全面推进节水型城市建设，到 2020 年，地级市以上城市全部达到国家节水型城市标准。北京市要实现园林绿化高质量发展，必须科学利用水资源，加快推进首都国际一流节水型园林绿化城市的建设。

　　高水平的绿地养护，不仅可以缓解城市用水供需矛盾，而且可以有效提高灌溉的效率和质量，获得最佳的社会、经济、环境效益。本章针对当前城市绿地灌溉工程中灌水器选配不合理和智能化程度较低的问题，通过对应用较广泛的八种喷头进行水力性能测试，提出每种喷头的适宜工作参数，并对灌溉设备进行筛选与系统设计。应用遗传算法优化 BP 神经网络模型计算参考植物蒸发蒸腾量，提出绿地灌溉决策方法，开发基于 Web 平台的城市绿地精准灌溉智能控制系统。

8.1　研究综述

8.1.1　国外绿地灌溉现状

伴随全球化与城市化发展，绿地成为全球各国重要的城市绿色基础设施，绿化面积不断增大，绿化用水量也不断增多。国外自 20 世纪 60 年代开始对不同草坪的耗水量和耗水规律进行研究，研发了绿地灌溉设备，制定了与之配套的灌溉技术，并有效应用在草坪管理的实践中。

Philip 在 1966 年提出了土壤 - 植物 - 大气连续体（SPAC）的概念，为植物蒸散研究提供了坚实的理论基础。20 世纪 60 年代以后，草坪蒸散研究逐步发展起来，并在 20 世纪的七八十年代达到高潮。这些研究主要包括两个方面，一方面是草坪自身对草坪耗水的影响，例如 Beard 分析了草坪蒸散特点以及影响因素，认为草坪草的蒸散率一般为 2.5 ～ 7.6mm/ 天，少数情况下可超过 11m/ 天。Landry 等的研究发现夜晚灌溉的水分损失比中午灌溉的水分损失要少一半多，以此提出日出之前是灌溉的最佳时间。Swift 认为最理想的灌溉时间是从午夜到凌晨 6 点，这样可以减少草坪水分的散失和病害的发生。另一方面是外界因子对草坪蒸散量的影响，主要包括养护管理水平、土壤含水量、土壤质地和土壤肥力等。Beard 采用自由水面蒸发量乘以系数的方法，提出了广泛应用于美国的 16 种草坪草的蒸散率，其中暖季型草的系数为 0.55 ～ 0.65，冷季型草的系数为 0.65 ～ 0.80。

与此同时，绿地灌溉设备已经形成庞大的产业，如享誉世界的灌溉公司 Rain Bird 公司、Toro 公司、Hunter 公司等，开发了应用于草坪草、运动场草坪、高尔夫球场草坪以及灌木、乔木等不同植物所需求的灌溉设备，如旋转射流式喷头、散射式喷头、滴头、涌泉头等。同时，为了降低人工管理成本，提高灌溉水利用系数，国外公司积极开发各类灌溉控制器，从简单的定时控制器，到庞大的中央集群控制器，再到近年来提出的智能灌溉技术，能够自动采集土壤湿度、测量风速、雨量等数据，并根据这些数据自动计算出当天灌溉参数，自动记录各地区灌溉运行时间；具有监测电磁阀和管道的泄漏情况以及报警等功能。例如，Hunter 公司推出的 ACC2 智能控制器，不仅可以实时监测流量功能，还增加了站点扩展模块等优点。Dobbs 提出了一个简单的土壤水分平衡模型，为用户提供了交互式工具，对现有的灌溉制度进行评估和改进。

同时国外还积极开发利用中水、雨水等进行城市绿地灌溉，从政策、技术、资金等方面加大投入，扩大再生水在绿地灌溉用水中的比重。如德国研发雨水利用技术，通过多种途径收集和利用雨水以解决大部分城市景观用水，有的城市已经实现清洁水资源的零使用。日本较大的办公楼或公寓都有中水废水处理设备，用于城市绿地灌溉等，而且明确规定 40000m^2 以上的新建筑必须安装中水回用设施，节水率最高达 50%。

综上，国外从园林植物的生理节水、灌溉设备的工程节水，再到先进手段的管理节水，以及扩大再生水比重等多方面入手，在努力提高绿地景观质量、美化居民生活的同时，尽量减少城市绿地用水总量，不与生活用水发生矛盾。

8.1.2 国内绿地灌溉现状

近年来，我国城市园林绿化呈现快速发展趋势，园林灌溉用水量急速增加。高质量、高水平的园林养护才能体现城市园林景观的环境效益、社会效益、经济效益。然而我国人口众多、资源相对不足、环境承载能力较弱是基本国情。全国水资源总量约居世界第 6 位，而人均占有量不足世界平均水平 1/4，居世界第 121 位。截至 2018 年，我国灌溉水有效利用系数达到 0.554，但与发达国家相比仍有一定的差距。

当前，我国大部分城市绿化灌溉用水仍以自来水为主，绿化用水已达到城市居民生活用水的 36.8%，绿化用水与生活用水之间的矛盾日益突出。有效推进城市绿地节水灌溉技术，最大限度地节约用水，是缓解城市绿地用水和生活用水两者矛盾的主要途径。

2000 年以来，我国城市绿地节水灌溉措施主要涉及两方面，一是采用喷灌、微喷灌、滴灌等节水技术，二是利用中水、雨水等再生水源。其中，由于城市绿地灌溉用水对水质要求相对较低，再生水常被用于绿地灌溉。国内相关学者对此开展了相关研究，并在北京、西安等城市进行了推广应用。例如，左海涛等研究了再生水灌溉对草坪草生长和土壤的影响，提出利用清水和再生水配制混合水，可以作为城市绿地灌溉的优质水源；周陆波等从植物生理方面对自来水和再生水灌溉的草坪草进行了对比，研究表明草坪草使用再生水灌溉后长势良好。

城市绿地植物群落常具有乔、灌、草复层结构，且种类多样，不同植物灌溉需水量、灌水时间以及灌水次数均不相同，若同时采用不同节水灌溉设备，则会造成人工管理难度大、成本高，且无法做到精准灌溉，难以实现按需灌溉。伴随传感器和自动化信息技术的快速发展，灌溉自动化控制系统的研发和应用方兴未艾，其主要涉及两类：一类是基于气象站的中央计算机灌溉控制设备，可以实时监测气象数据，自动计算出植物需水量，实现灌溉系统的智能控制；另一类是由计算机控制，但不与气象站通讯，以电磁阀启闭为中心，实现系统内各灌溉分区的自动启闭。这些电磁阀可以实现自动控制和手动控制，有些还具有调压功能，利用无线网络平台能够实现远程控制，与灌溉用水计量设施配合，从而实现精准灌溉。

综合而言，喷灌、微喷灌、滴灌等高效节水灌溉技术已成为大家的共识，但依据园林植物的需水规律，采用自动灌溉控制进行科学合理的灌溉管理等方面，还与国外存在较大差距。当前，面对水资源短缺的基本国情，2014 年，习近平总书记明确提出"节水优先、空间均衡、系统治理、两手发力"的新时期治水方针。北京市在确保园林绿化高质量发展的前提下，更要科学利用水资源，加快推进首都国际一流节水型园林绿化城市的建设。

8.2　绿地灌水器筛选

灌溉系统是城市绿地养护的重要组成部分，而灌水器作为灌溉系统中的关键部件，其性能好坏直接决定灌溉系统的质量，影响绿地的养护水平。科学合理的灌溉系统应是根据场地特点，合理筛选灌水器，使灌溉系统能够适时适量供给植物健康生长所需水分，达到水资源的高效利用。常用灌水器主要包括喷头和滴灌管（带），本节主要介绍喷头和滴灌管（带）的性能参数及测试方法，并以北京市绿地灌溉中常用灌水器为例，测试分析其水力性能，提出每种灌水器的适用范围和最优工作运行参数。

8.2.1　喷头水力性能测试与选型

喷头是喷灌系统中最重要的设备，其性能和质量不仅关系到绿地喷灌系统的规划设计，而且也关系到喷灌系统的运行管理和工程造价。用于绿地喷灌的喷头类型很多，根据喷洒方式可以分为散射式喷头和旋转式喷头两类。

散射式喷头的水流在以喷头为中心的圆形或扇形区域内，同时向区域各方向喷洒，水滴覆盖全部喷洒面积。散射式喷头没有转动机构，结构比较简单，工作可靠，性能稳定，使用方便，工作压力较小，水流在全圆或扇形区域内分散，雾化景观效果好，但是喷头射程较近，喷灌强度较大。因此，散射式喷头适合于小面积、庭院等处草坪、花卉的喷灌。

旋转式喷头通过压力水流驱动喷头转动机构旋转，水流同时朝一个或两个方向喷洒。与散射式喷头相比，旋转式喷头结构要更为复杂，具有内置的驱动与换向机构，配备多个喷嘴，以一定的仰角喷射，工作压力较大，射程较远。可以按照喷洒区域的形状尺寸，调整喷头的旋转角度。大面积的绿地喷灌系统基本采用旋转式喷头。

绿地喷灌系统设计时要选择与喷灌绿地相适应的喷头，需要了解喷头的水力性能，包括工作压力、流量、射程、喷灌强度、喷灌均匀度等。

8.2.1.1　常用绿地灌水器调研

为了掌握北京市绿地灌溉系统的应用现状，重点调研了北京市奥林匹克森林公园、陶然亭公园、颐和园和中国农业大学东校区附属绿地四处绿地的灌溉情况，了解北京市常用的园林灌溉喷头和管理模式，相关调研信息如表 8-1 所示。

由表 8-1 可知，目前北京市绿地灌溉中常用的喷头以美国 Rain Bird、Hunter、Toro 和 K Rain 四个公司的产品为主，运行管理时采用手动控制和自动控制两种模式。选取上述四家公司的主要喷头进行试验（图 8-1）。表 8-2 是喷头产品的主要性能参数。

表8-1 北京绿地灌溉系统应用调研情况

调研地点	控制系统	喷头
奥林匹克森林公园	Rain Bird-Sitecontrol	Rain Bird-1400、3500；Hunter PGP
陶然亭公园	Toro-Sentinel	Toro-TG101；Rain Bird-1800、5000
颐和园	Rain Bird-MAXICOM2	Rain Bird-1800、3504、5000、R-50
中国农业大学东校区附属绿地	—	K Rain

图 8-1 试验喷头实物图

注：（a）Rain Bird-1800；（b）Hunter-PS-U；（c）Toro-LPS；（d）K Rain-74001；
（e）Rain Bird-3500；（f）Hunter-PGP；（g）Toro-mini-8；（h）K Rain-PRO。

表8-2 测试喷头的主要性能参数

类型	型号	工作压力（MPa）	流量（m³/h）	射程（m）
地埋散射式喷头	Rain Bird-1800	0.10～0.48	0.40～1.30	0.9～7.3
	Hunter-PS-U	0.15～0.45	0.06～1.28	2.5～9.1
	Toro-LPS	0.10～0.48	0.30～1.21	0.6～5.5
	K Rain-74001	0.14～0.35	0.11～1.21	2.4～4.9
地埋旋转式喷头	Rain Bird-3500	0.17～0.38	0.12～1.04	4.6～10.7
	Hunter-PGP	0.17～0.45	0.10～3.22	6.4～15.8
	Toro-mini-8	0.20～0.35	0.18～0.68	6.4～10.7
	K Rain-PRO	0.20～0.50	0.11～1.96	6.7～15.5

8.2.1.2 性能测试平台

喷头水力性能试验在中国农业大学水利与土木工程学院喷头自动测试系统上完成。系统主要由供水系统、数据采集系统和控制系统三部分组成，如图8-2所示，试验方法参考国家标准 GB/T 19795.2—2005。测试系统的雨量筒沿喷头径向布置，其中第一个雨量筒与喷头的水平距离为1.0m，相邻雨量筒距离为0.5m，雨量筒高度与喷头高度一致。

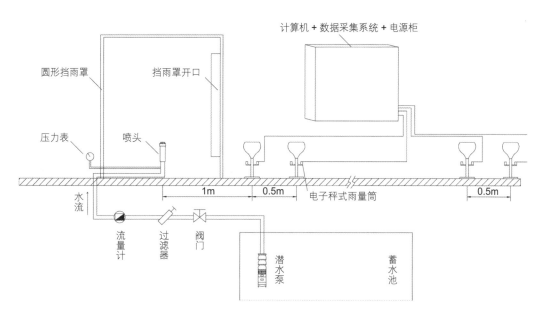

图 8-2　喷头自动测试系统示意图

（a）雨量筒布置图

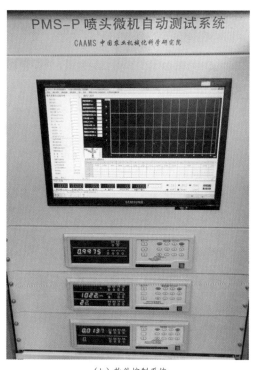

图 8-3　喷头自动测试系统实物图

（b）软件控制系统

8.2.1.3　性能测试方法

　　试验设置了 0.15MPa、0.20MPa、0.25MPa 和 0.30MPa 4 个工作压力，喷头喷洒角度为全圆喷洒，测试时间为 1h。每个工作压力下重复试验 3 次，取平均值确定喷头水力性能参数。

8.2.1.4 性能测试指标

8.2.1.4.1 喷灌强度

喷灌测试过程中每个雨量筒的喷灌强度取一定喷洒时间内的平均水深，其计算公式如下：

$$\rho = \frac{h}{t}$$

（8-1）

式中：ρ 为喷灌强度，单位为 mm/h；h 为测点的平均水深，单位为 mm；t 为喷洒时间，单位为 h。

8.2.1.4.2 喷灌均匀度

喷灌水量分布均匀度采用喷灌均匀系数 C_u 和分布均匀系数 D_u 进行评价。其中喷灌均匀系数 C_u 计算公式如下：

$$C_u = 1 - \frac{\sum_{i=1}^{n} |h_i - \overline{h}|}{\sum_{i=1}^{n} h_i}$$

（8-2）

式中：C_u 为喷灌均匀系数；h_i 为第 i 个雨量筒的水深，单位为 mm；$\overline{h}$ 为各雨量筒的平均水深，单位为 mm；n 为雨量筒的个数。

分布均匀系数 D_u 的计算公式如下：

$$D_u = \frac{\overline{h_{lq}}}{\overline{h}}$$

（8-3）

式中：D_u 为分布均匀系数；$\overline{h_{lq}}$ 为按大小排列的喷灌水量低值的 1/4 个雨量筒中的平均水深，单位为 mm。

8.2.1.5 测试结果与分析

8.2.1.5.1 水量分布曲线

（1）地埋散射式喷头

试验的地埋散射式喷头的径向水量分布曲线如图 8-4 所示。四种喷头的喷灌强度的峰值随压力的增加呈现增大趋势。其中，Rain Bird-1800 的喷灌强度在距离喷头 1.0 ~ 3.5m 处较为稳定，大致在 15 ~ 28mm/h，在距离喷头 3.5m 处后开始下降。Hunter-PS-U 的喷灌强度在距离喷头 4.0m 左右达到峰值，约为 20mm/h，在距离喷头 4.0m 处后开始呈下降趋势。Rain Bird-1800 和 Hunter-PS-U 在 0.15MPa 时，与其他压力下的水量径向分布曲线相差较大。Toro-LPS 的水量径向分布曲线整体呈下降趋势，射程为 4.5 ~ 6.5m。K Rain-74001 的水量径向分布曲线呈谷峰状，喷灌强度在距离喷头 1.5m 处达到峰值，约为 115mm/h，之后喷灌强度缓慢下降，呈三角形状，射程约为 4.5m。

地埋散射式喷头的射程大致在 3 ~ 6m，可用于小面积草坪、屋顶花园和不同高度绿篱的灌溉。

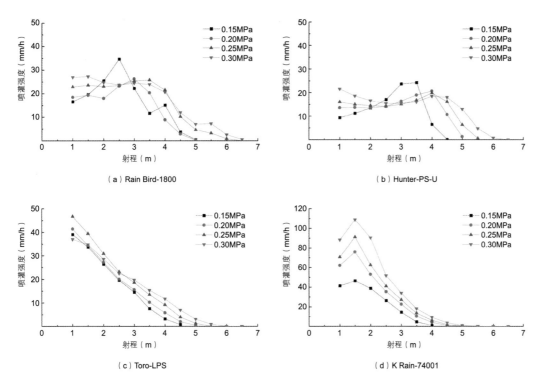

图 8-4　四种散射式喷头在不同压力下的径向水量分布

（2）地埋旋转式喷头

试验的地埋旋转式喷头的径向水量分布曲线如图 8-5 所示。其中，Rain Bird-3500 在距离喷头 1.0m 处喷灌强度最大，其值在 7mm/h 左右，而当距离喷头大于 1.0m 时，喷灌强度逐渐下降，其值总体小于 3.5mm/h，射程约为 8.5m。Hunter-PGP 的射程较远，约 11.5m，在距离喷头 1.0m 处喷灌强度较大，其值在 3.5mm/h 左右，当距离喷头 1.0 ～ 4.0m

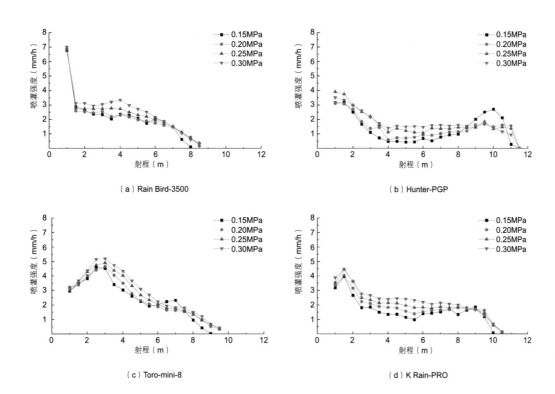

图 8-5　四种旋转式喷头在不同压力下的径向水量分布

时，喷灌强度有明显的下降趋势；而距离喷头 4.0 ~ 11.0m 时，喷灌强度又趋于平坦，其值大部分在 0.4 ~ 1.7mm/h。Toro-mini-8 的曲线呈谷峰状，喷灌强度在距离喷头 3.0m 处达到峰值，其值在 5.0mm/h 左右，当大于 3.0m 时，喷灌强度缓慢下降，射程约为 9.5m。K Rain-PRO 径向水量分布曲线的特征趋势与 Toro-mini-8 较为相似，整体呈谷峰状，在 1.5m 处达到峰值，其值在 4.5mm/h 左右，在 1.5 ~ 2.5m 处迅速下降，在 2.5 ~ 9.5m 处变为缓慢下降，射程约为 10.5m。总体来说，四种地埋散射式喷头的射程大致在 8 ~ 11.5m，适用于较大面积的绿地草坪和运动场地草坪的灌溉。

8.2.1.5.2　平均喷灌强度

（1）地埋散射式喷头

根据自编软件，可以获得散射式喷头不同组合间距下的平均喷灌强度，以正方形布置为例，相关结果如图 8-6 所示。可以看到，喷头的平均喷灌强度随组合间距的增大而减小，以图 8-6（b）所示，Hunter-PS-U 在 0.30MPa 工作压力下，当组合间距从 4.0m 增大到 7.0m 时，平均喷灌强度从 94mm/h 降低到了 32mm/h，降幅达 66%。在相同组合间距情况下，喷头平均喷灌强度随着工作压力的增大而增大，而在相同压力、组合间距的情况下，K Rain-74001 的平均喷灌强度最高，Toro-LPS 的平均喷灌强度最低。比如当工作压力为 0.20MPa、组合间距为 6m×6m 时，K Rain-74001 与 Toro-LPS 的平均喷灌强度分别为 46mm/h、29mm/h，这主要是两种喷头的流量差异造成的。因此对不同质地的土壤，选择喷头时需要考虑不同喷灌强度的喷头，偏黏性土壤应选择低喷灌强度的喷头，以免出现土壤表面积水。

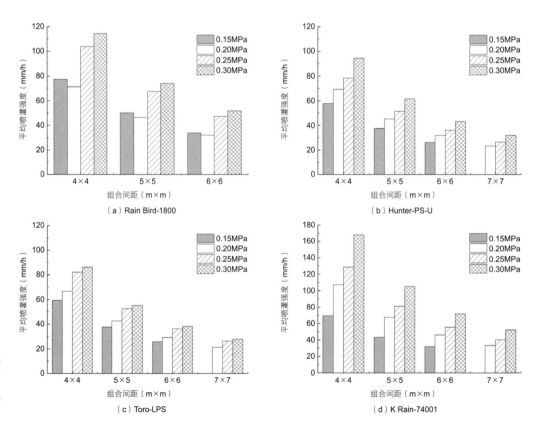

图 8-6　四种散射式喷头在不同工作压力、组合间距下的平均喷灌强度

（2）地埋旋转式喷头

地埋旋转式喷头的研究结果如图 8-7 所示。与散射式喷头相似，旋转式喷头在一定工作压力时，平均喷灌强度随组合间距的增大而减小；当组合间距相同时，平均喷灌强度随着压力的增大而增大。从图 8-7 中可以看出，四种喷头的平均喷灌强度随组合间距的增大而减小，以图 8-7（a）为例，在 0.30MPa 工作压力下，当喷头间距从 6m×6m 增大到 16m×16m时，组合平均喷灌强度从 13.4mm/h 降至 2.4mm/h，降幅达 83%。当间距为 6m×6m 时，工作压力从 0.15MPa 增大到 0.30MPa 时，组合平均喷灌强度从 10.3mm/h 增大到 13.3mm/h。在相同工作压力和组合间距的情况下，Toro-mini-8 的组合平均喷灌强度最高，Rain Bird-3500 的组合平均喷灌强度最低，比如在工作压力为 0.20MPa、组合间距为 12m×12m 时，Toro-mini-8 与 Rain Bird-3500 的组合平均喷灌强度分别为 3.9mm/h、2.7mm/h。

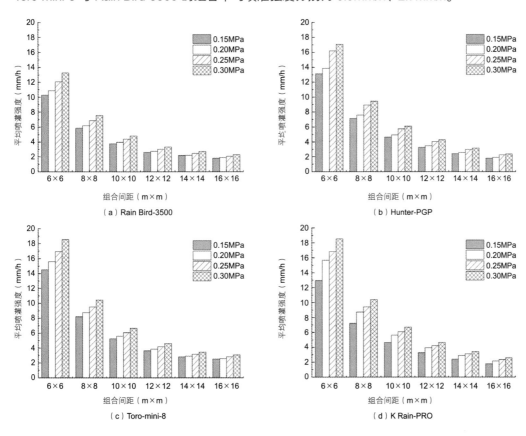

图 8-7 四种旋转式喷头在不同工作压力、组合间距下的平均喷灌强度

8.2.1.5.3 组合喷灌分布均匀性

（1）地埋散射式喷头

在测得的每个喷头径向水量分布数据基础上，计算得到不同工作压力、组合间距下的喷灌均匀系数 C_u 和分布均匀系数 D_u，相应结果如表 8-3 所示。当工作压力一定时，随着组合间距的增大，组合喷灌均匀系数会减小。当喷头间距一定时，随着工作压力的增加，组合喷灌均匀系数呈增加趋势。

以 Rain Bird-1800 为例，在工作压力为 0.15 ~ 0.20MPa 和组合间距为 7m×7m 时的喷灌均匀度低于 0.75，不能满足《喷灌工程技术规范》（GB/T 50085—2007）的要求，因此实际工程中不能采用这些工况。综合考虑喷灌质量、节能性和经济性三方面，建议 Rain Bird-1800 的工作压力为 0.25MPa、组合间距以 7m×7m 为宜；Hunter-PS-U 以工作

表8-3　散射式喷头在不同工作压力和组合间距下的喷灌均匀度

喷头类型	组合间距（m×m）	4×4		5×5		6×6		7×7	
	压力（MPa）	C_u	D_u	C_u	D_u	C_u	D_u	C_u	D_u
Rain Bird-1800	0.15	0.86	0.78	0.77	0.66	0.78	0.64	0.74	0.58
	0.20	0.85	0.79	0.79	0.67	0.74	0.65	0.73	0.58
	0.25	0.96	0.94	0.85	0.84	0.82	0.72	0.81	0.75
	0.30	0.96	0.95	0.93	0.92	0.88	0.82	0.89	0.85
Hunter-PS-U	0.15	0.76	0.67	0.70	0.48	0.55	0.43	—	—
	0.20	0.95	0.93	0.73	0.65	0.74	0.54	0.63	0.57
	0.25	0.87	0.79	0.82	0.73	0.77	0.69	0.72	0.60
	0.30	0.86	0.76	0.86	0.86	0.80	0.76	0.83	0.72
Toro-LPS	0.15	0.97	0.96	0.91	0.86	0.73	0.55	—	—
	0.20	0.98	0.97	0.94	0.93	0.80	0.69	0.63	0.42
	0.25	0.98	0.98	0.95	0.93	0.86	0.79	0.71	0.54
	0.30	0.98	0.97	0.96	0.94	0.96	0.94	0.83	0.72
K Rain-74001	0.15	0.92	0.87	0.83	0.69	0.65	0.42	—	—
	0.20	0.95	0.90	0.86	0.76	0.66	0.46	0.41	0.22
	0.25	0.94	0.90	0.87	0.78	0.67	0.50	0.45	0.26
		0.92	0.86	0.88	0.79	0.69	0.53	0.47	0.31

压力 0.30MPa、组合间距采用 7m×7m 为宜；Toro-LPS 以工作压力 0.30MPa、组合间距设置 7m×7m 为宜；K Rain-74001 以工作压力 0.15MPa、组合间距 5m×5m 为宜。

（2）地埋旋转式喷头

地埋旋转式喷头的组合喷灌均匀度的计算结果如表 8-4 所示。随着组合间距的增大，喷头的喷灌均匀系数呈总体下降趋势。比如 Rain Bird-3500 在工作压力为 0.20MPa 的条件下，喷头间距为 6m×6m 时组合喷灌均匀系数 C_u 和分布均匀系数 D_u 分别为 0.90 和 0.84；当喷头间距增至 12m×12m 时，其 C_u 值和 D_u 值分别下降至 0.80 和 0.72，下降幅度达到 10.6% 和 14.3%。当喷头间距一定时，随着工作压力的增加，喷灌均匀系数逐渐增加。如 Rain Bird-3500 在组合间距为 6m×6m 的条件下，工作压力从 0.15MPa 增大至 0.30MPa 时，组合喷灌均匀系数 C_u 从 0.87 增加到 0.94。

综合考虑喷灌质量、节能性和经济性三方面，建议 Rain Bird-3500 的工作压力为 0.20MPa、组合间距以 14m×14m 为宜；Hunter-PGP 的工作压力为 0.25MPa，组合间距以 14m×14m 为宜；Toro-mini-8 的工作压力为 0.15MPa，组合间距以 12m×12m 为宜；K Rain-PRO 的工作压力为 0.20MPa，组合间距以 14m×14m 为宜。

8.2.1.5.4　灌水时间

为实现景观美化、休闲游憩等不同功能，绿地内常进行微地形设计，并进行功能分区，种植乔、灌、草等不同植物。不同园林植物的需水量不同，而不同喷头的喷灌强度也不同，

表8-4 旋转式喷头在不同工作压力和组合间距下的喷灌均匀度

喷头类型	组合间距（m×m）	6×6		8×8		10×10		12×12		14×14	
	压力（MPa）	Cu	Du	Cu	Du	Cu	Du	Cu	Du	Cu	Du
Rain Bird-3500	0.15	0.87	0.83	0.83	0.77	0.85	0.73	0.77	0.69	0.76	0.57
	0.20	0.90	0.84	0.86	0.81	0.89	0.82	0.80	0.72	0.78	0.64
	0.25	0.92	0.89	0.87	0.82	0.90	0.81	0.81	0.73	0.79	0.62
	0.30	0.94	0.93	0.86	0.82	0.89	0.79	0.82	0.70	0.77	0.58
Hunter-PGP	0.15	0.86	0.79	0.65	0.38	0.73	0.65	0.54	0.36	0.61	0.50
	0.20	0.91	0.87	0.75	0.55	0.83	0.78	0.68	0.52	0.75	0.69
	0.25	0.93	0.90	0.79	0.63	0.87	0.83	0.75	0.63	0.82	0.77
	0.30	0.95	0.94	0.83	0.70	0.90	0.83	0.79	0.72	0.87	0.77
Toro-mini-8	0.15	0.91	0.85	0.92	0.87	0.85	0.77	0.84	0.73	0.72	0.61
	0.20	0.96	0.93	0.94	0.90	0.89	0.81	0.88	0.84	0.74	0.60
	0.25	0.96	0.94	0.94	0.89	0.90	0.83	0.87	0.82	0.75	0.59
	0.30	0.96	0.93	0.93	0.87	0.91	0.83	0.88	0.82	0.76	0.60
K Rain-PRO	0.15	0.93	0.91	0.79	0.73	0.79	0.62	0.80	0.77	0.72	0.56
	0.20	0.94	0.93	0.82	0.74	0.84	0.71	0.82	0.79	0.80	0.67
	0.25	0.95	0.93	0.86	0.81	0.85	0.75	0.86	0.85	0.83	0.71
	0.30	0.95	0.94	0.90	0.87	0.87	0.79	0.88	0.86	0.84	0.75

因此同一块绿地内不同园林植物使用的喷头及相应的灌水时间也是不同的，但是养护人员经常忽视这点，从而导致灌水不均匀，造成灌溉水的浪费。根据前述研究结果，可以得到喷头在一定灌水量下需要的灌水时间。表 8-5 和表 8-6 分别给出了在灌水量 **20mm** 的情况下，散射式喷头和旋转式喷头所需要的灌水时间。可以看出，相同喷头在较大的组合间距下，需要灌水时间较长；旋转式喷头所需要的灌水时间明显要大于散射式喷头。绿地灌溉人员应该掌握这些情况，根据园林植物的需水量，适当地调整灌水时间。需要注意的是，应避免在相同地块内，灌溉同一种植物时，同时开启散射式喷头和旋转式喷头工作，这样会造成部分地块的灌水不足或者过量。

8.2.2 滴灌管（带）水力性能测试与选型

滴灌是利用塑料管道上的孔口或滴头将水分输送到植物根部进行局部灌溉。滴灌可分为地表滴灌和地下滴灌。地表滴灌是指毛管布置在地面的滴灌系统。地下滴灌是指将毛管埋在植物根区附近，与地表滴灌相比，可减少地表蒸发、抑制杂草生长。滴灌具有节水、节能、省时省工、提高肥效、适用性强等优点，但可能造成灌水器堵塞，引起盐分积累，因此一般需要过滤设备。

滴灌系统适用于灌木、乔木等园林植物的灌溉，也可对城市园林绿篱、高速公路两侧

表8-5　散射式喷头在不同压力、不同组合间距下灌水20mm时的灌水时间

喷头类型	组合间距（m×m）	4×4	5×5	6×6	7×7
	压力（MPa）	灌水时间（min）			
Rain Bird-1800	0.15	16	24	—	—
	0.20	17	26	—	—
	0.30	10	16	23	32
Hunter-PS-U	0.15	21	—	—	—
	0.20	17	—	—	—
	0.25	15	23	33	—
	0.30	13	19	28	38
Toro-LPS	0.15	20	32	—	—
	0.20	18	28	41	—
	0.25	15	23	33	—
	0.30	14	22	31	43
K Rain-74001	0.15	17	28	—	—
	0.20	11	18	—	—
	0.25	9	15	—	—
	0.30	7	11	—	—

注：无数据代表该工况下喷灌均匀度无法达到规范要求；
此表未考虑喷洒水利用系数，工程中应按实际要求考虑喷洒水利用系数。

表8-6　散射式喷头在不同压力、不同组合间距下灌水20mm时的灌水时间

喷头类型	组合间距（m×m）	6×6	8×8	10×10	12×12	14×14
	压力（MPa）	灌水时间（min）				
Rain Bird-3500	0.15	117	205	320	464	551
	0.20	110	194	303	438	547
	0.25	99	175	273	396	490
	0.30	90	159	249	361	440
Hunter-PGP	0.15	91	—	—	—	—
	0.20	87	158	243	—	—
	0.25	74	135	208	297	403
	0.30	70	127	196	281	382
Toro-mini-8	0.15	83	146	229	329	—
	0.20	77	137	215	309	—
	0.25	71	126	198	286	381
	0.30	65	115	180	261	348
K Rain-PRO	0.15	93	166	258	368	—
	0.20	77	137	213	305	414
	0.25	71	127	197	284	386
	0.30	65	115	179	257	351

注：无数据代表该工况下喷灌均匀度无法达到规范要求；
此表未考虑喷洒水利用系数，工程中应按实际要求考虑喷洒水利用系数。

或中间隔离条带状草坪、地被等进行灌溉。

滴灌灌水器是滴灌系统的核心部件,按照安装方式可以将滴头分为管上式滴头、箭形滴头、管间式滴头、内镶式滴头与滴灌管(带)、压边滴头及滴灌带,其性能的好坏直接影响到滴灌系统的性能。滴灌灌水器的技术性能指标主要包括额定工作压力、额定流量、流态指数、流量系数、制造偏差系数,以及适用工作压力范围。

8.2.2.1 测试材料

选择国产的普通滴灌带、痕灌带,进口的 Hunter-PLD 和 K Rain-KA5-112P-CV 滴灌管进行性能测试。除了 Hunter-PLD 的滴头间距为 45cm 外,其余三种滴头间距均为 30cm。试验滴灌材料如图 8-8 所示。

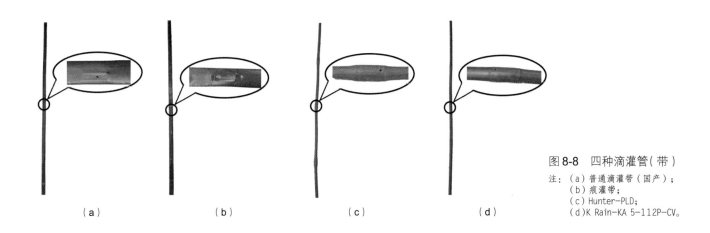

（a）　　　　　（b）　　　　　（c）　　　　　（d）

图 8-8　四种滴灌管(带)
注:（a）普通滴灌带(国产);
　　（b）痕灌带;
　　（c）Hunter-PLD;
　　（d）K Rain-KA 5-112P-CV。

8.2.2.2　性能测试平台及方法

试验在中国农业大学水利与土木工程学院完成,测试平台如图 8-9 所示。试验方法参考国家标准 GB/T 19812.3—2017《塑料节水灌溉器材　第 3 部分:内镶式滴灌管及滴灌带》。系统装置主要由可调恒温水箱、加压泵、输水管路、集水板等部件组成。

8.2.2.3　性能测试指标

8.2.2.3.1　均匀性试验指标

滴灌主要的技术指标有平均流量、$\bar{q}$ 变异系数 C_v、滴水孔流量标准偏差 S、平均流量相对于额定流量的偏差率 C,分别按照

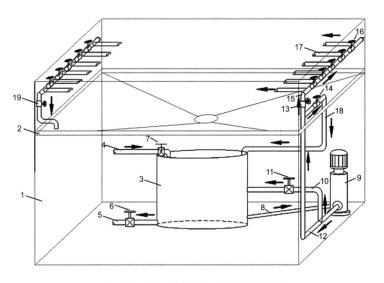

图 8-9　滴灌灌水器测试平台示意图
注:1—系统箱体;2—集水板;3—水箱;4—水箱进水管;5—水箱排水管;
　6—控制阀;7—控制阀;8—系统进水管;9—水泵;10—系统排水管;
　11—控制阀;12—系统进水管;13—控制阀;14—控制阀;15—系统进水管;
　16—控制阀;17—待测滴灌带(管);18—系统排水管;19—控制阀。

公式（8-4）至公式（8-7）计算。

$$\bar{q} = \frac{1}{n}\sum_{i=1}^{n} q_i \qquad\qquad （8\text{-}4）$$

$$C_v = \frac{S}{\bar{q}} \times 100\% \qquad\qquad （8\text{-}5）$$

$$S = \sqrt{\frac{1}{n-1}\sum_{i=1}^{n}(q_i - \bar{q})^2} \qquad\qquad （8\text{-}6）$$

$$C = \frac{\bar{q} - q_n}{q_n} \times 100\% \qquad\qquad （8\text{-}7）$$

式中：$\bar{q}$ 为滴水孔平均流量，单位为 L/h；n 为滴头个数；q_i 为第 i 个滴水孔流量，单位为 L/h，C_v 为滴水孔流量的变异系数；S 为滴水孔流量标准偏差，单位为 L/h；C 为平均流量相对于额定流量的偏差率；q_n 为额定流量，单位为 L/h。

8.2.2.3.2　流量和进水压力之间的关系试验指标

滴头流量与进水口压力之间关系采用以下公式：

$$q = kp^x \qquad\qquad （8\text{-}8）$$

式中：k 为流量常数；x 为滴头的流态指数。

8.2.2.4　测试结果与分析

8.2.2.4.1　流量均匀性

经测试，四种滴灌材料的主要技术指标的测定结果如表 8-7 所示。

表8-7　四种滴灌材料的主要指标测定值

型号	压力（MPa）	流量（L/h）	变异系数（C_v）	标准偏差（S）	偏差率（C）
普通滴灌带（国产）	0.10	1.64	14.13	0.23	18
痕灌带	0.10	0.89	3.39	0.03	1.50
Hunter-PLD	0.35	2.31	7.89	0.18	5.32
K Rain-KA5-112P-CV	0.35	2.28	3.17	0.07	1.05

规范采用流量偏差率作为滴灌管（带）流量均匀度的评价标准，一般不大于 7%。从表 8-8 可知，除国产普通滴灌带之外，其余三种滴灌带均能满足要求。其中痕灌带与 K

Rain 的滴灌管的偏差率最小，表明痕灌带与 K Rain 的滴灌管的流量一致性较好。

8.2.2.4.2　流量与进口压力曲线

根据试验结果，得到四种滴灌材料的平均流量与进口压力之间的关系曲线，如图 8-10 所示。

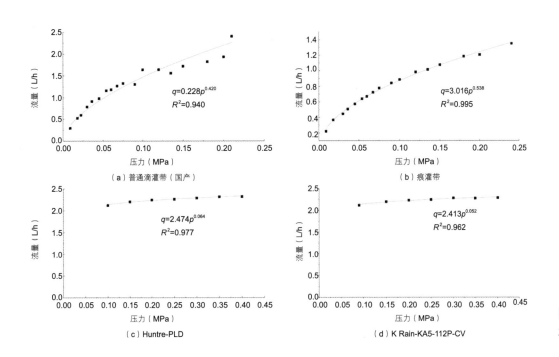

图 8-10　四种滴灌灌水器流量 - 压力曲线图

对图 8-10 的数据进行拟合，可以得到四种滴灌材料的流量常数 k 与流态指数 x，结果如表 8-8 所示。

表8-8　四种滴灌灌水器滴头的水力性能参数表

型号	压力区间（MPa）	k	x	R^2
普通滴灌带（国产）	0~0.25	0.228	0.420	0.940
痕灌带	0~0.25	3.016	0.538	0.995
Hunter-PLD	0.10~0.40	2.474	0.064	0.977
K Rain-KA5-112P-CV	0.10~0.40	2.413	0.052	0.962

根据相关系数 R^2 可知，四种滴灌材料的流量压力曲线的拟合度很好。由于国产的普通滴灌带和痕灌带均属于非压力补偿式滴头，两者的流态指数 x 均在 0.5 左右。而 Hunter-PLD 和 K Rain-KA5-112P-CV 属压力补偿式滴头，其流态指数 x 在 0 ~ 0.1。试验中还发现国产普通滴灌带在 0.25MPa 时出现破裂，因此安装使用时要注意工作压力不要超过 0.20MPa。而 Hunter-PLD 和 K Rain-KA5-112P-CV 在低于 0.10MPa 压力时，滴头基本不出水，表明这两种滴灌管要超过最低工作压力才能正常工作。

8.2.3　园林绿地其他灌水器

除了对上述常见的地埋散射式喷头、地埋旋转式喷头和滴灌管（带）测试外，还对绿地灌溉中的其他灌水器进行了测试。表 8-9 总结了这些灌水器的相关技术参数、结构特征和适用范围，其工作效果见图 8-11 ～图 8-16。

表8-9　其他灌水器的参数特征

类型	射程（m）	流量（m³/h）	结构特征	适用范围
地埋摇臂式喷头	6.7～13.7	0.36～1.86	抗堵性能好，适用于水质不好的情况	适用于对灌溉质量和景观要求不高的绿地
旋转射线喷头	2.5～10.7	0.03～0.96	适应土壤和地形能力强，抗风性好	适用于草坪、花卉
涌泉喷头	—	0.06～0.45	有压力补偿功能	适用于灌木、乔木
管上式滴头	—	0.01～0.09	工作压力范围广	适合宽间距的高大植物，适用于地形复杂的系统
箭形滴头	—	0.01～0.09	上部是稳流滴头，下部为尖端菱形的插棒	适用于宽行距植物，尤其是盆栽植物
内镶式滴头	—	0.01～0.04	形式为一体式滴灌管，安装方便	适用于条形宽行距植物

图 8-11　地埋摇臂式喷头

图 8-12　旋转射线喷头

图 8-13　涌泉喷头

图 8-14　管上式滴头

图 8-15　箭形滴头

图 8-16　内镶式滴头

8.3 绿地需水量计算模型的建立

植物需水量又称为腾发量、蒸发蒸腾量，包括植株蒸腾和棵间蒸发两部分。植株蒸腾是指植物根系从土壤吸收的水分，通过叶片的气孔扩散到大气的现象。试验证明，由根系吸入体内的水分中99%以上是通过植株蒸腾消耗，只有不足1%的水分留在植物体内，成为组成植物体的部分。棵间蒸发是指植株间的土壤或水面的水分蒸发。植株蒸腾和棵间蒸发都受气象因素的影响，但植株蒸腾随植株的繁茂而增加，棵间蒸发则随植株造成的地面覆盖率的增大而减小，所以植物蒸腾与棵间蒸发二者互为消长。一般植物在生育初期植株小，地面裸露多，以株间蒸发为主；随着植株生长，叶面覆盖率增大，植株蒸腾逐渐大于棵间蒸发，到植物生育后期，植物生理活动减弱，蒸腾耗水又逐渐减小，棵间蒸发又相对增加。

植物需水量的大小主要取决于气候因素、植物种类、生长阶段和管理措施。由于影响植物需水量的因素多，为了估算植物需水量，常引入参考植物蒸发蒸腾量的概念。参考植物蒸发蒸腾量（ET_0）是指土壤水分充足、地面完全覆盖、生长正常、高矮整齐的开阔矮草地上的蒸发量。有了参考植物蒸发蒸腾量，然后根据植物系数（K_c）进行修正，即可求出植物的实际需水量（ET）。

确定园林植物需水量是制定灌溉制度的基础，采用参考植物蒸发蒸腾量作为一种常用的方法，计算较精准，但是需要详细的气象资料。为此，本研究构建了一种较为简单的估算模型，提出在气象资料不全时可应用参考植物蒸发蒸腾量的模型（GA-BP 模型），为草坪灌溉决策模型的构建提供了支撑。

对于多种植物混种的绿地，需要分别计算各种植物的需水量，并以各种植物面积比例计算的加权平均值确定灌溉系统设计流量。因此，本节还总结了北京市几种常见植物的耗水规律。

8.3.1 基于 GA-BP 的草坪蒸发蒸腾量计算

根据北京市通州区2014—2018年的气象数据和应用 Penman-Monteith 模型（P-M 模型）计算的 ET_0 为基础数据，通过相关性分析，确定模型的输入项。在基础数据中随机选取100个数据作为检验数据，其余为训练数据。利用 MATLAB 的多元线性回归分析、BP 神经网络（简称 BP 模型）和遗传算法优化 BP 神经网络（简称 GA-BP 模型）分别建立了关于参考植物蒸发蒸腾量的计算模型，经过对比分析，选择出精度较高的模型进行绿地的需水量计算。

8.3.1.1 参考植物蒸发蒸腾量的计算方法和数据来源

绿地需水量常用植物系数与参考植物蒸发蒸腾量（ET_0）相乘进行计算，其中参考植

物是指表面开阔、高度一致、生长旺盛、完全覆盖地面而不缺水的绿色草地。经过国内外
大量研究证明，Penman-Monteith 公式适用于不同地区估算参考植物蒸发蒸腾量，且精度
较高，但是需要详细的气象资料，计算公式如下：

$$ET_0 = \frac{0.408\Delta(R_n\_G) + \gamma\,\dfrac{900}{T+273}\,u_2(e_s\_e_a)}{\Delta + \gamma\,(1+0.34u_2)} \qquad (8\text{-}9)$$

式中：ET_0 为参考植物蒸发蒸腾量，单位为 mm/ 天；R_n 为植被表面净辐射量，单位为 MJ/
（m^2·天）；G 为土壤热通量，单位为 MJ/（m^2·天）；Δ 为饱和水汽压与温度关系曲线的斜率，
单位为 kPa/℃；γ 为湿度计常数，单位为 kPa/℃；T 为空气平均温度，℃；u_2 为在地面
以上 2m 高处的风速，单位为 m/s；e_s 为空气饱和水汽压，单位为 kPa；e_a 为空气实际水
汽压，单位为 kPa。

8.3.1.2　影响因素的相关性分析

最小湿度、最大湿度、平均风速、最低温度、最高温度是影响参考植物蒸发蒸腾量的
主要因素。利用通州区 2014—2018 年的逐日实测气象资料中的各个气象因子与 Penman-
Monteith 公式所计算的 ET_0 进行相关性分析，结果如表 8-10 所示。最小湿度与 ET_0 呈显
著负相关关系，而平均风速、最低温度、最高温度与 ET_0 呈显著正相关关系，最大湿度与
ET_0 相关关系不显著。因此，最终取最小湿度、平均风速、最低温度和最高温度作为模型
的输入。

表8-10　气象因素与 ET_0 的相关性分析

气象因素	指标	最小湿度	最大湿度	平均风速	最低温度	最高温度	ET_0
最小湿度	相关系数R	1	—	—	—	—	—
	显著性（双侧）	—	—	—	—	—	—
最大湿度	相关系数R	0.671**	1	—	—	—	—
	显著性（双侧）	0.000	—	—	—	—	—
平均风速	相关系数R	−0.482**	−0.496**	1	—	—	—
	显著性（双侧）	0.000	0.000	—	—	—	—
最低温度	相关系数R	0.336**	0.492**	−0.314**	1	—	—
	显著性（双侧）	0.000	0.000	0.000	—	—	—
最高温度	相关系数R	0.085**	0.387**	−0.336**	0.925**	1	—
	显著性（双侧）	0.006	0.000	0.000	0.000	—	—
ET_0	相关系数R	−0.330**	−0.030	0.123**	0.686**	0.812**	1
	显著性（双侧）	0.000	0.337	0.000	0.000	0.000	—

注：** 为在 0.01 水平（双侧）上显著相关。

8.3.1.3 基于多元线性回归分析的参考植物蒸发蒸腾量计算

多元线性回归是利用线性来拟合多个自变量和因变量的关系。在 MTALAB 中利用 regress 函数进行多元线性回归分析，其语句如下式：

$$[b, bint, r, rint, stats]=regress(Y, X) \tag{8-10}$$

式中：b 为回归系数；bint 为回归系数的区间估计；r 为残差；rint 为残差置信区间；stats 为用于检验回归模型的统计量，一般包含四个数值：相关系数 R^2，F 值，与 F 值对应的概率 p，误差方差 RMSE；Y 为因变量，一般为 $n \times 1$ 的矩阵，n 代表数据个数；X 为自变量，一般为 [ones(n, 1)，X_1, …, X_i] 的矩阵，i 代表自变量的个数。

因此，应用 MATLAB 的 regress 函数得到的拟合结果如下：

$$y=0.768-0.024x_1+0.327x_2+0.003x_3+0.150x_4 \tag{8-11}$$

式中：y 为 ET_0；x_1 为最小湿度；x_2 为风速；x_3 为最低温度；x_4 为最高温度。

8.3.1.4 基于 BP 神经网络的参考植物蒸发蒸腾量计算

8.3.1.4.1 BP 神经网络的基本原理

BP 神经网络由输入层、隐含层以及输出层三部分组成，各层之间采用逐一全互联的方式，而同层节点之间不进行相互连接，其拓扑网络结构图如图 8-17 所示。

BP 神经网络通过不断修正各神经层之间的权值和阈值，直至均方误差达到目标误差范围内为止。训练通常采用误差梯度下降的学习算法，用均方误差指标来评价网络精度，计算公式如下。

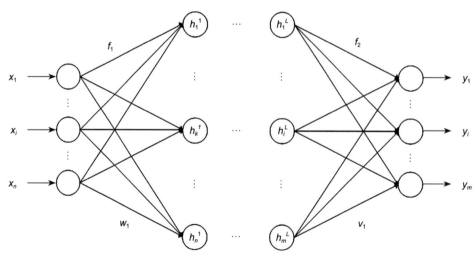

图 8-17 BP 神经网络的拓扑结构图

$$MSE = \frac{1}{n}\sum_{j=1}^{m}(P_j - O_j)^2 \qquad (8\text{-}12)$$

式中：MSE 为均方误差；n 为样本个数；P 为估算值；O 为实际值。

8.3.1.4.2　BP 网络结构的确立

（1）网络层数的确定

本研究采用 3 层的 BP 神经网络，其结构图如图 8-18 所示。

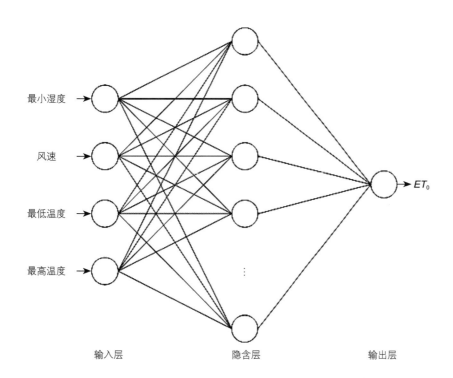

图 8-18　基于 BP 算法的参考植物蒸发蒸腾量计算网络结构

（2）输入层节点数的确定

由前面可知，采用最小湿度、风速、最低温度、最高温度作为 BP 神经网络的输入项，因此本研究的输入层节点数为 4。

（3）输出层节点数的确定

本研究的输出层变量只有 ET_0，因此输出层节点数为 1。

（4）隐含层节点数的确定

由 Kolmogorov 定理可知，隐含层节点数可由公式（8-13）计算。

$$N_{hid} = 2N_{in} + 1 \qquad (8\text{-}13)$$

式中：N_{hid} 为隐含层节点数；N_{in} 为输入层节点数。

（5）其他参数

神经网络训练还需要训练步数、学习速率、训练目标误差等参数，见表 8-11。

表8-11 BP神经网络的训练参数设置

训练参数	数值	训练参数	对应项
网络训练步数	1000	隐含层节点的激励函数	tansig
网络学习速率	0.08	输出层节点的激励函数	purelin
训练目标误差	0.01	—	—

（6）关键代码

$$net=newff \ (P\_train, \ T\_train, \ hiddennum, \ \{'tansig', \ 'purelin'\}) \qquad (8-14)$$

式中：P_train 为训练样本输入；T_train 为训练样本输出；hiddennum 为隐含层神经元节点数；tansig 为隐含层节点激励函数；purelin 为输出层激励函数。

8.3.1.5　基于 GA-BP 神经网络的参考植物蒸发蒸腾量计算

本研究采用遗传算法（Genetic Algorithm）对 BP 神经网络进行优化。遗传算法优化 BP 网络的流程图如图 8-19 所示，其基本步骤及有关参数如下。

（1）初始化。设置算法控制参数的取值范围。本研究设置初始范围为 [-1, 1]。

（2）产生初始种群数。利用软件随机生成 50 个范围的种群。

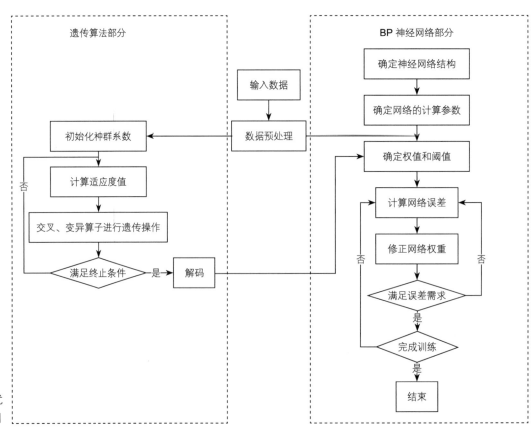

图 8-19　遗传算法优化 BP 神经网络流程图

（3）确定适应度函数。适应度函数计算公式为：

$$fitness\_gene = \frac{1}{MSE}$$

（8-15）

（4）遗传算法的运行参数设计。具体参数如表 8-12 所示。

表8-12　遗传算法运行参数的设定

种群大小	最大遗传代数	交叉概率	变异概率	代沟
50	200	0.75	0.01	0.95

8.3.1.6　结果与分析

8.3.1.6.1　统计指标

为检验三种方法的计算结果优劣，本研究采用以 3 种统计指标进行评定。

（1）均方根误差（$RMSE$）

$$RMSE = \sqrt{\frac{\sum\limits_{i=1}^{n}(P_i - O_i)^2}{n}}$$

（8-16）

式中：n 为变量个数；P_i 为估算值；O_i 为实际值。

（2）平均绝对误差（MAE）

$$MAE = \frac{1}{n}\sum\limits_{i=1}^{n}|P_i - O_i|$$

（8-17）

（3）决定系数（R^2）

$$R^2 = 1 - \frac{\sum(P_i - O_i)^2}{\sum(P_i - \bar{P})^2}$$

（8-18）

式中：$\bar{P}$ 为数组 P_i 的均值；$\bar{O}$ 为数组 O_i 的均值。

8.3.1.6.1　结果对比

本研究比较了多元线性回归、BP 神经网络和 GA-BP 三种模型，统计分析指标如表 8-13 所示，与 P-M 模型模拟结果如图 8-20 所示。可以看出，多元线性回归模型的模拟值普遍大于其他两种模型的模拟值，且明显偏离标准值，均方根误差（$RMSE$）达 0.67mm/ 天，平均绝对误差（MAE）达到 0.53mm/ 天，决定系数（R^2）仅 0.67，因此多元线性回归模型的拟合程度较低，不适宜参考植物的蒸散量预测。GA-BP 模型的训练结果与目标结果之间存在较高的吻合度，三种统计指标均优于其他两种模型。因此，GA-BP 遗传算法具有较好的优化效果，可以对 ET_0 进行模拟计算。

表8-13　三种模型计算ET_0的统计分析指标

方法	RMSE（mm/天）	MAE（mm/天）	R^2
多元线性回归	0.67	0.53	0.67
BP神经网络	0.32	0.24	0.86
GA-BP	0.22	0.17	0.94

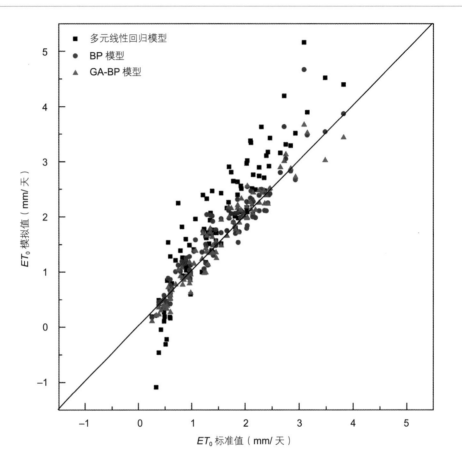

图 8-20　三种模型预测值与期望值对比图

8.3.2　草本植物耗水规律

以北京常见的草本植物高羊茅和草地早熟禾为例分析草本植物的耗水规律。高羊茅与早熟禾的年需水量分别为 862.52mm 和 848.11mm，年均日需水量分别为 3.14mm/ 天和 3.08mm/ 天（图 8-21）。两种草本植物需水规律基本一致，6 月需水量最大，日需水强度分别为 4.7mm/ 天和 5.0mm/ 天，并且具有两个明显的需水高分期，分别为 6 月和 9 月。7 月和 8 月是北京地区的雨季，空气湿度大，一般此阶段需水量略有下降。不同草本植物在夏季耗水强度随时间变化具有类似特征，但是不同阶段的耗水强度存在一定差异。

8.3.3　灌木耗水规律

以大叶黄杨、连翘和紫薇在 5 ～ 10 月灌木生长旺季的耗水规律为例分析北京市

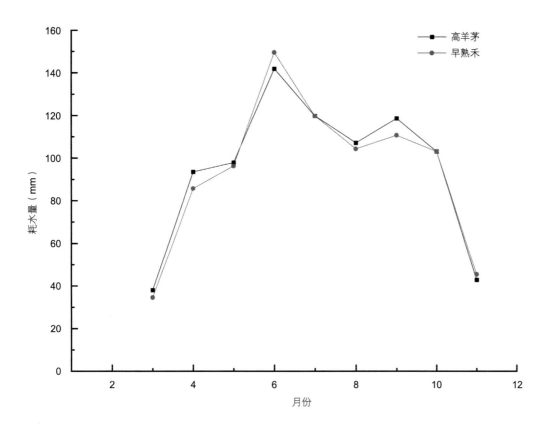

图 8-21　高羊茅和早熟禾月耗水量图

常见灌木耗水规律。大叶黄杨、连翘和紫薇在生长旺季的需水量分别为 322.28mm、379.08mm 和 358.77mm，月耗水规律如图 8-22 所示。三种灌木的耗水量均在 9 月出现最小值，可能原因是枝条充分木质化，树木组织生长更强壮，抗性增强，土壤水分能够满

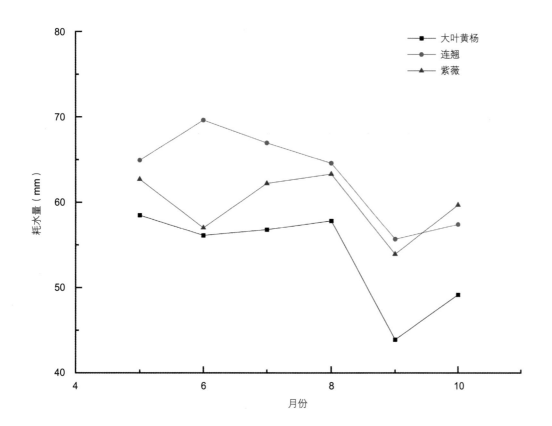

图 8-22　大叶黄杨、连翘和紫薇月耗水量图

足树木蒸腾需求。可以看出，大叶黄杨和连翘的耗水量曲线较为平缓，变化趋势较为一致，但连翘的耗水量远大于大叶黄杨的耗水量。

8.3.4 乔木耗水规律

以侧柏和油松为例，分析乔木生长旺季的耗水规律，如图 8-23 所示。可以看出，2 种植物生长旺季蒸腾量差异较大，6 ~ 9 月侧柏总耗水量为 321.43mm，油松耗水量为 192.83mm，侧柏总耗水量明显大于油松。这期间降水是植物耗水的来源，6 ~ 9 月的总降水量为 302.37mm，侧柏生长旺季总耗水量大于降水量，而油松的生长旺季总耗水量小于降水量。

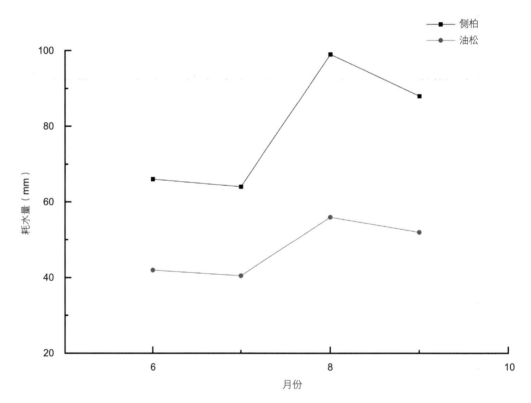

图 8-23 侧柏和油松月耗水量图

8.4　绿地精准灌溉智能控制系统设计与应用

近年来，计算机信息与传感器网络等技术的快速发展，为城市绿地智能控制系统建设提供了技术保障。本研究研发了适合于城市绿地的精准灌溉智能控制系统，实现了实时数据采集、灌溉决策和灌溉控制等功能。本节主要介绍研发的精准灌溉智能控制系统的总体设计、硬件设计和软件设计，并在北京市通州区丁各庄绿地进行示范应用。

8.4.1　系统总体设计

8.4.1.1　系统设计的原则

园林灌溉系统设计应遵循以下原则。

（1）稳定可靠：软硬件长时运行稳定可靠，设备适合在野外环境连续工作。

（2）互联可扩充：允许现场设备增设、扩充，允许设备跨域接入。

（3）先进性：系统设计及设备选型具有时代感及先进性。

（4）性价比：性价比高，投入产出比低。

8.4.1.2　系统结构设计

本研究研发的系统采用物联网架构，整体架构如图 8-24 所示。

绿地灌溉小区的网络层可通过 GPRS、3G、4G、5G、ASDL 等方式接入互联网，与云平台建立数据连接，如图 8-25 所示。网络层主要由现场网关组成，设备层由现场设备组成。

图 8-24　系统整体架构图

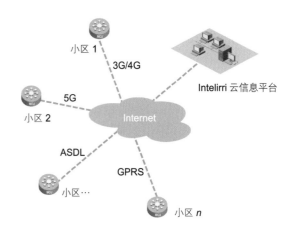

图 8-25　网络层连接方式图

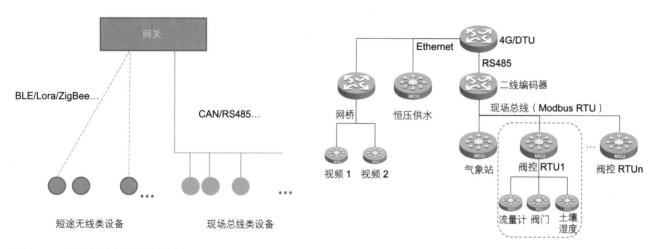

图 8-26 网关与设备层通信形式图　　　　　图 8-27 系统拓扑结构图

　　网络层以上由云平台软硬件组成，网关以 4G 接入云平台。网关与设备层之间通信形式如图 8-26 所示。

　　本研究考虑园林养护的特点，网关与设备之间选用以两线式总线系统的形式进行通信控制。系统拓扑结构如图 8-27 所示。

8.4.2　系统硬件设计

8.4.2.1　设备选型

8.4.2.1.1　气象站

　　本研究利用小型气象站采集气象数据，用于 ET_0 计算。气象数据包括温度、湿度、风速、风向、雨量、大气压等六要素。气象站供电方式为有线供电和太阳能供电。本研究利用二线总线进行现场通信，工作电力可直接由总线取得，传感器信息也由总线传输。根据实际应用情况，可以更改供电方式，采用太阳能供电以及无线通信方式。RS485 端口支持 Modbus RTU 协议，有关参数如表 8-14 所示。气象站的信息传递方式如图 8-28 所示。

表8-14　通信接口设置及相关特征参数

串行通讯接口设置	波特率	9600每秒传送的字节数Bety Per Second
	数据位	8
	停止位	1
	校验位	默认 无校验（无校验、奇校验、偶校验可选）
传输模式		Modbus RTU
设备地址		00H～FEH（00H为广播地址）
功能代码		读数据03H、写数据06H
寄存器有效地址范围		0000H～000AH

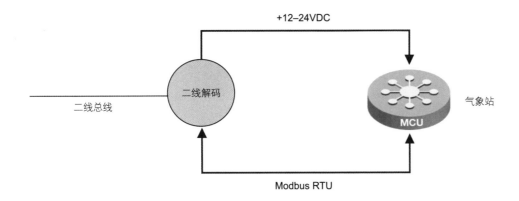

+12–24VDC

二线解码

二线总线

气象站

MCU

Modbus RTU

图 8-28 设备信息传递方式图

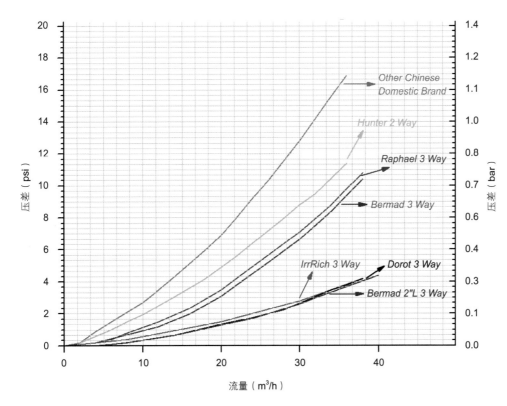

图 8-29 水头损失及过流量特性曲线

8.4.2.1.2 电磁阀

电磁阀选择需要考虑以下因素：①开启压力、压力损失、过流量；②高水压下电磁头开启特性；③减压阀适配性；④电磁头功耗及控制形式。不同品牌阀门的水力性能差异较大。图 8-29 给出了 2 英寸阀门的水头损失及过流量特性曲线的实测值。经过对比，本研究选择了国产 IrriRich 的带先导阀 1 寸阀门，配置 6-30V 直流脉冲电磁头，如图 8-30 所示。

图 8-30 电磁阀

图 8-31　超声波流量计实物图

8.4.2.1.3　流量计

灌溉用水计量采用超声波流量计。本研究使用了 1 英寸和 2 英寸的螺纹连接的超声波流量计，实物如图 8-31 所示，具体参数如表 8-15 所示。

8.4.2.1.4　土壤湿度传感器

土壤湿度传感器主要用来测量土壤体积含水率，目前主要有 FDR 型和 TDR 型两种型式。本研究采用 FDR 土壤湿度传感器，主要技术参数表 8-16 所示。

表8-15　超声波流量计相关参数

数据内容	寄存器地址	返回字节长度	数据类型	单位
瞬时流量	0000H-0001H	4	浮点型	m³/h
累计流量整数部分	0002H-0003H	4	长整型	m³
累计流量小数部分	0004H-0005H	4	浮点型	m³
正向流量整数部分	0006H-0007H	4	长整型	m³
正向流量小数部分	0008H-0009H	4	浮点型	m³
反向流量整数部分	000AH-000BH	4	长整型	m³
反向流量小数部分	000CH-000DH	4	浮点型	m³
仪表通讯地址	000EH	2	字符型	—

表8-16　FDR土壤湿度传感器相关参数

防护等级	IP68	工作电压	5～12V	探针长度	60mm
量程	0～100%	静态电流	约30mA	探针直径	3mm
单位	%(cm³/cm³)	工作频率	100MHz	探针材料	不锈钢（抗腐蚀）
输出信号	4～20mA	响应时间	<1s	密封材料	环氧树脂
测量精度	±3%	稳定时间	2s	电缆长度	标配2000mm
互换精度	3%	工作温度范围	-30～80℃	参数类型	土壤容积含水率
复测精度	1%	测量原理	频域（FDR）		

8.4.2.1.5　视频监控

视频监控摄像头是监控系统中必不可少的设备。综合比较视频监控摄像头的镜头焦距、分辨率、存储方式等方面，本研究选择 400 万像素 4 寸红外网络高清智能摄像头，其监控设备网格接入如图 8-32 所示。

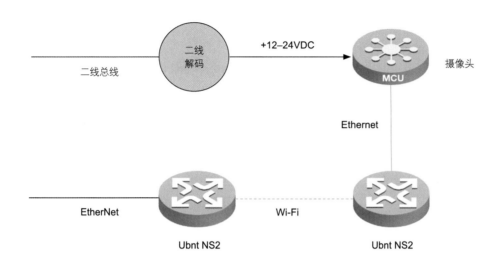

图 8-32　监控设备网桥接入图

8.4.2.2　RTU 设计

本研究开发的电磁阀控制器的基本框架如图 8-33 所示。

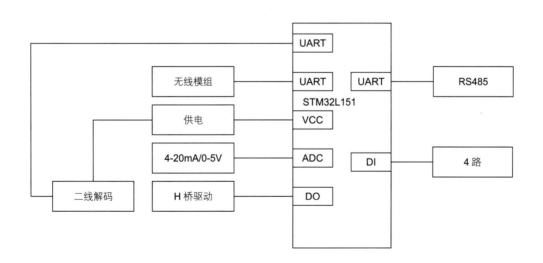

图 8-33　电磁阀控制器的基本框架图

系统选用低功耗 STM32L151 作为核心控制单元，主控芯片内置 12 位 ADC，其电路图如 8-34 所示，可进行 4 路 4 ~ 20mA/0 ~ 5V 土壤湿度采集，使用 H 桥电路控制 4 路脉冲电磁阀。

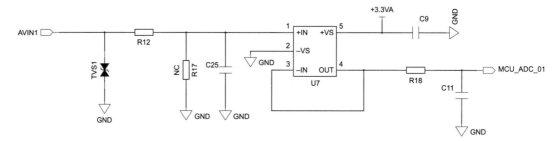

图 8-34 ADC 及电磁
阀控制电路图

系统使用 1 路 UART 搭 RS485 驱动芯片，其电路如图 8-35 所示，连接流量计等总线
设备，提供 Modbus RTU 主站协议。

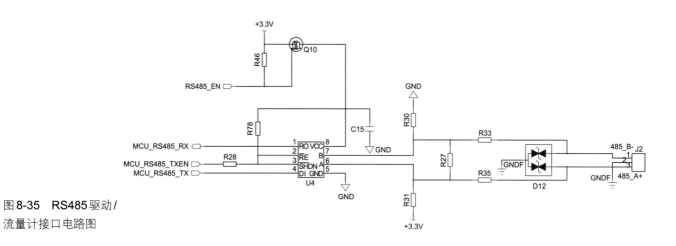

图 8-35 RS485 驱动 /
流量计接口电路图

系统使用 1 路 UART 预留外接无线模组使用，1 路 UART 连接二线解码 UART 端口，
提供 Modbus RTU 协议接入，二线总线经整流滤波后通过 DC-DC 回路及 LDO 降压后为
电路及外设供电，模块供电电路如图 8-36 所示，采集电路如图 8-37 所示。

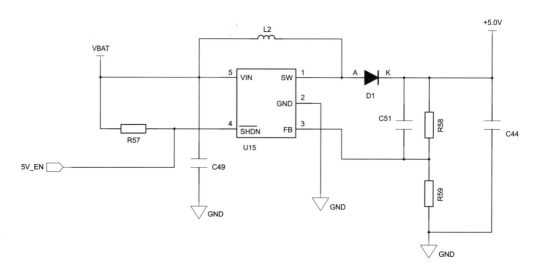

图 8-36 模块供电电
路图

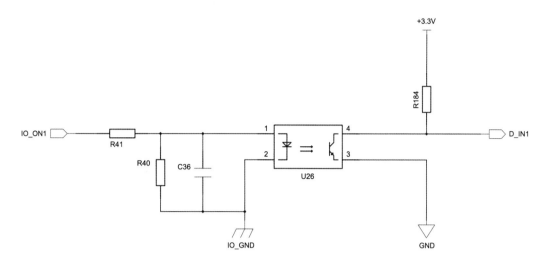

图 8-37 采集电路图

　　系统提供运行、通信等 LED 指示。电路上采取抗干扰及低功耗设计，考虑 RTU 在太阳能供电条件下工作的场景，二线解码部分独立设计，可方便更换为太阳能供电及低功耗无线控制的 RTU，其电路图如 8-38 所示。

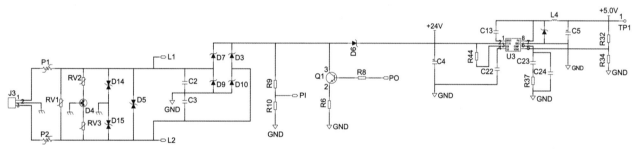

图 8-38 二线总线解码电路图

8.4.2.3 恒压供水

　　灌溉工程采用轮灌运行，当灌水分区地形差异或面积变化较大时，会出现水压波动，影响灌水质量。因此，需要配置恒压供水设备，一般采用 PLC+ 变频器的方式，通过 4 ~ 20mA 压力传感器采集数据为依据进行调节控制，其电气原理如图 8-39 所示。PLC 控制器的主要特点有：①以太网通信：支持远程编程、调试、监控及 CPU 之间数据交换；②全新扩展板：扩展板直接使用，无需设置；③高性价比；④稳定、可靠。本项目选用 CTH200 系列控制器。

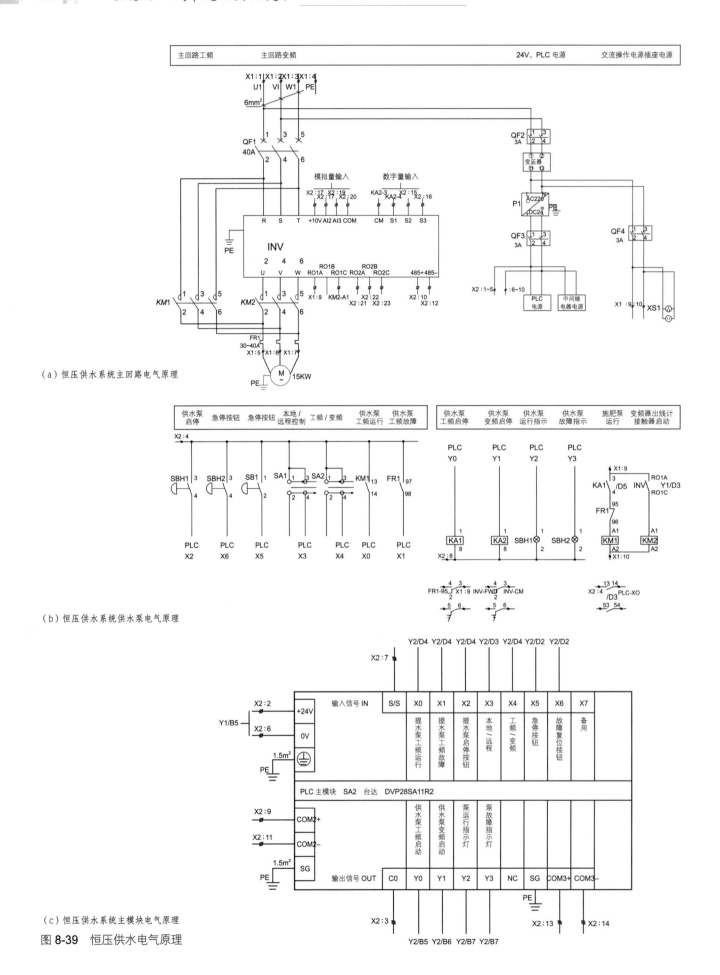

（a）恒压供水系统主回路电气原理

（b）恒压供水系统供水泵电气原理

（c）恒压供水系统主模块电气原理

图 8-39　恒压供水电气原理

8.4.2.4　网关设计

8.4.2.4.1　DTU 接入

系统选用内置 DTU 和 4G 功能的路由器。现场网络摄像头等网络设备可通过路由器直接上网，其他总线设备作为远程 Modbus Slave 设备。DTU 能够与云平台建立数据连接。云平台作为 Modbus 主站，对现场从站设备进行状态轮询及控制。DTU 可作为远程设备，采集控制及决策部分可全部置于云平台之上。

8.4.2.4.2　网关接入

系统选用一台小型嵌入式工控机 ARK-1123H，具备 Intel Celeron、四核 J1900 处理器，双 HDMI，双 GbE 无风扇设计，串口可切换为 RS232/RS485，网关串口如图 8-40 所示。

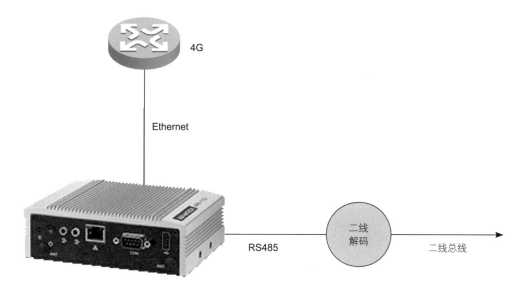

图 8-40　网关串口图

8.4.2.5　二线编码设计

通过对比 RS-485、M-BUS 和 POWERBUS 的工作性能参数，本研究采用 POWERBUS 方案，详细性能对比如表 8-17 所示。

表8-17　二线通信与RS-485四线比较

工作性能指标	RS-485	M-BUS	POWERBUS
通讯距离(m)	1200	1000	3000
通讯电平	差分电压	下行电压，上行电流环	下行电压，上行电流环
总线最高电压	5V	35V	48V
接线方法	四线（含电源）	二线（可供电）	二线（可供电）
是否具有极性	极性	无极性	无极性

工作性能指标	RS-485	M-BUS	POWERBUS
布线方式	串联	任意分支	任意分支
线缆要求	屏蔽双绞线	普通RV1.5双绞线	任何线缆
节点供电能力	不能	能，但功率<0.65mA	能，功率大，单点500mA
芯片静态电流损耗	2.4mA	0.8mA	0.55mA
负载能力	<128	<256	<500
主站集中控制器	无	复杂	单模块，无须外围电路
设计复杂度	中	难	易

8.4.3 系统软件设计

8.4.3.1 软件设计过程

本研究研发软件可分为系统软件、支持软件和应用软件，以下将仅对应用软件部分进行论述。

8.4.3.2 云平台软件系统设计

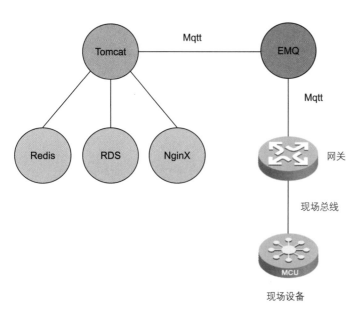

图 8-41 系统框架拓扑图

8.4.3.2.1 基础框架

云平台软件系统的基础框架如图 8-41 所示。云平台采用云服务器 ECS，运行 Centos7 Linux，部署 Tomcat、EMQ、Mysql、Redis、Nginx、PHP 服务；使用广泛的 Tomcat 提供应用服务；Nginx 服务通过 Php 引擎提供用户界面；传感器数据经网关以 MQTT 协议上报到平台；Redis 提供设备当前数据缓冲；MySQL 提供历史数据存储；后端采用基于 Spring +SpringMVC+MyBatis 的软件基础架构。前端采用 ThinkPHP+HTML5+VUE 构架。前后端衔接采用基于 SpringMVC 的 Web Service 接口。所有服务设计为可集群布置，保证高可用性。

8.4.3.2.2　基础功能

云平台的基础功能包括：①提供用户登录功能，以区分登录人员权限。人员分为一般用户，管理人员。②提供增加用户，为用户设置角色。修改重置密码，用户查询检索功能。③管理人员可查询用户的操作日志。④提供实时接收显示行数等各种系统参数配置设定的页面。⑤提供登陆者的密码修改功能。⑥提供角色与权限的配置功能。

8.4.3.2.3　设备管理

设备以产品、版本号的形式统一管理。为管理员提供设备部署、所属设置等管理功能，为使用者提供状态查看、设置控制功能。

8.4.3.3　RTU 软件设计

8.4.3.3.1　开发语言选择

控制器 CPU 采用 ARM Cortex-M3 系列 STM32L151，故采用 ARM 工具链、C 语言开发。

8.4.3.3.2　架构及功能设计

RUT 软件构架如图 8-42 所示，系统建立在 NicheLite RTOS 之上，开发内容主要由 Modbus Slave、Modbus Master、IO（开关量输入输出，ADC 等），以及定时处理部分组成。

8.4.3.3.3　程序流程

系统按以下流程运行：①系统初始化，包括时钟、内存、通信端口、定时器等；②将系统的预设参数装载到内存中；③RTOS 任务初始化；④RTOS 任务调度运行；⑤接受上位机请求进行处理；⑥定时器进行采集处理。

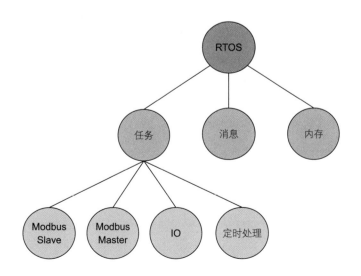

图 8-42　RUT 软件构架图

8.4.3.4 网关软件设计

8.4.3.4.1 编程语言选择

网关软件采用 JAVA 语言编程。

8.4.3.4.2 架构及功能设计

网关软件构架如图 8-43 所示，主要由上下位设备通信、连接管理、数据管理、计划及定时模块组成，具有下位设备数据采集处理功能和云平台及下位控制器的通信功能。

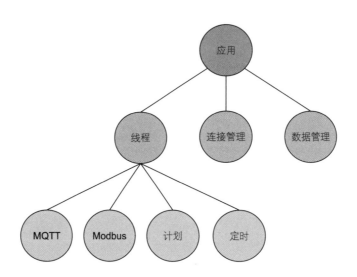

图 8-43 网关软件构架图

8.4.3.5 灌溉决策模型构建

制定灌溉制度是草坪灌溉决策模型的主要任务。土壤墒情、气象参数和植物生理指标是常用的三种灌溉决策依据。当试验数据缺乏时，可采用生产经验、土壤墒情和气象参数三种决策依据。生产经验指根据草坪养护人员的经验，对草坪进行定额灌溉，以此执行灌溉。土壤墒情是实时灌溉管理最常用的决策依据，通过土壤含水量判断植物水分亏缺状况，从而指导灌溉管理。气象参数是影响植物需水量的主要因素，包括降雨、气温、湿度、风速等气象因子。综合这三种决策依据构建的草坪灌溉决策模型，其具体设计思路如图 8-44 所示。

8.4.3.5.1 基于生产经验的灌溉决策模型

根据草坪灌溉工程实际需求，当现场缺乏有效条件和手段，无法得到土壤墒情数据和气象数据时，可将生产经验作为灌溉决策的依据，从而指导灌溉，以实现节约用水的目的。

本研究基于前人研究成果，制定了基于生产经验的灌溉决策模型，也可定义为定额灌溉模型。应用此模型时，草坪灌溉制度主要受草种类型和养护等级等因素的影响。表 8-18、表 8-19 分别为冷季型草和暖季型草的灌溉制度。用户可以从数据库中选取所对应的灌溉制度参数进行灌溉。

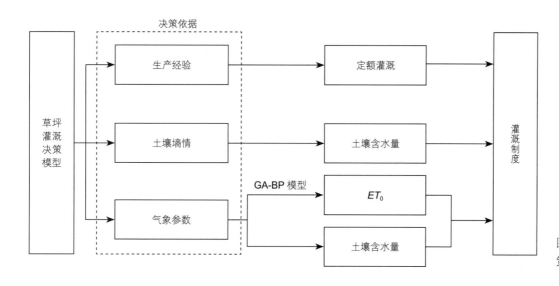

图 8-44　草坪灌溉决策模型构建思路

表8-18　冷季型草灌溉制度

时段	灌水定额（mm）	特级养护		一级养护		二级养护	
		灌水次数	灌水周期（天）	灌水次数	灌水周期（天）	灌水次数	灌水周期（天）
3月	15~25	2	10~15	1	15~20	1	15~20
4月	15~25	4	6~8	4	6~8	2	10~15
5月	15~25	8	3~4	6	4~5	4	6~8
6月	15~25	6	4~5	5	5~6	2	10~15
7月	15~25	3	8~10	2	10~15	1	15~20
8月	15~25	3	8~10	2	10~15	1	15~20
9月	15~25	3	8~10	3	8~10	1	15~20
10月	15~25	2	10~15	1	15~20	1	15~20
11月	15~25	2	10~15	1	15~20	1	15~20

表8-19　暖季型草灌溉制度

时段	灌水定额（mm）	一级养护		二级养护	
		灌水次数	灌水周期（天）	灌水次数	灌水周期（天）
4月	15~25	1	15~20	1	15~20
5月	15~25	3	8~10	2	10~15
6月	15~25	2	10~15	2	10~15
7月	15~25	2	10~15	1	15~20
8月	15~25	2	10~15	1	15~20
9月	15~25	2	10~15	1	15~20
10月	15~25	1	15~20	1	15~20
11月	15~25	1	15~20	1	15~20

8.4.3.5.2 基于土壤墒情的灌溉决策模型

当草坪灌溉工程中安装了土壤水分传感器时，可依据土壤墒情进行灌溉决策。土壤水分作为灌溉决策指标，能够更合理地保证草坪的正常生长和对水分的需求。当土壤含水量达到水分下限时进行灌溉，灌水量按公式（8-19）计算。

$$m= \frac{1}{\eta}(\beta_{max}-\beta_{min})h$$

（8-19）

式中：m 为设计灌水定额，单位为 mm；h 为计划湿润层深度，单位为 mm，取 200mm；β_{max} 为适宜土壤体积含水量的上限，单位为 %；β_{min} 为适宜土壤体积含水量的下限，单位为 %；η 为灌溉水利用系数，不应低于 0.8。

土壤水分对草坪生长的有效性与土壤的质地和结构状况有关。表 8-20 为不同质地的土壤容重与适宜土壤含水量参考值，可作为无实测土壤数据时的参考，在实际中应通过环刀法等确定土壤质地和适宜土壤水分上下限。

表8-20 不同质地类型土壤容重与适宜土壤含水量参考值

土壤类型	容重（g/cm³）	适宜土壤体积含水量	
		上限（%）	下限（%）
砂土	1.45～1.60	26～32	13～16
砂壤土	1.36～1.54	32～42	16～21
壤土	1.40～1.55	30～35	15～18
黏壤土	1.35～1.44	32～42	16～21
黏土	1.30～1.45	40～50	20～25

8.4.3.5.3 基于土壤墒情和气象参数的灌溉决策模型

如果已知土壤墒情数据和气象数据，可以采用基于土壤墒情和气象参数的灌溉决策模型对草坪灌溉养护进行指导。本研究采用水量平衡法对土壤墒情和气象参数进行联合运算。水量平衡法以草坪主要根系层内土壤水分变化为依据，以满足草坪正常生长为要求，使草坪根系湿润层内的土壤含水量维持在适宜土壤含水量的上下限之间。如果土壤含水量降至下限时则进行灌水。具体计算过程中，采用章节 8.3 中提出的 GA-BP 模型为基础，从而计算获得 ET_0，并以 SCS-CN 法为基础计算径流，使土壤含水量达到下限时，作为灌水开始时间。

（1）水量平衡公式

水量平衡的基本计算如公式（8-20）所示。当参数都确定时，可计算得到灌水量。相关参数的具体计算可采用公式（8-21）至公式（8-25）。

$$\Delta W = P_e + I + G - D - ET - Q$$

（8-20）

式中：ΔW 为时段内根区土壤储水量的变化，单位为 mm；P_e 为时段内降雨量，单位为 mm；I 为时段内灌水量，单位为 mm；G 为时段内地下水补给量，单位为 mm；D 为时段内深层渗漏量，单位为 mm；ET 为时段内植物蒸发蒸腾量，单位为 mm；Q 为时段内径流量，单位为 mm。

（2）根区土壤储水量的变化（ΔW）

根区土壤储水量的变化按照公式（8-21）进行计算。由于草坪根系区较浅，故以草坪主要根系层作为其湿润层，并不考虑各个生长期的影响，湿润层深度按 200mm 计算。

$$\Delta W =(\theta_{末}-\theta_{初})h \tag{8-21}$$

式中：ΔW 为时段根区土壤储水量的变化；$\theta_{末}$ 为时段末土壤含水量；$\theta_{初}$ 为时段初土壤含水量；h 为计划湿润层深度，单位为 mm。

（3）有效降雨量（P_e）

以日为步长，当实际降雨量小于 5mm，则为无效降雨，记为 0，无需计算渗漏和径流。若实际降雨量大于 5mm，直接代入公式（8-20）。

（4）地下水补给量（G）

地下水埋深较深，不考虑地下水补给量，按 0 计算。

（5）渗漏量（D）

只有当土壤含水量大于田间持水量时，才会产生渗漏量。以日为步长，若土壤含水量小于田间持水量，则无需计算；若土壤含水量大于田间持水量时，深层渗漏量按照公式（8-22）进行计算。

$$D =(\theta -F_C)h \tag{8-22}$$

式中：D 为时段内深层渗漏量，单位为 mm；θ 为实测含水率，单位为 %；F_C 为田间持水量，单位为 %；h 为土壤根系层深度，单位为 mm。

（6）植物蒸发蒸腾量（ET）

以日为步长，计算每日的 ET，公式（8-20）中的 ET 为时段内每日 ET 的累加。每日 ET 的计算按照公式（8-23）计算，ET_0 计算利用章节 8.3 中的 GA-BP 模型进行计算，K_c 按照表 8-21 进行取值。

$$ET =K_c ET_0 \tag{8-23}$$

式中：ET 为植物蒸发蒸腾量，单位为 mm；K_c 为植物系数；ET_0 为参考植物蒸发蒸腾量，单位为 mm。

表8-21　草坪草植物系数K_c

月份	3月	4月	5月	6月	7月	8月	9月	10月	11月
冷季型草	1.01	1.03	1.13	0.87	1.00	1.35	1.39	1.14	0.84
暖季型草	—	0.68	0.90	0.93	1.14	1.48	1.20	0.78	0.62

（7）径流量（Q）

径流曲线数模型（SCS-CN模型）是国内外比较流行的径流计算方法，径流曲线数（CN）由前期土壤湿度条件进行取值，如表8-22所示。

土壤潜在蓄水能力（S）按公式（8-24）计算。

表8-22　前期土壤湿度判断与CN取值

前期土壤湿度条件AMC	前五天降雨总量（mm）	CN
1（干旱）	<35.6	73.8
2（正常）	35.6～53.3	87.53
3（湿润）	>53.5	95.19

$$S = \frac{25400}{CN} - 254 \qquad (8\text{-}24)$$

式中：S为土壤潜在蓄水能力；CN为径流曲线数。

径流量按公式（8-25）计算。

$$Q = \begin{cases} 0 & P > 0.2S \\ \dfrac{(P-0.2S)^2}{P+0.8S} & P \le 0.2S \end{cases} \qquad (8\text{-}25)$$

式中：Q为径流量，单位为mm；P为降雨量，单位为mm。

8.4.3.6　软件功能介绍

该软件主要包括项目管理模块、灌溉决策模型管理模块、设备控制模块、数据显示模块。软件的登录界面如图8-45所示。当用户登录后进入软件的主界面，如图8-46所示。

软件的主界面主要由左侧的菜单栏、上侧的工具栏和右侧的数据栏组成，背景图为示范项目的卫星图像，图片上方为该示范项目的介绍，右侧为示范项目中传感器采集的实时数据显示。

左侧菜单栏中的"项目操控"是帮助用户回到主界面的快捷方式，点击"项目操控"即可返回主界面。

点击左侧菜单栏中的"灌溉决策"即进入灌溉决策管理模块，如图8-47所示，界面显示的是现有项目中所绑定的灌溉小区，可根据每个小区的实际情况设置不同的灌溉决策模式。选择需要设置的小区，点击"下一步"，即可进入灌溉决策模型的选择界面，如图8-48所示。

图 8-45　软件登录界面

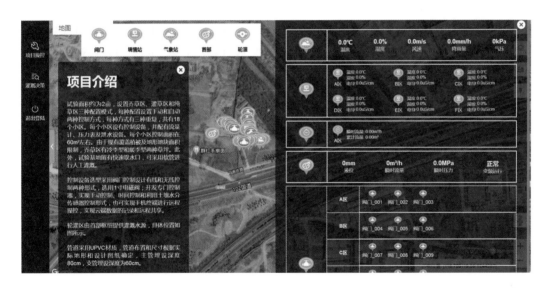

图 8-46　软件主界面

图 8-47　小区选择界面

图 8-48　灌溉决策模型选择界面

　　软件提供用户如章节 8.4.3.5 所述的三种模型，点击每种模型后面的"选择"，即可进入该模型的设置界面。当用户选择基于生产经验的灌溉决策模型时，即进入该模型界面，如图 8-49 所示。软件根据章节 8.4.3.5.1 中所述，按草坪的一级养护制定初始灌溉制度，用户根据草坪实际情况设定初始值后，软件会根据数据库自动匹配适宜的灌溉制度，用户可对其进行调整，生成用户所需要的草坪灌溉制度。设定的初始值包括草种类型、土壤类型、面积、灌水定额、湿润层深度、灌溉水利用系数、初始灌水日期、灌水时间。点击"确认提交"即可保存为该小区的灌溉制度。

　　当用户选择基于土壤墒情的灌溉决策模型时，即可进入该模型的界面，如图 8-50 所示，当用户根据草坪实际情况设定初始值后，软件将根据初始值和章节 8.4.3.5 所述，在后台调整土壤水分的上下限值，用户也可对其进行修改。点击下方的"确认提交"，软件后台

图 8-49　基于生产经验的灌溉决策模型设定界面

图 8-50　基于土壤墒情的灌溉决策模型设定界面

将按照章节 8.4.3.5 中所述的计算模型，进行灌溉计划的制定和执行。其初始值包括草种类型、土壤类型、面积、湿润层深度、灌溉水利用系数、初始灌水日期、灌水时间。

当用户选择基于土壤墒情和气象参数的灌溉决策模型时，即可进入该模型的界面，如图 8-51 所示，当用户根据草坪实际情况设定初始值后，软件将根据初始值和章节 8.4.3.5 所述，调整土壤水分的下限值，用户也可对其进行修改。点击下方的"确认提交"，软件后台将按照章节 8.4.3.5 中所述的计算模型，进行灌溉计划的制订和执行。

软件还包括设备控制模块。该模块主要负责远程控制水泵和电磁阀的启闭，也可为用户提供手动模式，用户可随时进行灌溉，也可作为现场传感器失灵时的备选方案。点击图 8-46 顶部的"首部"图标，即可进入项目水源处水泵的控制界面，如图 8-52 所示，该模式可远程控制水泵的启闭，且设置了两种运行模式（工频运行和变频运行），方便用户使用。

点击主界面（图 8-46）顶部的"阀门"图标，即可进入项目各个阀门的控制界面，如图 8-53 所示，该模式可对阀门进行远程控制，方便用户使用。

图 8-51　基于土壤墒情和气象参数的灌溉决策模型设定界面

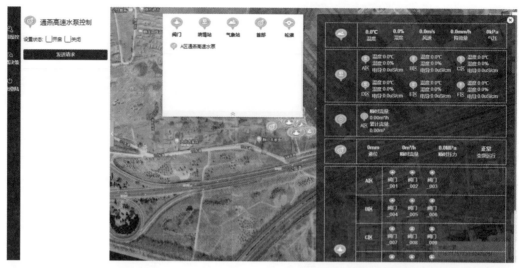

图 8-52 水泵控制界面

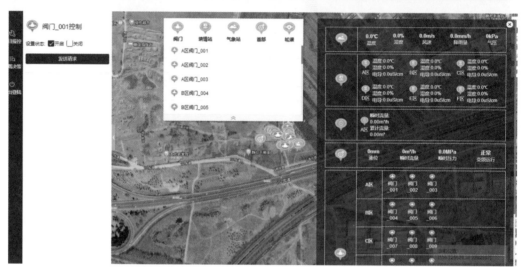

图 8-53 阀门控制界面

软件还包括数据显示模块。该模块主要用于展示土壤墒情传感器和气象站的数据，点击主界面上方的墒情站和气象站即可查看数据，如图 8-54 和图 8-55 所示。数据显示模块的内容也可通过主界面右侧的详细信息进行展示。

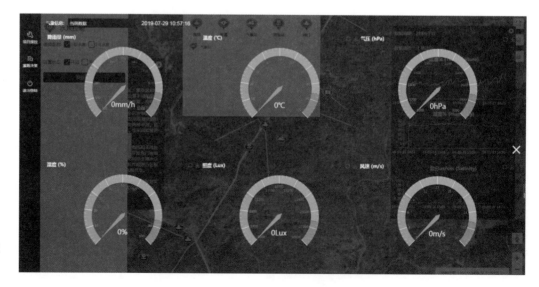

图 8-54 土壤墒情数据展示界面

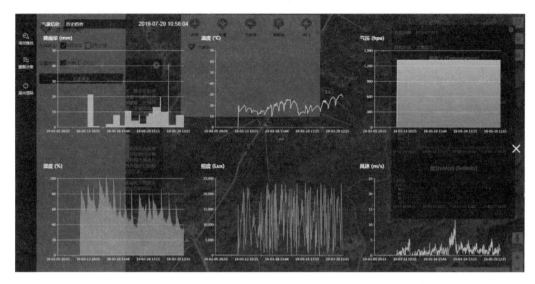

图 8-55 气象数据展示界面

8.4.4 系统示范

8.4.4.1 示范区概况

工程实例位于北京市通州区丁各庄工业园区，邻近通燕高速，面积约 1200m²，如图 8-56 所示。整个示范区地势平坦，起伏不大，土壤类型为砂壤土，示范区北侧为海棠，种植间距多变，树间为草坪，中部为月季，呈条带状种植；南部主要为草坪，部分乔木零散分布。灌溉系统干管和支管均采用 PVC 管材。灌溉水源由附近水井提供，井的出水量可以满足示范区的灌溉需求。

示范区内设置了乔草区、灌草区和纯草区三种配置模式，每种配置模式设置手动和自动两种控制方式，其中小区（图 8-57）1 ~ 6 为乔草区，7 ~ 12 为灌草区，13 ~ 18 为

图 8-56 示范区卫星图

纯草区，现场如图 8-58 所示。每个小区设有控制设备，并配有土壤水分传感器、流量计、压力表及泄水设备。每个小区控制面积在 60m² 左右。受到现场覆盖植被及地形地块面积限制，乔草区有冷季型和暖季型两种草坪。

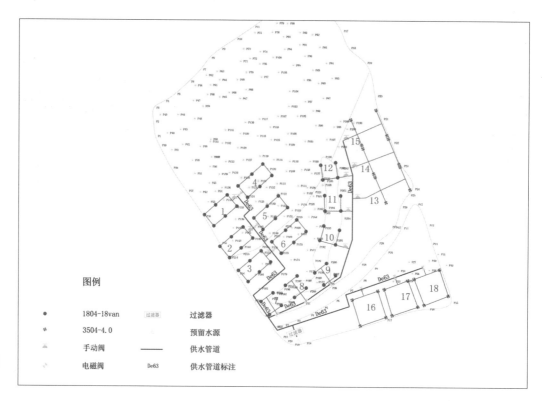

图 8-57 典型绿地喷灌系统设计图

（a）纯草区

（b）灌草区

（c）乔草区

图 8-58 现状图

8.4.4.2 系统总体设计

系统可完成远程实时监控、远程传感器信息采集、用水信息统计等功能。各测控点及气象监测站采集各类传感器数据，通过无线数传设备将数据传输到监控中心；监控中心接收到数据后，对数据进行处理分析，形成决策指令，并将指令发送到各测控点；接收到指令后，测控点开启指定小区的电磁阀，按缺水状况启动电磁阀进行灌溉。系统同时具备远程控制功能，管理员巡视时，也可利用控制柜直接控制某个区域的灌溉。

系统采用中央灌溉控制器，控制器具有 12 路继电器输出、8 路模拟量输入和 8 路开关量输入，配备 RS485 通信接口，符合 Modbus-RTU 协议标准，同时能够支持多种轮灌启动方式和多个轮灌组。可以作为控制终端直接连接传感器、电磁阀和远程终端设备，从而构成灌溉系统；也可以作为一个下行设备，通过大型工控机组成集中式灌溉控制系统，如图 8-59 所示。

图 8-59　控制柜与控制柜操作界面

8.4.4.3　硬件设计

8.4.4.3.1　电磁阀控制

灌溉小区采用有线控制和无线控制两种方式，开发了阀门控制器，可实现远程操控，实现云端数据的记录和远程共享，如图 8-60 所示。

8.4.4.3.2　水泵监控

示范区有灌溉机井 1 眼，如图 8-61 所示。系统可以实时监测水泵流量和水压信息。用户可以根据系统反馈的相关信息，了解整个灌溉区域机井水泵的工作情况，以便及时对灌溉区域的用水做出分析决策，采取相应用水调度和补水措施。系统为用户提供了工作压力和流量查询功能，用户可以查看水量监测信息及其相关历史记录。

图 8-60　现场电磁阀

8.4.4.3.3　气象数据采集

示范区安装了一套自动气象站系统，如图 8-62 所示，可实时采集空气温度、湿度、风速、风向、辐射、降雨量、大气压等气象信息，并通过数据无线远程传输到系统。系统可运用这些信息计算、参考植物蒸发蒸腾量，从而调节灌溉运行时间和灌水量，可以通过实时趋势图等方式直观显示各气象因子的变化，也可以根据需要查询相关参数。气象数据存储保存一年，并可通过多种通信方式（有线、数传、无线等）将数据传输至中心计算机气象数

图 8-61　压力传感器（机井出口处）　　　　　　　　　图 8-62　气象站

据库中，用于统计分析和处理。数据采集周期可自行设置，每分钟采集一次或者十分钟采集一次，均可根据需求设置。

8.4.4.3.4　土壤墒情监测

示范区安装了 6 个土壤墒情传感器，埋在 20cm 土壤深度处，如图 8-63 所示。系统可以对土壤墒情数据进行自动采集、存储、传输，以及其他相关业务数据的浏览、查询、分析和管理。结合地理信息系统技术，将监测数据及时、准确、生动地呈现给用户，为示范区节水、水资源优化配置和合理灌溉提供服务。土壤水分传感器可按设定的采样周期进行测量和存储数据。

图 8-63　土壤墒情监测设备实物图

8.4.4.3.5　监控设备

为保证示范区的财产安全和设备的正常运行，示范区安装了两个监控设备，可通过软件远程操控，实时查看示范区的情况（图 8-64）。

图 8-64　监控设备图

8.5 小结

（1）经过对八种应用范围较广的园林地埋式喷头的水力性能测试分析发现，喷头的流量随着工作压力的增大而增大；随着组合间距的增大，组合平均喷灌强度和喷灌均匀系数总体上有下降的趋势；当喷头间距一定时，随着工作压力的增大，组合平均喷灌强度和喷灌均匀系数逐渐增加。

（2）综合考虑喷灌质量、节能性和经济性，得出了试验喷头的适宜工作参数。建议四种地埋散射式喷头中，Rain Bird-1800 以工作压力 0.25MPa、组合间距 7m×7m 为宜；Hunter-PS-U 以工作压力 0.30MPa、组合间距 7m×7m 为宜；Toro-LPS 以工作压力 0.30MPa、组合间距 7m×7m 为宜；K Rain-74001 以工作压力 0.15MPa、组合间距 5m×5m 为宜。建议四种地埋旋转式喷头中，Rain Bird-3500 和 K Rain-PRO 以工作压力 0.20MPa、组合间距 14m×14m 为宜；Hunter-PGP 以工作压力 0.25MPa、组合间距 14m×14m 为宜；Toro-mini-8 以工作压力 0.15MPa、组合间距 12m×12m 为宜。

（3）经过四种典型的滴灌管（带）水力性能测试发现，国产痕灌带与进口 K Rain 的滴灌管流量一致性较好。国产滴灌带和痕灌带的流态指数 x 在 0.5 左右，属于非压力补偿式滴头。进口 Hunter-PLD 和 K Rain-KA5-112P-CV 的流态指数 x 在 0～0.1 范围内，属于压力补偿式滴头。

（4）为估算城市绿地的需水量，以北京市通州区 2014—2018 年的气象数据为基础，通过相关性分析，确定了最小湿度、风速、最低温度和最高温度作为计算 Penman-Monteith 模型的主要气象输入参数。经过对比多元线性回归、BP 神经网络（简称 BP 模型）和遗传算法优化 BP 神经网络（简称 GA-BP 模型）的三种模型，结果表明，GA-BP 模型在预测气象因子与 ET_0 之间的非线性关系时精确度最高，可用于气象资料缺乏的情况下 ET_0 的计算。

（5）基于实践经验、土壤墒情和气象参数三种决策指标结合研发的 GA-BP 模型，构建了三种草坪灌溉决策模型，可为北京市的草坪灌溉提供理论依据。并结合用户养护经验，开发了基于 Web 平台、应用于城市绿地灌溉的精准灌溉智能控制系统。该系统实现了实时数据采集、灌溉决策和灌溉控制等功能，集成了气象站、电磁阀、流量计、土壤水分传感器、压力传感器、无线网桥和视频监控等设备，并通过北京市通州区丁各庄的示范应用进行展示，运行效果良好。

第**9**章

结论与展望

　　城市生态绿化技术是指在遵循城市生态学规律的基础上，运用生态学相关原理与方法，融合园林学及相关交叉学科研究成果，紧密结合实际生态问题，科学构建、维护与修复城市绿地生态系统，发挥其最大的生态服务功能，建立人与自然和谐共生的城市生态环境，并实现资源节约、自然循环和环境保护。

　　基于集成与研究的总体思路，在广泛调研、引进国内外先进技术，遴选成熟的专项技术的基础上，加以深化、整合形成"生态绿化技术体系"，涉及土壤改良、苗木移植、多维度空间绿化、生态改善型绿地营建、绿地生物多样性保育、节水耐旱植物筛选与应用以及绿地高效用水养护技术7个方面。从建设前期的土壤检测、改良，到设计期不同绿地类型的植物选择、植物配置，再到建设期的苗木移植，最后到养护期的灌溉管理，多方面紧密结合，采用创新、集成的先进技术，共同构建形成了"生态绿化技术体系"。

9.1　主要技术成果

9.1.1　基于退化生境的城市绿地土壤改良技术研究

以北京城市副中心绿地土壤为研究对象，在进行取样、分析与评价的基础上，全面掌握城市副中心绿地土壤环境特点，通过盆栽与绿地土壤改良试验，结合已有研究成果形成基于退化生境恢复的城市绿地土壤改良技术。

（1）城市副中心绿地土壤环境评价

采用网格法对城市副中心待建绿地土壤进行取样，在对其理化性质、微量元素、重金属含量等检验与分析的基础上，进行综合肥力与潜在生态风险评价，研究结果表明，城市副中心约有 98.5% 的绿地土壤质量未达到北京市地方标准的要求；绿地土壤肥力多处于一般或贫瘠水平；土壤重金属含量的潜在生态风险可划分为轻微、中等和强三级水平；城市副中心土壤重金属含量符合行业标准《绿化种植土壤》的要求，潜在生态风险指数多处于轻微状态，对植物生长相对安全。

（2）绿化废弃物堆肥及其他改良物对盆栽土壤改良效果研究

以不同比例园林绿化废弃物堆肥、草炭和有机肥为土壤改良添加物材料，分析与评价不同添加物对盆栽土壤改良效果，结果表明，草炭、有机肥和堆肥均可增加土壤养分和有机质含量，并以堆肥处理增幅最为明显；草炭与堆肥处理可降低土壤 pH 值；经 30% 堆肥处理的薹草植株最高、根系各项指标最好；低浓度草炭和堆肥均可增加薹草分蘖，并以 15% 堆肥处理最好。

（3）绿化废弃物堆肥及其他改良物对绿地土壤改良效果研究

以不同比例园林绿化废弃物堆肥、草炭和有机肥为土壤改良添加物材料，分析与评价不同添加物对绿地土壤改良效果，结果表明，综合植物生长、景观效果、修剪频率等养护要求，在绿地土壤改良中应用体积比 15% ~ 30% 的堆肥或草炭与土壤混合最为适宜。

（4）基于退化生境的城市绿地土壤改良技术

结合已有研究成果，以改善土壤质量，增强植物长势为目标，在进行绿化种植土壤符合性判断的基础上，基于退化生境恢复的城市绿地土壤改良技术核心内容包括土壤改良深度、改良措施和改良物应用等。

9.1.2　苗木移植活力快速恢复技术

分别以油松、玉兰、元宝枫、栓皮栎和栾树 5 种植物各 2 种规格苗木为试验材料，采用不同程度修剪、摘叶及遮阴等处理方式，对夏季移植苗木一年后成活率、新梢生长量、叶色、叶片大小、叶片干鲜重、根系干鲜重、根系长度、根系表面积、根系投影面积以及根系体积等指标进行分析与评价，总结形成 5 种植物不同规格苗木移植活力快速恢复技术。同时，结合已有研究成果和北京苗木移植现状，形成北京地区苗木移植活力快速恢复技术。

（1）油松移植活力快速恢复技术

1.5m 高油松夏季移植时，为保证地上部新梢生长量、针叶长度和叶色正常，地上部达到活力最佳恢复状态，景观功能最优，可采取"重修剪 +30% 摘叶 +30% 遮阴"的处理组合。3m 高油松夏季移植时，为保证地上部新梢生长量、叶色和针叶长度，及地下部根系干鲜重、根系长度、根表面积、根投影面积和根体积整体活力恢复最佳，可采取"1/3 修剪 +30% 摘叶 +30% 遮阴"。

（2）玉兰移植活力快速恢复技术

综合考虑地上部形态指标生长表现和地下部根系生长，地径 3cm 玉兰夏季移植最佳方案为"1/3 轻修剪 +30% 摘叶 +50% 遮阴"；地径 8cm 玉兰夏季最佳移植方案为"1/3 修剪 +30% 摘叶 +30% 遮阴"。

（3）元宝枫移植活力快速恢复技术

胸径 3cm 元宝枫不适合夏季移植，建议胸径 6cm 及以下元宝枫采取春季萌芽前裸根带护心土的移植方法。为保证苗木生长量，建议胸径 8cm 元宝枫夏季移植最佳方案为"1/3 轻修剪 +30% 摘叶 +30% 遮阴"。

（4）栓皮栎移植活力快速恢复技术

胸径 3cm 栓皮栎不适宜夏季移植；胸径 8cm 栓皮栎夏季移植最佳方案为"1/2 修剪 +50% 摘叶 +50% 遮阴"，但不建议夏季进行移植。

（5）栾树移植活力快速恢复技术

胸径 3cm 栾树不提倡夏季移植，建议胸径 6cm 以下栾树采取春季萌芽前裸根带护心土的移植方法。综合考虑地上部新梢生长量、叶片大小、分枝和展叶等代表树势活力快速恢复的指标，及地下根系干鲜重等各指标表现，胸径 8cm 栾树夏季移植最佳方案为"1/2 修剪 +50% 摘叶 +50% 遮阴"。

（6）北京地区苗木移植活力快速恢复技术

结合北京苗木移植现状调查，课题组总结了苗木移植基本要求、苗木植前准备、苗木移植关键技术和苗木植后管护要求，形成了北京地区苗木移植活力快速恢复技术，旨在提高不同规格苗木全冠或非正常季节移植的成活率，确保树势活力快速恢复。

9.1.3　多维度绿色空间构建技术

多维度绿色空间构建工程主要涉及屋顶绿化、垂直绿化和边坡绿化三大类型。结合通州生态环境条件和现阶段发展现状，本研究提出了包括建筑结构、屋面防水技术、排蓄水系统、种植基质材料技术、植物配置、固定技术、灌溉技术以及植物养护技术等在内的屋顶绿化、垂直绿化和坡面绿化的核心技术。

（1）屋顶绿化构建关键技术，包含屋顶绿化的类型、应用材料、设计、施工以及养护管理方面的内容，相关技术适用于通州地区新建及既有建筑、构筑物屋顶的绿化。

（2）垂直绿化构建关键技术，包含垂直绿化的类型、材料、设计、施工以及养护管理方面的内容，相关技术适用于通州地区墙面、立交桥体、建（构）筑物等表面绿化。

（3）边坡绿化构建关键技术，包含边坡的类型、设计、施工以及养护管理方面的内容，相关技术适用于通州地区公路两侧、河道、立交桥等边坡绿化。

结合通州生态环境条件和现阶段发展现状，研究提出了通州多维度绿色空间构建发展建议。

9.1.4 生态改善型植物筛选及生态改善型绿地营造技术

基于承担单位已有研究成果，结合当前北京城市绿地常用园林植物现状，补充测定部分园林植物绿量及固碳释氧、降温增湿等生态效益，筛选出适宜北京地区应用的生态改善型植物材料；比较与分析不同林型与结构绿地在降温增湿方面的差异，提出了适用于北京地区的植物配置模式。

（1）北京常用园林植物绿量测定

分别建立和测算了元宝枫等7种植物的叶面积回归方程，紫叶小檗等4种绿篱和金娃娃萱草等2种地被的单位叶面积数据；对45种北京常用园林植物绿量进行了分级，具体包括一级植物18种，二级植物15种，三级植物12种。

（2）北京常用园林植物固碳释氧效益研究

分别测算了元宝枫等9种植物单位叶面积夏季固碳释氧效益；对75种北京常用园林植物单位叶面积固碳释氧效益进行了分级，具体包括一级植物30种，二级植物25种，三级植物20种；对33种植物个体固碳释氧效益进行计算，结果表明，乔木中，刺槐、白蜡、国槐、栾树和毛泡桐具有较高的固碳释氧能力；灌木和小乔木中，紫薇、金银木、小叶黄杨、红瑞木和榆叶梅具有较高的固碳释氧能力。

（3）北京常用园林植物降温增湿效益研究

分别测算了元宝枫等9种植物单位叶面积夏季降温增湿效益；对72种北京常用园林植物单位叶面积固碳释氧效益进行了分级，具体包括一级植物24种，二级植物30种，三级植物18种；对33种植物个体降温增湿效益进行计算，结果表明，乔木中，刺槐、白蜡、悬铃木、国槐、毛泡桐和绦柳等具有较高的降温增湿能力；灌木和小乔木中，珍珠梅、榆叶梅、红瑞木、卫矛、紫薇、金银木等具有较高的降温增湿能力。

（4）不同林型与结构绿地降温增湿效应研究

对10种林型绿地夏季降温增湿效应和人体舒适度进行研究，结果表明，林型与空气温度和相对湿度存在显著性相关关系；10种林型绿地降温增湿效应可聚合成强、中、弱三类，降温效应强的有绦柳林、国槐林、刺槐林和白蜡林，增湿效应强的有国槐林和绦柳林；不同林型绿地人体舒适程度大体呈现绦柳林＞刺槐林＞国槐林＞栾树林＞白蜡林＞毛白杨林＞臭椿林＞旱柳林＞银杏林＞油松林的规律。

对4种不同结构绿地夏季降温增湿效应和人体舒适度进行研究，结果表明，不同结构绿地降温增湿效应和人体舒适度呈现乔灌草＞乔草＞灌草＞草地的规律，乔灌草昼均降温3.25℃，昼均增湿5.72%。

（5）生态改善型植物材料推荐和群落构建

基于北京常见园林植物固碳释氧、降温增湿等生态效益研究，推荐适于北京通州应用的生态改善型植物材料和群落构建模式。其中，推荐生态改善型植物材料共计 20 种，包括白蜡等碳氧平衡型植物材料 11 种，白蜡等降温增湿型植物材料 11 种，提出生态改善型植物群落构建模式 9 种，包括碳氧平衡型、降温增湿型各 3 种。

9.1.5 基于生物多样性保育的植物群落构建技术

以地带性、生态性、多样性和综合性为基本原则，以分别为绿地生产者、初级消费者、次级消费者以及其他生物提供适宜的生存环境为目标，以近自然植物群落构建、蜜粉源植物群落构建、鸟嗜植物群落构建以及绿地生物栖息地营建为核心内容，共同构建形成了绿地生物多样性保育技术。

（1）近自然植物群落构建技术

通过低海拔自然植被模拟和适宜的绿地微环境改造，可以在城市绿地中有效开展近自然植物群落的构建。本研究在采用生态学方法对近郊低海拔森林植物群落特征与环境影响要素进行研究的基础上，对比分析城市绿地土壤环境特征，提出了以植物生态习性为基础，植物群落蓝本结构为骨架，同时遵循适生性、科学性和艺术性等原则进行自然植被模拟的基本方法；形成了 5 种适用于北京地区应用的近自然植物群落配置模式。

（2）基于保育式生物防治的蜜粉源植物群落构建技术

为有害生物天敌提供蜜粉源植物是保育式生物防治的常用措施。本研究在掌握了城市绿地有害生物及其天敌发生规律的基础上，系统研究了园林植物对优势天敌补充营养的诱集效应，提出了以保育式生物防治为目标的蜜粉源植物群落构建的基本方法，即将不同花期的蜜粉源植物成片配置于目标害虫植物周围；形成了 3 种适用于通州城市绿地保育式生物防治应用的蜜粉源植物群落配置模式和 3 种用以招引捕食性瓢虫的蜜粉源植物群落配置模式。

9.1.6 节水型园林植物筛选

在系统梳理与总结已有研究成果的基础上，初选节水耐旱植物材料并进行耐旱试验，对比分析不同灌溉处理对植物生长状况的影响，综合评价节水耐旱表现，以此筛选和推荐不同等级节水型植物材料；结合植被生态学与园林艺术原理，构建节水型植物配置模式。

（1）节水型植物材料筛选与推荐

针对 53 种木本和 40 种草本初选节水型植物试验材料开展耐旱试验，根据植物在干旱胁迫下和恢复灌溉后的生长表现，筛选不同等级耐旱植物。结果显示，木本植物中，油松等 10 种植物为耐旱性极强植物，银杏等 24 种植物为耐旱性强植物；草本植物中，费菜等 7 种植物为耐旱性极强植物，宿根福禄考等 14 种植物为耐旱性强植物。

结合北京生态环境条件和应用实践，推荐节水型植物 50 种。其中，重点推荐植物 17 种，包括油松、圆柏、侧柏、白皮松、元宝枫、丝棉木、暴马丁香、山杏、碧桃、沙地柏 10 种木本植物；费菜、马蔺、玉簪、山韭、鸢尾、涝峪薹草、垂盆草 7 种草本植物。一般推荐植物 33 种，包括银杏等木本植物 20 种；宿根福禄考等草本植物 13 种。

（2）节水型植物配置模式

基于耐旱植物材料筛选结果，结合植被生态学与园林艺术原理，构建形成 5 个节水型植物配置模式，具体包括：①油松＋元宝枫＋暴马丁香—山杏—涝峪薹草；②圆柏＋元宝枫—碧桃—玉簪；③油松＋白皮松＋暴马丁香—连翘—涝峪薹草；④油松＋栾树—黄栌＋天目琼花—涝峪薹草＋鸢尾；⑤元宝枫＋侧柏—紫叶矮樱—涝峪薹草＋沙地柏。

9.1.7　绿地高效用水养护技术

围绕绿地高效用水养护技术，课题组相继开展了城市绿地灌溉设备筛选、绿地耗水规律研究、灌溉智能控制系统研发以及典型城市绿地喷灌系统设计。

（1）绿地灌溉设备测试与筛选

对 8 种地埋式喷头水力性能进行测试，结果表明，地埋式喷头流量伴随工作压力增大而增大；随着组合间距增大，喷头组合平均喷灌强度和喷灌均匀系数总体有下降趋势；当喷头间距一定时，随着工作压力的增大，组合平均喷灌强度和喷灌均匀系数逐渐增加。

综合考虑喷灌质量、节能性和经济性，得到不同地埋式喷头适宜工作参数，结果表明，Rain Bird-1800 以工作压力 0.25MPa、组合间距 7m×7m 为宜；Hunter-PS-U 以工作压力 0.30MPa、组合间距 7m×7m 为宜；Toro-LPS 以工作压力 0.30MPa、组合间距 7m×7m 为宜；K Rain-74001 以工作压力 0.15MPa、组合间距 5m×5m 为宜。对于地埋旋转式喷头，建议 Rain Bird-3500 和 K Rain-PRO 以工作压力 0.20MPa、组合间距 14m×14m 为宜；Hunter-PGP 以工作压力 0.25MPa、组合间距 14m×14m 为宜；Toro-mini-8 以工作压力 0.15MPa、组合间距为 12m×12m 为宜。

对 4 种典型滴灌管（带）水力性能进行测试，结果发现，国产痕灌带与进口 K Rain 的滴灌管流量一致性较好；国产滴灌带与痕灌带属于非压力补偿式滴头；进口 Hunter-PLD 和 K Rain-KA5-112P-CV 属于压力补偿式滴头。

（2）绿地耗水规律研究

以北京市通州区 2014—2018 年的气象数据为基础，通过相关性分析，确定了最小湿度、风速、最低温度和最高温度是计算 P-M 模型的主要气象输入参数，经过对比多元线性回归、BP 和 GA-BP 三种模型，结果表明，GA-BP 模型在反映气象因子与 ET_0 之间的非线性关系时预测精度最高，可用于气象资料缺乏情况下 ET_0 的计算。

（3）绿地精灌溉智能控制系统设计

基于生产经验、土壤墒情和气象参数三种决策指标结合研发的 GA-BP 模型，构建了三种草坪灌溉决策模型，可为北京市的草坪灌溉提供理论依据；并结合用户养护经验，开发了基于 web 平台、应用于城市绿地灌溉的精准灌溉智能控制系统。该系统实现了实时数据采集、灌溉决策和灌溉控制等功能，集成了气象站、电磁阀、流量计、土壤水分传感器、压力传感器、无线网桥和视频监控等设备。

9.2 关键技术与创新点

9.2.1 城市生态绿化技术体系

城市生态绿化技术是指在遵循城市生态学规律的基础上，运用生态学相关原理与方法，融合园林学及相关交叉学科研究成果，紧密结合实际生态问题，科学构建、维护与修复城市绿地生态系统，发挥其最大的生态服务功能，建立人与自然和谐共生的城市生态环境，并实现资源节约、自然循环和环境保护。本课题基于集成与研究的总体思路，聚焦生物与环境、生物与生物间突出的城市生态问题，在广泛调研、引进国内外先进技术，遴选适于通州成熟的专项技术的基础上，加以深化、整合，首次建立形成集园林绿化废弃物资源化利用、多维度空间绿化、保育式生物防治、绿地高效用水技术于一体的"城市生态绿化技术体系"，从建设前期的土壤检测、改良，到设计期不同绿地类型的植物选择、植物配置，再到建设期的苗木移植，最后到养护期的灌溉与虫害管理，多方面紧密结合，在有效解决通州现存生态问题的基础上，科学构建、维护与修复通州城市绿地生态系统，满足副中心园林绿化建设"量质并举"的新要求。

9.2.2 城市绿地保育式生物防治技术

国内首创了城市绿地保育式生物防治技术，通过改变绿地生态系统中植物构成、生境条件等，提高生态系统中天敌昆虫的丰富度、多样性和控害能力，激活绿地生态系统的自我调控机制，使绿地生态系统逐步恢复生态平衡，达到"有虫不成灾"的控害效果，实现绿地有害生物的可持续控制。

9.2.3 城市副中心土壤环境评价

首次基于二维空间进行城市副中心绿地土壤环境综合肥力与重金属含量潜在生态风险评价，在全面掌握城市副中心绿地土壤环境特点的基础上，绘制了土壤空间分布图，为土壤利用与管理，绿地规划、设计及管理等提供了重要的科学依据。

9.2.4 城市副中心多维度绿色空间构建技术

在全面掌握城市副中心发展现状的基础上，提出了城市副中心多维度绿色空间构建类型和适用技术。区别以往单项技术，融合了屋面低荷载技术等在内的城市副中心多维度绿色空间构建技术，集国际先进的屋顶绿化、垂直绿化和坡面绿化技术于一体，具有先进性、综合性和针对性等显著优势。

9.3　展望

　　伴随城市化发展，以构建结构合理、功能高效和关系协调的城市生态系统为核心的生态城市建设成为人类对现代城市的迫切需求。生态城市既是人类社会发展的过程，也是在生产力高度发达，人的社会文化、生态环境意识达到一定水平条件下渴望实现的目标。其科学内涵是遵循生态系统稳定性和经济发展规律性，从整体和长远的利益出发，解决好人口、能源、水资源、污染控制和土地利用等存在的城市环境问题，倡导社会、经济、自然协调发展，物质、能量、信息高效利用，最终实现城市宜居环境建设、人与自然和谐共生和城市可持续发展。基于课题研究，立足城市可持续发展、人与自然和谐共生和首都生态宜居城市建设，倡导从以下方面进行生态城市建设。

9.3.1　立足城市可持续发展，将生态融入城市

　　城市生态系统观认为，城市是由相互关联的复杂网络组成的有机整体，其内部的一切单元都存在联系。城市的系统性决定了必须用系统论方法来解决问题，正确处理局部与总体、区域内与区域外的关系。对于当前和未来的城市建设和规划而言，立足于城市可持续发展，让生态融入城市，将经济、社会与自然进行耦合，使其既满足经济发展，保障社会安定文明，又保护自然资源环境。同时，将城市放在区域尺度和生态系统中衡量，综合性考虑自然资源环境的承载力与社会经济的发展，从而进行城市结构和功能定位。

　　因此，城市规划不再仅仅是规划城市，也是落实环境保护和走可持续发展道路等基本国策的具体行动与积极措施之一。近年来，在我国新城区的建设中，城市生态规划成为热点和解决日益突出的城市生态环境问题的重要方法。其主要任务是在现状分析的基础上，应用生态学、环境学等多学科、多专业的理论和方法，对城市未来进行预测和规划，辅助城市规划的科学决策，使其实现经济、社会、环境协调和可持续发展。诸如，以土地自然生态条件为基础，可进行土地生态适宜性分析和土地生态潜力评价，从而提出调整土地结构的建议和科学依据，指导土地利用和空间配置；从景观生态角度出发，进行景观生态分类和景观生态适宜性分析，对景观格局及景观要素进行规划与设计。

9.3.2　立足人与自然和谐共生，遵循自然规律，实现资源节约和环境保护

　　城市化进程对自然生态系统破坏严重，森林毁坏、耕地占用、环境污染、资源浪费等人类行为不断削减了系统的生态服务功能，人类生存受到严重威胁。进入 21 世纪以来，资源与环境问题成为严重制约我国城市社会、经济发展的主要因素，粗放型发展模式下造

成的资源利用低下、环境恶化等问题要求我们必须从发展模式的转变上寻求解决对策。遵循自然规律，倡导人与自然和谐共生，最大限度实现资源节约和环境保护的生态城市建设，成为发展模式转型下的必然要求。

城市生态绿地建设是生态城市建设的重要内容。与传统绿地重在发挥其单体的景观或文化功能有所不同，生态绿地建设是符合城市生态和景观生态理论要求，遵循城市绿地自我发展规律，同时融合城市规划学及相关交叉学科的研究成果，构建和完善城市绿地生态系统，在城市及其周边范围内建立起人与自然和谐共生的良性循环生态空间；也是遵循生态学规律，应用成熟的生态绿化技术，构建低碳、低消耗的复合型人工植物群落，保护生物多样性、提高资源利用效率，建立起人与自然和谐共生的城市生态环境。

9.3.3　立足首都生态宜居城市建设，充分发挥城市绿地生态服务功能

城市绿地是城市生态系统中唯一具有生产能力和自我调节能力的子系统，是削弱城市环境负效应、调节城市生态平衡的主要途径和措施之一，具有重要的生态服务功能。城市绿地的生态服务功能是指绿地系统为维持城市人类活动和居民身心健康提供物质产品、环境资源、生态公益和美学价值的能力（李锋和王如松，2003），主要体现在生态改善、景观美化、文化传承、休闲游憩和防灾避险 5 个方面。城市绿地在一定时空范围内为人类社会提供的产出构成生态服务功效，其强弱一半来自城市绿地规划、设计和建设的合理性，另一半归功于绿地管理的适宜性。前者包括绿地的布局、组成、与区域生态系统的关系以及绿地建设过程中所施用的绿化技术等方面；后者包括绿地的管理体制、方法、手段以及管理人员的专业能力和普通市民的素质等。从尺度上来讲，涉及绿地系统、植物群落和植物个体 3 个尺度。

面对作为全国首都和政治、文教、科教以及国际交往中心等对城市绿化建设的极高要求和高度城市化、国际大都市化等对城市生态环境带来恶劣影响的双重压力，北京绿化事业势必肩负着由"量的要求"到"量、质并举"转变的重大历史使命。结合北京城市近期和远期发展目标，遵循自然规律与经济规律的客观要求，以首都宜居城市建设为目标，充分和高效发挥城市绿地的生态服务功能是完成转变的必由之路。

9.3.3.1　植物个体尺度

植物是城市绿地的主体，其各项生理活动是绿地提供各项生态服务的基础。例如，植物通过光合作用，吸收二氧化碳并放出氧气，发挥固碳释氧功能；通过蒸腾作用，对微气候起到降温增湿作用；通过体内各种生化反应降解有毒物质，为城市提供空气清洁服务；通过盛开的花朵，变色的叶片，给人们提供美的享受。不同植物的各项生理活动及其提供的生态服务功能不尽相同，在城市绿地建设的植物个体尺度上，根据不同绿地的生态服务功能需求进行适宜的功能性植物材料选择，能够充分发挥植物个体尺度上的生态服务功能。

9.3.3.2　植物群落尺度

城市绿地的生态服务功能需要在植物群落尺度上才能有效发挥作用，植物群落的生态过程体现了生态系统的高效生态运行机制。将植物个体进行科学配置不仅可以发挥其最大的生态服务效率，还能通过彼此间的相互作用，产生新的功能。例如，针对具有减噪要求的道路绿地来说，兼顾常绿与落叶，选用减噪型植物材料构建乔灌草复层结构植物群落更为有效。针对郊野公园等在粗放管理条件下有生态系统自调控需求的绿地类型来说，采用乡土植物构建地带性近自然植物群落或依据保育式生物防治基本方法构建蜜粉源植物群落，能够通过植物群落内部及其与昆虫种群的相互作用，形成生态系统的自我调控机制。以景观功能为主体的植物群落，不仅要求具有丰富的季相变化，还要求在园林艺术原理的指导下，富有优美的林冠线、林缘线及不同植物间错落有致的组合方式。因此，城市绿地在群落水平与城市对生态服务功能需求的耦合机制上，应体现出针对不同的主要生态服务功能类型采用相应的群落结构特征（王建平，2005）。

9.3.3.3　城市绿地及绿地系统尺度

通过城市经济、社会与自然进行耦合构建形成城市绿地系统格局，并以此将城市绿地的生态系统服务功能有效合理配置，使其与城市的生态服务功能需求在时间、空间、结构、数量上相互匹配，进而使其生态服务功效达到最大化。

在城市层面上，不同的城市各具不同特点，对城市绿地系统的生态服务功能需求不尽相同。例如，一个热岛效应显著的老城区与该地区的地形特点、土地利用特征相关联，与以构建城市风道为特色的城市绿地系统相匹配；具有浓厚文化特质的城市，需要城市绿地系统与其他人文系统相耦合，共同承担起该城市文化传承的重任。

在绿地层面上，对于处于不同区位、不同类型以及不同服务对象的城市绿地偏重于不同的生态服务输出。例如，历史名园承担着文化传承的重要任务；植物园以植物的迁地保护与展示为核心；街头绿地、小区游园应充分发挥其休闲游憩、景观美化和微气候改善的功能；郊野公园在社会性和文化性的层面连接了城市和乡村，在自然性方面承担着生物多样性保育的重要功能，这要求在其规划和设计中倡导生态与自然，在管理中减少人工干预。

整体而言，城市绿地与城市的生态服务需求相耦合是判断城市绿地及绿地系统的规划、设计和管理手段是否科学、合理的主要依据。

主要参考文献

巴成宝，梁冰，李湛东，2012. 城市绿化植物减噪研究进展 [J]. 世界林业研究，25（5）：40-46.

巴成宝，梁冰，秦仲，等，2013. 北京 4 种阔叶绿篱球的减噪效应及其影响因子 [J]. 城市环境与城市生态，26（2）：14-19.

巴成宝，2013. 北京部分园林植物减噪及其影响因子研究 [D]．北京：北京林业大学．

鲍风宇，2013. 北京市典型城市绿地及绿道的生态保健功能初探 [D]．北京：北京林业大学．

鲍士旦，2001. 土壤农化分析 [M]. 北京：中国农业出版社．

北京市质量技术监督局，2006. DB11/T 349—2006 草坪节水灌溉技术规定 [S]. 北京．

曹丹，2008. 上海城区不同开放空间类型中的小气候特征及其对人体舒适度的调节作用 [D]．上海：华东师范大学．

曹慧娟，1981. 植物学 [M]. 北京：中国林业出版社．

曹琳，郭有，2015. 浅谈油松大树移植技术 [J]. 内蒙古林业（4）：24.

柴楠，2016. 十二种园林植物的抗旱性试验研究 [D]. 呼和浩特：内蒙古农业大学．

陈川，2004. 陕西苹果园天敌昆虫资源及主要种类发生规律研究 [D]. 杨凌：西北农林科技大学．

陈辉，古琳，黎燕琼，等，2009. 成都市城市森林格局与热岛效应的关系 [J]. 生态学报，29（9）：4865-4874.

陈慧英，汤坤贤，孙元敏，等，2016. 海岛植被修复中的耐旱植物筛选及抗旱技术研究 [J]. 应用海洋学学报，35（2）：223-228.

陈继东，黄小军，平丽丽，2012. 油松大苗移植及培育技术初探 [J]. 安徽农学通报，18（14）：128，184.

陈立明，尹艳豹，2015. 干旱区园林植物抗旱机制研究进展 [J]. 安徽农业科学，43（4）：73-76.

陈明玲，靳思佳，阚丽艳，等，2013. 上海城市典型林荫道夏季温湿效应 [J]. 上海交通大学学报（农业科学版），31（6）：81-85.

陈万隆，1995. 几种下垫面对紫外辐射的反射率 [J]. 高原气象（1）：102-106.

陈为峰，付延军，2009. 节水园林的内涵及其技术体系分析 [J]. 节水灌溉（2）：29-31.

陈兴华，胡会先，林爵平，等，2010. 华南地区常用园林绿化藤本植物光合生理特性研究 [J]. 广东林业科技，26（2）：7-11.

陈毅建，2016. 漳州市道路绿地滞尘效果的研究 [J]. 福建热作科技，41（3）：31-33.

陈钰伟，2018. 苗木的移植技术 [J]. 现代园艺（12）：78-79.

陈振兴，王喜平，叶渭贤，2003. 绿篱的减噪效果分析 [J]. 广东林业科技（2）：41-43.

陈之欢，孙国峰，张金政，等，2003. 耐旱节水型宿根花卉在北京城市绿化中的应用 [J]. 中国农学通报．19（5）：157-159.

陈自新，苏雪痕，刘少宗，等，1998. 北京城市园林绿化生态效益的研究 [J]. 中国园林，14（56）：51-54.

成海钟，2005. 促进移植大树恢复树势的三项措施 [J]. 园林，（6）：54-55.

成杭新，李括，李敏，等，2014. 中国城市土壤化学元素的背景值与基准值 [J]. 地学前缘，21（3）：265-306.

程国华，王建兴，张广辉，等，2009. 大树移植及提高移植成活率的技术 [J]. 中国园艺文摘（11）：59-60.

程建峰，潘晓云，刘宜柏，等，1999. 作物根系研究法最新进展 [J]. 江西农业学报，11（4）：55-59.

程明昆，柯豪，1982. 城市绿化的声衰减 [J]. 环境科学学报（3）：207-213.

丛日晨，揭俊，赵黎芳，2006. 论城市绿地中的自然化植物群落建设 [J]. 园林科技（4）：15-17，42.

崔晓阳，方怀龙，2001. 城市绿地土壤及其管理 [M]. 北京：中国林业出版社 .

达良俊，许东新，2003. 上海城市"近自然森林"建设的尝试 [J]. 中国城市林业，1（2）：17-19.

达良俊，杨永川，陈鸣，2004. 生态型法绿化在上海"近自然"群落建设中的应用 [J]. 中国园林（3）：38-40.

达良俊，2008. 近自然型恢复的理论与实践 [J]. 长江流域资源与环境（2）：169.

戴子云，隋静轩，许蕊，等，2019. 北京城市绿地土壤水分入渗性能研究 [J]. 中国园林，35（6）：105-108.

丁媛媛，2008. 点源噪声空间扩散模拟研究 [D]. 南京：南京师范大学 .

董梅，2013. 柴达木地区主要树种抗旱耐盐生理研究 [D]. 北京：北京林业大学 .

范体凤，冯志坚，朱锦心，等，2016. 广州市垂直绿化新形式的应用调查 [J]. 湖南林业科技（5）：112-117.

方东彬，1981. 针叶树雨季造林试验效果的探讨 [J]. 吉林林业科技（3）：7-12.

冯慧，沈文宁，2011. 大棚倒茬种植土壤灭菌改良剂的研究 [J]. 江苏农业科学 . 39（3）：482-484.

符素华，王红叶，王向亮，等，2013. 北京地区径流曲线数模型中的径流曲线数 [J]. 地理研究，32（5）：797-807.

付锦楠，李佳璇，王小玲，等，2014. 我国主要耐旱型花卉及其在城市绿化中的应用 [J]. 北方园艺（13）：73-78.

高宝嘉，高素红，张炬红，2002. 不同林木类型昆虫群落结构及变化规律研究 [J]. 河北林果研究，17（1）：52-57.

古润泽，李延明，谢军飞，2007. 北京城市园林绿化生态效益的定量经济评价 [J]. 生态科学，26（6）：519-524.

郭元裕，2001. 农田水利学 [M]. 北京：中国水利水电出版社 .

国家统计局 . 2020. 中国统计年鉴 2019 [M]. 北京：中国统计出版社 .

韩建国，潘全山，王培，2001. 不同草种草坪蒸散量及各草种抗旱性的研究 [J]. 草业学报（4）：56-63.

郝年根，王佔波，刘秀芳，1959. 陕西省油松生长量调查分析报告 [J]. 陕西林业科学（5）：183-188.

郝瑞军，方海兰，沈烈英，等，2011. 上海中心城区公园土壤的肥力特征分析 [J]. 中国土壤与肥料（5）：20-26.

郝瑞军，2014. 上海城市绿地土壤肥力特征分析与评价 [J]. 上海农业学报，30（1）：79-84.

何丹丹，2013. 73 种园林树木抗旱性的研究 [D]. 吉林：吉林农业大学 .

何继龙，1989. 捕食性食蚜蝇的生物学和生态学 [J]. 上海交通大学学报（农业科学版）（4）：325-331.

何文芳，2012. 节约型园林绿化建设与养护管理探讨 [J]. 绿色科技（1）：58-60.

何兴元，陈玮，徐文铎，等，2003. 城市近自然林的群落生态学剖析——以沈阳树木园为例 [J]. 生态学杂志，22（6）：162-168.

贺士元，邢其华，尹祖棠，等，1984. 北京植物志 [M]. 北京：北京出版社 .

胡霭堂，1994. 植物营养学（下）[M]. 北京：中国农业大学出版社 .

胡九林，2006. 天津滨海地区草坪耗水规律及灌溉制度研究 [D]. 北京：北京林业大学 .

胡译文，秦永胜，李荣桓，等，2011. 北京市三种典型城市绿地类型的保健功能分析 [J]. 生态环境学报，20（12）：1872-1878.

花晓梅，1984. 树木杀菌素对结核菌抑制作用的研究 [J]. 林业科学（4）：423-430.

黄春红，杨晓芸，2014. 浅析不同季节对园林绿化树木移植的影响 [J]. 农技服务，31（11）：188.

黄健，张惠琳，傅文玉，等，2005. 东北黑土区土壤肥力变化特征的分析 [J]. 土壤通报，36（5）：659-663.

黄健屏，吴楚才，2002. 与城区比较的森林区微生物类群在空气中的分布状况 [J]. 林业科学（2）：173-176.

霍晓娜，2011. 北京部分绿地群落光环境状况研究 [D]. 北京：北京林业大学 .

江显群，陈武奋，2018. BP 神经网络与 GA-BP 农作物需水量预测模型对比 [J]. 排灌机械工程学报，36（8）：762-766.

蒋庭菲，范兴科，侯红蕊，等，2013. 几种城市绿地草坪草需水规律研究 [J]. 水土保持研究（6）：88-91.

康乐，2012. 油茶幼苗根系生长特性研究 [D]. 重庆：西南大学.

兰晓燕，2007. 基于树势平衡的大树移植保活技术研究 [D]. 重庆：西南大学.

李冬梅，2013. 在北京影响玉兰生长的因素及栽培方式分析 [J]. 现代园艺（10）：49.

李芳，张宝鑫，2007. 北京城市常用绿化树种根系再生能力调查 [J]. 山东林业科技（5）：28-29.

李芳霞，杨丽霞，杨玉秋，1999. 浅论城市生态林业建设 [J]. 河南林业（4）：26.

李锋，王如松，2003. 城市绿地系统的生态服务功能评价、规划与预测研究——以扬州市为例 [J]. 生态学报（9）：1929-1936.

李国华，2011. 浅谈油松大树移植技术要点 [J]. 河北林业（1）：30-31.

李红星，2008. 西北地区城市园林绿化大树移植的技术研究 [D]. 杨凌：西北农林科技大学.

李吉跃，张建国，1993. 北方主要造林树种耐旱机理及其分类模型的研究（I）——苗木叶水势与土壤含水量的关系及分类 [J]. 北京林业大学学报（3）：1-11.

李久生，1993. 灌水均匀度与深层渗漏量关系的研究 [J]. 农田水利与小水电（1）：1-4.

李俊杰，2008. 太原市反季节带冠大树移植管护技术 [J]. 山西林业（6）：35-36.

李凯，2010. 农林复合生态系统林带对捕食性节肢动物种群动态的影响 [D]. 北京：北京林业大学.

李利，王守龙，付筱，2018. 元宝枫规范化栽培技术 [J]. 现代农业科技（10）：172.

李隆术，何洪俊，郭依泉，1988. 四川食螨瓢虫田间发生规律研究 [J]. 西南农业大学学报，10（2）：199-204.

李培哲，2012. 灰色多元线性回归模型及其应用 [J]. 统计与决策（24）：89-91.

李倩，2012. 栾树大树移植技术 [J]. 现代农业科技（20）：182，184.

李树华，王勇，康宁，2017. 从植树种草，到生态修复，再到自然再生——基于绿地营造视点的风景园林环境生态修复发展历程探讨 [J]. 中国园林，33（11）：5-12.

李霞，2010. 控根栽培对桂花根系构型及功能变化影响 [D]. 南京：南京林业大学.

李晓鹏，董丽，关军洪，等，2018. 北京城市公园环境下自生植物物种组成及多样性时空特征 [J]. 生态学报，38（2）：581-594.

李新宇，赵松婷，郭佳，等，2016. 公园绿地植物配置对大气 PM2.5 浓度的消减作用及影响因子 [J]. 中国园林（8）：10-13.

李延明，徐佳，鄢志刚，2002. 城市道路绿地的减噪效应 [J]. 北京园林（2）：14-19.

李艳菊，2004. 元宝枫繁殖技术与应用研究 [D]. 北京：北京林业大学.

李子敬，陈晓，舒健骅，等，2015. 树木根系分布于结构研究方法综述 [J]. 世界林业研究，28（3）：13-18.

李祖政，尤海梅，王梓懿，2018. 徐州城市景观格局对绿地植物多样性的多尺度影响 [J]. 应用生态学报，29（6）：1813-1821.

梁树乐，李源，2009. 耐旱宿根花卉在我国北方地区园林中的应用 [J]. 山东林业科技（5）：89-91，100.

梁玉君，邹志荣，2009. 非适宜季节树木移植的关键技术探讨 [J]. 北方园艺（10）：225-227.

林炳怀，杨大文，2007. 北京城市热岛效应的数值试验研究 [J]. 水科学进展（2）：258-263.

林源祥，杨学军，2006. 模拟地带性植被类型建设高质量城市植被 [J]. 中国城市林业，1（2）：21-24.

林岩，2012. 浅议大树移栽如何尽快恢复树势 [J]. 农材实用科技信息（6）：77.

林云青，章钢娅，许敏，等，2009. 添加凹凸棒土和钠基蒙脱石对铜锌镉污染红壤的改良效应研究 [J]. 土壤，41（6）：892-896.

凌佳，2014. 浅谈抗旱园林植物在张家口市的应用 [J]. 现代农村科技（23）：49.

刘崇乐，1963. 中国经济昆虫志（第5册）[M]. 北京：科学出版社.

刘大旻，王站强，2006. 绿地降噪功能对种植设计的限定研究综述 [J]. 现代园林（5）：20-24.

刘红茹，冯永忠，王得祥，等，2012. 延安城区10种阔叶园林植物叶片结构及其抗旱性评价 [J]. 西北植物学报，32（10）：2053-2060.

刘佳妮，2007. 园林植物降噪功能研究 [D]. 杭州：浙江大学.

刘婧然，马英杰，王喆，等，2013. 基于RBF神经网络与BP神经网络的核桃作物需水量预测 [J]. 节水灌溉（3）：16-19.

刘清臻，1984. 城市绿地减弱噪声效果分析 [J]. 东北林学院学报（S1）：59-68.

刘霞，景元书，王春林，等，2011. 广东省裸地和草地地表温度时空分布特征 [J]. 中国农业气象，32（1）：28-34.

刘晓冰，王光华，森田茂纪，等，2001. 根系的研究与展望（上）[J]. 世界农业（8）：33-44.

刘兴平，刘向辉，王国红，等，2005. 多样化松林中昆虫群落多样性特征 [J]. 生态学报，25（11）：2976-2982.

刘兴诏，黄旻，黄柳菁，2019. 中国部分大中城市居住区园林土壤碱化现状及主要成因 [J]. 西北林学院学报，34（6）：202-207.

刘秀丽，2011. 中国玉兰种质资源调查及亲缘关系的研究 [D]. 北京：北京林业大学.

刘艳，粟志峰，2002. 石河子市绿化适生树种的防尘作用研究 [J]. 干旱环境监测，16（2）：98-99.

刘洋洋，杨小艳，石晓峰，等，2015. 栓皮栎造林技术 [J]. 林业科学（12）：150.

刘艺青，2013. 生态基础设施与公园绿地建设策略研究 [D]. 北京：北京林业大学.

刘长海，骆有庆，2006. 枣树萌芽展叶期害虫与天敌关系的研究 [J]. 西北林学院学报，21（5）：139-142.

柳海涛，孙双科，郑铁刚，等，2018. 水电站下游鱼类产卵场水温的人工神经网络预报模型 [J]. 农业工程学报，34（4）：185-191.

卢山，陈波，敬婧，等，2015. 中亚热带城市近自然人工植物群落构建研究 [J]. 中国园林，31（6）：85-89.

卢瑛，甘海华，史正军，等，2005. 深圳城市绿地土壤肥力质量评价及管理对策 [J]. 水土保持学报，19（1）：153-156.

陆贵巧，尹兆芳，谷建才，等，2006. 大连市主要行道绿化树种固碳释氧功能研究 [J]. 河北农业大学学报（6）：49-51.

陆旭蕾，刘艳，粟志峰，等，2003. 城市绿地对减弱环境噪声作用的探讨 [J]. 石河子科技（5）：17-18.

陆元昌，甘敬，2002. 21世纪的森林经理发展动态 [J]. 世界林业研究，15（1）：1-3.

罗玉生，2010. 栓皮栎育苗与造林 [J]. 农村实用技术（7）：43.

马家骅，2010. 栓皮栎直播造林技术 [J]. 甘肃科技，26（15）：150，161-162.

马开，严海军，刘洋，等，2011. R2000WF喷头与摇臂式喷头水力性能的比较研究 [J]. 节水灌溉（2）：29-32.

马天麟，1984. 绿化树林噪声衰减的估算 [J]. 交通环保（4）：18-21.

马秀枝，李长生，陈高娃，等，2010. 校园内不同绿地类型降温增湿效应研究 [J]. 内蒙古农业大学学报（自然科学版），31（4）：113-117.

马燕玲，1998. 草坪水分需求及研究趋势 [J]. 国外畜牧学（草原与牧草）（2）：13-16.

马莹，邬晓红，蔺爱萍，等，2009. 十种宿根花卉耐旱性试验研究 [J]. 内蒙古农业科技（2）：63，97.

马元喜，王晨阳，贺德先，等，1994. 中国农业栽培植物根系研究史料浅析 [J]. 河南农业大学学报，28（4）：332-338.

毛文娟，李新平，安东，等，2010. 不同改良剂对宁夏地区盐碱土土壤结构的影响 [J]. 水土保持通报，30（4）：190-192，197.

孟晨，牛健植，武晓丽，等，2016. 鹫峰地区土壤结构及水分运移能力随海拔梯度的变化 [J]. 水土保持通报，36（1）：106-109，114.

欧芷阳，申文辉，庞世龙，等，2015. 平果喀斯特山地不同植物群落的土壤质量评价 [J]. 生态学杂志，34（10）：2771-2777.

潘洪生，2015. 华北农田系统中捕食性瓢虫的生境搜索行为 [D]. 北京：中国农业科学院 .

潘全山，韩建国，王培，2001. 五个草地早熟禾品种蒸散量及节水性 [J]. 草地学报（3）：207-212.

庞雄飞，毛金龙，1979. 中国经济昆虫志（第 14 册）[M]. 北京：科学出版社 .

彭红玲，2008. 上海辰山植物园土壤肥力质量评价一及植物适宜性研究 [D]. 哈尔滨：东北林业大学 .

钱进，王子健，单孝全，1995. 土壤中微量金属元素的植物可给性研究进展 [J]. 环境科学，16（6）：73-75，78.

钱乐祥，2006. 城市热岛研究中地表温度与植被丰度的耦合关系 [J]. 广州大学学报（自然科学版）（5）：62-68.

乔小菊，2016. 南京城区园林绿化中常见阔叶乔木树种的光合特性及相关生态功能的研究 [D]. 南京：南京农业大学 .

秦仲，2016. 北京奥林匹克森林公园绿地夏季温湿效应及其影响机制研究 [D]. 北京：北京林业大学 .

邱轶兵，2008. 实验设计与数据处理 [M]. 合肥：中国科学技术大学出版社 .

曲成闯，陈效民，韩召强，等，2018. 生物有机肥对潮土物理性状及微生物量碳、氮的影响 [J]. 水土保持通报，38（5）：70-76.

任斌斌，李树华，2010. 模拟延安地区自然群落的植物景观设计 [J]. 中国园林，26（5）：87-90.

任斌斌，李树华，殷丽峰，等，2009. 模拟常熟地区自然群落的植物景观设计 [J]. 林业科学，45（12）：139-145.

任斌斌，李树华，殷丽峰，等，2010. 苏南乡村生态植物景观营造 [J]. 生态学杂志，29（8）：1655-1661.

任斌斌，王建红，李广，等，2018. 基于有害生物及其天敌发生规律的蜜粉源植物群落构建研究 [C]// 中国风景园林学会 . 中国风景园林学会 2018 年会论文集 . 北京：中国建筑出版社：617-623.

任斌斌，王建红，李广，等，2018. 基于保育式生物防治的蜜粉源植物调查与群落构建研究 [J]. 中国园林，34（1）：108-112.

任顺祥，王兴民，庞虹，等，2009. 中国瓢虫原色图鉴 [M]. 北京：北京科学出版社 .

商丽荣，仝宗永，李振松，等，2019. 蚯蚓粪和菌渣对羊草草原土壤养分及酶活性的影响 [J]. 国农业大学学报，24（10）：81-91.

尚凯锋，刘艳峰，王登甲，等，2015. 室外气温与太阳辐射的随动性关系研究 [J]. 土木建筑与环境程，37（5）：116-121.

沈良涛，2013. 苗木移植的关键技术探析 [J]. 黑龙江科学（12）：4.

施少华，梁晶，吕子文，2014. 上海迪士尼一期绿化用土生产 [J]. 园林（7）：65-67.

石景仁，2010. 乡土树种元宝枫开发利用及其栽培技术 [J]. 安徽农学通报，16（7）：174，183.

史晓峰，陶建成，邱小军，2008. 点声源入射下无限大平板的隔声 [J]. 声学学报（中文版）（3）：268-274.

宋朝军，2010. 晋北地区油松大树移植成活机理及技术措施 [J]. 山西科技，25（6）：143-145.

宋晓刚，杜树垚，2012. 栾树苗木繁殖与栽培管理技术 [J]. 中国林副特产，119（4）：57-58.

宋学术，李永清，张志刚，2001，等 . 元宝枫在石质薄土立地的造林措施研究 [J]. 山西林业科学（S1）：33-35.

宋永昌，2017. 植被生态学 [M]. 上海：华东师范大学出版社 .

苏雪痕，1983. 鼎湖山植物群落对广州园林中植物造景的启示 [J]. 北京林学院学报（3）：46-54.

苏雪痕 . 1994. 植物造景 [M]. 北京：中国林业出版社 .

苏泳娴，黄光庆，陈修治，等，2010. 广州市城区公园对周边环境的降温效应 [J]. 生态学报，30（18）：4905-4918.

粟娟，王新明，梁杰明，等，2005. 珠海市 10 种绿化树种"芬多精"成分分析 [J]. 中国城市林业（3）：43-45.

孙翠玲，1982. 北京市绿化减噪效果的初步研究 [J]. 林业科学（3）：329-334.

孙翠玲，1985. 树木减噪的模拟研究 [J]. 林业科学（2）：132-139.

孙丽静，2015. 浅谈大树移植的关键技术和方法 [J]. 山西农经（10）：57-58.

孙强，韩建国，毛培胜，2003. 草地早熟禾与高羊茅蒸散量的研究 [J]. 草业科学（1）：16-19.

孙如如，2013. 福州木兰科的植物资源调查及其景观评价 [D]. 福州：福建农林大学 .

唐必成，2016. 南平市不同植物群落减噪效果分析 [J]. 四川林业科技，37（5）：81-83.

田宇，张娟，2014. 北京市属公园土壤肥力现状评价 [J]. 环境科学与技术，37（6）：436-439.

佟玲，康绍忠，粟晓玲，2004. 石羊河流域气候变化对参考作物蒸发蒸腾量的影响 [J]. 农业工程学报，20（2）：15-18.

童明坤，弓弼，王海迪，等，2013. 关中地区模拟自然群落植物景观设计研究 [J]. 西北林学院学报，28（2）：207-212.

汪昊磊，苏德荣，郑芳芳，2008. 水分与草坪质量关系研究进展 [J]. 草业科学（7）：104-108.

汪嘉熙，吴钦传，1979. 城市绿化树木减弱噪声效应的初步观察 [J]. 林业科学（4）：297-299.

汪志农，2013. 灌溉排水工程学 [M]. 北京：中国农业出版社 .

王斌，张震，2012. 天津近郊农田土壤重金属污染特征及潜在生态风险评价 [J]. 中国环境监测，28（3）：23-27.

王丹丹，李雄，2012. 论植物景观规划设计 [J]. 中国园林，28（4）：29-32.

王德平，岳志春，郭北玲，等，2010. 基于人体舒适度的城市绿地面积的确定 [J]. 安徽农业科学，38（10）：5445-5447.

王光美，2006. 城市化影响下北京植物多样性现状与保护对策研究 [D]. 北京：中国科学院植物研究所 .

王国良，宋文君，徐绍清，2017. 红运玉兰的嫁接育苗与栽培技术 [J]. 园艺与种苗（10）：50-51.

王海燕，2009. 呼和浩特市 10 种主要园林树木生理生态特性与生态效益研究 [D]. 呼和浩特：内蒙古农业大学 .

王建红，仇兰芬，车少臣，等，2015. 蜜粉源植物对天敌昆虫的作用及其在生物防治中的应用 [J]. 应用昆虫学报，52（2）：289-299.

王建红，李广，仇兰芬，等，2017. 北京园林花灌木对天敌昆虫成虫补充营养引诱作用的研究 [J]. 应用昆虫学报，54（1）：126-134.

王建华，陈传友，1999. 关于我国节水问题的思考 [J]. 资源与产业（7）：32-37.

王丽，唐纯科，张垒，等，2011. 高保护价值森林的判定标准研究进展 [J]. 四川林业科技（3）：101-106.

王琳琳，郑国华，2016. 福州植物群落对不同频率噪音减弱效果研究 [J]. 长江大学学报（自然科学版），13（9）：63-72，5.

王龙，薄一览，姚庆智，等，2010. 油松大树移植新技术的研究 [J]. 内蒙古农业大学学报，31（2）：100-103.

王仁卿，藤原一绘，尤海梅，2002. 森林植被恢复的理论和实践：用乡土树种重建当地森林——宫胁森林重建法介绍 [J]. 植物生态学报，26（S1）：133-139.

王蓉丽，刘惠，马玲，2007. 园林植被滞尘效应研究进展 [J]. 安徽农学通报，13（10）：84-85.

王锐萍，吴红萍，王十月，等，2006. 海口市绿地对空气含菌量影响的生态效应 [J]. 城市环境与城市生态（3）：7-8.

王珊珊，欧克芳，夏文胜，等，2012. 武汉市湿地公园昆虫群落多样性及季节动态研究 [J]. 环境昆虫学报，34（3）：265-276.

王淑会，杨琼，张文慧，等，2014. 生草苹果园绣线菊蚜及其天敌发生规律研究 [J]. 安徽农业科学，42（10）：2945-2948.

王玮璐，2012. 北京城市绿化林带降噪效果的四季变化研究 [D]. 北京：北京林业大学．

王小平，陆元昌，秦永胜，2008. 北京近自然森林经营技术指南 [M]. 北京：中国林业出版社．

王英宇，杨建，韩烈保，2006. 不同灌溉量对草坪草光合作用的影响 [J]. 北京林业大学学报（S1）：26-31.

王勇，2009. 苗木移植关键技术探讨 [J]. 内蒙古农业科技（5）：125.

王玉涛，2008. 北京城市优良抗旱节水植物材料的筛选与评价研究 [D]. 北京：北京林业大学．

王珍，冯浩，2009. 秸秆不同还田方式对土壤结构及土壤蒸发特性的影响 [J]. 水土保持学报，23（6）：224-228，251.

王珍，冯浩，2010. 秸秆不同还田方式对土壤入渗特性及持水能力的影响 [J]. 农业工程学报，26（4）：75-80.

王忠君，2013. 基于园林生态效益的圆明园公园游憩机会谱构建研究 [D]. 北京：北京林业大学．

魏帮庆，独军，2011. 油松大苗移植技术研究 [J]. 甘肃林业科技，36（3）：55-57.

魏东，2012. 讨论园林绿化中的反季节移植树木的技术与方法 [J]. 科技创新导报（23）：137.

魏山清，陈素伟，程东升，等，2014. 绿化观赏植物栾树栽培养护技术 [J]. 现代农业科技（18）：50.

吴兑，邓雪娇，2001. 环境气象学与特种气象预报 [M]. 北京：气象出版社．

吴龙飞，姜文虎，袁胜亮，等，2017. 塞罕坝自然保护区樟子松不同林分类型对昆虫群落多样性的影响 [J]. 应用生态学报，28（1）：308-314.

吴伟，刘德波，张培毅，等，2013. 高黎贡山百花岭瓢虫群落结构及物种多样性研究Ⅳ——农耕区不同植被类型瓢虫的物种多样性 [J]. 安徽农业科学，41（8）：3451-3452，3605.

吴应建，张建勇，张书利，等，2015. 组合配套移植技术在中幼龄林抚育中的应用 [J]. 山西林业科技，44（4）：30-31，40.

肖红，黄潇，郭宗方，等，2014. 栾树大树移植技术 [J]. 内蒙古林业（8）：20-21.

肖荣波，邹涛，周志翔，2003. 枫杨绿带公路噪声测试与分析 [J]. 福建林学院学报（3）：274-276.

谢慧玲，李树人，袁秀云，等，1999. 植物挥发性分泌物对空气微生物杀灭作用的研究 [J]. 河南农业大学学报（2）：127-133.

谢静芳，金顺梅，2003. 长春市不同天气条件下的气温日变化特征分析 [J]. 吉林气象（2）：21-23.

邢红光，2016. 元宝枫栽培管理技术 [J]. 中国园艺文摘（7）：167-168.

邢亚蕾，魏天兴，葛根巴图，2015. 鹫峰国家森林公园残次林物种多样性及生态位特征 [J]. 植物研究，35（6）：915-922.

熊俊贤，2014. 提高大树移植成活率的关键技术措施 [J]. 农业灾害研究（9）：56-58.

徐敏云，胡自治，刘自学，等，2005. 水分对3种冷季型草坪草生长的影响及蒸散需水研究——几种冷季型草坪草地上部分对不同水分梯度的响应 [J]. 草业科学，22（10）：87-91.

徐明宏，康喜信，2012. 园林绿化中大树移植的关键技术及措施 [J]. 林业科技开发，26（4）：116.

徐兴友，张风娟，龙茹，等，2007. 6 种野生耐旱花卉幼苗叶片脱水和根系含水量与根系活力对干旱胁迫的反应 [J]. 水土保持学报，21（1）：180-184.

徐永明，覃志豪，朱焱，2009. 基于遥感数据的苏州市热岛效应时空变化特征分析 [J]. 地理科学，29（4）：529-534.

许正刚，2010. 深圳市五种绿地植物蒸散量及灌溉制度研究 [D]. 北京：北京林业大学.

许忠，2018. 园林绿化工程苗木栽植技术分析 [J]. 山西林业（S1）：74-75.

闫桂琴，2016. 提高园林树木反季移植成活率的技术要点 [J]. 中国园艺文摘（6）：82-84.

闫荣，赵鸣，闫莉，2018. 基于城市生态文明建设发展背景下苗木移植要旨 [J]. 中国高新区（14）：212.

阎晓蓉，郑希伟，1991. 几种宿根花卉耐旱研究 [J]. 北方园艺（10）：1-20.

宴海，王雪，董丽，2012. 华北树木群落夏季微气候特征及其对人体舒适度的影响 [J]. 北京林业大学学报，34（5）：57-63.

杨传宝，2017. 白玉兰育苗栽培技术 [J]. 安徽林业科技，43（5）：61-63.

杨广，何新林，王振华，等，2013. 北疆滴灌春小麦参考作物蒸发蒸腾量与气象因子的关系 [J]. 石河子大学学报（自然科学版），31（2）：236-241.

杨建，2005. 北京地区不同灌溉量对草坪草生长的影响 [D]. 北京：北京林业大学.

杨丽娟，王海洋，2007. 耐旱园林植物在节水型园林中的应用 [J]. 南方农业（园林花卉版）（6）：52-53.

杨明金，张勃，王海军，等，2009. 聚丙烯酰胺和磷石膏对土壤导水性能的影响研究 [J]. 土壤通报，40（4）：747- 750.

杨涛，戴林利，吴杰，2018. 园林绿化大树移植及养护管理技术分析 [J]. 现代园艺（4）：21-22.

杨玉萍，周志翔，2009. 城市近自然园林的理论基础与营建方法 [J]. 生态学杂志，28（3）：516-522.

姚秋宾，唐卫国，2017. 大树移植技术在城市绿化中的初步探索 [J]. 天津农林科技（6）：30-31，33.

易湘蓉，王秀磊，周慧，等，2005. 普氏原羚的食性研究 [J]. 湖南农业大学学报（自然科学版），31（3）：289-292.

尹淑艳，孙绪良，2002. 针叶小爪螨 - 寄主植物 - 芬兰钝绥螨相互关系的研究 III . 寄主植物化学组成与针叶小爪螨生长发育的关系 [J]. 林业科学，38（4）：1001-7488.

余树勋，2000. 北方城市噪声如何减弱——在"面向 21 世纪首都绿化学术研讨会"上的发言 [J]. 中国园林（2）：13-15.

虞国跃，林文祥，2011. 台湾瓢虫图鉴 [M]. 北京：化学工业出版社.

袁玲，王选仓，鲁亚义，等，2009. 高速公路林带声衰减量计算方法 [J]. 中国公路学报，22（3）：107-112.

袁玲，王选仓，武彦林，等，2009. 夏冬季公路林带降噪效果研究 [J]. 公路（7）：355-358.

苑征，2011. 北京部分绿地群落温湿度状况及对人体舒适度影响 [D]. 北京：北京林业大学.

岳文泽，徐建华，徐丽华，2006. 基于遥感影像的城市土地利用生态环境效应研究——以城市热环境和植被指数为例 [J]. 生态学报（5）：1450-1460.

曾智海，2016. 园林景观中大树移植的关键技术环节初探 [J]. 江西建材，195（18）：205-206.

翟羽佳，2018. 土壤对城市园林景观效果的影响——以上海迪士尼乐园绿化项目为例 [J]. 现代园艺（14）：117-118.

张博文，李富平，许永利，等，2018. PEG-6000 模拟干旱胁迫下五种草本植物的抗旱性 [J]. 分子植物育种，16（8）：

2686-2695.

张彩琦，2008. 元宝枫的繁殖与栽培技术 [J]. 林业实用技术（S1）：36-37.

张道真，2014. 建筑防水 [M]. 北京：中国城市出版社 .

张东林，2005. 北京市园林绿化建设中大树移植技术的研究 [J]. 现代园林（10）：310-316.

张军林，2010. 提高油松苗木移植成活率技术初探 [J]. 山西林业，220（5）：22-23.

张俊艳，2010. 园林绿化中反季节带冠大树移植——以太原市为例 [J]. 中国园艺文摘（11）：66-68，71.

张科，2010. 重庆市六种园林草本地被植物的耐旱性评价 [D]. 重庆：西南大学 .

张浪，吴人韦，2011. 生态技术在上海世博园区绿地建设中的综合应用研究 [J]. 中国园林，27（3）：1-4.

张明丽，胡永红，秦俊，2006. 城市植物群落的减噪效果分析 [J]. 植物资源与环境学报，15（2）：25-28.

张庆费，庞名瑜，姜义华，等，2000. 上海主要绿化树种的抑菌物质和芳香成分分析 [J]. 植物资源与环境学报（2）：
　　62-64.

张庆费，郑思俊，夏檑，等，2007. 上海城市绿地植物群落降噪功能及其影响因子 [J]. 应用生态学报（10）：
　　2295-2300.

张锐，刘洁，诸钧，等，2013. 实现作物需水触动式自适应灌溉的痕量灌溉技术分析 [J]. 节水灌溉（1）：48-51.

张瑞美，彭世彰，2007. 参考作物蒸发蒸腾量的气象因子响应模型 [J]. 节水灌溉（2）：1-3.

张天麟，2010. 园林树木 1600 种 [M]. 北京：中国建筑工业出版社 .

张小卫，2011. 北京部分绿地群落冠层结构研究 [M]. 北京：北京林业大学 .

张艳璇，张智强，斋藤裕，等，2004. 混交林和纯竹林与毛竹害螨爆发成灾关系研究 [J]. 应用生态学报，15（7）：
　　1161-116.

张玉红，2017. 北方地区大树移植后养护管理技术 [J]. 现代化农业（7）：43.

张跃生，高静，吴彩琼，2012. 反季节全冠大树移植技术 [J]. 广东林业科技，28（3）：95-98.

张志刚，董春娟，高苹，等，2011. 蔬菜残株堆肥及微生物菌剂对设施辣椒栽培土壤的改良作用 [J]. 西北植物学报，
　　31（6）：1243-1249.

张治英，2016. 浅谈提高行道树大树栽植成活率技术 [J]. 天津农林科技（4）：27-29.

章华平，沈琳，2016. 上海首次完成大面积整体土壤修复——以国际标准改良迪士尼园区土壤 [J]. 园林（8）：84-
　　85.

赵炳祥，胡林，陈佐忠，等，2003. 常用六种草坪草蒸散量及作物系数的研究 [J]. 北京林业大学学报，25（6）：
　　39-44.

赵东武，赵东欣，2008. 河南玉兰属植物种质资源与开发利用的研究 [J]. 安徽农业科学，36（22）：9488-9491.

赵丽芍，2019. 乡土植物在城市生态园林设计中的应用 [J]. 现代园艺（19）：135-136.

赵凌泉，肖立国，王立刚，等，2000. 防护林科学研究动态及发展趋势 [J]. 防护林科技（2）：85-87.

赵艳格，周海涛，张新军，2012. 在园林中应用大树移植的探讨 [J]. 园艺与种苗（1）：50-51，60.

赵媛，2016. 基于 PLC 的温室环境控制系统研究与开发 [D]. 杨凌：西北农林科技大学 .

赵振宁，徐用懋，1996. 模糊理论和神经网络的基础与应用 [M]. 北京：清华大学出版社 .

赵宗林，1999. 元宝枫旱地造林调查 [J]. 陕西林业科技（1）：14-15.

郑思俊，夏檑，张庆费，2006. 城市绿地群落降噪效应研究 [J]. 上海建设科技（4）：33-34.

郑耀泉，刘婴谷，严海军，等，2015. 喷灌与微灌技术应用 [M]. 北京：中国水利水电出版社 .

周力，吕贤传，2002. 栓皮栎栽培 [J]. 安徽林业（1）：15.

周立晨，施文彧，薛文杰，等，2005. 上海园林绿地植被结构与温湿度关系浅析 [J]. 生态学杂志，24（9）：1102-1105.

周陆波，韩烈保，苏德荣，等，2005. 再生水灌溉对草坪草生长的影响 [J]. 节水灌溉（1）：5-8.

周美军，李鸽，刘晓茹，等，2014. 论园林绿化苗木的移植技术 [J]. 生物技术世界（12）：20.

周卫平，宋广程，邵思，1999. 微灌工程技术 [M]. 北京：中国水利水电出版社.

周昕放，2010. 铁路沿线居住区声环境控制技术研究 [D]. 合肥：合肥工业大学.

周志翔，邵天一，王鹏程，等，2002. 武钢厂区绿地景观类型空间结构及滞尘效应 [J]. 生态学报，22（12）：2036-2040.

朱春阳，李树华，纪鹏，2011. 城市带状绿地结构类型与温湿效应的关系 [J]. 应用生态学报，22（5）：1255-1260.

朱慧，彭媛媛，王德利，2008. 植物对昆虫多样性的影响 [J]. 生态学杂志，27（12）：2215-2221.

朱钦，苏德荣，2010. 草坪冠层特征对蒸散量影响的研究进展 [J]. 草地学报（6）：884-890.

朱世华，李权生，范爱华，等，2000. 棉田瓢虫发生规律及与棉蚜的追随关系 [J]. 安徽农业科学（5）：621-622.

朱文奇，2018. 野生五角枫大苗移植技术 [J]. 内蒙古林业（12）：28-29.

邹明珠，王艳春，刘燕，2012. 北京城市绿地土壤研究现状及问题 [J]. 中国土壤与肥料（3）：1-6.

AMALYAHYA Alshaikh, 2015. Vegetation Cover Density and Land Surface Temperature Interrelationship Using Satellite Data, Case Study of Wadi Bisha, South KSA[J]. Advances in Remote Sensing, 4(3): 248-262.

ANNA K F, 2006. Evaluation of Michigan native plants to provide resources for natural enemy arthropods[D]. Michigan: Michigan State University.

ASAEDA T, CA V T, WAKE A, 1996. Heat storage of Cement pavement and its effect on the lower atmosphere[J]. Atmospheric Environment, 30(3): 413-427.

ASAKO TAKIMOTO P K, 2007. Ramachandran Nair, Vimala D. Nair. Carbon stock and sequestration potential of traditional and improved agroforestry systems in the West African Sahel[J]. Agriculture, Ecosystems & Environment, 125(1): 159-166.

BAKER L R, BAKER I, 1983. Floral nectar sugar constituents in relation to pollinator type[C]//Jones CE, Little RJ. Handbook of Experimental Pollination Biology[M]. New York: Van Nostrand Reinhold.

BALZAN M V, WÄCKERS F L, 2013. Flowers to selectively enhance the fitness of a host-feeding parasitoid: Adult feeding by Tuta absoluta and its parasitoid Necremnus artynes[J]. Biol. Control, 67: 21-31.

BARRADAS V L, 1991. Air temperature and humidity and human comfort index of some city parks of Mexico City[J]. International journal of biometeorology, 35(1): 24-28.

BECKETT K P, FREER-SMITH P H, TAYLOR G, 1998. Urban woodlands: their role in reducing the effects of particulate pollution[J]. Environmental pollution, 99(3): 347-360.

BERNDT L A, WRATTEN S D, HASSAN P G, 2002. Effects of buckwheat flowers on leafroller (Lepidoptera: Tortricidae) parasitoids in a New Zealand vineyard[J]. Agricul and Forest Entomol, 4: 39-45.

BERNDT L A, WRATTEN S D, 2005. Effects of alyssum flowers on the longevity, fecundity, and sex ratio of the leafroller parasitoid Dolichogenidea tasmanica[J]. Biol. Control, 32: 65-69.

BOSELLO F, ROSON R, RICHARD S J, 2007. Tol. Economy-wide estimates of the implications of climate change: Sea level rise[J]. Environmental and Resource Economics, 37(3): 549-571.

BRAUTIGAN D J, RENGASAMY P, CHITTLEBOROUGH D J, 2014. Amelioration of alkaline phytotoxicity by lowering soil pH[J]. Crop & Pasture Science, 65: 1278-1287.

BULLEN R, FRICKE F, 1982. Sound propagation through vegetation[J]. Journal of Sound and Vibration, 80(1): 11-23.

BURNS S H, 1979. The absorption of sound by pine trees[J]. Journal of the Acoustical Society of America, 65(3): 658-661.

CA V T, ASAEDA T, ABU EM, 1998. Reductions in air conditioning energy caused by a nearby park[J]. Energy and Buildings, 29(1): 83-92.

CELESTIAN S B, MARTIN C A, 2004. Rizosphere, surface, and air temperature patterns at parking lots in Phoenix, Arizona, US[J]. Journal of Arboriculture, 30(4): 245-252.

DONG J, KAUFMANN R K, MYNENI R B, et al, 2003. Remote sensing estimates of boreal and temperate forest woody biomass: carbon pools, sources, and sinks[J]. Sensing of Envilmnment, 84(3): 393-410.

CHANG C R, LI M H, CHANG S D, 2006. A preliminary study on the local cool-island intensity of Taipei city parks[J]. Landscape and Urban Planning, 80(4): 386-395.

CHARLES-TOLLERUP J J, 2013. Resource provisioning as a habitat manipulation tactic to enhance the aphid parasitoid, Aphidius colemani Viereck (Hymenoptera: Braconidae: Aphidiinae), and the plant-mediated effects of a systemic insecticide, imidacloprid[D]. Carlifornia: University of Carlifornia Riverside.

CHAVES B, DE NEVE S, HOFMAN G, et al, 2003. Nitrogen mineralization of vegetable root residues and green manures as related to their (bio) chemical composition[J]. European Journal Agronomy, 21(2): 161-170.

CHEN Y, HIEN W N, 2005. Thermal benefits of city parks[J]. Energy & Buildings, 38(2): 105-120.

CHIH F F, DER L L, 2005. Guidance for noise reduction provided by tree belts[J]. Landscape and Urban Planning, 71(1): 29-34.

CLÉMENT A, LADHA J K, CHALIFOUR F P, 1998. Nitrogen dynamics of various green manure species and the relationship to low-land rice production[J]. Agron J, 90: 149-154.

COGGER C G, 2005. Potential compost benefits for restoration of soils disturbed by urban development[J]. Compost Sci Util, 3: 243-251.

COX D, BEZDICEK D, FAUCI M, 2001. Effects of compost, coal ash, and straw amendments on restoring the quality of eroded Palouse soil[J]. Biol Fertil Soils, 33: 365-372.

COGGER C G, 2005. Potential compost benefits for restoration of soils disturbed by urban development[J]. Compost Science & Utilization, 13(4): 243-251.

ÇOLAK Y B, YAZAR A, 2017. Evaluation of crop water stress index on Royal table grape variety under partial root drying and conventional deficit irrigation regimes in the Mediterranean Region[J]. Scientia Horticulturae, 224: 384-394.

CRAUL P J, PATTERSON J C, 1989. The urban soil as a rooting environment. In: Proceedings of fourth national urban forestry conference[J]. St Louis, MO: 97-102.

CURTIS M J, CLAASSEN V P, 2009. Regenerating topsoil functionality in four drastically disturbed soil types by compost incorporation[J]. Restor Ecol, 17: 24-32.

DE LUCIA B, CRISTIAN G, VECCHIETTI L, et al, 2013. Effect of different rates of composted organic amendment on urban soil properties, growth and nutrient statusf three Mediterranean native hedge species[J]. Urban For

Urban Green, 12(4): 537-545.

DEXTER A R, 2004, Soil physical quality. Effects of soil texture density and organic matter, and effects on root growth, part 1[J]. Theory Geoderma, 120: 201-214.

EISSENSTAT D M, 1991. On the relationship between specific root length and the rate of root proliferation: a field study using citrus rootstocks[J]. New Phytologist, 118: 63-68.

ELLIS J A, WALTER A D, TOOKER J F, et al, 2005. Conservation biological control in urban landscapes: Manipulating parasitoids of bagworm (Lepidoptera: Psychidae) with flowering forbs[J]. Biol. Control, 34: 99-107.

EMBLETON T F W, 1963. Sound Propagation in Homogeneous Deciduous and Evergreen Woods[J]. Journal of the Acoustical Society of America, 35(5): 1119-1125.

FAN C, MYINT S W, ZHENG B J, 2015. Measuring the spatial arrangement of urban vegetation and its impacts on seasonal surface temperatures[J]. Progress in Physical Geography, 39(2): 199-219.

FELDHAKE C M, DANIELSON, R E, BUTLER J D, 1984. Turf-grass evapotranspiration. II. Responses to deficit irrigation[J]. Agronomy Journal(76): 85-89.

FELLER C, BEARE M H, 1997. Physical control of soil organic matter dynamics in the tropics[J]. Geodema, 79(1): 69-116.

FLANDERS S E, 1950. Regulation of ovulation and egg disposal in the parasitic Hymenoptem[J]. Can Entomol., 82(6): 134-140.

FRANK S, GILLIAM N, 2003. Making more sense of the order: A review of Canoco for Windows 4. 5, PC-ORD version 4 and SYN-TAX 2000[J]. Journal of Vegetation Science, 14: 297-304.

GALOPIN G, VIDAL-BEAUDET L, GROSBELLET C, 2018. Effect of organic amendment for the construction of favourable urban soils for tree growth[J]. European Journal of Horticultural Science, 83(3): 173-186.

GEERTS S, DIRK RAES O, 2009. Deficit irrigation as an on-farm strategy to maximize crop water productivity in dry areas[J]. Agricultural Water Management, 96(9): 1275-1284.

GILMAN E F, 2004. Effects of amendments, soil additives, and irrigation on tree survivalind growth[J]. J. Arboric., 30: 301-310.

GIRLING R D, HASSALL M, 2008. Behavioural responses of the seven-spot ladybird Coccinella septempunctata to plant headspace chemicals collected from four crop Brassicas and Arabidopsis thaliana, infested with Myzus persicae[J]. Agricultural and Forest Entomology, 10(4): 297-306.

GOYA N, 2004. Green Roof Policies: Tools for encouraging sustainable design [R/OL]. Canada: Landscape Architecture Canada Foundation, http: //www. gnla. ca/assets/Policy%20report. pdf.

HADDAD N M, TILMAN D, HAARSTAD J, et al, 2001. Contrasting effects of plant richness and composition on insect communities: A field experiment[J]. The American Naturalist, 158(1): 17-35.

HAKANSON L, 1980. An ecological risk index for aquatic pollution control. A sedimentological approach[J]. Water Res., 14: 975-1001.

HALES S, 1727. Vegetable staticks[M]. London: London Scientific Book Guild.

HAN P, NIU C Y, DESNEUX N, 2014. Identification of Top-Down Forces Regulating Cotton Aphid Population Growth in Transgenic Bt Cotton in Central China[J]. PLOS ONE, 9(8): 549-556.

HANKS R, 2015. Restoring Soil Quality to Mitigate Soil Degradation[J]. Sustainability, 7: 5875-5895.

HATHWAY E A, SHARPLES S, 2012. The interaction of rivers and urban form in mitigating the Urban Heat Island effect : A UK case study[J]. Building and Environment, 58: 14-22.

HAYSOM K A, COULSON J C, 1998. The Lepidoptera fauna associated with Calluna vulgaris: Effects of plant architecture on abundance and diversity[J]. Ecological Entomology, 23: 377-385.

HILKER M, SCHULZ S, 1994. Composition of larval secretion of Chrysomela lapponica (Coleoptera, Chrysomelidae) and its dependence on host plant[J]. Journal of Chemical Ecology, 20(5): 1075-1093.

Hill M O, 1979. TWINSPAN: A Fortran program for arranging multivariate data in an ordered two-way table by classification of the individuals and attributes[M]. Ithaca: Cornell University Press.

HOLLAND J M, OATEN H, SOUTHWAY S, et al, 2008. The effectiveness of field margin enhancement for cereal aphid control by different natural enemy guilds[J]. Biol. Control, 47(1): 71-76.

IPERTI G, 1999. Biodiversity of predaceous coccinellidae in relation to bioindication and economic importance[J]. Agriculture, Ecosystems & Environment, 74(1): 323-342.

JANSSON C, JANSSON P E, GUSTAFSSON D, 2007. Near surface climate in an urban vegetated park and its surroundings[J]. Theroretical and Applied Climatology, 89(3-4): 185-193.

JERVIS M A, KIDD N A C, HEIMPEL G E, 1996. Parasitoid adult feeding behaviour and biological control - a review[J]. Biocontrol News and Information, 17(1): 11-26.

JORDAN J E, WHITE R H, VIETOR D M, 2003. Effect of irrigation frequency on turf quality, shoot densi-ty, and root length density of five bentgrass cultivars[J]. Crop Science(43): 282-287.

KIM K S, BEARD J B, 1988. Comparative Turfgrass Evapotranspiration Rates and Associated Plant Morphological Characteristics[J]. Crop Science, 2(28): 328-331.

KNOPS J M H, TILMAN D, HADDAD N M, et al, 1999. Effects of plant species richness on invasion dynamics, disease outbreaks, insect abundances and diversity[J]. Ecology Letters, 2(5): 286-293.

KOPTA T, POKLUDA R, PSOTA V, 2012. Attractiveness of flowering plants for natural enemies[J]. Hort Sci, 45: 89-96.

LEE J C, HEIMPEL G E, LEIBEE G L, 2004. Comparing floral nectar and aphid honeydew diets on the longevity and nutrient levels of a parasitoid wasp[J]. Entomol Exp Appl, 111: 189-199.

LOPER S, SHOBER A L, WIESE C, et al, 2010. Organic soil amendment and tillage affect soil quality and plant performance in simulated residential landscapes[J]. Hortscience, 45: 1522-1528.

LOPER S, SHOBER A L, WIESE C, et al, 2010. Organic soil amendment and tillage affect soil quality and plant performance in simulated residential landscapes[J]. Hortscience, 45: 1522-1528.

MABAPA P M, AYISI K K, MARIGA I K, 2018. Comparison of Gas Exchange in Moringa oleifera and other Drought Tolerant Tree Species for Climate Change Mitigation under Semi-arid Condition of Northern South Africa[J]. International Journal of Agriculture and Biology, 20(12): 2669-2676.

MACHADO C A, ROBBINS N, GILBERT M T P, et al, 2005. Critical review of host specificity and its coevolutionary implications in the fig/fig-wasp mutualism[J]. Proceedings of the National Academy of Sciences, 102(1): 6558-6565.

MADDISON D, 2001. In Search of Warmer Climates? The Impact of Climate Change on Flows of British Tourists[J]. Climatic Change, 49(1-2): 193-208.

MARTENS M J M, 1981. Absorpotion of acoustic energy by plant leaves[J]. Journal of the Acoustical Society of

America, 69(1): 303-306.

MCNAUGHTON S J,1967. Relationship among functional properities of California grassland[J]. Nature,216:168-169.

MINASNY B, MCBRATNEY A B, BROUGH D M, et al, 2011. Models relating soil pH measurements in water and calcium chloride that incorporate electrolyte concentration[J]. European Journal of Soil Science, 62(5): 728-732.

MIYAWAKI A, GOLLEY F B, 1979. Forest reconstruction as ecological engineering[J]. Ecological Engineering, 2: 333-345.

MIYAWAKI A, 1998. Restoration of urban green environments based on the theories of vegetation ecology[J]. Ecological Engineering, 11: 157-165.

MUTLU Z, ONDER S, 2012. Investigation of the Noise Reduction Provided by Bush Belts in Konya, Turkey[J]. Journal of International Environmental Application and Science, 7(1): 48-54.

IRVIN N A, HODDLE M S, CASTLE S J, 2006. The effect of resource provisioning and sugar composition of foods on longevity of three *Gonatocerus* spp., egg parasitoids of Homalodisca vitripennis[J]. Biol. Control, 40(1): 69-79.

NIEMELA J, HAILA Y, PUNTILLA P, 1996. The importance of small-scale heterogeneity in boreal forests: Variation in diversity in forest-floor invertebrates across the succession gradifloor invertebrates across the succession gradient[J]. Ecography, 19: 352-368.

OBRYCKI J J, HARWOOD J D, KRING T J, et al, 2009. Aphidophagy by Coccinellidae: Application of biological control in agroecosystems[J]. Biological Control, 51(2): 244-254.

OLDFIELD E E, WOOD S A, BRADFORD M A, 2018. Direct effects of soil organic matter on productivity mirror those observed with organic amendments[J]. Plant Soil, 423: 363-373.

OLIVEIRA S, ANDRADE H, VAZ T, 2011. The cooling effect of green spaces as a contribution to the mitigation of urban heat: A case study in Lisbon[J]. Building and Environment, 46(11): 2186-2194.

OSTROM P H, MANUEL C G, STUART H G, 1997. Establishing pathways of energy flow for insect predators using stable isotope ratios: field and laboratory evidence[J]. Oecologia, 109(1): 108-113.

PAL A K, KUMAR V, SAXENA N C, 2000. Noise Attenuation by Green-belts[J]. Journal of Sound And Vibration, 234(1): 149-165.

PETERS E B, MCFADDEN J P, 2010. Influence of seasonality and vegetation type on suburban microclimates[J]. Urban Ecosystwms, 13(4): 443-460.

PHILIP J R, 1966. Plant water relations: some physical aspects[J]. Annual Review of Plant Physiology, 1(17): 245-268.

POTCHTER O, COHEN P, BITAN A, 2006. Climatic behavior of various urban parks during hot and humid summer in the mediterranean city of Tel Aviv, Israel[J]. International Journal of Climatology, 26(12): 1695-1711.

PRENDERGAST J R, QUINN R M, LAWTON J H, et al, 1993. Rare species, the coincidence of diversity hotspots and conservation strategies[J]. Nature, 365(6444): 335-337.

RAUSHER M D, 2001. Co-evolution and plant resistance to natural enemies[J]. Nature, 411(6839): 857-864.

RAMSDEN M W, MENÉNDEZ R, LEATHER S R, et al, 2015. Optimizing field margins for biocontrol services: The relative role of aphid abundance, annual floral resources, and overwinter habitat in enhancing aphid natural enemies[J]. Agriculture, Ecosystems and Environment, 199: 94-104.

REBEK E J, SADOF C S, HANKS L M, 2005. Influence of floral resource plants on control of an armored scale pest by the parasitoid Encarsia citrina (Craw.) (Hymenoptera: Aphelinidae)[J]. Biol Control, 37(3): 320-328.

REBEK E J, SADOF C S, HANKS L M, 2005. Manipulating the abundance of natural enemies in ornamental landscapes with floral resource plants[J]. Biol. Control, 33(2): 203-216.

REETHOF G, 1973. Effect of plantings on radiation of highway noise[J]. Journal of the Air Pollution Control Association, 23(3): 185-189.

REEVES D W, 1997. The role of soil organic matter in maintaining soil quality in continuous cropping systems[J]. Soil and Tillage Research, 43(1): 131-167.

ROBERTSON G P, KATHERINE L G, STEPHEN K H, et al, 2014. Farming for Ecosystem Services: An Ecological Approach to Production Agriculture[J]. Bioscience, 64(5): 404-415.

ROBERTSON G P, GROSS K L, HAMILTON S K, et al, 2014. Farming for ecosystem services: an ecological approach to production agriculture[J]. Bioscience, 64: 404-415.

RODRíGUEZ-SEIJO A, ANDRADE M L, VEGA F A, 2017. Origin and spatial distribution of metals in urban soils[J]. J Soils Sediments, 17: 1514-1526.

ROMIG D E, GARLYND M J, HARRIS R F, et al, 1995. How farmers assess soil health and quality[J]. Journal of Soil and Water Conservation, 50(3): 229-236.

SADEGHI H, 2008. Abundance of adult hoverflies (Diptera: Syrphidae) on different flowering plants[J]. Caspian Journal of Environmental Sciences, 6(1): 47-51.

SAX M S, BASSUK N, VAN ES H, et al, 2017. Long-term remediation of compacted urban soils by physical fracturing and incorporation of compost[J]. Urban Forestry & Urban Greening, 24: 149-156.

SCHARENBROCH B C, MEZA E N, CATANIA M, et al, 2013. Biochar and biosolids increase tree growth and improve soil quality for urban landscapes[J]. J. Environ. Qual., 42: 1372-1385.

SCHELLHORN N A, BIANCHI F J J A, HSU C L, 2014. Movement of entomophagous arthropods in agricultural landscapes: links to pest suppression[J]. Annual Review of Entomology, 59: 559-581.

SHAH A N, TANVEER M, SHAHZAD B, et al, 2017. Soil compaction effects on soil health and crop productivity: an overview[J]. Environ. Sci. Pollut. Res., 24(11): 10056-10067.

SHEORAN H S, KAKAR R, KUMAR N, et al, 2019. Impact of organic and conventional farming practices on soil quality: A global review[J]. Applied Ecology and Environmental Research, 17(1): 951-968.

SIVINSKI J, ALUJA M, HOLLER T, 2006. Food sources for adult Diachasmimorpha longicaudata, a parasitoid of tephritid fruit flies: effects on longevity and fecundity[J]. Entomol Exp Appl, 118: 193-202.

SMITH E P, 1982. Niche Breadth, Resource Availability, and Inference[J]. Ecology, 63(6): 1675-1681.

SOMERVILLE P D, MAY P B, LIVESLEY S J, 2018. Effects of deep tillage and municipal green waste compost amendments on soil properties and tree growth in compacted urban soils[J]. Journal of Environmental Management. 227: 365-374.

SOMERVILLE P D, MAY P B, LIVESLEY S J, 2018. Effects of deep tillage and municipal green waste compost amendments on soil properties and tree growth in compacted urban soils[J]. Journal of Environmental Management, 227: 365-374.

SONG J Y, WANG Z H, 2015. Impacts of mesic and xeric urban vegetation on outdoor thermal comfort and microclimate in Phoenix, AZ[J]. Building and Environment, 94: 558-568.

STINSON C S A, BROWN V K, 1983. Seasonal changes in the architecture of natural plant communities and its relevance to insect herbivores[J]. Oecologia, 56(1): 67-69.

SU X X, 2018. Study on Humidification and Cooling Effect of Garden Plants[C] //Institute of Management Science and Industrial Engineering. Proceedings of 2018 4th International Conference on Education, Management and Information Technology (ICEMIT 2018) 4: 1176-1179.

SUN H Y, KOPP K, KJELGREN R, 2012. Water efficient urban landscapes-integrating different water use categorizations and plant types[J]. Hortscience 47(2): 254-263.

TAVARES J, WANG K H, HOOKS C R R, 2015. An evaluation of insectary plants for management of insect pests in a hydroponic cropping system[J]. Biol. Control, 91: 1-9.

TEJADA M, HERNANDEZ M T, GARCIA C, 2009. Soil restoration using composted plant residues: Effects on soil properties [J]. Soil & Tillage Research, 102: 109-117.

THORPE W H, CAUDLE H B, 1938. A study of the olfactory responses of insect parasites to the food plant of their host[J]. Parasitology, 30(4): 523-528.

TOOKER J F, HANKS L M, 2000. Flowering Plant Hosts of Adult Hymenopteran Parasitoids of Central Illinois[J]. Annals of the Entomological Society of America, 93(3): 580-588.

TROWBRIDGE P J, BASSUK N I L, 2004. Trees in the urban landscape: site assessment, design, and installation[J]. Wiley. New York.

TUKIRAN J M, ARIFFIN J, GHANI A N A, 2016. Cooling effects of two types of tree canopy shape in penang, malaysia[J]. International Journal of GEOMATE, 11(24): 2275-2283.

VAN RIJN C J P, KOOIJMAN J, WÄCKERS F L, 2006. The impact of floral resources on syrphid performance and cabbage aphid biological control[J]. IOBC/wprs Bulletin, 29(6): 149-152.

VON ARX M, GOYRET J, DAVIDOWITZ G, et al, 2012. Floral humidity as a reliable sensory cue for profitability assessment by nectar-foraging hawkmoths[J]. Proceedings of the National Academy of Sciences of the USA, 109: 9471-9476.

WÄCKERS F L, 2004. Assessing the suitablility of flowering herbs as parasitoid food source: flower attractiveness and nectar accessibility[J]. Biol Control, 29: 307-314.

WÄCKERS F L, 1999. Gustatory Response by the Hymenopteran Parasitoid Cotesia glomerata to a Range of Nectar and Honeydew Sugars[J]. Journal of Chemical Ecology, 25(12): 2863-2877.

WATTS G, CHINN L, GODFREY N, 1999. The effects of vegetation on the perception of traffic noise[J]. Applied Acoustics, 56(1): 39-56.

WIEBES J T, 1979. Co-Evolution of Figs and their Insect Pollinators[J]. Annual Review of Ecology and Systematics, 10: 1-12.

WILLIAM R. HERB, BEN JANKE, OMID MOHSENI, et al, 2008. Ground surface temperature simulation for different land covers[J]. Journal of Hydrology, 356(3): 327-343.

WINKLER K, WÄCKERS F L, KAUFMAN L V, et al, 2009. Nectar exploitation by herbivores and their parasitoids is a function of flower species and relative humidity[J]. Biol. Control, 50(3): 299-306.

WONG N H, JUSUF S K, SYAFII N I, et al, 2010. Evaluation of the impact of the surrounding urban morphology on building energy consumption[J]. Solar Energy, 85(1): 57-71.

WONG S K, FRANK S D, 2013. Pollen increases fitness and abundance of Orius insidiosus Say (Heteroptera: Anthocoridae) on banker plants[J]. Biol. Control, 64(1): 45-50.

WRATTEN S D, LAVANDERO B I, TYLIANAKIS J, et al, 2003. Effects of flowers on parasitoid longevity and fecundity[J]. NZ Plant Prot, 56: 239-245.

YEAKLEY J A, SWANK W T, SWIFT L W, et al, 1999. Soil moisture gradients and controls on a southern Appalachian hillslope from drought through recharge[J]. Hydrology and Earth System Sciences, 2(5): 41-49.

YOUNG D R, YAVITT J B, 1987. Differences in Leaf Structure, Chlorophyll, and Nutrients for the Understory Tree Asimina triloba[J]. American Journal of Botany, 74(10): 1487-1491.

大井田寛，河名利幸，2017. 緑肥作物ハゼリソウにおけるハモグリバエ類（ハエ目：ハモグリバエ科の土着寄生蜂相とネギハモグリバエ防除のためのバンカープランツおよびインセクタリープランツとしての利用の可能性 [J]. 日本応用動物昆虫学会誌（応動昆），61（4）：233-241.

井手久登，亀山章，1993. 緑地生態学 [M]. 東京：朝倉書店.

原田洋，石川孝之，2014. 環境保全林 [M]. 東京：東海大学出版社.

附　表

附表1　北京屋顶绿化植物推荐表

序号	中文名	学名	生态习性	类型
1	油松	*Pinus tabuliformis*	喜光，耐旱	乔木类
2	白皮松	*Pinus bungeana*	喜光，常绿	
3	侧柏	*Platycladus orientalis*	喜光、耐旱、耐瘠薄，常绿	
4	圆柏	*Sabina chinensis*	喜光、耐旱，常绿	
5	龙柏※	*Sabina chinensis* 'Kaizuka'	喜光、耐旱，常绿	
6	玉兰※	*Magnolia denudata*	喜光、稍耐阴、不耐水湿	
7	二乔玉兰※	*Magnolia × soulangeana*	喜光、稍耐阴、不耐水湿	
8	紫叶李	*Prunus cerasifera* 'Atropurpurea'	喜光、耐干旱、耐瘠薄、耐盐碱	
9	山桃	*Prunus davidiana*	喜光、耐干旱、耐瘠薄、不耐水湿	
10	碧桃	*Prunus persica* 'Duplex'	喜光、耐旱、不耐水湿	
11	紫叶桃	*Prunus persica* 'Atropurpurea'	喜光、耐旱、不耐水湿	
12	寿星桃	*Prunus persica* 'Densa'	喜阳、耐旱、较耐寒	
13	海棠类	*Malus* spp.	喜光、喜肥	
14	石榴	*Punica granatum*	喜光、耐旱、耐瘠薄	
15	黄栌	*Cotinus coggygria*	喜光、耐旱、耐瘠薄	
16	鹿角桧	*Sabina chinensis* 'Pfitzeriana'	喜光、耐旱、耐瘠薄，常绿	灌木类
17	沙地柏	*Sabina vulgaris*	喜光、耐旱、耐瘠薄，常绿	
18	铺地柏	*Sabina procumbens*	喜光、耐旱、耐瘠薄，常绿	
19	紫叶小檗	*Berberis thunbergii* 'Atropurpurea'	喜光、耐旱、耐瘠薄	
20	木槿	*Hibiscus syriacus*	喜光、耐半阴、耐瘠薄	
21	太平花	*Philadelphus pekinensis*	喜光、耐旱、耐瘠薄	
22	小花溲疏	*Deutzia parviflora*	喜光、耐旱、耐瘠薄	
23	华北珍珠梅	*Sorbaria kirilowii*	喜半阴、耐瘠薄	
24	现代月季	*Rosa hybrida*	喜光、喜肥	
25	黄刺玫	*Rosa xanthina*	喜光、耐旱、耐瘠薄	
26	棣棠	*Kerria japonica*	喜半阴、耐全光、耐旱	
27	榆叶梅	*Prunus triloba*	喜半阴、耐全光、耐旱	
28	郁李	*Prunus japonica*	喜光、耐旱	
29	红瑞木	*Cornus alba*	喜光、耐旱	
30	大叶黄杨※	*Euonymus japonicus*	喜光、较耐旱，常绿	

续表

序号	中文名	学名	生态习性	类型
31	锦熟黄杨	*Buxus microphylla* var. *koreana*	喜光、较耐旱，常绿	灌木类
32	小小紫珠	*Callicarpa dichotoma*	喜光、耐旱、耐瘠薄	
33	荆条	*Vitex negundo* var. *heterophylla*	喜光、耐旱、耐瘠薄	
34	金叶莸	*Caryopteris* × *clandonensis* 'Worcester Gold'	喜光、耐旱、耐瘠薄	
35	金叶女贞	*Ligustrum* × *vicaryi*	喜光、耐旱、耐瘠薄、耐盐碱	
36	迎春	*Jasminum nudiflorum*	喜光、较耐阴、耐旱、耐瘠薄	
37	紫丁香	*Syringa oblata*	喜光、耐半阴、耐旱、耐瘠薄	
38	连翘	*Forsythia suspensa*	喜光、较耐阴、耐旱、耐瘠薄	
39	金钟花	*Forsythia viridissima*	喜光、较耐阴、耐旱、耐瘠薄	
40	锦带花	*Weigela florida*	喜光、耐半阴、耐旱	
41	金银木	*Lonicera maackii*	喜光、耐旱、耐瘠薄	
42	八宝景天	*Sedum spectabile*	喜光、极耐旱	草本地被类
43	垂盆草	*Sedum sarmentosum*	喜光、耐旱、耐瘠薄	
44	反曲景天	*Sedum reflexum*	喜光、耐旱，常绿	
45	佛甲草	*Sedum lineare*	喜光、极耐旱、耐瘠薄	
46	高加索景天	*Sedum spurium*	喜光、耐旱、耐瘠薄	
47	灰毛费菜※	*Sedum selskianum*	喜光、耐旱、耐瘠薄	
48	景天三七	*Sedum aizoon*	喜光、极耐旱、耐瘠薄	
49	勘察加费菜	*Sedum kamtschaticum*	喜光、耐旱、耐瘠薄	
50	六棱景天※	*Sedum sexangulare*	喜光、耐旱、耐瘠薄	
51	杂种费菜	*Sedum hybridum*	喜光、极耐旱、耐瘠薄	
52	矾根类	*Heuchera* spp.	喜半阴、不耐水湿	
53	匍枝委陵菜	*Potentilla flagellaris*	喜光、耐旱	
54	蛇莓	*Duchesnea indica*	喜光、耐旱	
55	千屈菜	*Lythrum salicaria*	喜光、耐旱也耐水湿	
56	福禄考※	*Phlox carolina*	喜光、耐旱	
57	针叶福禄考※	*Phlox subulata*	喜光、耐旱	
58	林荫鼠尾草※	*Salvia* × *nemorosa*	喜光、耐旱、耐瘠薄	
59	轮叶鼠尾草※	*Salvia verticillata*	喜光、耐旱、耐瘠薄	
60	美国薄荷	*Monarda didyma*	喜光、耐旱、耐瘠薄	
61	杂种荆芥	*Nepeta* × *faassenii*	喜光、耐旱、耐瘠薄	
62	穗花婆婆纳	*Veronica spicata*	喜光、耐旱	

续表

序号	中文名	学名	生态习性	类型
63	千叶蓍	*Achillea millefolium*	喜光、耐旱、耐瘠薄	草本地被类
64	轮叶金鸡菊	*Coreopsis verticillata*	喜光、耐旱、耐瘠薄	
65	大花金鸡菊	*Coreopsis grandiflora*	喜光、耐旱、耐瘠薄	
66	尖拂子茅	*Calamagrostis × acutiflora*	耐寒、耐旱	
67	蓝羊茅	*Festuca glauca*	喜光、耐寒、耐贫瘠	
68	狼尾草	*Pennisetum alopecuroides*	耐寒、耐旱、耐砂土贫瘠	
69	东方狼尾草	*Pennisetum orientale*	耐寒、耐旱	
70	芒	*Miscanthus sinensis*	喜光、耐半阴，性强健	
71	土麦冬	*Liriope spicata*	喜阴，常绿	
72	玉簪类	*Hosta* spp.	喜半阴、喜湿润	
73	萱草类	*Hemerocallis* spp.	喜光、耐半阴、较耐旱	
74	鸢尾类	*Iris* spp.	喜光、较耐旱	
75	紫藤	*Wisteria sinensis*	喜光、较耐旱	藤木类
76	扶芳藤※	*Euonymus fortunei*	喜半阴，常绿	
77	葡萄	*Vitis vinifera*	喜光、喜肥	
78	地锦	*Parthenocissus tricuspidata*	喜光、耐半阴	
79	五叶地锦	*Parthenocissus quinquefolia*	喜光、耐半阴	
80	美国凌霄	*Campsis grandiflora*	喜光、喜肥	
81	金银花	*Lonicera japonica*	喜光、耐半阴	
82	台尔曼忍冬	*Lonicera × tellmanniana*	喜光、耐半阴	

附表2　北京垂直绿化推荐植物表

序号	中文名	学名	生态习性	类型
1	杂种大花铁线莲	*Clematis × hybrida*	喜半阴、耐全光	
2	"安吉拉"月季	*Rosa hybrida* 'Angela'	喜光、喜肥	
3	"光谱"月季	*Rosa hybrida* 'Spectra'	喜光、喜肥	
4	"金秀娃"月季	*Rosa hybrida* 'Golden Showers'	喜光、喜肥	
5	"橘红火焰"月季	*Rosa hybrida* 'Orange Fire'	喜光、喜肥	
6	"御用马车"月季	*Rosa hybrida* 'Parkdirektor Riggers'	喜光、喜肥	
7	多花蔷薇	*Rosa multiflora.*	喜光、耐半阴	
8	紫藤	*Wisteria sinensis*	喜光、较耐旱	
9	扶芳藤※	*Euonymus fortunei*	喜半阴，常绿	藤本类
10	南蛇藤※	*Celastrus orbiculatus*	喜阳、耐半阴、耐寒	
11	地锦	*Parthenocissus tricuspidata*	喜光、耐半阴	
12	五叶地锦	*Parthenocissus quinquefolia*	喜光、耐半阴	
13	"京八"常春藤※	*Hederanepalensis* var. *sinensis* 'Jing Ba'	喜半阴、不耐风，常绿	
14	美国凌霄	*Campsis grandiflora*	喜光、喜肥	
15	金银花	*Lonicera japonica*	喜光、耐半阴	
16	台尔曼忍冬	*Lonicera × tellmanniana*	喜阳、耐寒、耐旱	

附表3 北京边坡绿化植物推荐表

序号	中文名	学名	生态习性	类型
1	油松	*Pinus tabuliformis*	喜光，耐旱	乔木类
2	侧柏	*Platycladus orientalis*	喜光、耐旱、耐瘠薄，常绿	
3	白榆	*Ulmus pumila*	喜光、耐寒、耐旱、耐盐碱	
4	山桃	*Prunus davidiana*	喜光、耐寒、耐干旱、耐瘠薄和盐碱土壤	
5	山杏	*Prunus sibirica*	喜光、耐寒、耐高温、耐干旱、耐瘠薄	
6	刺槐	*Robinia pseudoacacia*	强阳性、喜干燥、耐干旱、耐贫瘠	
7	臭椿	*Ailanthus altissima*	喜光喜温暖、耐寒、耐旱、抗烟尘及自然灾害能力强	
8	华北绣线菊	*Spiraea fritschiana*	喜光也稍耐荫、抗寒、抗旱、喜温暖湿润	灌木类
9	胡枝子	*Lespedeza bicolor*	耐旱、耐寒、耐瘠薄，萌芽力强	
10	小叶锦鸡儿	*Caragana microphylia*	喜光、耐旱、耐寒、耐瘠薄	
11	柠条	*Caragana korshinskii*	抗寒、耐热，根系强大，抗旱性强	
12	紫穗槐	*Amorpha fruiticosa*	耐盐、耐旱、耐涝、耐寒、耐阴、耐瘠薄	
13	酸枣	*Ziziphus jujuba*	耐寒、耐旱、耐瘠薄	
14	荆条	*Vitex negundo* var. *heterophylla*	喜光、耐旱、耐瘠薄	
15	连翘	*Forsythia suspensa*	喜光、较耐寒、耐干旱瘠薄	
16	水蜡	*Ligustrum obtusifolium*	适应性较强，喜光照、稍耐阴、耐寒	
17	金银木	*Lonicera maackii*	喜光、耐旱、耐瘠薄	
18	景天三七	*Sedum aizoon*	喜光、极耐旱、耐瘠薄	地被类
19	紫花苜蓿	*Medicago sativa*	耐寒性强，有较强抗旱能力	
20	小冠花	*Cornilla varia*	耐寒、耐旱、耐土壤贫瘠	
21	草木樨	*Melilotus suaveolens*	喜光、耐寒、耐旱、耐高温、耐瘠薄	
22	白车轴草	*Trrifolium repens*	较耐瘠薄、耐高温、不耐干旱	
23	沙打旺	*Astragalus adsurgens*	抗旱、抗寒、抗风沙、耐瘠薄	
24	扶芳藤※	*Euonymus fortunei*	适应性强，喜光亦耐阴	
25	山葡萄	*Vitis amurensis*	耐寒、耐旱，植株生长势强、抗性较强	
26	五叶地锦	*Parthenocissus quinquefolia*	喜光、耐半阴	
27	地锦	*Parthenocissus tricuspidata*	喜光、耐半阴	
28	金银花	*Lonicera japonica*	喜光、耐半阴	
29	波斯菊	*Cosmos bipinnatus*	喜温暖、耐寒，不耐半阴和高温	
30	金鸡菊	*Coreopsis tinctoria*	耐寒、耐旱、喜光、耐半阴	
31	高羊茅	*Fwstuc arundincea*	耐旱、耐寒、耐盐碱、耐贫瘠	
32	狗尾草	*Setaria viridis*	喜光、抗干热、耐践踏	
33	披碱草	*Elymus dahuricus*	适应性强，抗寒、耐旱、耐盐碱	
34	无芒雀麦	*Bromus inermis*	耐干旱、耐寒、耐盐碱能力较强	

注：附表1、附表2、附表3中带"※"标识的均为需小环境。

附表4 北京常用园林植物单位叶面积夏季固碳释氧效益

序号	树种	夏季光合量（mmol/hr）	夏季光合量（mol）	夏季吸收CO$_2$（g）	夏季释放O$_2$（g）
1	国槐	42.35	26.09	1147.75	834.73
2	刺槐	28.21	17.38	764.58	556.06
3	白蜡	32.96	20.30	893.28	649.66
4	臭椿	32.83	20.22	889.75	647.09
5	绦柳	32.70	20.14	886.23	644.53
6	构树	29.66	18.27	803.95	584.69
7	毛白杨	23.48	14.47	636.46	462.88
8	桑树	48.70	30.00	1319.94	959.96
9	栾树	42.15	25.97	1142.46	830.88
10	柿树	39.14	24.11	1060.77	771.47
11	合欢	36.86	22.71	999.06	726.59
12	山桃	62.16	38.29	1684.89	1225.38
13	泡桐	36.43	22.44	987.31	718.04
14	山楂	34.52	21.26	935.59	680.43
15	火炬树	29.77	18.34	806.89	586.83
16	黄栌	24.48	15.08	663.50	482.54
17	杂交马褂木	10.36	6.38	280.91	204.30
18	银杏	18.11	11.15	490.72	356.89
19	核桃	18.58	11.45	503.65	366.29
20	悬铃木	16.37	10.08	443.70	322.69
21	樱花	18.71	11.53	507.17	368.85
22	白皮松	35.99	22.17	975.56	709.50
23	圆柏	44.71	27.54	1211.94	881.41
24	油松	34.22	21.08	927.56	674.59
25	紫薇	53.49	32.95	1449.82	1054.41
26	西府海棠	32.50	20.02	880.94	640.68
27	碧桃	26.28	16.19	712.27	518.02
28	紫荆	37.47	23.08	1015.52	738.56
29	木槿	45.25	27.88	1226.50	892.00
30	蔷薇	41.39	25.50	1121.89	815.92
31	羽叶丁香	27.62	17.02	748.71	544.52
32	金叶女贞	30.55	18.82	828.05	602.22
33	黄刺玫	21.77	13.41	590.04	429.12

续表

序号	树种	夏季光合量（mmol/hr）	夏季光合量（mol）	夏季吸收CO_2（g）	夏季释放O_2（g）
34	金银花	35.91	22.12	973.21	707.79
35	连翘	44.99	27.72	1219.45	886.87
36	金银木	45.47	28.01	1232.37	896.27
37	迎春	37.29	22.97	1010.82	735.14
38	卫矛	30.90	19.03	837.45	609.06
39	榆叶梅	22.25	13.70	602.96	438.52
40	太平花	15.20	9.36	411.97	299.61
41	珍珠梅	18.86	11.62	511.29	371.84
42	石榴	34.95	21.53	947.35	688.98
43	丁香	27.60	17.00	748.12	544.09
44	天目琼花	16.02	9.87	434.30	315.85
45	锦带花	14.44	8.90	391.40	284.65
46	棣棠	19.02	11.71	515.40	374.84
47	腊梅	20.60	12.69	558.30	406.04
48	鸡麻	11.62	7.16	315.00	229.09
49	猬实	20.84	12.84	564.77	410.74
50	丰花月季	46.23	28.48	1252.94	911.23
51	海州常山	15.16	9.34	410.79	298.76
52	玫瑰	29.92	18.43	811.00	589.82
53	大叶黄杨	32.11	19.78	870.36	632.99
54	小叶女贞	38.60	23.78	1046.08	760.78
55	凌霄	55.44	34.15	1502.71	1092.88
56	五叶地锦	31.20	19.22	845.68	615.04
57	紫藤	23.16	14.27	627.65	456.47
58	山荞麦	39.14	24.11	1060.77	771.47
59	白车轴草	38.16	23.51	1034.32	752.24
60	萱草	24.52	15.11	664.67	483.40
61	鸢尾	27.52	16.95	745.77	542.38
62	马蔺	30.03	18.50	813.94	591.96
63	麦冬	25.10	15.46	680.31	494.78
64	涝峪薹草	42.39	26.11	1148.88	835.55
65	野牛草	40.29	24.82	1092.13	794.27
66	早熟禾	41.80	25.75	1132.91	823.94

注：部分数据引用"北京城市园林绿化生态效益的研究"课题成果。

附表5 北京常用园林植物单位叶面积夏季降温增湿效益

序号	植物名称	夏季蒸腾量（mol/hr）	夏季蒸腾量（mol）	夏季释放H$_2$O量（kg）	蒸腾吸热（kJ）
1	国槐	29.29	18042.35	324.76	190651.74
2	刺槐	28.12	17319.62	311.75	183014.7
3	白蜡	30.62	18860.07	339.48	199292.43
4	臭椿	22.04	13575.36	244.36	143449.46
5	绦柳	25.69	15822.21	284.8	167191.74
6	构树	22.17	13656.98	245.83	144311.96
7	毛白杨	9.03	5564.45	100.16	58798.99
8	桑树	17.49	10773.47	193.92	113842.18
9	栾树	17.3	10659.2	191.87	112634.68
10	柿树	28.63	17634.98	317.43	186347.08
11	合欢	28.01	17255.81	310.6	182340.38
12	山桃	14.37	8851.62	159.33	93534.22
13	毛泡桐	20.89	12865.98	231.59	135953.55
14	山楂	18.41	11338.89	204.1	119816.96
15	火炬树	20.09	12376.25	222.77	130778.55
16	黄栌	16.92	10422.49	187.6	110133.43
17	杂交马褂木	24.42	15043.83	270.79	158966.62
18	银杏	12.12	7466.26	134.39	78895.24
19	核桃	27.25	16786.85	302.16	177384.92
20	悬铃木	18.67	11500.66	207.01	121526.27
21	樱花	16.21	9983.95	179.71	105499.45
22	白皮松	24.87	15320.6	275.77	161891.28
23	圆柏	10.16	6258.56	112.65	66133.58
24	油松	10.04	6184.64	111.32	65352.47
25	紫薇	19.33	11909.51	214.37	125846.62
26	西府海棠	16.07	9900.11	178.2	104613.43
27	碧桃	19.3	11888.73	214	125627.07
28	紫荆	11.68	7195.42	129.52	76033.31
29	木槿	29.21	17992.64	323.87	190126.4
30	蔷薇	26.31	16204.36	291.68	171229.81
31	羽叶丁香	15.37	9469.73	170.46	100065.7
32	金叶女贞	6.51	4009.16	72.16	42364.44
33	黄刺玫	25.7	15828.89	284.92	167262.31

序号	植物名称	夏季蒸腾量（mol/hr）	夏季蒸腾量（mol）	夏季释放H$_2$O量（kg）	蒸腾吸热（kJ）
34	金银花	25.32	15594.41	280.7	164784.58
35	连翘	18.81	11585.99	208.55	122427.98
36	金银木	16.66	10261.47	184.71	108431.95
37	迎春	25.14	15488.3	278.79	163663.33
38	卫矛	21.85	13457.38	242.23	142202.76
39	榆叶梅	17.85	10993.85	197.89	116170.93
40	太平花	16.52	10173.91	183.13	107506.73
41	珍珠梅	32.29	19892.97	358.07	210206.97
42	石榴	19.19	11821.21	212.78	124913.55
43	丁香	17.53	10800.93	194.42	114132.3
44	天目琼花	24.32	14979.27	269.63	158284.46
45	锦带花	7.43	4573.85	82.33	48331.37
46	棣棠	25.56	15745.78	283.42	166384.12
47	腊梅	26.54	16349.79	294.3	172766.63
48	鸡麻	25.46	15682.71	282.29	165717.65
49	猬实	4.85	2988.14	53.79	31575.35
50	丰花月季	27.65	17030.23	306.54	179956.74
51	海州常山	16.7	10286.7	185.16	108698.54
52	玫瑰	18.15	11180.84	201.26	118146.84
53	大叶黄杨	19.05	11735.14	211.23	124004
54	小叶女贞	15.81	9736.12	175.25	102880.59
55	凌宵	18.06	11123.71	200.23	117543.09
56	五叶地锦	31.33	19300.09	347.4	203942.09
57	紫藤	29.08	17916.21	322.49	189318.79
58	山荞麦	7.88	4855.07	87.39	51303.08
59	白车轴草	31.96	19685.94	354.35	208019.36
60	萱草	24.61	15158.84	272.86	160181.96
61	鸢尾	18.31	11278.05	203	119174
62	马蔺	25.23	15542.47	279.76	164235.71
63	麦冬	5.57	3431.12	61.76	36256.3
64	涝峪薹草	1.43	880.04	15.84	9299.32
65	野牛草	7.38	4546.08	81.83	48037.97
66	早熟禾	7.03	4330.48	77.95	45759.75

注：部分数据引用"北京城市园林绿化生态效益的研究"课题成果。

附表6　40种草本满灌前不同灌溉处理的景观表现和满灌后正常养护1个月的各处理恢复生长情况图片对比表

编号	种类	0%处理地上部分全部干枯的时间及其他灌溉处理的景观表现	水分胁迫试验结束满灌前不同灌溉处理的景观表现	满灌后正常养护1个月后的0%处理成活及各处理景观表现
1	蓍草	2017.9.5	2017.9.10	2017.10.10
2	大叶铁线莲	2017.9.5	2017.9.10	2017.10.10
3	赛菊芋	2017.9.4	2017.9.12	2017.10.17
4	黑心菊	2017.9.15	2017.9.20	2017.10.30
5	大花秋葵	2017.9.6	2017.9.14	2017.10.17
6	狼尾草	2017.9.1	2017.9.12	2017.10.17
7	荆芥	2017.9.6	2017.9.9	2017.10.10

续表

编号	种类	0%处理地上部分全部干枯的时间及其他灌溉处理的景观表现	水分胁迫试验结束满灌前不同灌溉处理的景观表现	满灌后正常养护1个月后的0%处理成活及各处理景观表现
8	荷兰菊	2017.9.10	2017.9.14	2017.10.17
9	车前	2017.9.13	2017.9.20	2017.10.17
10	美国薄荷	2017.9.12	2017.9.19	2017.10.17
11	玉带草	2017.9.13	2017.9.19	2017.10.17
12	青绿薹草	2017.9.13		2017.10.17
13	黄芩	2017.9.10	2017.9.16	2017.10.17
14	高山紫菀	2017.9.10	2017.9.15	2017.10.17

续表

编号	种类	0%处理地上部分全部干枯的时间及其他灌溉处理的景观表现	水分胁迫试验结束满灌前不同灌溉处理的景观表现	满灌后正常养护1个月后的0%处理成活及各处理景观表现
15	山韭	2017.9.14		2017.10.17
16	马蔺	2017.9.13		2017.10.17
17	长尾婆婆纳	2017.9.10	2017.9.14	2017.10.17
18	蛇鞭菊	2017.9.10	2017.9.25	2017.10.30
19	假龙头	2017.9.16	2017.9.25	2017.10.30
20	藿香	2017.9.16	2017.9.22	2017.10.30
21	垂盆草	2017.10.6		2017.10.30

续表

编号	种类	0%处理地上部分全部干枯的时间及其他灌溉处理的景观表现	水分胁迫试验结束满灌前不同灌溉处理的景观表现	满灌后正常养护1个月后的0%处理成活及各处理景观表现
22	金边玉簪	2017.10.16		2017.10.30
23	松果菊	2017.9.17	2017.9.25	2017.10.30
24	阔叶风铃草	2017.9.14	2017.9.21	2017.10.30
25	黄花鸢尾	2017.9.19	2017.9.21	2017.10.30
26	蜀葵	2017.9.20	2017.10.4	2017.10.30
27	拂子茅	2017.9.15	2017.10.12	2017.10.30
28	脚薹草	2017.9.30	2017.10.8	2017.10.30

续表

编号	种类	0%处理地上部分全部干枯的时间及其他灌溉处理的景观表现	水分胁迫试验结束满灌前不同灌溉处理的景观表现	满灌后正常养护1个月后的0%处理成活及各处理景观表现
29	藁本	2017.9.29	2017.10.15	2017.10.30
30	桔梗	2017.9.27	2017.10.12	2017.10.30
31	连钱草	2017.9.17	2017.10.24	2017.10.30
32	电灯花	2017.9.13	2017.9.18	2017.10.17
33	涝峪薹草	2017.10.8	2017.10.20	2017.10.30
34	蛇莓	2017.9.18	2017.10.15	2017.10.30
35	费菜	2017.9.22		2017.10.30

续表

编号	种类	0%处理地上部分全部干枯的时间及其他灌溉处理的景观表现	水分胁迫试验结束满灌前不同灌溉处理的景观表现	满灌后正常养护1个月后的0%处理成活及各处理景观表现
36	宿根福禄考	 2017.9.30	 2017.10.30	 2017.10.31
37	宿根鼠尾草	 2017.9.13		 2017.10.31
38	匍枝委陵菜	 2017.9.24		 2017.10.31
39	瞿麦	 2017.9.28	 2017.9.30	 2017.10.30
40	宿根天人菊	 2017.9.15	 2017.9.29	 2017.10.30

注：表中图片除车前、美国薄荷是从右到左为0%、25%、50%、75%、100%处理外，其他植物从左到右均为0%、25%、50%、75%、100%处理。